鲁班奖工程施工资料填写指南（机电安装部分）

北京天恒建设集团有限公司　组织编写

主　编：张立新

编写组：杨金锋　张立新　杨　顺　田　丽　马永娟

中国建材工业出版社

图书在版编目（CIP）数据

鲁班奖工程施工资料填写指南. 机电安装部分 / 张立新主编. -- 北京 ：中国建材工业出版社，2020.7

ISBN 978-7-5160-2863-6

Ⅰ.①鲁… Ⅱ.①张… Ⅲ.①建筑工程—工程施工—资料管理—中国—指南②机电设备—建筑安装—资料管理—中国—指南 Ⅳ.①TU712-62②TU85-62

中国版本图书馆 CIP 数据核字（2020）第 041303 号

鲁班奖工程施工资料填写指南（机电安装部分）

Lubanjiang Gongcheng Shigong Ziliao Tianxie Zhinan（Jidian Anzhuang Bufen ）

张立新　主编

出版发行：中国建材工业出版社

地　　址：北京市海淀区三里河路 1 号

邮　　编：100044

经　　销：全国各地新华书店

印　　刷：北京雁林吉兆印刷有限公司

开　　本：787mm×1092mm　1/16

印　　张：21

字　　数：470 千字

版　　次：2020 年 7 月第 1 版

印　　次：2020 年 7 月第 1 次

定　　价：118.00 元

本社网址：www.jccbs.com，微信公众号：zgjcgycbs

请选用正版图书，采购、销售盗版图书属违法行为

版权专有，盗版必究。本社法律顾问：北京天驰君泰律师事务所，张杰律师

举报信箱：zhangjie@tiantailaw.com　　举报电话：（010）68343948

本书如有印装质量问题，由我社市场营销部负责调换，联系电话：（010）88386906

前　言

机电安装工程施工资料是反映机电安装过程中各个环节质量状况的基本数据和原始信息的记录，是客观评价机电安装工程施工质量的主要依据。机电安装工程施工资料是建筑安装工程施工质量验收的重要载体，是企业生产经营管理的重要组成部分，是项目经理部质量管理的重要组成部分，它反映出施工企业技术管理水平的高低。

中国建设工程鲁班奖是中国建筑行业工程质量的最高荣誉奖，随着建筑施工企业精品意识的增强，施工企业越来越把创鲁班奖工程作为企业以质量兴业的突破口。2010 年以后，住房城乡建设部对《建筑给水排水及采暖工程施工质量验收规范》（GB 50242）、《自动喷水灭火系统施工及验收规范》（GB 50261）、《通风与空调工程施工质量验收规范》（GB 50243）、《建筑电气工程施工质量验收规范》（GB 50303）、《智能建筑工程施工质量验收规范》（GB 50339）进行了重新修订，并相继颁布实施。与旧版规范相比，新技术、新工艺、新设备、新材料在新版规范的应用更为广泛，施工质量验收标准更为具体，客观上对机电安装工程争创鲁班奖工程提出了更高的要求，同时对施工资料的填写提出了更具体、更细致、更严格的规定，施工资料是对工程实体质量形成过程的如实记录和真实反映。鲁班奖工程复查过程实体部分复查权重占 40%左右，资料部分复查权重占 60%左右，施工资料编写水平的高与低、编制质量的好与劣，将直接影响相关单位是否能够获得该奖。本书是以修订后现行国家施工质量验收规范为切入点，引用规范相关条款讲解如何正确填写施工资料，使读者从规范相关条款的理解到日常工作的应用获得启迪，从中把握规范的内涵和精髓，保证施工资料的内容填写正确、数据真实可靠。

本书是北京天恒建设集团有限公司多年创优工程实践经验的总结，也是公司全体工程技术人员智慧的结晶。它是以修订后的现行国家规范为依据，结合安装工程施工资料表格，讲解和点评如何填写施工资料，指导机电安装工程技术人员以规范条款为依据正确填写施工资料，是机电安装工程技术人员的参考工具书。

本书在编写过程中，得到中建中国建筑第一工程局有限公司、中国建筑第二工程局有限公司、北京建工集团有限责任公司和北京城建集团有限公司同仁的大力帮助，在此表示感谢！虽经数次修改，但由于编写组专业水平有限，书中难免会有不妥或疏漏之处，请读者随时将有关意见和建议反馈到E-mail（zhanglixin1964@126.com），以便更好地提高作者的专业水平，更好地为读者服务。

杨金锋

于2020年初春

目　　录

第一章　争创国家优质工程质量奖的意义

第一节　争创国家优质工程是企业永恒的主题

一、质量的内涵

质量是企业的生命，质量是企业驾驭市场赢得效益的根本，质量是永恒不变的话题。质量不仅要“老生常谈”，而且要常抓不懈。到底什么是质量，ISO 9000：2000 对质量的定义是“一组有特性满足要求的程度”；ISO 8402 对质量的定义是“反映实体满足明确或隐含需要能力的特性总和，具有适用性和符合性”；质量大师朱兰博士认为“质量是那些能满足客户需求，从而使顾客满意的产品特性；意味着质量无缺陷，也就是说没有造成返工、故障、顾客不满意和顾客投诉等现象”。满足要求可以理解为，企业生产的产品应满足明示的（如国家法律、法规，行业标准、规范等）和隐含的（如行业的惯例、一般习惯和发展趋势等）需要和期望。只有最大程度满足明示和隐含需求的产品，才能被评定为好的质量或优秀的质量。同时，质量还具有动态性，随着时间、地点、环境的变化而变化。因此，我们认为好的质量是动态的，应符合法律、法规、习惯等方面的相关规定或约定，最大限度地满足客户需求。工程质量也同样具有符合性、适用性和动态性三个特点。

美国质量管理专家戴明博士采纳、宣传，获得普及的 PDCA 循环，又称“戴明环”，是全面质量管理应该遵循的科学程序。PDCA 是英语单词 Plan（计划）、Do（执行）、Check（检查）和 Act（修正）的第一个字母，PDCA 循环就是按照这样的顺序进行质量管理，并且循环不止地进行下去的科学程序。PDCA 循环图如图 1-1 所示。

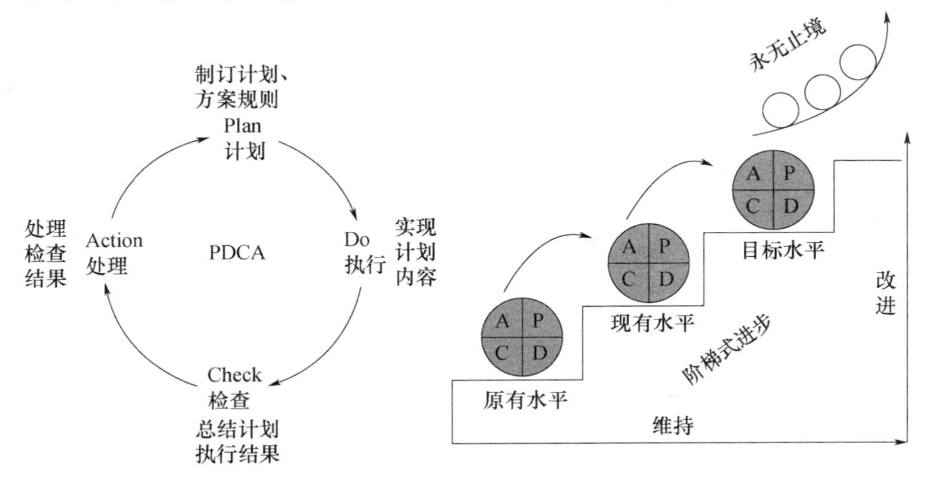

图 1-1　PDCA 循环图

朱兰质量管理三部曲：质量策划、质量控制和质量改进。质量对企业而言不是口号，也不是一纸空文，是动态的正常运行体系，是企业文化，是一种态度，是全员意识，是企业市场经营的品牌，是企业赖以生存和做大做强的保障。一个企业对待质量的态度，是这个企业领导者带头引导，管理层专注如一、长期坚持并持续改进的品质。

二、工程质量的重要意义

工程质量关系人民群众切身利益、国民经济投资效益、建筑业可持续发展。随着我国城市化建设的进程，建设规模不断扩大，涌现出一批超大规模城市综合体、超高层建筑，单体体量不断加大，建筑物不断“攀高”，每年投资建设的各类工程项目达十几亿平方米，一旦发生工程质量问题，会直接影响公共利益和公共安全，因而，建设工程质量越来越成为人们关注的热点。“百年大计，质量第一”是我国的质量方针。为了加强建设工程质量的管理，保证工程质量，保护人民生命和财产安全，2005 年 5 月，我国根据《中华人民共和国建筑法》制定了《建设工程质量管理条例》。为了规范建筑市场秩序，保障工程质量，促进建筑业持续健康发展，2014 年 9 月，住房城乡建设部印发《工程质量治理两年行动方案》，开展全国工程质量两年行动，全面落实五方主体项目负责人质量终身负责制等六项重点工作任务。

确保工程质量，是党中央以人为本、保障民生政策的必然要求，也是促进建筑安装业健康发展的基本保证。工程质量不仅关系着施工企业的生存和发展，而且关系到建筑业节能减排、转型升级目标能否实现，更关系着国家形象和人民生命财产的安全。保障工程质量是工程建设的基础和核心，将保证工程质量的理念融入建筑安装业发展的全过程和建筑全生命周期，是实现建筑安装业健康科学持续发展的关键。

工程质量是贯穿创建优质安装工程的一条主线，是开展优质安装工程评选活动的核心。无论是前期策划、过程控制、细部处理、细节做法、亮点打造、资料整理等，还是工程申报、推荐初审、工程复查、汇报点评、评委评审等，都应紧紧围绕着“工程质量”这个核心内容组织开展评选活动的各项工作。

三、安装工程的分类

按照现行《建设工程分类标准》（GB/T 50841），建设工程按自然属性可分为建筑工程、土木工程和机电工程三大类，各行业建设工程可按自然属性进行分类和组合，每一大类工程依次可分为工程类别、单项工程、单位工程、分部工程、分项工程和检验批等。建设工程按使用功能可分为房屋建筑工程、公路工程、铁路工程、民航机场工程、港口与航道工程、市政公用工程、煤炭矿山工程、水利水电工程、火电工程、核工业工程、建材工程、冶金工程、有色金属工程、石化工程、化工工程、医药工程、机械工程、轻工工程、纺织工程、电子与通信工程和广播电影电视工程等。

安装工程涵盖建筑安装工程、工业安装工程和机电工程。机电工程是按照一定的工艺和方法，将不同规格、型号、性能、性质的设备、管路、线路等有机组合起来，满足使用功能要求的工程。

机电工程可分为机械设备工程、静设备与工艺金属结构工程、电气工程（工业电气工程、建筑电气工程）、自动化控制仪表工程、建筑智能化工程、管道工程、消防工程、净化工程、通风与空调工程、设备及管道防腐蚀与绝热工程、工业炉工程、电子通信及广电工程等。

四、优质安装工程的概念

优质安装工程是工程建造过程中，从设计、采购、施工、竣工验收、运营维护等环节应符合工程建设有关的国家、行业法律、法规、标准、规范、规程和工艺等要求，在保证安全、使用功能完善的前提下，精心组织，精细管理，精巧工艺，精工细作，精益求精，合理化进行空间布局，管线综合布置，操作规范科学，最大限度地满足用户功能需求或使产能、效能实现最大化，经济效益和社会效益显著，让用户非常满意的安装工程。

创建优质安装工程需要我们前期精密策划，周密部署，加强管理，过程控制，采用PDCA循环，善于总结，不断提高，以此来促进企业加强全面质量管理，全过程质量控制，推动行业整体质量水平的提高。随着国家工程建设的现代化进程，与工程相关的法律、法规、规范标准和规程工艺需要废止或重新修订，客户对质量的要求、产能效能的最大化、质量的内涵等都会发生变化，优质工程的判别标准也应与时俱进。创建优质工程没有最好，只有更好，是动态的，是持续改进的过程，是与时俱进、永争一流、永无止境的螺旋上升过程。

创建优质安装工程应做到以下几点：

（1）安装工程对应的单位工程或单项工程，建设程序符合国家相关法律法规的规定，依法组织建设的工程；

（2）设计、采购、施工、竣工验收、运营维护等环节均执行了现行（施工合同、合约周期内）工程建设有关的国家、行业法律、法规、标准、规范、规程等规定，无违反国家建设工程强制性条文规定的工程；

（3）已完成竣工验收（备案），投入使用、运营中经过一定时间检验，运转正常，没有发现影响使用功能的质量缺陷和安全隐患的工程；

（4）在竣工验收符合国家施工质量验收标准合格的基础上（工业安装工程验收等级为优良），分部分项质量水平均优于同类项目的工程；

（5）技术含量高，在本行业、本专业领域技术特色突出，达到国内领先水平的工程；

（6）能最大限度地发挥安装系统功能，使产能或效能实现最大化的各类安装工程，在合理工程造价范围内最大限度地满足客户期望的安装工程。可以是包括建设项目所有内容的完整安装工程，也可以是建设项目中的某单项工程，是优中选优的安装工程。

第二节　国家优质工程质量奖项的分类

一、国家优质工程奖

国家优质工程奖（简称“国优奖”），是中华人民共和国优质产品奖（简称“国家质量奖”）的一部分，是工程建设质量方面的最高荣誉奖励，如图1-2所示。“国优奖”是工程建设行业设立最早、规格要求最高、奖牌制式和国家优质产品奖统一的国家级质量奖，评选范围涵盖建筑、铁路、公路、化工、冶金、电力等工程建设领域的各个行业，评定的内容从工程立项到竣工验收形成工程质量的各个工程建设程序和环节，评定和奖励（颁发奖牌和奖状）的单位有建设、设计、监理、施工等参与工程建设的相关企业。国家优质工程奖是由国家工程建设质量奖审定委员会组织审定，冠以“国家优质工程金质奖”“国家优质工程银质奖”名义的奖项。2014 年起，国家优质工程奖奖项更改为“国家优质工程金质奖”“国家优质工程奖”（原银质奖改为国家优质工程奖）。安装工程在“国优奖”工程中只能担任配角，作为参建。工业安装可以作为承建，但每年的申报指标下达较少。

二、中国建设工程鲁班奖

中国建设工程鲁班奖（国家优质工程），简称“鲁班奖”，创立于 1987 年，至今已有 33 年的历史。1996 年 9 月，我国将“国家优质工程奖”与“建筑工程鲁班奖”合二为一，定名为“中国建筑工程鲁班奖”（国家优质工程），2008 年更名为“中国建设工程鲁班奖”（国家优质工程）如图 1-3 所示。鲁班奖具体评选工作由中国建筑业协会负责组织。2010 年起，鲁班奖调整为每年评选一次，每两年颁奖一次。获奖工程遍布全国 31 个省市及海外，涵盖房建、交通、铁路、电力、水利、民航、冶金、石油、化工、有色、核工业等 17 个行业。安装工程在鲁班奖工程中只能担任配角，作为参建；工业安装可以作为承建单位，但每年的申报指标下达很少。

三、中国安装工程优质奖

中国安装工程优质奖（中国安装之星）是 2009 年 12 月，经国务院纠风办、监察部等九部门组成的全国清理整顿评比达标表彰办公室审查批准的保留项目，是我国安装行业工程质量最高奖，也是专为机电安装企业设立的工程质量奖，是国家级工程质量奖项，如图 1-4 所示。具体评选工作由中国安装协会负责组织实施。评选范围涵盖工业领域的新建、改建、扩建项目的安装工程和公用、民用建筑的安装工程。既可以是建设项目的整体工程，也可以是建设项目中能独立发挥生产能力或效益的单项工程。

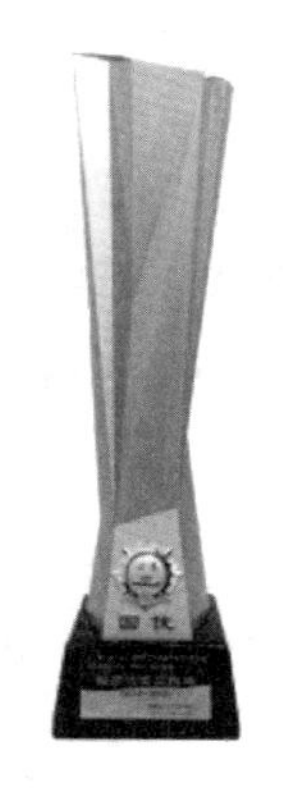

图 1-2　国家优质工程奖

图 1-3　中国建设工程鲁班奖

图 1-4　中国安装工程优质奖

该奖项每年评选一次，每两年颁奖一次，两年的获奖工程总数原则上控制在 220

项。当年申报、推荐，当年复查、评审、公示、公布。获奖工程遍布全国 30 个省市，涵盖房屋建筑工程、民航机场工程、港口与航道工程、市政公用工程、煤炭矿山工程、水利水电工程、火电工程、核工业工程、建材工程、冶金工程、有色金属工程、石化工程、化工工程、医药工程、机械工程、轻工工程、纺织工程、电子与通信工程和广播电影电视工程等 19 个行业的安装工程，代表着国内安装工程的先进技术和质量水平，为提高安装行业工程质量水平起到了示范作用，推动了我国安装行业质量水平的提高。

第三节　国家优质工程质量奖的特征

一、优质安装工程整体质量水平，必须保证安全、实用、经济、美观、环保

（1）系统功能完备，设备运行平稳，安全有效，操作维护方便；

（2）设备、管路、管线安装牢固，经久耐用，节能环保，管线排列整齐有序，提前策划，过程控制，一次成优，精益求精；

（3）做法规范，做工精巧，细部处理科学、合理，经济、实用、美观；

（4）工程资料内容齐全、真实有效、编目规范，归档符合要求，能真实反映工程状况，具有可追溯性。

二、优质安装工程有一定的技术含量，积极推进技术进步与科技创新

工程质量目标无论是创省安装工程优质奖，还是争创国家级安装工程优质奖，在工程施工过程中，都要有针对性地开展一系列科技攻关活动，在技术方面不断创新，获得科技论文、优秀 QC 成果、工法、专利、科技进步奖等下列成果：

（1）获得省（部）级及以上科技进步奖、省（部）级以上科技示范工程或获得省（部）级及以上工法或优秀 QC 成果、发明专利、实用新型专利等。

（2）推广应用建筑业 10 项新技术中涉及安装方面的四新技术，且成效显著；特别是有针对性地开展科技攻关活动，在关键技术和工艺上有所创新或突破。

（3）通过省（部）级及以上新技术应用（科技）示范工程验收，其成果达到国内先进水平。

三、施工过程符合“四节一环保”

在施工过程中积极采用绿色建造技术和文明施工措施，在保证质量安全的前提下，尽可能降低对环境的影响，做好“四节一环保”工作，并满足下列要求：

（1）在节能、节地、节水、节材等方面符合国家有关规定。

（2）在环境保护方面符合国家有关规定，申报工程如果涵盖节能、消防、卫生、人防、供水、供电、特种设备等，专项验收必须合格。

（3）获得地市级及以上文明工地或绿色安装示范工程，同等条件下优先评选。

四、工程质量管理科学化、规范化

（1）符合建设程序，资源配置合理，安装工程项目管理手段科学、先进。项目管理

是工程质量管理的核心，有明确的质量目标，健全的质量安全保证体系和组织架构，科学合理的资源配备，岗位职责明确的管理制度，高效畅通的协调机制，科学先进的项目管理手段，是创建优质安装工程的前提条件。

（2）质量保证体系和各项规章制度健全，岗位职责明确，有目标有策划，过程控制措施合理、有效。在工程投标阶段，企业应根据工程的特点、客户的要求、总承包单位的质量目标和自身发展战略等，明确安装工程质量目标。根据确定的质量目标，配备相应的资源，完善各项管理制度，建立健全相应的质量安全保证体系。

（3）运用现代项目管理方法和信息技术，实施质量目标管理，贯彻落实项目负责人责任主体终身负责制。

（4）施工组织设计或施工方案先进、合理、规范，具有科学性、指导性、可操作性等。

（5）策划在先，科学部署，技术先行，样板引路，过程控制；保证工艺，工序质量；细部处理，细节做法，打造亮点，创新特色；提高服务，加强责任；善于总结，不断提高。

五、综合效益显著

（1）项目产能、效能、环保、节能等各项技术指标均达到设计图纸、工艺等有关规定要求，最大限度地满足用户需求或使产能、效能实现最大化。

（2）主要经济技术指标处于国内同行业同类型工程先进水平。

（3）建设、设计、监理和使用单位等非常满意，经济效益和社会效益显著，得到社会认可。

第四节　争创国家优质工程质量奖的意义

一、创建优质安装工程的目的

创建优质工程不是最终目的，其主旨是通过工程创优争先，促进施工企业加强全面质量管理和科技创新，推动我国工程建设管理和质量水平的整体提高。

多年来，在创建优质安装工程过程中，广大企业和技术人员精心组织、严格过程控制，积累了丰富的创优经验，形成了许多独特的细部经典做法和先进的施工工艺。及时总结经验，使之成为全行业宝贵财富，指导安装企业工程创优，对促进我国安装工程质量水平的提高，推动我国安装行业工程建设管理和质量水平的不断提升具有重要的意义。

（1）贯彻执行“百年大计，质量第一”的方针，促进我国建设工程质量的整体提高，不断满足人民日益增长的物质文化需要，更好地保障和改善民生，是功在当代、利在千秋的事业。

（2）贯彻可持续科学发展观，落实《建设工程质量管理条例》，是推动我国建筑安装业发展方式的转变的一项重要工作。通过创建优质安装工程，鼓励企业加强创优目标管理，以优质工程树立品牌、开拓市场；在行业内树典型、扬正气；带好头，带动行业持续健康发展。

（3）为我国安装工程行业树立质量新的标杆。通过抓典型、树样板，鼓励企业相互学习、相互启发、相互促进，以点带面，全面提高工程建设质量总体水平。

（4）创建优质安装工程是坚持依法治企，诚信经营，促进行业在创新、管理、提高劳动者素质上下功夫，最大限度地满足客户的需求；是企业根据自身发展，实施品牌战略、履行社会责任、打造市场核心竞争力的需要；是配合土建总承包或机电总承包，创建优质单项工程、单位工程、专业安装工程等的需要；是具有战略眼光的企业打造企业金字品牌，传承企业文化的高品质追求。行业内部分领头羊企业已将工程创优常态化、品质化、标准化，提出全年承接工程实现“零缺陷”“零投诉”“创优全覆盖”的整体质量战略总目标。

二、创建优质安装工程的意义

（1）通过创建优质安装工程，旨在促进施工企业加强施工过程项目管理和技术进步，树立行业楷模，示范引领安装行业工程建设管理和工程质量水平的整体提高，规范行业自律行为。为更好地塑造安装企业的社会形象，向社会展示一批具有行业施工质量特色的安装企业和优质品牌，促进企业间的技术交流，提高工程质量和企业管理水平，提升企业核心竞争力和企业品牌含金量，为企业树品牌、开拓市场创造条件，促进我国安装工程质量水平的稳步提升。

（2）通过优质安装工程创优策划与指导，更好地指导企业：策划在先科学组织；健全体系，完善制度；技术先行，样板引路；过程控制，管理精细；技术进步，科技创新；细部做法，工艺精湛；细节处理，做工精巧；打造亮点，创新特色；提高服务，加强责任；善于总结，不断提高；追求卓越，铸就精品。激励企业相互学习、共同提高，以质量求生存、谋发展，打造企业品质品牌，赢得市场认可和社会好评。

（3）通过优质安装工程创优策划与指导，进一步强化全员质量意识，有效防治工程质量通病（质量常见问题）的发生。企业之间相互交流先进的质量管理理念和科学的施工工艺、方法，达到相互学习、共同提高的目的。

（4）创建优质安装工程为安装人搭建了展示自我的舞台。同台竞技，充分发挥安装人的聪明才智，展示安装企业的风采，在行业内树典型、扬正气，彰显社会正能量。

（5）通过优质安装工程创优，指导企业制定切实可行的质量目标、创优策划，优化企业资源，激发员工的工作热情，调动职工的积极性、主动性、创造性，引导员工自觉提高质量意识，对提高企业的工作效率、实现持续科学发展具有积极的推动作用。

（6）通过创建优质安装工程，提高从业者的素质，提高安装行业执业人员、工程技术人员工作能力和技术水平，加强机电工程建造师工作责任、社会责任，带动企业不断创新技术，促进科技进步与革新，提升市场核心竞争力，有力推动行业工程质量水平的整体提高。

（7）优质安装工程离不开优质材料、设备的采购和供应，通过创建优质安装工程，促进安装行业产品质量水平的提高。

（8）通过安装工程创优策划与指导，可以帮助安装企业申报省部级、国家级安装工程质量奖项，也可帮助安装企业更好地配合土建总承包企业申报建筑工程省部级、国家级等各级工程质量奖项，提供实用性、指导性、可操作性的帮助。

第二章　鲁班奖工程实体质量复查注意事项

第一节　鲁班奖工程复查程序

一、鲁班奖工程复查程序

（1）鲁班奖申报工程经初审合格后须进行现场复查。根据工程类别和数量，每年组织若干个复查小组。复查小组由专业技术人员 4～5 人组成，被查工程所属地区建筑业协会或部门建设协会选派 1 人配合工作。每项单位工程一般需要 2d。

（2）听取承建单位对工程施工和质量的情况介绍。主要介绍工程特点、难点，施工技术及质量保证措施、各分部分项工程质量水平和质量评定结果。

（3）观看 15min 的多媒体光盘。随后由复查小组专家进行建设性的质询，对汇报资料存在的问题进行质询，承建单位进行答疑。

（4）承建单位人员回避，复查小组听取使用单位对工程质量的评价意见。

（5）实地查验工程质量水平，凡是复查小组要求查看的工程内容和部位，都必须予以满足，不得以任何理由回避或拒绝。复查实体质量要求如下：

1）复查小组有领队、土建（组长）、水暖、电气专家各 1 人，如系工业交通项目，尚有复查专家参加。

2）集中分组，准备好复查过程所需的资料，如随检人员、检修工具、简易梯子、机房钥匙、安全帽、手电筒等。

3）检查顺序：一般先在室外绕建筑物一圈，仔细察看外墙、地基基础、主体结构、水电外部设施；之后进入地下室，复查辅助用房、配电室、生活水泵房、消防水泵房、制冷机房、通风机房、水箱间、柴油发电机房、燃气锅炉房、智能建筑机房、电梯机房、电缆夹层等；再乘电梯上屋面，察看防水层、避雷带、电梯机房及顶层室外设备；最后按 40%～70%的比率抽查标准层，其中公共部分、裙房及地面以上一、二、三层和设备层必看。

4）公共建筑、住宅工程建筑面积在 5 万 m^2 以下，检查时间 0.5d 左右，建筑面积在 5 万 m^2 以上，检查时间超过 0.5d，视工程复杂程度、面积体量大小而异。工业、交通、水利、市政、园林等工程，基本上全数检查，视项目规模大小、难易程度进行安排。

5）0.5d 加晚上时间查阅工程如下有关内业资料：①对照该项工程的申报表，核查立项审批资料，包括工程立项报告、有关部门的审批文件、工程报建批复文件等；②全部技术与质量资料；③全部管理资料。按有关规定，应该查阅原件的，必须提供原件。

6）复查小组对工程复查的有关情况，在一定范围内进行现场讲评，成绩讲够、问题讲透，对有些质量问题，还应帮助企业分析其产生原因和可能发生的后果。应真心实意、语重心长，达到互帮互学、共同提高的目的。

7）复查小组在成员共识的基础上，向鲁班奖工程评审委员会提交书面复查报告。择日由组长和领队列席评委会，向评审委员会汇报并解答委员提出的疑问。

（6）鲁班奖工程的现场复查小组是评委会授权复查小组前来实地、最直接地了解工程实际情况，进行一线的调查研究，最终形成书面复查报告和推荐意见。评委们根据复查实体质量掌握的情况、复查报告、多媒体汇报资料和当面口头质询的结果，投出“赞成”“反对”或“弃权”的一票。

复查小组应本着全面、准确、真实、客观的原则，高尺度、高标准，严格按照复查的内容和要求，按照国家的施工质量验收规范一丝不苟地开展复查工作。该看的要全面看，该听的要全面听，该写的要全面写，客观、公正、公开、公平、实事求是地对复查工程实体质量、内业资料做出评价。每项工程 2d 的复查时间是非常紧张的，因此申报单位一定要认真做好准备，配合复查小组做好实体质量、内业资料的复查工作。

二、鲁班奖工程复查准备内容

1. 一报告：书面复查报告

书面复查报告是鲁班奖复查小组对工程实体质量水平，以及内业资料的有效性、完整性与翔实性查验后，集体讨论形成的书面推荐性意见和 5min 小片，报送中国建设业协会，并向年度评审委员会汇报。书面复查是对复查申报项目的总结，决定申报单位申报的项目是否能够通过最终评审，其重要性不言而喻。书面复查报告内容参见附件 1。

附件 1　书面复查报告案例

北京城市副中心行政办公区 A2 工程复查报告

一、工程概况

（1）工程名称：北京城市副中心行政办公区 A2 工程。

（2）工程类别：公共建筑。

（3）工程规划、性质及用途：北京市政府办公新址。

（4）建筑功能：办公、会议。

（5）工程总建筑面积：285351.55m^2。

（6）地下层数：2 层。

（7）地上层数：7～10 层。

（8）建筑尺寸长为 332.60m，宽为 290.60m。

（9）总高度：35.10～49.80m。

（10）檐高：49.80m。

（11）投资额：21.96 亿元。

（12）工程开竣工日期：开工日期为 2016 年 4 月 18 日，竣工日期为 2018 年 5 月29 日。

（13）工程质量自评等级：企业优良工程。

（14）全面验收单位：见下表。

验收项目	验收单位	
竣工验收	建设单位	北京城市副中心行政办公区工程建设办公室
	施工单位	北京建工集团有限责任公司
	勘察单位	北京市地质工程勘察院
	设计单位	中国建筑设计研究院有限公司
	监理单位	北京华城建设监理有限责任公司
	竣工备案单位	北京市住房和城乡建设委员会
	监督单位	北京市建设工程安全质量监督总站
防雷验收单位	北京市第三建筑工程有限公司	
消防验收单位	北京市通州区公安消防支队	
规划验收单位	北京市规划和国土资源管理委员会	
环保验收单位	北京市环境保护局	
工程档案验收单位	北京市规划和国土资源管理委员会	
电梯验收单位	北京市质量技术监督局特种设备检测中心	

（15）相关单位：

申报单位：北京建工集团有限责任公司

参建单位：北京市第五建筑工程集团有限公司

北京市建筑工程装饰集团有限公司

中迅达装饰工程集团有限公司

北京江河幕墙系统工程有限公司

北京市设备安装工程集团有限公司

同方股份有限公司

浙江亚厦装饰股份有限公司

苏州金螳螂建筑装饰股份有限公司

建设单位：北京城市副中心行政办公区工程建设办公室

监理单位：北京华城建设监理有限责任公司

设计单位：中国建筑设计研究院有限公司

质量监督单位：北京市建设工程安全质量监督总站

二、工程施工难度及新技术应用情况

1. 工程技术难度

（1）清水混凝土和窗组合单元板块单块质量达7.5t，清水混凝土颜色一致性、耐久性要求高，加工制作安装难度大。4.5m×4.2m石材窗单元板块安装变形难度大，拼接精度要求高。

（2）重点抗震设防的应急指挥中心，6种20个型号37个隔震支座，安装精度要求高、施工难度大。

（3）700m 长连廊，140 根 9m 高独立柱，清水混凝土用量共计 4508.5m^3，对配合比、模板选型、浇筑、养护、成品保护等方面要求高，质量控制与模板安装操作难度大。

（4）40015m^2 地下车库水泥自流平地坪，体量大、标准统一，一次成优，实施难度大。

（5）智能建筑包括 11 个常规系统，系统集成复杂。应急指挥系统整合了 18 家单位的 25 个指挥平台，60 余类专网专线专电，应急保障高效，实施难度大。

（6）269 间机房、336 间管井，设备及明装管线数量大，一次成优难度大。

2. 新技术推广应用情况

（1）推广应用住房城乡建设部 10 项新技术 10 大项、37 子项。推广应用《北京市建设领域百项重点推广项目（2006 年）》36 项。获"2018 年度北京市建筑业新技术应用示范工程"，整体达到国内领先水平。

（2）绿色施工技术应用情况

运用绿色施工技术 43 项。通过"第六批全国建筑业绿色施工示范工程"验收，获"2018 年北京市绿色建造暨绿色施工示范工程"。

（3）创新技术及工法专利

自主创新 8 项，发明型专利 1 项，实用新型专利 1 项，市级工法 1 项。较为突出的有：

1）集成式大板块装配式幕墙综合施工技术。预制装配施工，三维调节后与主体结构连接，安装精准；1200 块清水混凝土和窗组合单元板块，线条清晰、色泽一致；547 块石材和窗组合单元板块幕墙，采用全铝框架控制板块平面变形，确保了整体石材平整度，缝隙均匀。经鉴定，达到"国际先进水平"。

2）钢套管预留施工技术（发明专利）。

三、工程质量复查情况

1. 工程资料齐全情况

工程前期手续合法齐全，技术资料共 125 卷 2456 册，三级目录层次清晰、检索方便，资料的内容真实有效，数据准确，可追溯性强。

2. 工程质量验收情况及工程获奖情况

工程符合《建筑工程施工质量验收统一标准》（GB 50300—2013）。本工程 10 个分部工程质量验收全部合格。荣获"2017 年度中国钢结构金奖"、北京市"结构长城杯金质奖""建筑长城杯金奖""北京市建筑业新技术应用示范工程""2018 年度全国建设工程项目施工安全生产标准化工地""中建协 2017 年度全国工程建设质量管理小组活动优秀成果一等奖"等奖项。

3. 工程实物质量情况

（1）地基与基础工程

1）地下室采用筏形基础、混凝土灌注桩。1708 根（1052 根抗压桩，656 根抗拔桩）直径 800mm 混凝土灌注桩。经桩身完整性检测 773 根（低应变法检测 662 根，声波透射法检测 111 根），检测比率为 45.3%，检查结果为一类桩 100%；单桩承载力抽检数量抗压 16 根、抗拔 10 根，均满足设计要求。

2）270个沉降观测点，自2016年11月22日起，累计最大沉降量为45.11mm，最后100d沉降速率≤0.02mm/d，符合设计要求，沉降均匀稳定。

3）回填土：肥槽119个点位、地下室顶板55个点位，取样3192组，经检测符合设计与规范要求。

（2）主体结构工程

1）混凝土结构构件尺寸准确，内实外光，2193组混凝土标准养护试块，770组结构实体同条件试块，数理统计合格。

2）1903组钢筋原材、1549组直螺纹连接接头经复试全部合格；第三方钢筋保护层厚度检验合格率为99.98%。

3）未发现影响主体结构安全的裂缝。

4）主体结构全高垂直度最大偏差为4mm，小于规范20mm的要求。

5）工程钢构件焊缝共3800m，一级焊缝99.87%，经100%探伤检测合格，高强螺栓扭矩检测6452套，抗滑移系数和紧固轴力检测全部合格。防火涂料粘结强度及耐火极限检测报告齐全，验收合格。

（3）防水工程

1）地下工程防水，外墙采用C40P6、C40P8抗渗混凝土，3+4mm弹性体改性沥青防水卷材。经观察，无渗漏。

2）种植屋面，3.0mm自粘聚合物改性沥青防水卷材+4.0mm耐根刺防水卷材，经蓄水及雨期观测，无渗漏。

3）固定在混凝土斜屋面上的金属屋面，混凝土斜屋面防水采用1.5mm速凝橡胶沥青防水涂料，经淋水试验及雨期观测，无渗漏。

4）其余屋面为1.5mm速凝橡胶沥青防水涂料+1.5mm自粘聚合物改性沥青防水卷材，经蓄水试验，无渗漏。

5）卫生间、有防水房间，采用2mm厚单组分聚氨酯防水涂料。经2次蓄水试验，无渗漏。

（4）装饰装修工程

1）幕墙计算书完整合规，幕墙“四性”检测合格，与主体连接牢固，石材经检测，弯曲强度检测≥8.0MPa、抗冻系数≥80%，符合设计要求；装配式幕墙埋件拉拔试验、后扩底锚栓拉拔试验承载力符合设计与规范要求。防火封堵采用100mm厚岩棉板封堵严密，100mm厚岩棉保温严密，防雷经检测合格，幕墙经淋水试验后使用至今无渗漏。

2）门、窗安装牢固，开启灵活。五金件安装规范。防火门开启方向正确，免漆木门漆面光滑、环保。安全玻璃，性能检测报告、3C证明资料齐全有效。

3）建筑材料有害物含量经检测符合《北京城市副中心行政办公区工程室内装修用建筑材料有害物质控制技术导则》要求，高于国家标准。污染物检测符合Ⅰ类民用建筑工程室内污染物浓度限量规定要求。

（5）给排水、采暖及通风空调工程

1）承压管道、设备的强度及严密性试验，非承压管道、设备、卫生器具的闭水试验，排水管道通球试验，风管系统漏光、漏风试验等均合格。生活饮用水水质经北京市通州区疾控预防控制中心检测合格。

2）设备单机试运行、系统试运行、消火栓试射、系统通水、消毒试验数据内容翔实，满足设计、规范要求。

（6）建筑电气、智能及电梯分部

1）建筑电气设备空载试运行、负荷试运行等各项检测结果符合设计及规范要求。防雷接地系统经检测合格。

2）火灾自动报警、安全技术防范等系统试运行结果符合设计和规范要求。会议系统、消防系统经第三方检测合格。

3）电梯使用标识齐全，检测、监督检验报告齐全、合格。

（7）节能工程

外檐幕墙采用双层中空钢化双银 Low-E 超白玻璃［传热系数为 1.0～1.1W/(m^2·K)］；屋面保温为 75mm 厚挤塑聚苯板［导热系数为 0.024W/(m·K)］；地下车库顶板采用无机纤维喷涂［导热系数为 0.035W/(m·K)］；节能材料性能指标经检测全部符合设计、规范要求。应用了太阳能热水系统、导光管照明系统、多联机空调机组等节能技术，节能效果显著。工程一次通过建筑节能验收。

四、工程质量主要特色

（1）中国工程院崔愷院士依托本项目对国家重点课题（适应寒冷气候的绿色公共建筑设计模式与示范项目）进行了深入研究。通过对办公空间位置朝向、地下空间采光通风环境及屋顶绿化进行优化，使院落内外、下沉庭院内外温差分别达到 3.09℃、2.89℃，绿化屋顶房间舒适温度时长高于无绿化屋顶房间 43%，提升了小环境的舒适性，改善了建筑整体环境品质，全面降低能耗。

（2）建筑群采取组团式院落布局，室外连廊将 6 个单体围合在一起，提供友好、开放、便捷的联系空间。连廊地面石材拼花精致，与两侧廊柱、墙面整体对缝，舒适美观、简洁大气；清水混凝土线条清晰、色泽均匀、自然质朴、厚重清雅，与建筑端庄、严肃的气质特征相呼应，充分体现了中国传统建筑空间意象。

（3）主体结构工程。

1）主楼大堂 20 根 9m 高独立柱一次浇筑成型，达到清水效果。700m 连廊、140 根独立柱、门厅和景观亭清水混凝土，螺栓孔、禅缝精心策划，颜色均匀，精致美观。

2）橡胶隔震支座安装定位准确，确保了上下支墩同轴受力。

（4）装饰装修工程。

1）35000m^2 11 种屋面，排水通畅。屋面砖，整砖对缝、宽窄一致，种植屋面布局精致、环境宜人。

2）100000m^2 错缝石材幕墙，采用整体阳角石材，保证大角顺直；石材凹缝宽窄深度一致，精细美观；20000m^2 玻璃幕墙，胶缝严密，无渗水；2000m^2 铝方通格栅飞檐吊顶拼接美观，线条流畅。

3）医务楼纤维树脂板墙面安装牢固，阴阳角圆弧处理，干净整洁，安全环保。

4）吊顶前期策划到位，构造合理。走廊 0.6m×1.2m 矿棉板吊顶拼缝严密，无变形；石膏板吊顶线条流畅、无开裂；GRG 吊顶造型别致；各系统末端附着严密，排列整齐，居中对称。

5）4000m^2 首层大堂 0.6m×1.2m 超大板块地砖铺贴平整、缝隙均匀；主楼八角过厅地砖随结构形状精心排布，异型加工、处理精细；73000m^{2}PVC地面拼色美观，粘贴牢固、接缝严密；车库有40015m^{2}水泥自流平地面，大面平整，表面色泽一致、分缝合理、标识标线清晰；各类机房地面洁净平整，导流槽设置合理，满足功能要求，精细美观。

6）404个卫生间，墙地砖对缝，铺贴平整，洁具设施居中、对称、对齐。

7）88间会议室风格多样，和谐统一。末端设备成排成线与装饰风格浑然一体；墙饰面吸声降噪；地毯铺贴平整，脚感舒适。细部精致美观。

8）130m走廊采用屏风、檩条等中国元素，与现代办公环境有机集合，典雅庄重；伸缩缝设置合理，节点精细。

9）设备管井，穿楼板、地面、墙体封堵严密，细部处理精细。

10）细部：楼梯间地砖铺贴牢固、布局统一、排砖合理、板底滴水线交圈闭合；栏杆、栏板安装牢固、防护到位；伸缩缝与相邻装饰协调统一；无障碍设施设置合理、齐全适用、标识清晰。

（5）给水排水及采暖工程、通风空调工程。

1）6300台设备安装牢固、整齐划一，运行平稳可靠。设备减震、降噪有效。仪器仪表安装位置正确，便于观察。阀门朝向一致，方便操作。

2）140000m^{2}风管咬口严密、安装顺直。支架防腐良好，成形美观。柔性短管安装松紧适度，无扭曲变形。

3）420000m管道分层有序，连接紧密，坡度正确，标识清晰。保温严密，平整美观。支、吊架选型正确、间距合理、牢固整齐。

4）100000余个喷头、风口等末端设备安装成排成线、居中对称。

5）主楼首层大理石消火栓箱门采用折叠及滑轮设计，可开启180°。

（6）电气工程。

1）3000台配电箱柜排布合理，进出线口防火封堵严密美观，箱柜内导线排列整齐有序、线色正确，连接牢固，标识齐全。

2）430000m槽盒、8200000m线缆排布整齐有序、标识清晰。

3）60000盏LED照明灯具等末端设备排布整齐、美观；60000个开关、插座安装面板端正，标高一致。

4）成排设备接地干线扁钢设置合理，煨弯圆滑，与设备跨接可靠。镀锌圆钢避雷带安装平顺，支持件间距均匀，引下线标识清晰美观。

5）智能建筑设备排列整齐、接线美观，槽盒安装牢固、接地可靠。

6）56部电梯运行平稳，平层准确。

五、不足之处

（1）一号楼16轴线变形缝构造不合理。

（2）夹层水泥地坪、地下车库地坪有少量表层裂缝。

（3）地下室热力站循环水泵房，个别水泵减震器底座低于周围装饰面标高。

（4）走廊吊顶个别烟感排列不整齐；电气竖井内局部槽盒盖板不严密。

六、工程综合评价

A2工程是一座集办公、会议于一体的节能、低碳、绿色、智慧的示范性群体办公建筑。交付使用以来，地基基础稳定，结构安全可靠。机电各系统运行良好，满足设计和规范要求。各方主体对工程质量非常满意。

复查综合得分96.28分，复查组一致同意推荐参加“鲁班奖”工程评审。

2. 二查：查验实体工程质量水平，查验内业资料的有效性、完整性与翔实性

建筑工程实体质量和施工资料的复查要点主要是复查首次会汇报资料中一些情况是否属实，是否存在安全隐患，而不是对工程质量进行重新评定，实际是一种抽查，是在工程质量优良等级的基础上进行核查。建筑给水排水及采暖工程、建筑电气工程、通风与空调工程、电梯工程的实物质量、施工资料的主要复查内容如下：

（1）建筑给水排水及采暖工程

1）实物质量复查

①查看给水排水及采暖工程管道及器具安装质量情况，管道是否横平竖直，固定是否牢固，器具安装是否规范；

②查看管道及管道与器具接口是否有渗漏现象；

③查看各系统运行中是否有明显的不安全隐患；

④PVC管道的配件是否配套和符合规范要求。

2）施工资料复查

①使用的管道及器具的质量证明文件；

②管道冲洗、打压、通水试验记录；

③分部、分项工程质量检验评定记录。

（2）建筑电气工程

1）实物质量复查

①电缆桥架内线缆敷设及器具安装的安全功能、使用功能的状况；

②电气设备线路敷设是否顺直、设备金属外壳是否接地等质量问题；

③屋面防雷设施的质量是否符合规范要求；

④电气竖井、配电室内母线槽、桥架、配电柜（箱）的安装是否符合规范要求。

2）施工资料复查

①防雷接地电阻测试记录；

②主要材料、设备的质量证明文件；

③电气工程的绝缘电阻测试记录、绝缘电阻测试仪表的第三方检测证书；

④建筑物照明通电试运行记录、建筑物照明系统照度测试记录；

⑤分部、分项工程质量检验评定记录。

（3）通风与空调工程

1）实物质量复查

①查看成组设备安装质量状况；

②查看管道保温隔热敷设情况（含耐腐）；

③通风运行中的噪声是否低于设计值；

④有无滴漏情况。

2）施工资料复查

①主要设备的质量证明；

②系统及节点的功能质量检测记录。

③分部、分项工程质量检验评定记录。

（4）电梯工程

1）实物质量复查

①电梯运行是否达到设计要求，能否保持正常运行；

②安装电梯的单位是否具有相应的资质；

③安全监督部门的验收报告。

2）施工资料复查

①电梯制造许可证明文件；

②电梯整机型式试验合格证书或报告书；

③产品质量证明文件；

④电梯施工安装许可证；

⑤施工过程记录和自检报告；

⑥安装质量证明文件；

⑦分部、分项工程质量检验评定记录。

3. 三会：汇报会、征求意见会、讲评会

（1）汇报会

复查组组长主持会议，说明本次工程复查工作的内容及安排。申报单位介绍工程概况及施工质量情况，时间一般控制在 20min 左右，放映多媒体汇报资料。汇报资料要抓住施工的难点、质量的亮点、工程的特色以及环保节能、以人为本等的理念。其主要包括工程概况、工程难点及措施、新技术推广应用情况、保证工程质量措施、工程质量情况、工程技术资料情况、工程的亮点和特色、环保节能、以人为本、获奖情况、综合效果、工程照片等，充分反映工程质量过程控制和隐蔽工程的检验情况。复查组专家就小片中的有关问题进行提问。复查组组长宣布专业分组和工程实体抽检部位。

（2）征求意见会

复查组专家听取建设单位、设计单位、监理单位以及当地政府质量监督部门对投入使用一年以上工程质量的评价意见。复查组与上述单位座谈时，受检单位的人员应当回避。工程复查前，建设单位、设计单位、监理单位以及当地政府质量监督部门等应对工程质量的评价意见形成纸质版。

（3）讲评会

复查组组长主持会议，复查专家对工程质量进行综合评价。讲评的主要内容：各工程质量复查情况，对工程资料的评价，工程质量的主要特色与不足之处等。

第二节　鲁班奖工程复查要点

一、鲁班奖工程宏观复查要求

鲁班奖工程是各地区（部门）获得省（市）或部级优质工程中选拔出来的工程，因此在复查申报鲁班奖工程中，首先要宏观地查看它是否符合以下要求：

1. 是优中之优的工程

在符合设计和规范要求的前提下，做到好中选好、优中选优的工程。创优没有一个固定的标准，每个地区都不一样，每年都在提高，一年上一个台阶。

2. 是安全、适用、美观的工程

保证主体结构和地基基础的安全，满足使用功能，达到装饰装修效果，以及绿色环保、以人为本、兼顾可持续发展等主要方面均达到很高的水平。

3. 是经得起时间检验的工程

鲁班奖工程是经得起宏观和微观检查的，越是严格检查，越可显出精致细腻之处。同样，经不起时间检验的工程，不能列为鲁班奖工程。

4. 是技术含量高的工程

鲁班奖工程除必须符合“评选办法”中要求的规模等规定外，显然在工程质量相当的情况下，谁工程技术的难易程度、新技术的含量高，谁将占到优势。

5. 是安全功能与使用功能俱佳的工程

工程必须满足使用安全和使用功能的要求，做到技术先进、性能优良、使用寿命长，其可靠性、安全性、耐久性、经济性、舒适性等方面满足用户的需求。

6. 是用户非常满意的精品工程

质量是“反映产品或服务满足用户明确或隐含需要能力的特征和特性的总和”。鲁班奖工程的质量是高水平的，甚至达到用户无可挑剔的程度，同时也得到社会上的确认。

7. 是一个整体达到精品的工程

从建筑设计看，具有鲜明的时代感、艺术性和超前性；在结构设计方面，体现当代的科技水平，特别是在施工过程中，如何开展管理创新、技术创新、工艺创新，做到“过程精品，细节大师”，精益求精，优中之最。

8. 工程已按合同内容竣工验收的工程

工程验收单位是指工程项目立项的批准单位，或者由其授权的单位，不是“工程质量监督站”。工程必须按合同内容规定全部竣工，并能满足使用要求，包括设计、规划、土地、人防、消防、环保、供电、电信、燃气、供水、绿化、劳动、技监、档案等单项验收签证、齐全，并经当地质量监督部门评定或者备案。

9. 工程质量复查评审符合申报要求的工程

复查小组要核查申报工程的自评质量等级和有关部门核定等级、实物质量与评定质量等级的准确情况、技术资料的齐全情况、技术难度与新技术推广应用情况等。

10. 符合施工质量验收规范规定的工程

工程符合国家现行规范和标准要求是前提，而“强制性条文”更是其中直接涉及人民生命财产安全、人身健康、环境保护和公共利益的条文，同时考虑了提高经济和社会效益等方面的要求，必须严格执行。

二、鲁班奖工程微观复查要求

鲁班奖工程质量的微观复查主要是复查申报表中的一些情况是否属实，不重新对工程质量进行检验评定，而是采取抽检方式对工程质量进行微观检查。

1. 建筑给水排水及供暖工程、通风与空调工程

（1）《建筑工程施工质量验收统一标准》（GB 50300—2013）中第 4.0.7 条规定，施工前，应由施工单位制定分项工程和检验批的划分方案，并由监理单位审核。对表 2-1 及相关专业验收规范未涵盖的分项工程和检验批，可由建设单位组织监理、施工等单位协商确定。

表 2-1 建筑工程的分部工程、分项工程划分（1）

分部分项	子分部工程	分项工程
建筑给水排水及供暖	室内给水系统	给水管道及配件安装，给水设备安装，室内消火栓系统安装，消防喷淋系统安装，防腐，绝热，管道冲洗、消毒，试验与调试
	室内排水系统	排水管道及配件安装，雨水管道及配件安装，防腐，试验与调试
	室内热水系统	管道及配件安装，辅助设备安装，防腐，绝热，试验与调试
	卫生器具	卫生器具安装，卫生器具给水配件安装，卫生器具排水管道安装，试验与调试
	室内供暖系统	管道及配件安装，辅助设备安装，散热器安装，低温热水地板辐射供暖系统安装，电加热供暖系统安装，燃气红外辐射供暖系统安装，热风供暖系统安装，热计量及调控装置安装，试验与调试，防腐，绝热
	室外给水管网	给水管道安装，室外消火栓系统安装，试验与调试
	室外排水管网	排水管道安装，排水管沟与井池，试验与调试
	室外供热管网	管道及配件安装，系统水压试验，土建结构，防腐，绝热，试验与调试
	建筑饮用水供应系统	管道及配件安装，水处理设备及控制设施安装，防腐，绝热，试验与调试
	建筑中水系统及雨水利用系统	建筑中水系统、雨水利用系统管道及配件安装，水处理设备及控制设施安装，防腐，绝热，试验与调试
	游泳池及公共浴池水系统	管道及配件系统安装，水处理设备及控制设施安装，防腐，绝热，试验与调试
	水景喷泉系统	管道系统及配件安装，防腐，绝热，试验与调试
	热源及辅助设备	锅炉安装，辅助设备及管道安装，安全附件安装，换热站安装，防腐，绝热，试验与调试
	监测与控制仪表	检测仪器及仪表安装，试验与调试

续表

分部分项	子分部工程	分项工程
通风与空调	送风系统	风管与配件制作，部件制作，风管系统安装，风机与空气处理设备安装，风管与设备防腐，旋流风口，岗位送风口、织物（布）风管安装，系统调试
	排风系统	风管与配件制作，部件制作，风管系统安装，风机与空气处理设备安装，风管与设备防腐，吸风罩及其他空气处理设备安装，厨房、卫生间排风系统安装，系统调试
	防排烟系统	风管与配件制作，部件制作，风管系统安装，风机与空气处理设备安装，风管与设备防腐，排烟风阀（口）、常闭正压风口、防火风管安装，系统调试
	除尘系统	风管与配件制作，部件制作，风管系统安装，风机与空气处理设备安装，风管与设备防腐，除尘器与排污设备安装，吸尘罩安装，高温风管绝热，系统调试
	舒适性空调系统	风管与配件制作，部件制作，风管系统安装，风机与空气处理设备安装，风管与设备防腐，组合式空调机组安装，消声器、静电除尘器、换热器、紫外线灭菌器等设备安装，风机盘管、变风量与定风量送风装置、射流喷口等末端设备安装，风管与设备绝热，系统调试
	恒温恒湿空调系统	风管与配件制作，部件制作，风管系统安装，风机与空气处理设备安装，风管与设备防腐，组合式空调机组安装，电加热器、加湿器等设备安装，精密空调机组安装，风管与设备绝热，系统调试
	净化空调系统	风管与配件制作，部件制作，风管系统安装，风机与空气处理设备安装，风管与设备防腐，净化空调机组安装，消声器、静电除尘器、换热器、紫外线灭菌器等设备安装，中、高效过滤器及风机过滤器单元等末端设备清洗与安装、洁净度测试，风管与设备绝热，系统调试
	地下人防通风系统	风管与配件制作，部件制作，风管系统安装，风机与空气处理设备安装，风管与设备防腐，过滤吸收器、防爆波活门、防爆超压排气活门等专用设备安装，系统调试
	真空吸尘系统	风管与配件制作，部件制作，风管系统安装，风机与空气处理设备安装，风管与设备防腐，管道安装，快速接口安装，风机与滤尘设备安装，系统压力试验及调试
	冷凝水系统	管道系统及部件安装，水泵及附属设备安装，管道冲洗，管道、设备防腐，板式热交换器，辐射板及辐射供热、供冷地埋管，热泵机组设备安装，管道、设备绝热，系统压力试验及调试
	空调（冷、热）水系统	管道系统及部件安装，水泵及附属设备安装，管道冲洗，管道、设备防腐，冷却塔与水处理设备安装，防冻伴热设备安装，管道、设备绝热，系统压力试验及调试

续表

分部分项	子分部工程	分项工程
通风与空调	冷却水系统	管道系统及部件安装，水泵及附属设备安装，管道冲洗，管道、设备防腐，系统灌水渗漏及排放试验，管道、设备绝热
	土壤源热泵换热系统	管道系统及部件安装，水泵及附属设备安装，管道冲洗，管道、设备防腐，埋地换热系统与管网安装，管道、设备绝热，系统压力试验及调试
	水源热泵换热系统	管道系统及部件安装，水泵及附属设备安装，管道冲洗，管道、设备防腐，地表水源换热管及管网安装，除垢设备安装，管道、设备绝热，系统压力试验及调试
	蓄能系统	管道系统及部件安装，水泵及附属设备安装，管道冲洗，管道、设备防腐，蓄水罐与蓄冰槽、罐安装，管道、设备绝热，系统压力试验及调试
	压缩式制冷（热）设备系统	制冷机组及附属设备安装，管道、设备防腐，制冷剂管道及部件安装，制冷剂灌注，管道、设备绝热，系统压力试验及调试
	吸收式制冷设备系统	制冷机组及附属设备安装，管道、设备防腐，系统真空试验，溴化锂溶液加灌，蒸汽管道系统安装，燃气或燃油设备安装，管道、设备绝热，系统压力试验及调试
	多联机（热泵）空调系统	室外机组安装，室内机组安装，制冷剂管路连接及控制开关安装，风管安装，冷凝水管道安装，制冷剂灌注，系统压力试验及调试
	太阳能供暖空调系统	太阳能集热器安装，其他辅助能源、换热设备安装，蓄能水箱、管道及配件安装，防腐，绝热，低温热水地板辐射采暖系统安装，系统压力试验及调试
	设备自控系统	温度、压力与流量传感器安装，执行机构安装调试，防排烟系统功能测试，自动控制及系统智能控制软件调试

（2）实物质量情况：

1）查看水、暖、燃气、通风、空调管道及器具安装质量情况，管道横平竖直，支吊架固定牢固、吊杆顺直、油漆颜色一致、附着良好、标识清晰、焊缝饱满、通风风口与顶棚墙壁贴合紧密，消防喷头排列整齐。

2）查看管道及接口有无渗漏、设备安装是否有序、位置是否正确、连接是否牢固、质量是否上乘，有无不安全隐患，运行是否平稳，使用效果是否达到设计要求；管道的保温、隔热、防腐、丝扣与法兰连接是否符合现行《建筑给水排水及采暖工程施工质量验收规范》（GB 50242）、《通风与空调工程施工质量验收规范》（GB 50243）的要求；PVC 管道的配件是否配套和符合标准要求。

（3）技术资料情况：

1）给水管道通水、暖气管道、散热器压力、卫生器具满水、消防管道、燃气管道压力、排水干管通球等试验记录。

2）通风、空调系统试运行，风量、温度测试，洁净室洁净度测试，制冷机具试运行等调试记录。

3）材料、配件出厂合格证书及进场检（试）验报告，管道、设备强度试验、严密性试验、系统清洗、灌水、通水、通球等试验记录。

4）隐蔽工程及分项、分部工程质量验收记录、设计变更、洽商记录等。

2. 建筑电气工程、智能建筑工程与电梯工程

（1）《建筑工程施工质量验收统一标准》（GB 50300—2013）第4.0.7条规定，施工前，应由施工单位制定分项工程和检验批的划分方案，并由监理单位审核。对于表2-2及相关专业验收规范未涵盖的分项工程和检验批，可由建设单位组织监理、施工等单位协商确定。

表2-2　建筑工程的分部工程、分项工程划分（2）

分部工程	子分部工程	分项工程
建筑电气	室外电气	变压器、箱式变电所安装，成套配电柜、控制柜（屏、台）和动力、照明配电箱（盘）及控制柜安装，梯架、支架、托盘和槽盒安装，导管敷设，电缆敷设，管内穿线和槽盒内敷线，电缆头制作、导线连接和线路绝缘测试，普通灯具安装，专用灯具安装，建筑照明通电试运行，接地装置安装
	变配电室	变压器、箱式变电所安装，成套配电柜、控制柜（屏、台）和动力、照明配电箱（盘）安装，母线槽安装，梯架、支架、托盘和槽盒安装，电缆敷设，电缆头制作、导线连接和线路绝缘测试，接地装置安装，接地干线敷设
	供电干线	电气设备试验和试运行，母线槽安装，梯架、支架、托盘和槽盒安装，导管敷设，电缆敷设，管内穿线和槽盒内敷线，电缆头制作、导线连接和线路绝缘测试，接地下线敷设
	电气动力	成套配电柜、控制柜（屏、台）和动力配电箱（盘）安装，电动机、电加热器及电动执行机构检查接线，电气设备试验和试运行，梯架、支架、托盘和槽盒安装，导管敷设，电缆敷设，管内穿线和槽盒内敷线，电缆头制作、导线连接和线路绝缘测试
	电气照明	成套配电柜、控制柜（屏、台）和照明配电箱（盘）安装，梯架、支架、托盘和槽盒安装，导管敷设，管内穿线和槽盒内敷线，塑料护套线直敷布线，钢索配线，电缆头制作、导线连接和线路绝缘测试、普通灯具安装，专用灯具安装，开关、插座、风扇安装，建筑照明通电试运行
	备用和不间断电源	成套配电柜、控制柜（屏、台）和动力、照明配电箱（盘）安装，柴油发电机组安装，不间断电源装置及应急电源装置安装，母线槽安装，导管敷设，电缆敷设，管内穿线和槽盒内敷线，电缆头制作、导线连接和线路绝缘测试，接地装置安装
	防雷及接地	接地装置安装，防雷引下线及接闪器安装，建筑物等电位连接，浪涌保护器安装

续表

分部工程	子分部工程	分项工程
智能建筑	智能化集成系统	设备安装，软件安装，接口及系统调试，试运行
	信息接入系统	安装场地检查
	用户电话交换系统	线缆敷设，设备安装，软件安装，接口及系统调试，试运行
	信息网络系统	计算机网络设备安装，计算机网络软件安装，网络安全设备安装，网络安全软件安装，系统调试，试运行
	综合布线系统	梯架、托盘、槽盒和导管安装，线缆敷设、机柜、机架、配线架安装，信息插座安装，链路或信道测试，软件安装，系统调试，试运行
	移动通信室内信号覆盖系统	安装场地检查
	卫星通信系统	安装场地检查
	有线电视及卫星电视接收系统	梯架、托盘、槽盒和导管安装，线缆敷设，设备安装，软件安装，系统调试，试运行
	公共广播系统	梯架、托盘、槽盒和导管安装，线缆敷设，设备安装，软件安装，系统调试，试运行
	会议系统	梯架、托盘、槽盒和导管安装，线缆敷设，设备安装，软件安装，系统调试，试运行
	信息导引及发布系统	梯架、托盘、槽盒和导管安装，线缆敷设，显示设备安装，机房设备安装，软件安装，系统调试，试运行
	时钟系统	梯架、托盘、槽盒和导管安装，线缆敷设，设备安装，软件安装，系统调试，试运行
	信息化应用系统	梯架、托盘、槽盒和导管安装，线缆敷设，设备安装，软件安装，系统调试，试运行
	建筑设备监控系统	梯架、托盘、槽盒和导管安装，线缆敷设，传感器安装，执行器安装，控制器、箱安装，中央管理工作站和操作分站和操作分站设备安装，软件安装，系统调试，试运行
	火灾自动报警系统	梯架、托盘、槽盒和导管安装，线缆敷设，探测器类设备安装，控制器类调协安装，其他设备安装，软件安装，系统调试，试运行
	安全技术防范系统	梯架、托盘、槽盒和导管安装，线缆敷设，设备安装，软件安装，系统调试，试运行
	应急响应系统	设备安装，软件安装，系统调试，试运行
	机房	供配电系统，防雷与接地系统，空气调节系统，给水排水系统，综合布线系统，监控与安全防范系统，消防系统，室内装饰装修，电磁屏蔽，系统调试，试运行
	防雷与接地	接地装置、接地线，等电位连接，屏蔽设施，电涌保护器，线缆敷设，系统调试，试运行

续表

分部工程	子分部工程	分项工程
电梯	电力驱动的曳引式或强制式电梯	设备进场验收，土建交接检验，驱动主机，导轨，门系统，轿厢，对重，安全部件，悬挂装置，随行电缆，补偿装置，电气装置，整机安装验收
	液压电梯	设备进场验收，土建交接检验，液压系统，导轨，门系统，轿厢，对重，安全部件，悬挂装置，随行电缆，电气装置，整机安装验收
	自动扶梯、自动人行道	设备进场验收，土建交接检验，整机安装验收

（2）实物质量情况：

1）查看电气线路敷设及器具安装质量状况，有否不清、混用及不接地的质量问题，防雷设施、配电箱的安装是否符合规范要求。

2）查看电梯运行是否达到设计要求，能否保持正常运行；安装电梯的单位是否具有相应的资质，劳动部门（有的是技术监督局）是否检验同意进入使用运行。在实体工程中，常发现有的电梯的平层不够一致。因电梯的轨道不够平直，运行时噪声大，且有摇摆的感觉。复查时顶层电梯机房的土建工程也不能忽略。

3）查看涉及智能建筑工程已有的系统，如通信网络、办公自动化、建筑设备监控、火灾报警及消防联动、安全防范、综合布线、智能化集成、住宅小区智能化系统以及电源接地和环境等项工程。

（3）技术资料情况：

1）电气照明全负荷试验，大型灯具牢固试验，接地电阻测试，线路、插座、开关安装检验记录。

2）电梯制造的质量证明、运行记录，电梯安全装置检测报告、电梯工程质量检验验收（评定）记录。

3）材料、设备出厂合格证书，开箱检验记录，进场检（试）验报告，设备调试记录，接地、绝缘电阻测试记录，负荷试验、安全装置检查记录。

4）智能建筑工程系统功能测定及设备调试记录，系统技术、操作和维护手册，系统管理，操作人员培训记录，系统检测报告等。

5）设计变更洽商记录，隐蔽工程验收记录及分项、分部质量验收（评定）记录等。

第三节　鲁班奖工程实体复查常见的问题

申报鲁班奖的工程均是从各地区或部门中挑选出来的、代表本地区或部门的最高质量水平的工程，最终能评上鲁班奖，表明这些工程符合鲁班奖评审办法及满足现场复查的有关要求。当然，可能有极个别工程存在这样或那样的不足，尽管这些不足不具有普遍性，但作为应该注意的问题提出来，使申报单位提前克服、事先预控，从而做到好上加好、精益求精。

一、建筑给水排水及供暖工程安装部分

（1）采暖、消防、生活给水管道管件连接后明装的接口处尚能做到外露油麻清根，露出的螺纹进行防腐处理。但安装在吊顶内的管道连接后，既不清除外露的油麻，也不对外露的螺纹进行防腐处理。

（2）自动喷水灭火系统管道倒坡现象较为普遍，尤其是配水管的配水支管。管道的坡度应坡向泄水装置或辅助排水管，并应按规范规定设置防晃支架。由于管道倒坡使管内水排不出，当清洗或更换喷头时，易产生污染。极个别的采暖回水管道也有倒坡的，影响采暖效果。《自动喷水灭火系统施工及验收规范》（GB 50261—2017）中第 5.1.15 条规定，管道支架、吊架、防晃支架的安装应符合下列要求：①管道应固定牢固；管道支架或吊架之间的距离不应大于表 2-3～表 2-7 的规定。②管道支架、吊架、防晃支架的型式、材质、加工尺寸及焊接质量等，应符合设计要求和国家现行有关标准的规定。③管道支架、吊架的安装位置不应妨碍喷头的喷水效果；管道支架、吊架与喷头之间的距离不宜小于 300mm；与末端喷头之间的距离不宜大于 750mm。④配水支管上每一直管段、相邻两喷头之间的管段设置的吊架均不宜少于 1 个，吊架的间距不宜大于 3.6m。⑤当管道的公称直径等于或大于 50mm 时，每段配水干管或配水管设置防晃支架不应少于 1 个，且防晃支架的间距不宜大于 15m；当管道改变方向时，应增设防晃支架。⑥竖直安装的配水干管除中间用管卡固定外，还应在其始端和终端设防晃支架或采用管卡固定，其安装位置距地面或楼面的距离宜为 1.5～1.8m。

表 2-3　镀锌钢管道、涂覆钢管道支架或吊架之间的距离

公称直径 DN（mm）	25	32	40	50	70	80	100	125	150	200	250	300
距离（m）	3.5	4.0	4.5	5.0	6.0	6.0	6.5	7.0	8.0	9.5	11.0	12.0

表 2-4　不锈钢管道的支架或吊架之间的距离

公称直径 DN（mm）	25	32	40	50～100	150～300
水平管（m）	1.8	2.0	2.2	2.5	3.5
立管（m）	2.2	2.5	2.8	3.0	4.0

表 2-5　铜管道的支架或吊架之间的距离

公称直径 DN（mm）	25	32	40	50	65	80	100	125	150	200	250	300
水平管（m）	1.8	2.4	2.4	2.4	3.0	3.0	3.0	3.0	3.5	3.5	4.0	4.0
立管（m）	2.4	3.0	3.0	3.0	3.5	3.5	3.5	3.5	4.0	4.0	4.5	4.5

表 2-6　氯化聚氯乙烯（PVC-C）管道支架或吊架之间的距离

公称外径 DN（mm）	25	32	40	50	65	80
最大间距（m）	1.8	2.0	2.1	2.4	2.7	3.0

表 2-7　沟槽连接管道最大支承间距

公称直径 DN（mm）	最大支撑间距（m）
65～100	3.5
125～200	4.2
250～315	5.0

（3）采暖、消防、燃气管道及硬聚氯乙烯管道穿墙（楼板）应按规定加设套管。在工程复查中，这方面的缺陷与不足较为普遍：有的虽然加了套管，穿越楼板与楼板面齐平或嵌入楼板，有的穿越墙面，比饰面多出 20～50mm；有的没有设套管或预埋套管偏位，干脆用水泥圈（楼面）塑料圈（墙面）护（粘）住，掩人耳目，表面上好看，取掉时就露了马脚；有的套管比管道只大一个规格，有的大 3～5 个规格；有的随手拿到什么管材就用什么；套管与管道间隙有的用泡沫、油麻堵塞，而不规范的用阻燃材料填实。套管的设置若无设计要求，一般按如下规定：套管应安装牢固不松动，比管道大 2 个规格，与管道之间间隙均匀。

《建筑给水排水及采暖工程施工质量验收规范》（GB 50242—2002）第 3.3.13 条规定，管道穿过墙壁和楼板，应设置金属或塑料套管。安装在楼板内的套管，其顶部应高出装饰地面 20mm；安装在卫生间及厨房内的套管，其顶部应高出装饰地面 50mm，底部应与楼板底面相平；安装在墙壁内的套管，其两端与饰面相平。穿过楼板的套管与管道之间的缝隙应用阻燃密实材料和防水油膏填实，端面光滑。穿墙套管与管道之间的缝隙宜用阻燃密实材料填实，且端面应光滑。管道的接口不得设在套管内。

《通风与空调工程施工质量验收规范》（GB 50243—2016）第 6.2.2 条规定，当风管穿过需要封闭的防火、防爆的墙体或楼板时，必须设置厚度不小于 1.6mm 的钢制防护套管；风管与防护套管之间应采用不燃柔性材料封堵严密。

《自动喷水灭火系统施工及验收规范》（GB 50261—2017）第 5.1.16 条规定，管道穿过建筑物的变形缝时，应采取抗变形措施。穿过墙体或楼板时应加设套管，套管长度不得小于墙体厚度，穿过楼板的套管，其顶部应高出装饰地面 20mm；穿过卫生间或厨房楼板的套管，其顶部应高出装饰地面 50mm，且套管底部应与楼板底面相平。套管与管道的间隙应采用不燃材料填塞密实。

（4）消防水泵吸水管阀门采用蝶阀；消防水泵和消防水池为独立的两个基础，管道连接时未加柔性连接管。

《自动喷水灭火系统施工及验收规范》（GB 50261—2017）第 4.2.3 条规定，吸水管及其附件的安装应符合下列要求：①吸水管上宜设过滤器，并应安装在控制阀后。②吸水管上的控制阀应在消防水泵固定于基础上之后进行安装，其直径不应小于消防水泵吸水口直径，且不应采用没有可靠锁定装置的蝶阀，蝶阀应采用沟槽式或法兰式。③当消防水泵和消防水池位于独立的两个基础上且相互为刚性连接时，吸水管上应加设柔性连接管。④吸水管水平管段上不应有气囊和漏气现象。变径连接时，应采用偏心异径管件并应采用管顶平接。

《自动喷水灭火系统施工及验收规范》（GB 50261—2017）第 4.2.3 条第 2 款的规定

主要基于：当水泵开始运转，管道内的水头冲击较大，蝶阀由于水阻力大，受振动等因素可自行关闭或关小，因此不能在吸水管上使用。

《自动喷水灭火系统施工及验收规范》（GB 50261—2017）第 4.2.3 条第 3 款的规定主要基于：由于不均匀沉降可能造成消防水泵吸水管承受内应力，最终应力加在水泵上将造成消防泵损坏。

（5）气体灭火系统和自动喷水灭火系统管道安装对公称直径小的一般都采用管件丝接，对管径较大的，如 DN65、DN73、DN89 及以上的有采用焊接的，但焊后只对外表面进行了防腐处理。

《气体灭火系统施工及验收规范》（GB 50263—2007）第 5.5.1 条规定，灭火剂输送管道连接应符合下列规定：已防腐处理的无缝钢管不宜采用焊接连接，与选择阀等个别连接部位需采用法兰焊接连接时，应对被焊接损坏的防腐层进行二次防腐处理。

《自动喷水灭火系统施工及验收规范》（GB 50261—2017）第 5.1.13 条规定，法兰连接可采用焊接法兰或螺纹法兰。焊接法兰焊接处应做防腐处理，并宜重新镀锌后连接。焊接应符合现行《工业金属管道工程施工及验收规范》（GB 750235）、《现场设备、工业管道焊接工程施工及验收规范》（GB 50236）的有关规定。螺纹法兰连接应预测对接位置，清除外露密封填料后紧固、连接。

《建筑给水排水及采暖工程施工质量验收规范》（GB 50242—2002）第 4.1.3 条规定，管径小于或等于 100mm 的镀锌钢管应采用螺纹连接，套丝扣时破坏的镀锌层表面及外露螺纹部分应做防腐处理；管径大于 100mm 的镀锌钢管应采用法兰或卡套式专用管件连接，镀锌钢管与法兰的焊接处应二次镀锌。

鲁班奖工程复查时，多项工程在这一方面存在不足，不但采用焊接连接，且在转弯处均用压剥弯头焊接连接，使管道与弯头的口径不一致。

（6）采暖管道、消防管道（吊顶内）防腐和保温存在的问题：油漆厚度不均匀，有的工程是在申报鲁班奖整修工程时补刷的，水平管子下部油漆流淌、结瘤，管道保温层表面不平整、圆弧不均匀、外表粗细不一等缺陷，影响观感。有的应做色环圈标志的未做。

《自动喷水灭火系统施工及验收规范》（GB 50261—2017）第 5.1.18 条规定，配水干管、配水管应做红色或红色环圈标志。红色环圈标志，宽度不应小于 20mm，间隔不宜大于 4m，在一个独立的单元内环圈不宜少于 2 处。

《气体灭火系统施工及验收规范》（GB 50263—2007）第 5.5.5 条规定，灭火剂输送管道的外表面宜涂红色油漆。在吊顶内、活动地板下等隐蔽场所内的管道，可涂红色油漆色环，色环宽度不应小于 50mm。每个防护区或保护对象的色环宽度应一致，间距应均匀。

（7）消防箱进水管孔与管道安装位置不匹配，对消防箱进水管口用氧焊切割扩孔，破坏了消防箱产品。燃气管道安装横不平、竖不直，且没有坡度，室内立管和水平管距墙面、电气开关、插座等太近。消防系统的施工与土建施工配合不够认真，造成预留洞口偏差较大，致使实际安装质量不符合规范要求。

《建筑给水排水及采暖工程施工质量验收规范》（GB 50242—2002）第 4.3.3 条规定，箱式消火栓的安装应符合下列规定：①栓口应朝外，并不应安装在门轴侧。②栓口中心距地面为1.1m，允许偏差为±20mm。③阀门中心距箱侧面为140mm，距箱后内表面为100mm，允许偏差为±5mm。④消火栓箱体安装的垂直度允许偏差为3mm。

在工程复查中，相当比例的消火栓安装不符合规范要求，集中表现：栓口朝向箱体侧面；有的安装在门轴一侧；阀门中心距地面1.40～1.55m；阀门中心距箱侧面240mm左右等。

（8）复查中发现某个工程施工的地下式消防水泵接合器顶部进水口与消防井盖底面的距离达1.9m，且井内未设置爬梯，这是不符合规范规定的。

《建筑给水排水及采暖工程施工质量验收规范》（GB 50242—2002）第9.3.5条规定，地下式消防水泵接合器顶部进水口或地下式消火栓的顶部出水口与消防井盖底面的距离不得大于400mm，井内应有足够的操作空间，并设爬梯。寒冷地区井内应做防冻保护。

（9）水泵吸水管安装若有倒坡现象，则会产生气囊，采用异径水泵吸水口连接，如果是同心异径大小头，则在吸水管上部有倒坡现象存在，同心异径管大小头上部会存留从水中析出的气体，因此在安装时应注意必须采用偏心异径大小头连接，且保持吸水管上部平直。

（10）管道安装前，应对建筑物进行实际测量，绘出施工草图，根据草图进行管道的下料、预制、调直、套丝等，这样可避免管道下料不准，管段中间拼接短管过多，环向焊缝距支架净距、直管管端两相邻环向焊缝的间距及拼接短管长度严重超标的缺陷。如复查的某个工程中，就存在管段中间拼接的短管只有近30mm长，管卡卡在环向焊缝上，在不到250mm长的一截短管上有四条环向焊缝等缺陷。而国家现行规范规定：钢管焊接时，环向焊缝距支架净距不应小于100mm，直管管端两相邻环形焊缝的间距不应小于200mm，直线管段中间不应采用长度小于800mm的短管拼接。

（11）应按不同的管道正确选择管道支架的构造形式，合理布置，埋设平整牢固，成排支架应排列整齐，与管道接触紧密。管道支架在安装前应事先选好，进行预制，统一下料，机械打孔，将飞边毛刺处理干净，统一进行防腐除锈涂漆。这样就可避免支架气焊、电焊开孔、焊缝长度不够、构造形式五花八门、长短不一、油漆漏涂等缺陷和不足。

同时管道上的卡环，根据不同管径统一下料、套丝、煨制，也可避免这方面的质量通病。例如在工程复查中发现，由于管道支架选择不当，造成支架不起作用，使管道变形；管道支架安装间距过大、标高不准，使管道塌腰下沉，特别是支架用气焊、电焊割孔，U形卡环紧固后，丝扣露出过长（达50～70mm）等现象较为普遍。

（12）设备及水泵与管道安装连接时应注意在进出口处专门设置支架，大口径的阀门和部件处应设支架，不得由设备承受管道、管件的质量，管道井内的立管应合理设置承重支架或支座，在穿墙上返的水平弯管或下返的水平弯管下应加设支架。

法兰与管道焊接时应注意同心度，也就是法兰应垂直于管子中心，以防止柔性接头或法兰受力不均，且影响观感质量。

（13）在工程复查中还发现，有的卫生器具安装后，整体外观不平正，有的有松动现象，容易引起管道连接零件损坏或漏水，采用的预埋螺栓或膨胀螺栓规格与卫生器具不匹配。

《建筑给水排水及采暖工程施工质量验收规范》（GB 50242—2002）第 7.1.2 条规定，卫生器具的安装应采用预埋螺栓或膨胀螺栓安装固定。第 7.1.3 条规定，卫生器具安装高度如设计无要求，应符合表 2-8 的规定。第 7.1.4 条规定，卫生器具给水配件的安装高度，如设计无要求，应符合表 2-9 的规定。

表 2-8 卫生器具的安装高度

<table>
<tr><th rowspan="2">项次</th><th rowspan="2" colspan="3">卫生器具名称</th><th colspan="2">卫生器具安装高度（mm）</th><th rowspan="2">备注</th></tr>
<tr><th>居住和公共建筑</th><th>幼儿园</th></tr>
<tr><td>1</td><td>污水盆（池）</td><td colspan="2">架空式
落地式</td><td>800
500</td><td>800
500</td><td></td></tr>
<tr><td>2</td><td colspan="3">洗涤盆（池）</td><td>800</td><td>800</td><td rowspan="4">自地面至器具上边缘</td></tr>
<tr><td>3</td><td colspan="3">洗脸盆、洗手盆（有塞、无塞）</td><td>800</td><td>500</td></tr>
<tr><td>4</td><td colspan="3">盥洗槽</td><td>800</td><td>500</td></tr>
<tr><td>5</td><td colspan="3">浴盆</td><td>≤520</td><td></td></tr>
<tr><td>6</td><td>蹲式
大便器</td><td colspan="2">高水箱
低水箱</td><td>1800
900</td><td>1800
900</td><td>自台阶面至高水箱底
自台阶面至低水箱底</td></tr>
<tr><td rowspan="2">7</td><td rowspan="2">坐式
大便器</td><td colspan="2">高水箱</td><td>1800</td><td>1800</td><td rowspan="2">自地面至高水箱底
自地面至低水箱底</td></tr>
<tr><td>低水箱</td><td>外露排水管式
虹吸喷射式</td><td>510
470</td><td>370</td></tr>
<tr><td>8</td><td colspan="2">小便器</td><td>挂式</td><td>600</td><td>450</td><td>自地面至下边缘</td></tr>
<tr><td>9</td><td colspan="3">小便槽</td><td>200</td><td>150</td><td>自地面至台阶面</td></tr>
<tr><td>10</td><td colspan="3">大便槽冲洗水箱</td><td>≥2000</td><td></td><td>自台阶面至水箱底</td></tr>
<tr><td>11</td><td colspan="3">妇女卫生盆</td><td>360</td><td></td><td>自地面至器具上边缘</td></tr>
<tr><td>12</td><td colspan="3">化验盆</td><td>800</td><td></td><td>自地面至器具上边缘</td></tr>
</table>

表 2-9 卫生器具给水配件的安装高度

<table>
<tr><th>项次</th><th colspan="2">给水配件名称</th><th>配件中心距地面高度（mm）</th><th>冷热水龙头距离（mm）</th></tr>
<tr><td>1</td><td colspan="2">架空式污水盆（池）水龙头</td><td>1000</td><td>—</td></tr>
<tr><td>2</td><td colspan="2">落地式污水盆（池）水龙头</td><td>800</td><td>—</td></tr>
<tr><td>3</td><td colspan="2">洗涤盆（池）水龙头</td><td>1000</td><td>150</td></tr>
<tr><td>4</td><td colspan="2">住宅集中给水龙头</td><td>1000</td><td>—</td></tr>
<tr><td>5</td><td colspan="2">洗手盆水龙头</td><td>1000</td><td>—</td></tr>
<tr><td rowspan="3">6</td><td rowspan="3">洗脸盆</td><td>水龙头（上配水）</td><td>1000</td><td>150</td></tr>
<tr><td>水龙头（下配水）</td><td>800</td><td>150</td></tr>
<tr><td>角阀（下配水）</td><td>450</td><td>—</td></tr>
</table>

续表

项次	给水配件名称			配件中心距地面高度（mm）	冷热水龙头距离（mm）
7	盥洗槽	水龙头		1000	150
		冷热水管上下并行	其中热水龙头	1100	150
8	浴盆	水龙头（上配水）		670	150
9	淋浴器	截止阀		1150	95
		混合阀		1150	—
		淋浴喷头下沿		2100	—
10	蹲式大便器（台阶面算起）	高水箱角阀及截止阀		2040	—
		低水箱角阀		250	—
		手动式自闭冲洗阀		600	—
		脚踏式自闭冲洗阀		150	—
		拉管式冲洗阀（从地面算起）		1600	—
		带防污助冲器阀门（从地面算起）		900	—
11	坐式大便器	高水箱角阀及截止阀		2040	—
		低水箱角阀		150	—
12	大便槽冲洗水箱截止阀（从台阶面算起）			≥2400	—
13	立式小便器角阀			1130	—
14	挂式小便器角阀及截止阀			1050	—
15	小便槽多孔冲洗管			1100	—
16	实验室化验水龙头			1000	—
17	妇女卫生盆混合阀			360	—

注：装设在幼儿园内的洗手盆、洗脸盆和盥洗槽水嘴中心离地面安装高度应为700mm，其他卫生器具给水配件的安装高度，应按卫生器具实际尺寸相应减少。

《建筑给水排水及采暖工程施工质量验收规范》（GB 50242—2002）第7.2.1条规定，排水栓和地漏的安装应平正、牢固，低于排水表面，周边无渗漏。地漏水封高度不得小于50mm。

地漏应安装在楼地面最低处，其箅子顶应低于地面5mm。在工程复查中，这一部分缺陷较为普遍，有的低于楼地面10～40mm，有的高出楼地面10～20mm，影响集水效果。

（14）此外，尚发现如下质量通病：管道穿过吊顶楼地面、墙面的饰面材料套孔不规矩，管四周有很大的空隙或打破饰面板材，用白水泥填塞，极不美观。管道贴墙敷设，影响管后抹灰的平整，个别的管道保温未嵌入墙内。小直径管道的水平与垂直度欠佳，暖气片回水管坡度过大，排水管坡度过小或者倒坡。

管道吊杆不齐、不顺直，丝扣过短或过长，涂漆不到位，管道转弯或U形管处应该设吊杆而没设，个别的小管道直接吊在大管道上。管道支架构造选用不当，多条管道共用一个吊架，仍采用角钢做横担，致吊架塌腰变形，有的同一墙面的同一根管道，支架形式五花八门、长短不一、里出外进。水平管道只用汽包钩子托位，不予紧固。

支架用气焊、电焊割孔，下料、氧化铁不处理，漏涂油漆，焊缝长度不够，只点焊不满焊，有的支架焊接固定在相邻管道上；有的支架间距过大，设置的数量不够；U形卡环两头不套丝，直接焊在支架上或套丝的部分丝扣过长；门式支架支腿做成内八字，穿墙上返或下返的水平弯管均不加设支架。

塑料或复合管道架设在角钢支架上，管道卡不用非金属材料进行隔离；管道法兰连接螺栓过长，最长的紧固后露出螺母50mm，朝向不一。法兰选用不配套，两法兰外径及厚度尺寸相差较大；弯管制作弯曲半径超标，截面变形、管壁内侧起皱较多；管道碰头连接短管过短；管道走向十字交叉间距不够，两相交管道管壁紧贴，且排水管在上，给水管在下。

管道的保温与防腐施工不细腻，管道焊缝欠美观；管道对口焊接有错口现象；管道介质分色及走向标志欠完善；铸铁管的承插口灰浆欠饱满，低于20mm。多种规格型号的阀门缺耐压试验报告；管道卡因未防腐而锈蚀严重；PVC管不使用专用卡子，卡距过长，没有按规范要求做；管道井壁内未粉刷，井内垃圾没有清除干净等。

消防喷淋头和烟感器及平顶各种灯具排列位置不合理，不成行、成线，有死角，不讲求均衡、对称，极不美观，有的甚至紧靠在灯具边或者梁柱边，满足不了使用功能。

二、通风与空调工程安装部分

（1）常见质量缺陷：金属风管制作在弯头、三通、四通处咬口不紧密，宽度不一致，有半咬口和胀裂；复合材料风管、玻璃钢风管表面不平整，法兰强度不够等。应按《建筑给水排水及采暖工程施工质量验收规范》（GB 50242—2002）的规定严格控制弯头、三通、四通的加工制作质量。玻璃钢风管和复合材料风管施工单位应严格按上述规范和行业标准进行进货检验和验收。在工程复查中还发现矩形风管刚度不够，风管大边上下有不同程度的下沉，两侧小边向外凸出，明显变形。

（2）通风管道安装，风管之间采用角钢法兰连接的，由于制作时没有注意法兰的平整和焊缝的清理，造成连接处四角翘曲不平而漏风。有时法兰螺栓朝向不一致，螺栓不是镀锌的，且未加镀锌钢制垫圈。

（3）风管保温问题较多，主要是新风机组的新风风管保温层与风管未贴严实或固定不牢固，两者之间产生空隙，长时间运转就会产生凝结水外渗或滴漏。有的工程矩形风管保温钉的排布不规矩，间距不等，保温钉的个数虽超过规范的规定，但由于排布问题使保温层凹凸，特别是在使用一段时间后，由于检修关系，弄得极为不整齐。

（4）一般对风管系统漏风量未进行检测。风管系统的严密程度是反映安装质量的一个重要指标，鲁班奖工程应按规范的规定根据系统的不同工作压力，采用漏风法对系统进行漏风量测试。

（5）风管穿过防火墙时未设置预埋管或防护套管，有的甚至将墙体直接作为风管，墙两侧的风管固定在墙上，这是不允许的；有的虽设置了预埋管或防护套管，但强度、刚度不够，塌落在风管上，风管与防护套管之间无法填塞，且未采用不燃且对人体无危害的柔性材料。

（6）防排烟系统的柔性短管未采用不燃材料制作，多数用帆布制作外刷油漆或防火漆。应采用三防布或铝箔玻璃布制作柔性短管。

（7）风机盘管供、回水管保温不到位，运行时产生凝结水，污染吊顶；凝水盘安装倒坡度，盘内积水，排水不顺畅，个别工程因排水软管弯折、压扁，使凝结水外溢。

（8）制冷系统管道焊接焊口错边量超出允许范围，对口件未留间隙或间隙过小，造成未焊透或焊缝堆积过高，焊缝有结瘤、咬肉和夹渣等质量缺陷。

（9）冷冻水供、回水管道及凝结水管道保温接口不严密，缝隙未填实，玻璃丝布作保护层，缠绕松紧不一，搭接不均匀，产生凝结水渗出；管道上安装的阀门与管道保温层成一整体，对阀门未采取单独保温，不便于检修。有的甚至不保温，形成冷凝水流淌。

以薄金属板加工制作保护壳搭接接口不是顺水流方向，而是逆水流方向，并不在侧面下方，个别的管道弯头处保护壳做成直角，不符合规范要求。

（10）设备安装方面，常见风机或水泵的连接轴处未加防护罩；基础缺避震垫块，由于螺栓固定过紧，没有起到避震的作用，有的螺栓长度不够，螺帽上留丝牙太少，支架任意设立，随意性较大，混凝土设备基础一般施工十分粗糙，有的被撞坏，缺棱少角，很不美观。

《建筑给水排水及采暖工程施工质量验收规范》（GB 50242—2002）第 3.3.15 条规定，管道接口应符合下列规定：连接法兰的螺栓，直径和长度应符合标准，拧紧后，凸出螺母的长度不应大于螺杆直径的 1/2；螺纹连接管道安装后的管螺纹根部应有 2～3 扣的外露螺纹，多余的麻丝应清理干净并做防腐处理。

《通风与空调工程施工质量验收规范》（GB 50243—2016）第 9.3.3 条规定，螺纹连接管道的螺纹应清洁规整，断丝或缺丝不应大于螺纹全扣数的 10%。管道的连接应牢固，接口处的外露螺纹应为 2～3 扣，不应有外露填料。镀锌管道的镀锌层应保护完好，局部破损处应进行防腐处理。

（11）管道、风道防腐与管道标识不规范，管道防腐涂刷不到位、漏涂、漆膜不光洁，管道色标漏做或做法不准确，管道标识未用文字标识管道种类、介质和介质的流向方向。

《建筑给水排水及采暖工程施工质量验收规范》（GB 50242—2002）第 9.2.9 条规定，管道和金属支架的涂漆应附着良好，无脱皮、起泡、流淌和漏涂等缺陷。

《建筑给水排水及采暖工程施工质量验收规范》（GB 50242—2002）第 11.2.14 条规定，防锈漆的厚度应均匀，不得有脱皮、起泡、流淌和漏涂等缺陷。

《建筑给水排水及采暖工程施工质量验收规范》（GB 50242—2002）第 12.2.3 条规定，中水供水管道严禁与生活饮用水给水管道连接，并应采取下列措施：①中水管道外壁应涂浅绿色标志；②中水池（箱）、阀门、水表及给水栓均应有“中水”标志。

《通风与空调工程施工质量验收规范》（GB 50243—2016）第 10.2.1 条规定，风管和管道防腐涂料的品种及涂层层数应符合设计要求，涂料的底漆和面漆应配套。

《通风与空调工程施工质量验收规范》（GB 50243—2016）第 10.3.1 条规定，防腐涂料的涂层应均匀，不应有堆积、漏涂、皱纹、气泡、掺杂及混色等缺陷。

《通风与空调工程施工质量验收规范》（GB 50243—2016）第 10.3.10 条规定，管道或管道绝热层的外表面，应按设计要求进行色标。

《通风与空调工程施工质量验收规范》（GB 50243—2016）第 12.0.6 条规定，通风与空调工程各系统的观感质量应符合下列规定：风管、部件、管道及支架的油漆应均匀，不应有透底返锈现象，油漆颜色与标志应符合设计要求。

冷冻机房、消防泵房、生活水箱、风机机房、变配电室设备标识线做法不规范，接地保护、等电位联结做法不规范，标识牌悬挂不统一。

北京市地方标准《装配式建筑设备与电气工程施工质量及验收规程》（DB11/T 1709—2019）第 5.8.2 条规定，建筑设备与电气工程的接地保护标识方法应符合下列规定：①设备的接地保护着色和标识应符合现行《电气装置安装工程 接地装置施工及验收规范》（GB 50169）的有关规定；②设备与电气工程电气设备的金属底座、框架及外壳必须做接地保护，接地标识应为白色底漆标，应有黑色长短不等的平行线“⏚”代号，着色应为黄绿双色绝缘线，其截面面积不应小于 4mm²。

北京市地方标准《装配式建筑设备与电气工程施工质量及验收规程》（DB11/T 1709—2019）第 5.8.4 条规定，设备的标识方法应符合下列规定：①机房地面标识线宜采用塑料不干胶材料，宽度应为 50mm，不干胶表面应为黄黑相间的组合颜色；②设备标识线与设备边缘水平距离应为 100mm，作业标识线与设备边缘水平距离应为 300～500mm，不干胶与地面基层粘接应顺直、平整、牢固，应无褶皱、翻边等现象；③设备标识牌尺寸应为 300mm×200mm，管道标识牌尺寸应为 250mm×150mm，仪器仪表标识牌尺寸应为 150mm×100mm，字号应为一号，字体应为宋体加粗，颜色应为红色；④标识牌应标明设备的名称、规格、型号、编号等，应采用尼龙绑扎带悬挂在明显位置，底边离地面高度不应小于 1.4m。

三、建筑电气工程、智能建筑工程安装部分

（1）鲁班奖工程的建筑电气和智能建筑工程特别强调综合布局，搞好二次设计，布局不好会影响工程的美观，甚至影响使用功能，布局好的可降低工程成本。内在质量必须符合设计和规范的要求，必须满足使用功能和使用安全的要求，必须达到技术先进、性能优良、可靠性、安全性、经济性、舒适性等方面都满足用户的需求。

宏观上要做到：布置合理、安装牢固、横平竖直、整齐美观、居中对称、成行成线、外表清洁、油漆光亮、标识清晰。

微观上要做到：工艺精湛、做工细腻、精工细做、精雕细刻、细部到位。

售后服务要做到：随叫随到、热情友好、周到圆满、维修保养、及时可靠。

（2）在工程复查中，质量通病主要表现在：室内插座、开关不在同一标高；大面积室内灯具排列欠整齐，日光灯吊线不平行，成正八字或反八字；电气线槽内的导线敷设较乱，电缆支架未涂刷面漆；插座及螺口灯具局部接反，有的插座无地线；电线软管使用过长；电管入盒（箱）处缺失护口；明敷设导管的间距大于规范规定值；导线分色不符合要求，配电箱（柜）内接地保护线有“串”接现象；有的导线接头未涮锡；电气部件被涂料污染；开关、插座周边露有缝隙等。

（3）接地保护线的标识不清晰，往往有的部分不到位，甚至接地测试记录有数量级差错。屋面避雷带不顺直，单面焊接，防腐不良，接头不好，欠美观，沿女儿墙走向任意，高度偏低，没有和建筑物牢固卡接，其间距最大不得超过800mm，接头搭接长度为6倍之钢直径。接地电阻的测试记录也不正确。

高度在1.8m以下灯具应接地，各电气金属部分应接地，金属软管要接地，接地绝缘记录，防雷接地、均压环的隐蔽记录一定要细致、准确、可靠。

（4）重物吊点、支架设置一定要牢固可靠、没有坠落的可能性，大型灯具、吊点埋设隐蔽记录、超载试验记录要齐全。

桥架应平直，接缝应严密，接地应良好，连接螺栓不能穿反，跨接线须大于$4mm^2$，进出桥架的管路应跨接地保护线。电线接线，室外保护管应加水弯或采用金属软管连接，软管要采用专用接头。

（5）配电箱、开关、插座安装标高不正确、面板歪、缝隙大、盒内有杂物、配线乱、接头不良、表面污染。鲁班奖工程要求：箱、开关、插座的埋设应做到符合标准，位置正确，标高一致；箱（盒）口和墙面齐平，并应做到油漆防腐、接地跨接，盒内清洁无垃圾。

电气管路进入箱（盒）应垂直，管口应平整无毛刺，锁母应拧紧，露出丝扣应在2～3扣并加护套。配电箱、开关、插座、管路和导线不应有污染；接地线的跨线应用$\phi 6$圆钢、$6d$焊缝长度双面焊；配电箱应做到箱壳平整、表面清洁，箱内配线应做到横平竖直，绑扎牢固，接线正确，接触良好，黄、绿、红、浅蓝和黄绿双色不应混用，多股线应搪锡。

软包装和木装修处的开关、插座、配电箱、电管一定要到位，接线盒一定与装修表面平齐，线头包扎一定要紧密、牢固，应烫锡的一定要烫锡，导线接头不得外露，防火封堵要密实。

各类型灯具安装应居中对称，整齐划一，标高一致，安装规范，协调美观。

（6）线槽和桥架的安装位置应符合施工图的规定，左右偏差不应超过50mm；水平度每条偏差不应超过2mm；垂直桥架及线槽应与地面保持垂直，无倾斜现象，垂直度偏差不应超过3mm；线槽截断处、两线槽拼接处应平滑无毛刺；金属桥架及线槽节与节间应接触良好、安装牢固，吊架和支架安装亦应保持垂直，整齐牢固，无歪斜现象。

（7）暗配的电线管埋入墙内或混凝土内，离表面净距不应小于15mm；直线布管每30m处应设置过线盒装置。暗管管口应光滑，并应加戴护口，管口伸出部位宜为25～50mm；明配管的弯曲处不应有褶皱、凹陷和裂缝等现象，弯曲半径不小于管外径的6倍；固定点的距离应均匀，管卡与终端、转弯中点、弱电设备或接线盒边缘的距离为150～500mm。

（8）电源线、弱电系统缆线应分隔布放，槽内缆线布放顺直、尽量不交叉，在缆线进出线槽部位、转弯处以及垂直线槽每间隔1.5m处均应绑扎牢固。

（9）机柜、机架安装应牢固，垂直度偏差不应大于3mm，机柜、机架上各种零件不得脱落或碰坏，各种标识应完整、清晰。接地安装检验：直流工作接地电阻、安全保护接地电阻均小于等于4Ω。防雷保护接地电阻小于等于10Ω。弱电系统的接地和利用建筑物的复合接地体，其接地电阻应小于1Ω。

第四节　鲁班奖工程的策划与实施

一、确定争创鲁班奖工程，做好施工前的策划

工程质量优质是施工企业生产经营活动的一项重要内容，可提高施工企业的综合实力，增强企业在建筑市场中的竞争力，以质量信誉占领建筑市场。2000年以后，工程施工质量管理实行“验评分离，强化验收，完善手段，过程控制”原则，颁布实施了《建筑工程施工质量评价标准》（GB T50375）、《建筑节能工程施工质量验收标准》（GB 50411）、《建筑给水排水及采暖工程施工质量验收标准》（GB 50242）、《通风与空调工程施工质量验收规范》（GB 50243）、《建筑电气工程施工质量验收规范》（GB 50303）、《火灾自动报警系统施工及验收标准》（GB 50166）、《智能建筑工程质量验收规范》（GB 50339）等标准。由于建筑市场竞争十分激烈，造成当前的中标工程普遍存在工期紧、中标价格低、质量要求高的状况，如何实现创优工程质量目标，并最大限度地减少因创优增加的成本，做好工程创优的策划、组织及过程监控等显得尤为重要。因此，施工单位必须在工程实体质量、工程内业资料两方面做足功课，提前准备、积极应对，达到未雨绸缪、有的放矢。

1. 创优工程的前期策划

（1）工程质量总体策划

工程质量总体策划是为了实现工程的质量目标，针对工程特点所规定的包括所有施工活动的系统的管理途径，包括所有施工活动的质量管理策划：

1）总体策划（创优目标，依据）；

2）创优策划（工程概况及工程质量总目标及其分解目标，创优施工组织设计）；

3）组织策划（企业管理层、项目部管理层、作业人员管理层的组织保证措施、质量管理措施）；

4）施工策划［施工部署策划、各分部（分项）工程施工策划，质量计划、施工方案、技术交底、工序交接要求，施工进度计划，劳动力使用计划，机具设备需用计划，物资供应计划，冬、雨期施工策划］；

5）科技应用策划（科技成果策划、设计奖策划、专利申请策划、施工工法策划、“10项新技术”应用策划、绿色施工策划及工程环境管理策划）；

6）其他（施工过程实体质量及内业工程资料专家检查验收、安全文明工地检查验收、绿色示范工程检查验收、经济技术分析等）。

质量总体策划工作应结合本工程所在地自然环境条件、工程特点难点、工艺特点、材料及设备选型来进行。质量总体策划在管理和实施的层次上可分为企业指导性策划和项目经理部实施性策划，其原则、依据、目标相同，但内容、侧重点和方法有所不同。

（2）指导性、实施性策划

公司指导性策划，重点是质量方针、质量管理体系、项目管理目标、资源配置、合同工期计划、主材和设备采购与供应计划、现场实体质量检查验收安排、大型专项施工方案评审、施工标准的确定、“新技术、新工艺、新设备、新材料”四新技术推广与应

用、绿色施工成效的考核、工法与QC质量活动成果落实、经济技术指标评价、应急预案演练、竣工验收工作落实等的策划。

项目经理部实施性策划，可根据施工需要分为总体策划、局部策划、综合性策划、阶段性策划、宏观策划、微观策划等，系统组织实施。

（3）施工策划

工程创优施工策划包括规范、工艺、工法、技术、质量、管线布置、管线走向、材料设备选型、单机试运行、各系统调试的各种要素等。

通过统一的施工策划，实现各分项工程内在质量和外部观感上的一致性和统一性，设备安装规范、管道线路排列整齐，达到安全功能可靠、使用功能完备，观感达到美观、实用，做法达到“精、细、腻”。

2. 施工过程质量控制

施工过程质量控制的指导思想包括：强化工序，遵守工艺流程，执行操作要领，精雕细琢；强化检测验收，严格执行规范、地方标准，过程控制；工程资料齐全有效，内容填写真实完整，及时收集、归档。

（1）过程质量控制三阶段

过程质量控制三个阶段为事前控制、事中控制、事后控制，这三个阶段构成了项目经理部工程质量控制的全过程，是实现工程质量创优的关键。

1）事前控制

①确定质量目标，明确质量标准、要求；

②完善质量管理体系，建立质量管理制度；

③编制、审核施工组织设计、专项施工方案；

④分包单位，材料、设备供货计划，大型机械、手持工具需求计划，施工现场布置安排。

2）事中控制

①施工工艺过程质量控制（现场检查、旁站、量测、试验）；

②工序交接检查（三检制）；

③隐蔽工程检查验收；

④进行质量检验、鉴定、统计、分析、评估。

3）事后控制

①明敷管道、设备成品保护；

②组织单位、单项工程验收；

③工程质量整改、评定；

④工程资料组卷、竣工图绘制及其他技术文件；

⑤竣工验收整改、评定；

⑥移交工程资料、办理备案手续。

（2）创建过程组织保障

1）施工单位

①施工单位是工程质量管理的第一责任人，是工程质量创优工作的第一责任人，实行施工企业、项目经理部和作业层三级创优管理，是整个工程质量创优成功的关键组织

保障。

②公司层：工程质量管理是施工企业质量管理的核心组成部分。施工企业应建立并实施工程质量管理制度，对工程质量管理实行事前检查、事中检查、事后检查，及时发现工程质量隐患，防微杜渐，对工程质量通病在施工过程中解决，做好技术和质量的服务工作。

③创优领导机构：施工企业应成立以公司主要领导挂帅的创优领导小组，小组成员由公司各职能部门主要负责人和项目经理部主要管理人员组成。在相关制度中明确各管理层次对项目经理部工程创优过程进行指导、监督、检查和考核。在资源方面，公司予以政策倾斜，提供人员、财务支持保障，这是工程创优工作的前提。

④项目经理部：施工企业应结合工程项目的规模、施工复杂程度、技术专业特点、管理人员素质等情况，组建强有力的项目经理部。项目经理部的主要人员配备应满足工程质量创优的需求。

⑤分包单位：成立以项目经理为首的工程创优领导小组，在企业质量管理体系下建立项目质量保证体系，制定落实岗位创优责任制度。所有重要岗位、关键岗位人员应具有实践经验、技术水平扎实，满足工程质量创优的客观需要。

⑥作业层班组：作业层应选择能工巧匠为骨干的作业班组、专业班组，负责具体质量目标的落实。班组作业层是施工的主要作业者，是工程质量创优的基础。

2）建设单位

①建设单位是整个项目建设的投资方和使用方，也是全面协调项目各参建方的主体。建设单位对工程创优工作的积极性和渴望性非常关键。

②确保工程创优符合基本申报程序，建设单位应提供项目申请立项报告、建设用地、勘察设计、招标投标手续、施工合同、施工许可证、竣工验收手续等备案文件。

③施工单位需要建设单位以及其他各参建单位的支持和配合等，相互之间要积极协调，及时处理，保证分包单位实现总承包单位制定的质量目标，总承包单位负责分包单位施工过程质量标准的控制工作。

④建设单位的管理目标在创优方面与施工单位的质量目标是一致的，共同确保向施工单位所供材料和设备满足设计要求和施工质量验收规范，并纳入施工单位的质量管理体系中。

⑤凡需建设单位把关和确定的设计变更、装饰设计及材料设备的规格、型号、品种、生产厂家等，均要在施工单位进行该分部工程施工准备工作开始之前完成。

⑥施工单位上报的各施工方案、材料设备报价等，需建设单位审批的应及时给予回复。

⑦建设单位要支持和协调施工单位处理施工现场周边地区的社会关系和交往。

⑧按规定实施、管理节能材料设备进场抽样复验工作，特别是工程竣工后的消防验收报告、防雷检测报告、生活饮用水检测报告等的及时收集。

⑨按规定程序和时间组织工程交工验收、备案、工程运营使用管理工作；配合施工单位搞好工程售后维护工作，参与工程质量创优评审工作。

⑩工程质量优质目标为“鲁班奖”时，应督促设计单位申报省、部级优秀设计奖。

⑪按合同要求，及时支付工程款，避免拖欠工程款。

3）设计单位

①设计单位应确保工程设计先进合理；当工程创优目标为“鲁班奖”时，该工程设计单位应积极配合申报省、部级优秀设计奖。

②及时有效地进行图纸会审、设计变更通知，保证将设计意图准确传递给施工单位，对施工单位提出的图纸疑问和工程变更洽商应及时答复。

③设计单位应及时参加安装工程的大型机电设备的技术指标的确认，各系统试运行和工程竣工验收工作。

4）监理单位

①监理单位应协调整个工程的质量控制工作，有效履行监理职责。

②保证监理资料的完整性，协助施工单位收集有关工程资料。

③监理单位应对该工程的工程结构质量及单位工程质量做出综合评价报告。

5）分包单位

①专业分包单位在创优上应与总承包单位保持一致，相互理解支持，认真执行总承包单位工程创优质量标准的要求，确保分包单位的施工质量和工程资料满足总承包单位的要求。

②施工单位应建立分包单位质量管理制度，明确各管理层次和部门在分包管理活动中的职责和权限，对分包单位实施过程管理，分包单位承包的专业工程质量与工程款结算相结合，利用经济手段保障创优目标的实现。

③分包单位应根据分包合同的要求实现规定的工程创优质量目标，落实到班组作业层，并实行质量追究制度。

6）供应单位

①供应单位应按合同计划及时供应材料、设备等，保证产品质量，产品出厂质量证明文件等应齐全有效。

②大型机电设备供应单位应配合施工单位做好单机设备的安装、调试和售后培训服务工作。

3. 施工质量管理措施

（1）项目经理部创优管理措施

1）争创优质工程奖应在施工合同或施工单位创优工程计划中予以明确，得到建设、监理、设计等单位的认同。

2）工程开工前，需向各地区（行业）协会填报创优工程备案表，各地区（行业）协会对申报创优工程进行过程控制和动态管理。

3）施工企业遵循现行《工程建设施工企业质量管理规范》（GB/T 50430）的要求，建立健全质量管理体系，项目经理部建立健全质量保证体系。

4）施工单位应成立以公司主要领导为组长的创优领导小组和跨部门的工作团队，明确各管理层次在对项目经理部工程质量管理和创优过程的指导、监督、检查和考核方面的职责和权限。

5）施工企业应结合工程项目的规模、施工复杂程度、技术专业特点、人员素质等情况，组建以项目经理为主的强有力的项目经理部，主要人员配备应满足工程创优需求。

6）项目经理部创优小组由项目经理、项目总工程师、土建技术负责人、安装技术负责人和各专业工程师组成，充分发挥他们在创优过程中的组织、指挥、协调作用。

7）分包单位作业层技术负责人纳入项目经理部创优小组，成立以分包单位专业班组为主，落实岗位创优责任制度。

（2）项目经理部创优管理职责

1）项目经理部是工程施工质量管理和工程创优的主体。

2）企业质量管理体系下建立项目经理部质量管理体系，包括土建工程管理体系、安装工程质量管理体系、物资进场验收管理体系、工程资料管理体系等。

3）监控施工的关键过程、特殊过程和重要过程，负责工序检查验收、阶段检查验收，确保过程验收一次合格，并达到项目经理部制定的质量目标。

4）满足工程施工质量验收规范和地方标准的要求，监督分包单位、分供方的质量管理工作。

5）定期对项目经理部质量管理体系进行评价。

6）对施工过程中发现的质量问题，分析产生的原因并制定技术措施。

7）施工过程中发生的设计变更，及时向分包单位、分供方进行技术交底，并签字确认。

8）保证项目经理部与建设单位、设计单位、监理单位和政府质量监督部门的工作协调和配合工作。

9）项目经理部定期、不定期开展工程质量创优培训，提高全员的质量意识。

二、认真填好鲁班奖申报表，做好迎检工作准备

（1）中国建筑工程鲁班奖（国家优质工程）申报表一式两份，应使用中国建筑业协会统一印制的表格，复印件无效，除了“填表说明”中的13条以外，需要强调的是，申报理由需申报单位说明申报工程是否符合鲁班奖的申报条件，从工程概况到质量保证体系和措施，从建筑效果到设计方案的获奖情况，新技术、新工艺、新设备、新材料“四新技术”的应用情况，工程竣工后的奖项，工程分部质量评定等。质量监督部门对工程质量的鉴定意见不能仅仅只写上“同意申报”，而要具体填写对工程施工质量的评价、日常监督的意见及工程获奖情况等内容，最后有结论性意见，即“同意工程申报鲁班奖”。

使用单位的意见和企业主管单位、省（部门）建筑业协会的意见同样要具体，针对工程的特色进行评价，并有结论性意见。尚需注意“对应”的问题，如申报日期与竣工日期、建筑面积、结构形式的对应，申报理由中的建筑面积、结构形式、工程项目计划任务书、建设工程规划许可证、固定资产项目投资许可证、中标通知书、施工验收备案表、建筑安装合同以及各种验收记录的相互对应。

（2）有组织地做好迎检复查工作，必要时建立迎检小组，准备好备查资料和日程安排表，对工业、交通项目，有条件则可准备能一看就懂的工程概况、工艺流程系统图或工程模型（借用已有的沙盘），工程现场应体现文明施工，清洁整齐，环境美观。

三、召集参建各单位到场，开好首次汇报会议

复查小组一行数人到达申报鲁班奖工程所在地之后，首先是听取承建单位关于申报

鲁班奖工程的介绍，主要介绍该项工程的施工和质量情况，重点突出工程的特点、难点、创新点、采用的施工技术、质量保证措施、各分项分部工程的质量水平和验收（评定）结果，以及取得的成果和社会经济效益。

有组织地做好迎检复查工作、准备好书面汇报材料，复查组每位专家人手一份，有条件的单位则可准备多媒体投影，由讲解员或技术负责人进行一目了然的解说。工程属地政府监管部门、建设单位、监理单位、设计单位工程汇报资料要提前准备好，由参建各方代表书面汇报安全、技术、质量、进度、农民工工资发放、竣工验收等事项，汇报会占用时间（包括领导讲话在内）一般不超过2h。

四、汇报资料图文并茂，质量创新重点突出

（1）工程概况：含工程名称、工程类别、工程规模（如公共建筑、住宅工程：占地面积、建筑面积、层数、总高度、结构类型、投资额。如工业交通项目：主要工艺流程及其主要设备、建筑类型、工程竣工决算。土建、安装分叙）、工程开工日期、工程竣工日期、自评工程质量等级和有关部门核定等级。

申报工程的参与单位及建设单位、设计单位和监理单位名称（要求单位全称与现行公章一致）。

（2）工程的特点和施工难点：找准该项工程的闪光点，如何创新、创优、创高，做到管理有新思路、技术有新水平，突出管理的针对性，将工程项目的目标、标准化程度、企业标准规范性，落实在项目上突出操作的技能性，用操作质量来实现工程质量，成为精品工程，突出预控和过程控制，保证一次成优，整体精品。

用数据来说明工程的技术、质量水平，用技术含量来提升工程项目的品质。

（3）主要的施工技术：从施工测量、地基基础、主体结构、建筑装饰装修、建筑屋面到建筑给水、排水及采暖、建筑电气、智能建筑、通风与空调及电梯各个分部的施工技术。重点阐明采用了哪些新技术、新工艺、新材料、新设备，并有什么改进与创新。

（4）质量管理措施及其手段：目标管理、精品策划、过程监督、阶段考核、持续改进。在计划安排上、在施工组织上、在工程质量预控上、在材料选型上、在施工工艺上，有哪些独到之处。

（5）所获得的质量成果及其产生的社会、经济效益：包括各级质量监督部门、建设行政主管部门的评价，项目所获得的各种荣誉，竣工后所产生的政治、经济、社会影响和效益。

五、充分利用多媒体，打动复查专家组

（1）“评选办法”规定：工程录像带（多媒体光盘）的内容应包括：工程全貌、工程竣工后的各主要功能部位、工程施工中的基坑开挖、基础施工、结构施工、门窗安装、屋面防水、管线敷设、设备安装、室内外装修的质量水平介绍，以及能反映主要施工方法和体现新技术、新工艺、新材料、新设备的措施等。

（2）制作中注意，解说词要与画面同步，画面避免重复出现，画面一般不需领导及群众场面（不能说明工程情况）的开工、竣工典礼。

需要评委加深印象的重点处可打上字幕。所有画面应清晰，可采用渐近、定格、延时等手法加深工艺上亮点的印象，局部可用计算机绘制动画来表达需要说明的问题。

（3）从摄影放映技巧上分析，一般 3s 就有视觉印象，5s 就是加强镜头。要考虑如何在极短的 300s 之内展示该项工程的特点、难点、亮点、规模、体量及效果，使不熟悉该项目的评委了解本项工程。

制作时要注意不宜使用变形镜头，使人看后认为建筑物有些变形，要注意声光效果，不要弄得画面模糊，配的音乐成噪声。要突出：工程难度大，怎么难？技术含量高，怎么高？细部有特色，怎么有特色？管理很先进，怎么先进？处处和评审鲁班奖工程的复查要点紧密结合起来，有的放矢，不该啰唆的不讲或少讲，该讲的要讲透彻。

（4）多媒体画面、解说和背景配音介绍：

1）画面要求清晰，最好采用 DVD 格式刻盘，配乐声音要轻快，不要高亢，原因：其一，高亢的声音会掩盖解说词的内音；其二，高亢的声音会让人心烦意乱。切忌高昂、欢快、沉闷的音乐。

2）不要塞入与主题无关的镜头，如开工典礼、领导讲话、竣工后领导视察等。

3）反映工程的特点，与工程申报材料中的特点一致，使评委从文字、汇报（复查报告）、图片和录像带（光盘）几个方面来认同工程的情况，获得良好的信息。

4）多运用数据来反映问题：如某工程外贴面砖 10860m^2，小立柱、窗间构造柱 760 根，全部为整砖镶贴，且阴阳角方正、上下通顺、大面平整，无空鼓、开裂、混色等质量通病。全高垂直度偏差小于 2mm，大楼内 6 个开水间、18 个卫生间经灌水试验与使用检查，无一渗漏，再配上相对应的镜头，给人感觉该工程是精心施工的精品，而不是自吹的。

在这短短的 5min 录像资料内要展示整个工程的英姿，最精彩的质量、技术特色以及卓越的工程管理水平，肯定是有一定难度的，别人的经验可以借鉴，关键仍然是制作者、策划者对所申报的工程应心中有数，能将它淋漓尽致地真实描绘出来。

六、首次汇报会议，复查组听取参建单位的意见

复查组与使用单位（有时含建设、设计、监理、质监、建管单位的代表）座谈时，主要承建单位和主要参建单位的有关人员应回避。复查小组一般会提出如下几方面的问题。

（1）建设单位的想法，设计者的意图，是否获省部级优秀设计，工程设计的先进性，工程（产品）能否达到和满足设计的要求。

（2）施工中有无重大的设计变更，如有加层等现象，相应的计划任务书等相关证明，涉及建设地点、投资规模、建筑面积、结构类型、工程性质和用途等数据、文字必须与申报表中的描述一致。

（3）施工中有无发生重大质量安全事故，或者经加固补强后，设计认可，降低了安全系数，让步接收。有无违反“强制条文”的规定，是否存在质量、安全隐患。

（4）施工中是否坚持“目标管理、创优策划、过程监控、阶段考核、持续改进”，形成以“观念创新、体制创新、机制创新、管理创新、技术创新”的全方位管理活动。一次成优，全力确保争创鲁班奖工程。

（5）使用单位对工程质量的评价一般是“满意”或者“非常满意”。要大致弄清为什么会“满意”“非常满意”，体现在哪些方面？哪些部位？有哪些做法？竣工一年后，常见的影响使用功能的质量通病，如渗漏、开裂、空鼓、爆灰、门窗关闭不严、地坪起灰起砂、平顶坍塌下坠、设备运转不灵等是否得到克服，因为使用单位是我们的“上帝”，也最了解情况。

（6）无论是哪一方面的投资，所产生的社会和经济效益如何？有的工程不仅是多次获奖，达到国内或国际的先进、领先水平，而且还是社会上确认的精品工程。这样的工程才不愧为鲁班奖工程的称号。

（7）社会在发展，科技在进步，回看本项工程，还有什么需要进一步完善的地方，或者在同类型工程项目中，有哪些值得借鉴的地方？通过评审鲁班奖工程的活动，促进和提高全社会的整体工程质量水平。

七、复查工程实体、内业资料，积极配合专家组工作

（1）公共建筑和住宅工程的复查由土建（组长）、水暖、电气3位专家和1名领队组成，也就是按专业分为3个小组。工业、交通、水利、市政、园林工程另外配备1～2名专家参加，即分为4个小组。应根据相应的专业配备相同专业的陪同检查人员（携带必需的检测工具），随检人员最合适的是熟悉情况的项目经理、工程技术人员，他们对工程的专业范围与布局熟、检查行走的路线熟。应事先准备好机房锁匙，事先和使用单位打好招呼，避免有些地方谢绝参观或者影响他人工作。

（2）随检人员宜少而精，否则人多嘴杂，有时还产生负面影响。当复查组专家质疑时，应简单明了做出解答，一时难以回答清楚的问题，事后找机会解释。

鉴于目前建筑市场存在僧多粥少、压级压价、肢解工程等不规范运作的情况，复查组的专家大多数来自施工企业、质监部门，对少量的局部质量缺陷，无须承建单位多做解释，专家组是明白的。只要不绝对影响质量、安全，能迅速整改，复查小组的书面报告中，也会客观、公正、实事求是地进行评价。

（3）鲁班奖工程的内业资料，一般均能达到：齐全完整、编目清楚、内容翔实、数据准确，各项试验、检测完全合格、隐蔽工程验收均有监理工程签证。若发现个别不影响安全的缺项，针对具体情况，企业的资料员能够从已有资料中追溯出真实可靠的信息，把问题搞清楚也是可以释疑的，不要轻易放弃，作为遗留问题。如果该做的重要检测试验项目没有做，资料中没有记录可查，那也得事实求是，来不得半点虚假。

第三章　鲁班奖工程施工资料复查注意事项

第一节　施工资料收集与编制的原则

一、施工资料的形成要求

（1）施工资料形成单位应对资料内容的真实性、完整性、有效性负责；由多方形成的资料，应各负其责。

（2）施工资料的填写、编制、审批、签认应及时进行，其内容应符合相关规定。

（3）施工资料不得随意修改；当需修改时，应实现签署制度，并由修改人签署。

（4）施工资料的文字、图表、印章应清晰。

（5）施工资料应为原件；当为复印件时，提供单位应在复印件上加盖单位印章，并应有经办人签字及日期。提供单位应对资料的真实性负责。

（6）施工资料内容应填写完整、结论明确、签认手续齐全。

二、施工资料的填写要求

1. 同步性原则

施工资料应保证与工程施工同步进行，随工程进度收集整理。

2. 规范性原则

施工资料所反映的内容要准确，符合现行国家有关工程建设相关规范、标准及行业地方等规程的要求。

3. 时限性原则

施工资料的报验报审及验收应有时限的要求。

4. 有效性原则

施工资料内容应真实有效，签字盖章完整齐全，严禁随意修改。

三、施工资料的填写依据

（1）国家现行有关规范及质量验收标准：

《建设工程施工质量验收统一标准》（GB 50300—2013）

《工业安装工程施工质量验收统一标准》（GB 50252—2010）

（2）除了各专业施工质量验收规范，还包括：

《建设工程文件归档规范》（GB/T 50328—2014）

《建设工程监理规范》（GB 50319—2013）

《建设工程分类标准》（GB/T 50841—2013）
《建设工程项目管理规范》（GB/T 50326—2001）
《建筑给水排水及采暖工程施工质量验收规范》（GB 50242—2002）
《通风与空调工程施工质量验收规范》（GB 50243—2016）
《建筑电气工程施工质量验收规范》（GB 50303—2015）
《火灾自动报警系统施工及验收标准》（GB 50166—2019）
《智能建筑工程质量验收规范》（GB 50339—2016）。

（3）《建筑工程资料管理规程》（DB11/T 695—2017）。

（4）行业或地方现行有关规范和质量验收标准。

（5）施工图纸。

（6）施工合同。

第二节　施工资料的分类与构成

一、基建文件

基建文件是指建设单位依法从工程项目立项到竣工使用全过程所形成的文字及影像资料。可分为立项决策、建设用地、勘察设计、招投标及合同、开工、商务和其他文件。

（1）立项决策文件包括：项目建议书（代可行性研究报告）及其批复、有关立项的会议纪要及相关批示、项目评估研究资料及专家建议等。

（2）建设用地文件包括：征占用地的批准文件、国有土地使用证、国有土地使用权出让交易文件、规划意见书、建设用地规划许可证等。

（3）勘察设计文件包括：工程地质勘察报告、土壤氡浓度检测报告、建筑用地钉桩通知单、验线合格文件、设计审查意见、设计图纸及设计计算书、施工图设计文件审查通知书等。

（4）招投标及合同文件包括：工程建设招标文件、投标文件、中标通知书及相关合同文件。

（5）开工文件包括：建设工程规划许可证、建设工程施工许可证等。工程开工文件分别由规划部门和建设行政管理部门审批形成。

（6）商务文件包括：工程投资估算、工程设计概算、施工图预算、施工预算、工程结算等。

（7）其他文件包括：工程未开工前的原貌及竣工新貌照片，工程开工、施工、竣工的音像资料，工程竣工测量资料和建设工程概况表等。

二、监理资料

（1）监理资料是指监理单位在工程建设监理活动过程中所形成的文字及影像材料。

（2）监理交底记录应符合下列规定：

1）项目工程开工前由总监理工程师组织各专业监理工程师向施工单位进行交底，

形成监理交底记录；

2）交底记录可用交底记录表或会议纪要形式记录。

（3）见证取样和送检资料应符合下列规定：

1）见证人员应由项目监理机构在工程开工前确定，并按相关规定形成见证取样和送检见证人告知书；

2）见证取样和送检计划，应在工程开工前编制完成；

3）见证项目、频次应符合有关规范及行业管理要求；

4）见证记录由见证人填写，并有施工试验人员签字。

（4）监理旁站资料应符合下列规定：

1）关键部位、关键工序应由项目监理机构在工程开工前根据工程特点和监理工作需要确定，并制定旁站监理方案；

2）旁站监理方案的内容应包括旁站范围、方法和要求等；

3）旁站监理记录由旁站监理人员填写。

（5）平行检验资料应符合下列规定：

1）项目监理机构应对结构的混凝土强度开展平行检验，其资料应符合相关规定；

2）其他平行检验的项目应根据工程特点、专业要求、合同约定确定并纳入监理实施细则，其资料应根据平行检验的项目确定并符合相应检验标准的要求。

（6）项目监理日志应符合下列规定：

1）专人负责，逐日记载；

2）日志内容应包含当日气象、监理工作、施工情况、发现的问题及处理情况等。

（7）单位工程的竣工预验收资料应符合下列规定：

1）预验收应由总监理工程师组织，专业监理工程师和施工单位项目经理、项目技术负责人等参加；

2）应采用北京市地方标准《建筑工程资料管理规程》（DB11/T 695—2017）中的竣工预验收记录表，即表 C8-5；

3）预验收合格后，项目监理机构应形成工程质量评估报告。

（8）工程质量评估报告

工程质量评估报告应经总监理工程师、监理单位技术负责人签字并加盖总监理工程师执业印章和单位公章。

三、施工资料

施工资料是指施工单位在工程施工过程中形成的文字和影像材料，分为施工管理资料、施工技术资料、施工物资资料、施工记录、施工试验资料、过程验收资料、竣工质量验收资料及竣工图等。

1. 施工管理资料

施工管理资料包括施工现场质量管理检查记录、施工过程中报项目监理机构审批的各种报验报审表、施工试验计划及施工日志等，其内容和要求应符合相关标准的规定，并应符合以下规定：

（1）施工现场质量管理检查记录应经项目总监理工程师审查签认。

（2）施工试验计划应在工程施工前编制并报送监理单位。

（3）施工日志应专人负责，逐日记载，根据工程规模、特点、复杂程度进行综合记录或分专业记录。

（4）相应资料上已有监理单位签字栏的，不再单独填写报审报验单。

（5）当施工管理资料为复印件时，原件存放单位应在复印件上加盖单位印章，并应有经办人签字及日期。原件存放单位对资料的真实性负责。

（6）施工管理资料内容翔实，签章齐全，各种证件在有效期内。

2. 施工技术资料

施工技术资料包括施工组织总设计、单位工程施工组织设计、施工方案、专项施工方案、技术交底记录、图纸会审记录、设计变更通知单、工程变更洽商记录和“四新”技术等，并应符合以下要求：

（1）施工组织总设计、单位工程施工组织设计、施工方案、专项施工方案应由项目技术负责人组织编制，企业有关部门审核，企业技术负责人审批。项目开工前，施工组织设计必须编制完成并获得建设（监理）单位的批准。分部（子分部）工程开工前，施工方案或分项工程的专项施工方案必须编制完成并已获得建设（监理）单位的批准。当工程发生重大变更时，施工技术资料必须进行相应调整，重新编制的技术文件必须重新履行审核、批准手续。

（2）技术交底记录应有交底双方人员的签字。技术交底资料包括：施工组织总设计交底、单位工程施工组织设计交底、施工方案和专项施工方案技术交底、施工作业交底等。

（3）技术交底应力求做到：主要项目齐全，内容具体明确、符合规范规定，明确工序质量标准，重点突出，表述准确，取值有据，必要时辅以图示。技术交底应能对工程施工起到指导作用，具有针对性、指导性和可操作性。技术交底中不应有“未尽事宜参照×××××（规范）执行”等类似内容。

（4）技术交底编制应严格执行施工工艺，满足材料、机具、人员等资源和施工条件要求，按照企业技术标准、施工方案确定的原则和方法编写，并满足班组施工操作要求。

（5）设计交底与图纸会审记录应按专业汇总整理，有关各方签字确认。

（6）“四新”（新材料、新设备、新技术、新工艺）技术应用应经专家论证并形成论证意见。

（7）施工技术交底由项目技术负责人组织，专业工程师和（或）专业技术负责人具体编写，由项目技术负责人审批。由专业工长和（或）专业技术负责人向施工班组长和全体施工作业人员交底后，由接受交底人签字确认。

3. 施工物资资料

施工物资资料包括质量证明文件、材料及构配件进场检验记录、设备开箱检验记录、设备及管道附件试验记录、设备安装使用说明书、材料（设备）的进场复验报告等，并应符合以下要求：

（1）由供应商提供的施工材料、设备、半成品进场时，应同时提供产品质量证明文件资料，由项目部物资管理部门（岗位）负责收集，做好相关的材料登记台账，并将产品合格证、质保书及附带的性能检测报告移交项目物资管理部门（材料员），在1个工作日内向监理单位报验。施工物资进场验收的要求见表3-1。

表3-1 施工物资进场验收的要求

序号	分部分项	物资材料名称	认证等特殊要求
1	特种设备	压力管道，压力容器，电梯	特种设备制造许可证
2	电气产品	电线电缆，开关，低压电器，小功率电动机，信息技术设备，照明电器，电信终端设备	3C认证证书
3	消防产品	喷水灭火（沟槽管件）、泡沫灭火设备，干粉、气体阻火抑爆设备，消防给水设备、消防水带、灭火器、灭火剂、火灾报警产品、火灾防护产品、建筑防火构件（防火卷帘），消防防烟排烟、避难逃生产品（应急照明灯具）	消防产品质量监督检验中心检测报告 消防部门出具的产品型式认可证书
4	给水排水	给水塑料管、给水铜管、给水不锈钢管道、生活水箱 卫生器具 水表和热量 减压阀、安全阀 金属波纹补偿器	给水管道材料卫生检验报告 环保检测报告 计量检定证书 调试报告及定压证明文件 检验报告，成品补偿器预拉伸证明书
5	智能化	智能建筑工程各系统设备、材料	智能建筑工程软件资料、安装调试说明、使用和维护说明书 主要设备安装、测试运行技术文件 安全防范产品认证证书
6	进口设备		进出口商检局检验报告
7	暖通空调	冷冻机组等	节能产品认证、能效测试报告
8	电梯		电梯整机型式试验合格证书

（2）物资采购部门或项目材料员会同现场质量检查员或工程技术人员，对物资先进行外观验收，包括实物数量、品种、型号、规格、随行质量证明文件等，填写材料、构件进场检验记录，报验合格的材料、设备、半成品应编制进场物资汇总表。

（3）需要进场复验材料、设备，必须在进场报验合格后的1个工作日之内由项目专业技术负责人填写复验报告，应注明使用部位（应尽量确切）、代表批量、产品合格证（质保书）编号等，并报送监理单位签认。

（4）产品合格证或质量合格证应具有产品名称、产品型号、产品规格、数量、质量标准代号或地方（地区）企业代号，出厂日期、厂名、地址、产品出厂检验证明（检验章）或代号等。其中，原材料及辅料合格证，同种材料、同种规格、同批生产的保存一份合格证即可。主要设备、器具合格证要全部保存，并将合格证编号同设备铭牌对照保证一致。主要设备、器具安装使用说明书由供应单位提供。

（5）消防、电力、卫生、环保等有关物资须经行政管理部门认可的，应有相应的认可文件；进口材料和设备应有中文安装使用说明书及性能检测报告；强制认证产品应有产品基本安全性能认证标志（CCC），认证证书应在有效期内。

（6）设备开箱检验记录应“一机一表”，不得一张检验记录表涵盖各种规格型号的机电设备，做到一台设备填写在一张检验记录中。

（7）设备及管道附件试验记录应注明设备、管道附件的公称压力、附件规格、试验数量、代表批量。设备及管道附件试验应按规格试验并分别填写相应表格。

（8）质量证明文件的复印件应与原件内容一致，加盖原件存放单位公章，注明原件存放处，并有经办人签字和时间。复印件要求字迹清晰，项目填写及签认手续完整。

（9）对具有可追溯性要求的物品，应注明委托试验单编号、复试报告编号、检验（试验）报告编号、产品强制性认证报告编号、海关商检证明文件编号等。检验报告由具有相应资质检验单位提供。

4. 施工记录

施工记录包括隐蔽工程验收记录、交接检查记录等，并应符合以下要求：

（1）直埋入地下或结构中，暗敷设于沟槽、管井等部位的给水、排水、雨水、采暖、消防管道和相关设备，以及有防水要求的套管：检查管材、管件、阀门、设备的材质与型号、安装位置、标高、坡度；防水套管的定位及尺寸；管道连接做法及质量；附件使用、支架固定，以及是否已按照施工图设计要求及施工质量验收规范完成等。

（2）有绝热、防腐要求的给水、排水、采暖、消防、喷淋管道和相关设备：检查绝热方式、绝热材料的材质与规格、绝热管道与支架之间的防结露措施、防腐处理材料及其做法等，是否已按照施工图设计要求及施工质量验收规范完成等。

（3）埋地的采暖、热水管道，保温层、保护层完成后，所在部位进行回填之前，应进行隐检，检查安装位置、标高、坡度，支吊架做法、保温层、保护层做法等，是否已按照施工图设计要求及施工质量验收规范完成等。

（4）敷设于竖井内、不进入吊顶内的风道（包括各类附件、部件、设备等）：检查风道的标高、材质、接头、接口严密性，附件、部件安装位置，支吊架安装、固定，活动部件是否灵活可靠、方向正确，风道分支、变径处理是否合理，是否已按照施工图设计要求及施工质量验收规范规定完成风管的漏光、漏风检测，以及空调水管道的强度严密性、冲洗等试验。

（5）有绝热、防腐要求的风管、空调水管及设备：检查绝热形式与做法、绝热材料的材质和规格、防腐处理材料及做法，是否已按照施工图设计要求及施工质量验收规范完成等。

（6）埋于结构内的各种电线导管：检查导管的品种、规格、位置、弯曲度、弯曲半径、连接、跨接地线、防腐、管盒连接方式、管口处理、敷设情况、保护层、焊接部位的焊接质量等。

（7）利用结构钢筋做的防雷引下线：检查轴线位置，钢筋数量、规格、搭接长度、焊接质量，与接地极、避雷带、均压环等连接点的情况等。

（8）等电位及均压环暗埋：检查使用材料的品种、规格、安装位置、连接方法、连接质量、保护层厚度等。

（9）接地极装置埋设：检查接地极的位置、间距、数量、材质、埋深、连接方法和质量、防腐情况等。

（10）金属门窗、幕墙与防雷引下线的连接：检查连接材料的品种、规格、连接位置和数量、连接方法和质量等。

（11）直埋电缆：检查电缆的品种、规格、埋设方法、埋深、弯曲半径、标桩埋设情况等。

（12）交接检查记录适用于不同施工单位之间的移交检查，当前一专业工程施工质量对后续专业工程施工质量产生直接影响时，应进行交接检查。

工程应做交接检查的项目：支护与桩基工程完工移交给结构工程；粗装修完工移交给精装修工程；设备基础完工移交给机电设备安装；结构工程完工移交给幕墙工程等。

（13）施工检查记录适用于各专业，施工过程中影响质量、观感、安装、人身安全的工序等应在施工过程中做好过程控制与检查记录。

5. 施工试验资料

施工试验资料包括建筑给水排水及采暖工程、建筑电气工程、通风与空调工程各系统测试及试运行等。

（1）建筑给水排水及采暖工程、建筑电气工程、通风与空调工程各系统测试及试运行等应符合以下要求：

1）施工图

2）《建筑给水排水及采暖工程施工质量验收规范》（GB 50242—2012）

3）《自动喷水灭火系统施工及验收规范》（GB 50261—2017）

4）《通风与空调工程施工质量验收规范》（GB 50243—2016）

5）《建筑电气工程施工质量验收规范》（GB 50303—2015）

6）《建筑节能工程施工质量验收标准》（GB 50411—2019）

施工试验不合格时，应有处理记录，并采取技术措施，保证建筑给水排水及采暖工程、建筑电气工程、通风与空调工程各系统试验合格。

（2）建筑给水排水及采暖工程各系统试验内容：

1）灌（满）水试验记录

2）强度严密性试验记录

3）通水试验记录

4）冲（吹）洗试验记录

5）通球试验记录

6）补偿器安装记录

7）消火栓试射记录

8）自动喷水灭火系统质量验收缺陷项目判定记录

（3）建筑电气工程各系统测试、试验内容：

1）电气接地电阻测试记录

2）电气接地装置隐检与平面示意图表

3）电气绝缘电阻测试记录

4）电器器具通电安全检查记录

5）电气设备空载试运行记录
6）建筑物照明通电试运行记录
7）大型灯具承载试验记录
8）漏电开关模拟试验记录
9）大容量电气线路结点测温记录
10）避雷带支架拉力测试记录
11）逆变应急电源测试记录
12）柴油发电机测试记录
13）低压配电电源质量测试记录
14）低压电气设备交接试验检验记录
15）电动机检查（抽芯）记录
16）接地故障回路阻抗测试记录
17）接地（等电位）联结导通性测试记录
18）监测与控制节能工程检查记录
19）建筑物照明系统照度测试记录
（4）通风与空调工程各系统检测、调试、试验内容：
1）风管漏风检测记录
2）现场组装除尘器、空调机漏风检测记录
3）各房间室内风量温度测量记录
4）管网风量平衡记录
5）空调系统试运转调试记录
6）空调水系统试运转调试记录
7）制冷系统气密性试验记录
8）净化空调系统测试记录
9）防排烟系统联合试运行记录
10）设备单机试运转记录
11）系统试运转调试记录（机电通用）

6. 过程验收资料

过程验收资料包括检验批质量验收记录、分项工程质量验收记录、分部工程质量验收记录等，应符合以下要求：

（1）检验批验收记录应符合《建筑工程施工质量验收统一标准》（GB 50300—2013）的规定，并应符合以下要求：

1）检验批容量应按照检验批的划分，填写数量、质量、面积、构件个数、流水段或区域部位等；

2）现场检查原始记录应由检验批验收人员填写并签字；

3）检验批验收记录中的“最小抽样数量”仅适用于计数检验，非计数检验项不填写；

4）检验批验收记录中的“实际抽样数量”，按照专业验收规范中验收项目所对应的“检查数量”填写；

5）检验批验收记录中的“施工依据”栏应填写国家、地方有关施工、工艺标准的名称及编号，也可填写企业标准、工法等，需要时也可填写施工方案、技术交底的名称与编号；

6）检验批验收记录中的“验收依据”栏应填写国家、地方验收规范；当无相关规范时，可填写由建设、施工、监理、设计等各方认可的验收文件。

（2）分项工程质量验收记录应符合《建筑工程施工质量验收统一标准》（GB 50300—2013）和相关专业验收规范的规定，并应符合以下要求：

1）“分项工程数量”应填写分项工程所包含的总工程量，当分项工程内检验批种类不同无法计算总工程量时，该栏不填写；

2）“检验批数量”应填写分项工程所包含的各类检验批的总数量；

3）“检验批容量”应按检验批质量验收记录表中的“检验批容量”逐一填写；

4）“部位/区段”应填写每个检验批所在的部位或流水段。

（3）分部（子分部）工程质量验收记录应符合《建筑工程施工质量验收统一标准》（GB 50300—2013）的规定，并符合以下要求：

1）分部工程不包含子分部工程时，不填写“子分部工程名称”和“子分部工程数量”；

2）分部工程包含子分部工程时，子分部工程与分部工程验收资料合并填写；

3）分部、子分部工程验收时，涉及“质量控制资料”“安全和功能检验结果”和“观感质量检验结果”项时，可依据相关检查结果只填写检查数量和结论。

7. 竣工质量验收资料

竣工质量验收资料包括单位工程竣工验收报审表、单位工程质量竣工验收记录、单位工程质量控制资料核查记录、单位工程安全和功能检查资料核查及主要功能抽查记录、单位工程观感质量检查记录、室内环境检测报告、建筑工程系统节能检测报告、工程竣工质量报告、工程概况表等，其填写应符合下列规定。

（1）单位工程质量竣工验收记录的填写应符合以下要求：

1）验收签字人员应具有相应单位的法人代表书面授权；

2）应在“单位工程质量控制资料核查记录”“单位工程安全和功能检验资料核查及主要功能抽查记录”和“单位工程观感质量检查记录”已经按照要求完成的基础上填写；

3）单位工程质量竣工验收记录应加盖各方法人单位公章。

（2）单位工程质量控制资料核查记录的填写应符合以下要求：

1）按照表中的项目和资料名称及各部分资料形成的先后顺序分别进行核查；

2）施工单位、监理单位的核查意见分别填写核查结果。

（3）单位工程安全和功能检验资料核查及主要功能抽查记录的填写应符合以下要求：

1）按照表中的项目和资料名称分别填写；

2）核查意见应填写对安全和功能检查资料的核查结果；

3）抽查结果应填写对工程实体的主要功能的抽查结果。

（4）单位工程观感质量检查记录的填写应符合以下要求：

1）应具有观感质量检查原始记录；

2）表中“抽查质量状况”栏应根据原始检查记录，综合填写观感质量检查的结果；

3）观感质量检查记录及其原始记录的检查、填写、签字人员与检验批验收记录相同。

8. 竣工图

（1）各项新建、改建、扩建的工程均应编制竣工图，按专业可分为建筑给水排水与采暖、建筑电气、通风空调、智能建筑和规划红线以内的室外工程等竣工图。

（2）竣工图应符合以下要求：

1）竣工图应与工程实际相一致；

2）竣工图的图纸应为蓝图或绘图仪绘制的白图，不得使用复印的图纸；

3）竣工图应字迹清晰并与施工图比例一致；

4）竣工图应有图纸目录，目录所列的图纸数量、图号、图名应与竣工图内容相符；

5）竣工图应使用国家法定计量单位，其文字和字符应符合相关规定；

6）竣工图章、竣工图签应签字齐全。

（3）绘制竣工图应使用绘图工具、绘图笔或签字笔，不得使用圆珠笔或其他容易褪色的墨水笔绘制。

（4）竣工图宜采用施工图改绘，并应符合以下要求：

1）按图施工，没有设计洽商变更的，可在原施工图上加盖竣工图章形成竣工图。

2）设计洽商变更不大的，可将设计洽商变更的内容直接改绘在原施工图上，并在改绘部位注明修改依据，加盖竣工图章形成竣工图。

3）设计洽商变更较大、不宜在原施工图上直接修改的，可另外绘制修改图，修改图应注明修改依据、所涉及的原施工图编号、修改部位，并应有图名、图号。

4）修改图应加盖竣工图章形成竣工图。修改图所涉及的原施工图尚有部分内容有效时，提供修改图时应同时提供注明修改情况的原施工图；修改图所涉及的原施工图作废时，不需要提供原施工图。

5）竣工图修改处应有明显标识，并应附有修改依据备注，见表 3-2。

表 3-2　修改依据备注表

洽商变更编号或时间	简要变更内容

（5）竣工图签或竣工图章应具有明显的“竣工图”字样，并包括编制单位名称、制图人、审核人和编制日期等内容。竣工图章的内容、规格应符合图 3-1 的规定。

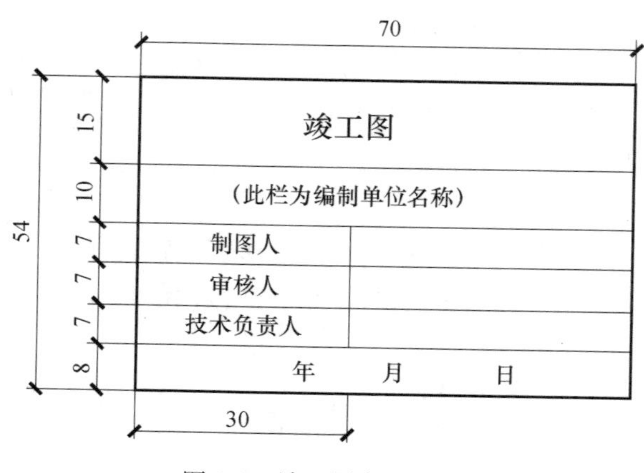

图 3-1 竣工图章示意图

（6）竣工图章应加盖在图签周围的空白处，图章应清晰。

第三节 施工资料复查的重点内容

一、施工资料复查的共性内容

1. 合法性资料现场复核

（1）经营合法：企业法人营业执照。

（2）施工合法：施工资质证书，建造师资格证书，专业人员岗位证书，特种作业人员岗位证书。

（3）立项合法：建设工程规划许可证，建设用地规划许可证，建设工程施工许可证。

（4）环保合法：建设项目环境影响评估报告。

（5）安全、卫生合法：消防工程验收意见书，特种设备生产、使用、检验检测验收报告，防雷接地检测验收报告等。

（6）节能合法：节能减排评估报告，建筑节能分部工程第三方检测及专项验收报告。

（7）合同合法：机电专业施工资质证书承包范围。

（8）获奖有效：工程质量获奖证书、设计获奖证书，必须真实有效。

2. 施工技术资料

（1）创优工程策划；

（2）施工组织设计；

（3）专项施工（调试）方案；

（4）技术交底。

3. 工程相关的材料、设备见证复验报告

（1）散热器、保温材料；

（2）风机盘管、绝热材料；

（3）电线电缆。

4. 涉及使用安全及设备安装工程耐久性的工程有关资料

（1）图纸会审、设计变更、洽商记录；

（2）防雷引下线隐蔽工程检查验收记录、防雷接地测试记录；

（3）设备基础交接记录、幕墙防雷接地交接记录、装饰装修卫生间交接记录、生活饮用水水质验收记录；

（4）管道焊接（探伤）记录；

（5）管道（阀门）强度严密性试验、管道吹扫（冲洗）记录、管道通水/通球/灌水试验记录、设备单机试运行记录、系统试运行调试记录等。

5. 涉及使用功能的工程有关资料

（1）材料、设备产品合格证、检测报告、生产许可证、中国强制性认证证书（CCC）、生活给水材料卫生许可证、计量鉴定证书、压力管道（容器）及特种设备检测验收报告等；

（2）消防工程验收意见书；

（3）环保评价报告、环保验收报告；

（4）节能专项验收报告；

（5）消防、电梯、防雷、室内环境、卫生、人防等专项检验、验收报告等。

6. 涉及运行功能的工程有关资料

（1）建筑给水排水及采暖工程试验运行记录；

（2）建筑电气工程全负荷通电（试运行）、试验记录；

（3）智能建筑工程各系统试运行记录；

（4）建筑节能第三方检测及验收记录；

（5）通风与空调工程系统试运行记录；

（6）电梯工程测试及电梯试运行记录。

7. 施工过程控制资料

（1）设备开箱检查记录；

（2）各种材料、设备进场验收报告、质量证明文件；

（3）施工现场质量管理检验记录；

（4）隐蔽工程检查验收记录；

（5）检验批、分项（子分项）、分部（子分部）工程质量验收记录。

8. 竣工图

（1）竣工图纸绘制符合要求；

（2）折叠或装订规范；

（3）组卷、归档整齐有序；

（4）备案手续真实有效。

二、施工资料复查的个性内容

（1）建筑给水排水及采暖工程分部验收记录，设备合格证等；对国家规定的特定设备及材料，如消防、卫生、压力容器等要检查有资质的检验单位提供的检测报告。

各类水泵、风机、冷却塔等设备单机试运转记录及采暖系统、消防系统试运转调试记录。

非承压管道、设备等，以及暗装、埋地、有绝热层排水管道的灌水试验记录。

承压管道、设备的强度试验记录，自动喷水灭火系统、气体灭火系统管道的严密性试验记录。

（2）建筑电气工程分部验收记录，检查主要设备、系统的防雷接地、保护接地、工作接地、防静电接地等电阻测试记录。电气设备的空载试运行及建筑照明通电试运行记录。各种系统调试记录等。

（3）通风与空调工程分部验收记录，专项施工技术方案，各种物资、制冷机组、空调机组、空气净化设备等进场的质量证明文件，阀门、压力表、减振器等质量合格证明及检测报告。净化空调系统测试记录，防排烟系统联合试运行记录、风管漏风测试记录、制冷系统气密性试验记录等。

（4）消防工程进场材料、设备、设施是否符合国家和当地公安消防部门的有关规定，是否登记备案，是否有型式检验报告、性能检测报告、生产许可证等。

（5）建筑节能工程分部验收记录，绝热材料、电线电缆、风机盘管、卫生洁具、节水龙头、节能灯具等进场的复试报告或质量证明文件。

（6）建筑智能工程分部验收记录，智能建筑各设备系统的自检记录以及进行不间断试运行记录。

（7）电梯工程分部验收记录，专项施工技术方案。主要设备出厂合格证，开箱检查记录，施工中的各项安装记录，并核查电梯验收合格证及验收报告。

第四节　施工资料复查常见的问题

一、施工资料鲁班奖复查过程否决项

（1）存在影响使用功能、安全功能和耐久性的质量问题；

（2）存在违反国家工程建设标准强制性条文的问题；

（3）存在较为明显的跑、冒、滴、漏等质量通病现象（包括设备零部件、管道及其配件、阀件等接口处）；

（4）施工资料弄虚作假或存在严重缺失问题；

（5）工业项目投产后未能达到设计的要求或质量达不到设计要求的技术指标；

（6）工业项目污染物（包括废气、废液、废渣）主要排放指标达不到设计及规定要求；

（7）《中国建设工程鲁班奖（国家优质工程）评选办法》（2017 年修订）第 16 条规定，申报工程在建设过程中，发生过质量事故、较大以上生产安全事故以及在社会上造成恶劣影响事件的，不得申报鲁班奖。

二、施工资料填写、收集、组卷和归档注意事项

1. 注意工程资料的全面性

申报鲁班奖工程，涉及众多的环节和众多的部门，这就要求工程资料齐全、完整。申报单位应会同建设单位收集、整理一并归入工程档案，如计划、规划、土地、环保、人防、消防、供电、电信、燃气、供水、绿化、劳动、技监、档案等部门检测、验收或出具证明，常见的有：

消防工程的公安消防部门设计审查意见书、工程验收意见书，消防技术检测部门的检测报告，施工单位的消防施工许可证。

燃气工程的安装资料，变配电工程的施工资料，环保部门的检测记录，人防部门的验收意见，劳动（技监）部门对电梯的管理，甚至包括有的地区白蚁研究机构对白蚁的防治方案等。

各种设备的安装资料：如制冷机组及附属设备，空调机组的安装，尽管有的是生产厂家安装的；按规范规定应检测和抽检的试验记录，如阀门、闭式喷头、气体灭火系统组件以及水质检验报告等。

总之，上述工程有的是前期管理资料，有的是施工中建设单位指定分包施工单位，或者行业垄断施工的作为主承建单位申报项目的鲁班奖收集起来确有很大的难度，但无论怎样，鲁班奖工程的资料应该是全面的、齐全完整的。

2. 注意施工资料的追溯性

施工资料的追溯性是指根据记载的标识、追踪实体的历史、应用情况和所处场所的能力。对鲁班奖工程来讲主要是原材料、设备的来源和施工（安装）过程形成的资料，涉及产品合格证、质量证明书检验试验报告等。

进货时供应商提供的原件应归入工程档案正本，并在副本中注明原件在正本；提供抄件的应要求供应商在抄件上加盖印章，注明所供数量、供货日期、原件在何处，抄件人应签字。重要部位使用的材料应在原件或抄件上注明用途，使其具有追溯性。比如：设备试运转记录应一机一表，同型号的多台设备只用一张表格，轴承温升等情况几台设备均一致，这不符合实际情况，记录内容不真实。如复查某工程提供的资料，80WQ40-15-4型设备共8台，记录表格只有一张，记录内容为该型号设备共8台，经试运转，轴承温升48℃，全部合格，这种情况下，8台设备的温升都一样，怎么可能？加注的什么润滑剂、每个设备的出厂编号，均不清楚，一旦出现问题，怎么进行追溯？类似这种情况比较普遍，应引起注意。又如：设备安装的记录表格不能只有试运转一张表格，安装各程序的情况均应进行记录，如设备基础验收，设备开箱检查、画线定位、找正找平、拆卸清洗，联轴器同心度，隐蔽工程等均不可缺少，如果没有这些记录，设备基础是否符合要求，设备到货产品质量情况如何，是没有人知道的。设备安装平面、标高位置、纵横水平度、联轴器同心度，设备的地脚螺栓尺寸、在孔内的位置、垫铁的位置、组数、每组垫铁几块，找正找平后是否点焊牢固，二次灌浆的混凝土强度等技术指标均反映不出来，影响设备安装质量的评价，且出现问题后不易查找原因。

现在计算机普遍应用于施工检测，试验数据的采集、存储、数据处理、报告编制和工程资料的整理，应该注意检测、试验报告等资料的责任人必须是本人签字，姓名不可采用计算机打印，否则就失去了追溯性和严肃性。

3. 注意施工资料的真实性

各种施工资料的数据是否符合实际且满足规范的要求，在施工过程中工长、检测人员就应把关，真实地反映检验和试验的数据，工程监理应确认检验或试验的结果，检验或试验报告（记录）不应抄录规范的技术参数，应真实地反映检测和试验结果。

应避免出现以下情况：

(1) 施工组织设计没有质量目标和目标分解；专业施工方案只是一些规范或标准的抄写，没有结合该项工程的实际进行布局；施工顺序，工艺要求，材料、设备使用要求，采用的规范、标准也不明确。

(2) 材料、产品合格证无原件，以复印件代替，但未注明原件存放处，无存放单位加盖红章和责任人签字。无合格证所代表的数量、进货日期及使用部位；合格证与工程所使用的材料不相符；无进货时的检验单等。

(3) 给水排水、电气、通风与空调专业的隐蔽记录与土建施工资料时间对不上；记录填写过于简单，不能表明隐蔽工程的数量与质量状况；有的均压环的设置未纳入隐蔽记录，以致均压环安装见不到任何资料；隐蔽记录不能覆盖工程所有部位。

(4) 绝缘电阻记录不齐全，不能覆盖所有电气回路，回路编写混乱，不能与施工图纸相互对应，绝缘电阻值千篇一律，使人感觉检测工作未做或造假，零线与地线间的绝缘电阻漏填等。

(5) 质量验收（验评）记录，使人感觉没有进行验收（验评）。整个表是人为编的，如预留电管验评与穿线验评是一个时间段，且与隐蔽记录不同步，应先验评后隐蔽；金属线槽采用木槽板验评表，有的还在执行作废的标准，分项不准或缺失分项验收（验评）记录，如电机接线与检查，变压器安装、设备安装记录表格缺项较多，只有试运转记录一种；管道安装中缺阀门强度试验记录、焊口试验记录、下水管道通水试验记录等。

4. 注意施工资料的有效性

各专业技术人员在填写施工资料中，不要有“明日”思想！当日事，当日毕，不要“欠债”，一旦“债台高筑”，就会出现造假现象。各专业技术负责人要掌握施工进展和现场的动态，跟踪查验内业资料的填写情况，一旦发现空缺或有误，马上通知资料员和施工员及时整改补齐。如发生客观情况不能及时填写或不能签证报批，专业技术负责人应在施工日志中将当时的情形记录清楚，以利于追溯。施工资料应及时填写、签认、收集、归档、组卷，建立索引目录。同时建立享有签字权有关人员的笔迹档案，以此控制造假行为。施工资料只有经过相关人员的签认或审批方可有效。

《建设工程文件归档规范》（GB/T 50328—2014）第 3.0.2 条规定，工程文件应随工程建设进度同步形成，不得事后补编。第 4.2.3 条规定，工程文件的内容必须真实、准确，应与工程实际相符合。第 4.2.4 条规定，工程文件应采用碳素墨水、蓝黑墨水等耐久性强的书写材料，不得使用红色墨水、纯蓝墨水、圆珠笔、复写纸、铅笔等易褪色的书写材料。计算机输出文字和图件应使用激光打印机，不应使用色带式打印机、水性墨打印机和热敏打印机。第 4.2.5 条规定，工程文件应字迹清楚，图样清晰，图表整洁，签字盖章手续应完备。

复查内业资料过程有时会发现施工组织设计、质量计划没有经过相关职能部门会签和总工审批，只有编制人签字，也未经监理单位和建设单位审核同意；重要的施工方案，作业指导书也未送监理单位确认；各种检验和试验报告签字不全，有的只有操作者签字，有的虽然操作者、质检员、工长或技术负责人签字了，但未经监理或建设单位代表签字，还有的质检员和工长竟是同一个人。

三、施工资料复查常见问题案例分析

【例 3-1】 隐蔽工程验收记录填写内容不完整，缺少隐蔽工程量、工序的完成步骤、见证照片等。

分析 隐蔽工程验收记录填写要求：

（1）隐蔽工程验收：在房屋或构筑物施工过程中，对将被下一工序所隐蔽，无法进行查验的分部、分项工程进行检查验收。

（2）隐蔽工程验收记录：在隐蔽工程完成后，由监理和施工员共同完成的验收记录。

（3）隐蔽工程验收记录填写内容：隐蔽工程范围（内容）、隐蔽方式、施工工序、隐蔽前已进行的检查项目内容及其结果（可包括相关的示图、照片和其他备注说明）。

（4）对重要的隐蔽工程项目应附有必要的示图、照片和说明。

【例 3-2】 施工日志记录过于简单，只记录了作业内容，不能全面反映实际施工活动的范围、内容，无法追溯到施工过程中涉及的生产情况记录（施工部位、施工内容、机械作业、班组工作、生产存在问题等）、技术质量安全工作记录（技术质量安全活动、检查评定验收、技术质量安全问题等）等情况。

分析 施工日志记录填写要求：

（1）基本内容：日期、气象、平均温度、施工部位、作业人员。

（2）工作内容：当日施工内容及实际完成情况，施工现场有关会议的主要内容。有关领导、主管部门或各种检查组对工程施工技术、质量、安全方面的检查意见和决定。建设单位、监理单位对工程施工提出的技术、质量要求、意见及采纳实施情况。

（3）材料设备检验内容：材料设备进场、复验情况等。

（4）质量安全检查内容：质量检查情况、安全检查情况及安全隐患处理（纠正）情况，其他检查情况，如文明施工及场容场貌管理情况等。

（5）其他内容：设计变更、技术核定通知及执行情况，施工任务交底、技术交底、安全技术交底情况；停电、停水、停工情况；施工机械故障及处理情况；冬、雨期施工准备及措施执行情况；施工中涉及的特殊措施和施工方法，“新技术、新工艺、新材料、新设备”的推广应用情况。

【例 3-3】 技术交底记录填写不规范，交底内容针对性不强，如“仅有交底内容部分文字描述”；交底次数不够；被交底人未能全部签字；甚至出现交底人与被交底人签字笔迹相同等现象。

分析 技术交底记录填写要求：

（1）技术交底分三级交底：施工组织（总）设计交底、施工方案交底和分项工程交底。

（2）专业工程师编制，安全、质量负责人会签。

（3）以书面形式如纸质版、视频、幻灯片，或现场样板观摩等方式进行交底。

（4）交底内容：①施工部位、作业时间安排；②材料、机械；③操作工艺；④质量标准及验收；⑤职业健康、安全生产及环境保护措施；⑥成品保护；⑦细部节点做法，以大样图的方式等。

（5）当发生施工人员、环境、季节、工期的变化或技术方案改变时应重新交底。

（6）接受交底人为施工作业人员，涉及安全的专项交底，须由接受交底人签字。

【例 3-4】 室内排水管道隐蔽前做灌（满）水试验记录的试验时间与室内雨水管道做灌（满）水试验记录的试验时间相互混淆。

分析 室内排水管道隐蔽前做灌（满）水试验记录的试验时间是 20min，室内雨水管道做灌（满）水试验记录的试验时间是 60min，并要求管道及接口处不渗不漏。

（1）《建筑给水排水及采暖工程施工质量验收规范》（GB 50242—2002）第 5.2.1 条规定，隐蔽或埋地的排水管道在隐蔽前必须做灌水试验，其灌水高度应不低于底层卫生器具的上边缘或底层地面高度。

检验方法：满水 15min 水面下降后，再灌满观察 5min，液面不降，管道及接口无渗漏为合格。

（2）《建筑给水排水及采暖工程施工质量验收规范》（GB 50242—2002）第 5.3.1 条规定，安装在室内的雨水管道安装后应做灌水试验，灌水高度必须到每根立管上部的雨水斗。

检验方法：灌水试验持续 1h，不渗不漏。

【例 3-5】 室内给水系统管路采用钢塑复合管，其中强度严密性试验记录中管道试验压力为 1.0MPa，压力表选用 2.5～100MPa 量程，持续时间 1h，复查中发现强度严密性试验记录表中管路试压采用了塑料管道试压标准。

分析 压力表的选用量程有误。压力表的选用：试验用压力表已校检，并在有效期内，其精度不得低于 1.6 级，表的满刻度值应为被测最大压力的 1.5～2 倍，压力表不得少于 2 块。试验持续时间 1h 有误，金属及复合管给水管道系统在试验压力下观测 10min，压力降不应大于 0.02MPa，然后降到工作压力进行检查，应不渗不漏。

《建筑给水排水及采暖工程施工质量验收规范》（GB 50242—2002）第 4.2.1 条规定，室内给水管道的水压试验必须符合设计要求。当设计未注明时，各种材质的给水管道系统试验压力均为工作压力的 1.5 倍，但不得小于 0.6MPa。

检验方法：金属及复合管给水管道系统在试验压力下观测 10min，压力降不应大于 0.02MPa，然后降到工作压力进行检查，应不渗不漏；塑料管给水系统应在试验压力下稳压 1h，压力降不得超过 0.05MPa，然后在工作压力的 1.15 倍状态下稳压 2h，压力降不得超过 0.03MPa，同时检查各连接处，不得渗漏。

【例 3-6】 排水、雨水管道安装验收记录，管道敷设坡度填写“符合要求”或“坡度不小于规范值”不妥，应填写检测的实际值。

分析　对相同管径生活污水铸铁排水管道的坡度、生活污水塑料排水管道的坡度和雨水排水管道的坡度，《建筑给水排水及采暖工程施工质量验收规范》（GB 50242—2002）的要求是不同的。

（1）生活污水铸铁排水管道、生活污水塑料排水管道和雨水排水管道安装验收记录应填写规范，管道的管径、管道的坡度数值填写清楚、正确。

（2）《建筑给水排水及采暖工程施工质量验收规范》（GB 50242—2002）第5.2.2条规定，生活污水铸铁管道的坡度必须符合设计或表3-3的规定。

表3-3　生活污水铸铁管道的坡度

项次	管径（mm）	标准坡度（‰）	最小坡度（‰）
1	50	35	25
2	75	25	15
3	100	20	12
4	125	15	10
5	150	10	7
6	200	8	5

检验方法：水平尺、拉线尺量检查。

（3）《建筑给水排水及采暖工程施工质量验收规范》（GB 50242—2002）第5.2.3条规定，生活污水塑料管道的坡度必须符合设计或表3-4的规定。

表3-4　生活污水塑料管道的坡度

项次	管径（mm）	标准坡度（‰）	最小坡度（‰）
1	50	25	12
2	75	15	8
3	110	12	6
4	125	10	5
5	160	7	4

检验方法：水平尺、拉线尺量检查。

（4）《建筑给水排水及采暖工程施工质量验收规范》（GB 50242—2002）第5.3.3条规定，悬吊式雨水管道的敷设坡度不得小于5‰；埋地雨水管道的最小坡度，应符合表3-5的规定。

表3-5　地下埋设雨水排水管道的最小坡度

项次	管径（mm）	最小坡度（‰）
1	50	20
2	75	15
3	100	8

续表

项次	管径（mm）	最小坡度（‰）
4	125	6
5	150	5
6	200～400	4

检验方法：水平尺、拉线尺量检查。

【例 3-7】 阀门强度和严密性试验记录中阀门型号只写公称直径，不清楚压力级别，也不清楚密封面材质，试验压力、试验时间无法判断是否正确。

分析 阀门强度试验压力为阀门公称压力的1.5倍，阀门严密性试验压力为阀门公称压力的1.1倍；阀门试验压力在试验时间内应保持不变，且阀门壳体填料及阀瓣密封面无渗漏。

（1）《建筑给水排水及采暖工程施工质量验收规范》（GB 50242—2002）第3.2.4条规定，阀门安装前，应做强度和严密性试验。试验应在每批（同牌号、同型号、同规格）数量中抽查10%，且不少于1个。对安装在主干管上起切断作用的闭路阀门，应逐个做强度和严密性试验。

（2）《建筑给水排水及采暖工程施工质量验收规范》（GB 50242—2002）第3.2.5条规定，阀门的强度和严密性试验，应符合以下规定：阀门的强度试验压力为公称压力的1.5倍；严密性试验压力为公称压力的1.1倍；试验压力在试验持续时间内应保持不变，且壳体填料及阀瓣密封面无渗漏。阀门试压的试验持续时间应不少于表3-6的规定。

表 3-6 阀门试压的试验持续时间

公称直径 DN（mm）	最短试验持续时间（s）		
	严密性试验		强度试验
	金属密封	非金属密封	
≤50	15	15	15
65～200	30	15	60
250～450	60	30	180

【例 3-8】 消防工程自动喷水灭火系统压力、冲洗、严密性试验的时间顺序不正确，复查过程常发现有关组件安装的时间及试验顺序相矛盾的问题。

分析 由于消防工程属于专业分包范围，一般由总承包单位（或建设单位）分包给具有消防安装工程施工资质的消防公司，现阶段消防安装公司专业技术人员与资料员相脱离，专业技术人员不负责施工资料的填写工作，资料员虽然持证上岗，填写、报验施工资料，但专业技术水平还有待提高，复查过程常发现有关组件安装时间及试验顺序相矛盾的问题。

（1）《自动喷水灭火系统施工及验收规范》（GB 50261—2017）第6.2.3条规定，水压严密性试验应在水压强度试验和管网冲洗合格后进行。试验压力应为设计工作压力，稳压 24h，应无泄漏。

（2）有关组件安装时间及各类试验顺序：①喷头的安装应在系统试压、冲洗合格后进行；②报警阀组的安装应在供水管网试压、冲洗合格后进行；③水流指示器的安装应在管道试压、冲洗合格后进行；④排气阀的安装应在系统管网试压、冲洗合格后进行；⑤减压阀的安装应在供水管网试压、冲洗合格后进行；⑥多功能控制阀的安装应在供水管网试压、冲洗合格后进行；⑦倒流防止器的安装应在管道冲洗合格后进行；⑧系统压力试验合格后分段进行管道冲洗，冲洗合格后，安装有关组件，系统安装完毕后进行系统严密性试验（压力试验—冲洗—严密性试验）。

【例 3-9】 消防工程自动喷水灭火系统复查中常发现，自动喷水灭火系统调试记录内容有缺失现象。

分析 由于消防工程属于专业分包范围，一般由总承包单位（或建设单位）分包给具有消防安装工程施工资质的消防公司。工程竣工验收前，消防工程分包单位将消防工程施工资料移交给总包单位。总包单位专业技术负责人比较熟悉建筑电气工程系统调试内容，而对消防工程系统调试内容不熟悉，未对自动喷水灭火系统调试记录内容进行检查，复查过程常发现自动喷水灭火系统施工完成后系统调试记录内容有缺失现象。

《自动喷水灭火系统施工及验收规范》（GB 50261—2017）第 7.2.1 条规定，系统调试应包括下列内容：①水源测试。②消防水泵调试。③稳压泵调试。④报警阀调试。⑤排水设施调试。⑥联动试验。

【例 3-10】 复查中发现消防工程自动喷水灭火系统闭式喷头、报警阀、水流指示器、多功能水泵控制阀、水泵接合器安装前，闭式喷头、报警阀、水流指示器、多功能水泵控制阀、水泵接合器的功能试验记录内容有缺失现象。

分析 工程竣工验收前，消防工程分包单位将消防工程施工资料移交给总包单位。总包单位专业技术负责人比较熟悉建筑电气工程系统试验内容，而对消防工程系统试验内容不熟悉，复查过程常发现自动喷水灭火系统调试记录已经完成，自动喷水灭火系统闭式喷头、报警阀、水流指示器、多功能水泵控制阀、水泵接合器的功能试验记录内容不齐全，有缺失现象。

（1）《自动喷水灭火系统施工及验收规范》（GB 50261—2017）第 3.2.1 条规定，自动喷水灭火系统施工前应对采用的系统组件、管件及其他设备、材料进行现场检查，并应符合下列要求：

1）系统组件、管件及其他设备、材料，应符合设计要求和国家现行有关标准的规定，并应具有出厂合格证或质量认证书。

2）喷头、报警阀组、压力开关、水流指示器、消防水泵、水泵接合器等系统主要组件，应经国家消防产品质量监督检验中心检测合格；稳压泵、自动排气阀、信号阀、多功能水泵控制阀、止回阀、泄压阀、减压阀、蝶阀、闸阀、压力表等，应经相应国家产品质量监督检验中心检测合格。

（2）《自动喷水灭火系统施工及验收规范》（GB 50261—2017）第 3.2.7 条规定，喷头的现场检验必须符合下列要求：闭式喷头应进行密封性能试验，以无渗漏，无损伤为合格。

（3）《自动喷水灭火系统施工及验收规范》（GB 50261—2017）第 3.2.8 条规定，阀门及其附件的现场检验应符合下列要求：报警阀应进行渗漏试验。试验压力应为额定工作压力的2倍，保压时间不应小于5min，阀瓣处应无渗漏。

（4）《自动喷水灭火系统施工及验收规范》（GB 50261—2017）第3.2.9条规定，压力开关、水流指示器、自动排气阀、减压阀、泄压阀、多功能水泵控制阀、止回阀、信号阀、水泵接合器及水位、气压、阀门限位等自动监测装置应有清晰的铭牌、安全操作指示标志和产品说明书；水流指示器、水泵接合器、减压阀、止回阀、过滤器、泄压阀、多功能水泵控制阀应有水流方向的永久性标志；安装前应进行主要功能检查。

【例3-11】 复查中发现通风与空调工程现场加工风管的质量未通过工艺性的检测，风管强度和严密性检测记录内容有缺失现象。

分析 风管加工质量应通过工艺性的检测或验证，现场加工风管应进行强度和严密性检测，即风管漏光检测记录、风管漏风检测记录合格后方可进场使用，否则应办理退场手续，严禁使用。风管的强度和严密性能是风管加工和产成品质量的重要技术指标，规范对各类别风管的强度试验和允许漏风量做了相应的规定。复查过程常发现现场加工风管的质量未通过工艺性的检测，风管漏光检测记录、风管漏风检测记录内容有缺失现象。

（1）《通风与空调工程施工质量验收规范》（GB 50243—2016）第4.1.1条规定，风管质量的验收应按材料、加工工艺、系统类别的不同分别进行，并应包括风管的材质、规格、强度、严密性能与成品观感质量等项内容。

（2）《通风与空调工程施工质量验收规范》（GB 50243—2016）第4.1.2条规定，风管制作所用的板材、型材以及其他主要材料进场时应进行验收，质量应符合设计要求及国家现行标准的有关规定，并应提供出厂检验合格证明。工程中所选用的成品风管，应提供产品合格证书或进行强度和严密性的现场复验。

（3）《通风与空调工程施工质量验收规范》（GB 50243—2016）第4.2.1条规定，风管加工质量应通过工艺性的检测或验证，强度和严密性要求应符合下列规定：

1）风管在试验压力保持5min及以上时，接缝处应无开裂，整体结构应无永久性的变形及损伤。试验压力应符合下列规定：①低压风管应为1.5倍的工作压力；②中压风管应为1.2倍的工作压力，且不低于750Pa；③高压风管应为1.2倍的工作压力。

2）矩形金属风管的严密性检验，在工作压力下的风管允许漏风量应符合表3-7的规定。

表3-7 风管允许漏风量

分管类型	允许漏风量［$m^3/(h \cdot m^2)$］
低压风管	$Q_l \leqslant 0.1056P^{0.65}$
中压风管	$Q_m \leqslant 0.0352P^{0.65}$
高压风管	$Q_h \leqslant 0.0117P^{0.65}$

注：Q_l为低压风管允许漏风量，Q_m为中压风管允许漏风量，Q_h为高压风管允许漏风量，P为系统风管工作压力（Pa）。

【例3-12】 复查中发现通风与空调工程风机盘管机组安装前未进行三速试运转和水压检漏试验，风机盘管机组设备单机试运转记录内容有缺失现象。

分析　风机盘管机组安装前应进行三速试运转（三速开关动作正确，与机组运行状态对应）；检验水压，试验压力为系统工作压力的1.5倍，试验观察时间为2min，不渗漏为合格；风机盘管机组运转方向正确，运转平稳，无异常振动与噪声，填写在设备单机试运转记录（机电通用）表格中，通过施工质量过程控制保证风机盘管的安装质量，避免安装后发现风机盘管有问题而返工。

《通风与空调工程施工质量验收规范》（GB 50243—2016）第7.3.9条规定，风机盘管机组的安装应符合下列规定：①机组安装前宜进行风机三速试运转及盘管水压试验。试验压力应为系统工作压力的1.5倍，试验观察时间应为2min，不渗漏为合格。②机组应设独立支、吊架，固定应牢固，高度与坡度应正确。③机组与风管、回风箱或风口的连接，应严密可靠。

检查数量：按第Ⅱ方案。

检查方法：观察检查、查阅试验记录。

注：第Ⅱ方案即产品合格率大于或等于85%的抽样评定方案。

【例3-13】　进场的散热器、风机盘管机组、电线电缆等需建筑节能检测的设备、材料，复查过程发现第三方检测机构提供的复验报告有缺失现象。

分析　建筑节能工程施工资料的抽查是重中之重，采暖工程、空调工程和电气工程涉及建筑节能工程的材料设备主要有散热器、风机盘管机组和电线电缆等，需要第三方检测机构对送检的散热器、风机盘管机组、电线电缆有关技术性能参数进行复验，复验合格后方可使用。

（1）《建筑节能工程施工质量验收标准》（GB 50411—2019）第9.2.2条规定，供暖节能工程使用的散热器和保温材料进场时，应对其下列性能进行复验，复验应为见证取样检验：散热器的单位散热量、金属热强度……

检验方法：核查复验报告。

检查数量：同厂家、同材质的散热器，数量在500组及以下时，抽检2组；当数量每增加1000组时应增加抽检1组。同工程项目、同施工单位且同期施工的多个单位工程可合并计算。当符合本标准第3.2.3条规定时，检验批容量可以扩大一倍。

同厂家、同材质的保温材料，复验次数不得少于2次。

（2）《建筑节能工程施工质量验收标准》（GB 50411—2019）第10.2.2条规定，通风与空调节能工程使用的风机盘管机组和绝热材料进场时，应对其下列性能进行复验，复验应为见证取样检验：风机盘管机组的供冷量、供热量、风量、水阻力、功率及噪声……

检验方法：核查复验报告。

检查数量：按结构形式抽检，同厂家的风机盘管机组数量在500台及以下时，抽检2台；每增加1000台时应增加抽检1台。同工程项目、同施工单位且同期施工的多个单位工程可合并计算。当符合本标准第3.2.3条规定时，检验批容量可以扩大一倍。

同厂家、同材质的绝热材料，复验次数不得少于2次。

（3）《建筑节能工程施工质量验收标准》（GB 50411—2019）第12.2.3条规定，低压配电系统使用的电线、电缆进场时，应对其导体电阻值进行复验，复验应为见证取样检验。

检验方法：现场随机抽样检验；核查复验报告。

检查数量：同厂家各种规格总数的10%，且不少于2个规格。

第12.2.3条为强制性条文。工程中使用伪劣电线电缆会造成发热，造成极大的安全隐患，同时增加线路损耗。为加强对建筑电气中使用的电线和电缆的质量控制，工程中使用的电线和电缆进场时均应进行抽样检验。相同材料、截面导体和相同芯数为同规格，如VV3×185与YJV3×185为同规格，BV6.0与BVV6.0为同规格。一般电线、电缆导体电阻值的合格判定，应符合现行国家标准《电缆的导体》（GB/T 3956）中对铜、铝导体不同标称截面单位长度电阻值的相关规定。合金材料线缆、封闭式母线根据工程规模与使用数量确定检验，检验结果应根据设计要求、合同约定及相关标准进行判定。

在电线、电缆进场时，应对其导体电阻值进行复验。进场复验是对进入施工现场的材料、设备等在进场验收合格的基础上，按照有关规定从施工现场抽样送至实验室进行部分或全部性能参数的检验。同时应见证取样检验，即施工单位在监理或建设单位代表见证下，按照有关规定从施工现场随机抽样，送至有相应资质的检测机构进行检测，并应形成相应的复验报告。

核查材料性能指标是否符合质量证明文件，核查复验报告。以有无复验报告以及质量证明文件与复验报告是否一致作为判定依据。

【例3-14】 保温材料导热系数、密度、吸水率未进行复验或复验次数不够，复查中发现没有证明其燃烧性的第三方检测机构资料做支持。

分析 在建筑安装工程中，阻止设备或管道向周围环境散发热量造成管道或设备内介质热量流失，称为保温。用于供热管道或设备保温的材料为保温材料，常用的保温材料有聚苯乙烯泡沫塑料和聚氨酯泡沫塑料。建筑给水排水及采暖工程、通风与空调工程使用的保温材料必须按《建筑节能工程施工质量验收标准》（GB 50411—2019）规定进行复验。检验方法：核查复验报告。检查数量：同一厂家、同材质的保温材料，复验次数不得少于2次。复验合格后方可使用。

（1）《建筑给水排水及采暖工程施工质量验收规范》（GB 50242—2002）第3.2.1条规定，建筑给水、排水及采暖工程所使用的主要材料、成品、半成品、配件、器具和设备必须具有中文质量合格证明文件，规格、型号及性能检测报告应符合国家技术标准或设计要求。进场时应做检查验收，并经监理工程师核查确认。

（2）《通风与空调工程施工质量验收规范》（GB 50243—2016）第3.0.3条规定，通风与空调工程所使用的主要原材料、成品、半成品和设备的材质、规格及性能应符合设计文件和国家现行标准的规定，不得采用国家明令禁止使用或淘汰的材料与设备。主要原材料、成品、半成品和设备的进场验收应符合下列规定：①进场质量验收应经监理工程师或建设单位相关责任人确认，并应形成相应的书面记录。③进口材料与设备应提供有效的商检合格证明、中文质量证明等文件。

（3）《建筑节能工程施工质量验收标准》（GB 50411—2019）第9.2.2条规定，供暖节能工程使用的散热器和保温材料进场时，应对其下列性能进行复验，复验应为见证取样检验：……保温材料的导热系数或热阻、密度、吸水率。

检验方法：核查复验报告。

检查数量：同厂家、同材质的保温材料，复验次数不得少于 2 次。

(4)《建筑节能工程施工质量验收标准》(GB 50411—2019) 第 9.2.9 条规定，供暖管道保温层和防潮层的施工应符合下列规定：保温材料的燃烧性能、材质及厚度等应符合设计要求。

检验方法：观察检查；用钢针刺入保温层、尺量。

检查数量：按本标准第 3.4.3 条的规定抽检，最小抽样数量不得少于 5 处。

【例 3-15】 绝热材料导热系数、密度、吸水率未进行复验或复验次数不够，复查中发现没有证明其不燃性或难燃性的第三方检测机构资料做支持。

分析 在建筑安装工程中，绝热是很难实现的，我们常说的绝热其实是包含保温与隔热两部分的作用。阻止周围环境向管道和设备传递热量造成管道或设备内介质升温，称为绝热。用于制冷空调管道或设备隔热的材料为绝热材料，主要为传统的绝热材料，如玻璃纤维、石棉、岩棉、硅酸盐等。通风与空调工程使用的保温材料必须按《建筑节能工程施工质量验收标准》(GB 50411—2019) 的规定进行复验。检验方法：现场随机抽样送检；核查第三方检测机构复验报告。检查数量：同一厂家、同材质的保温材料见证取样送检的次数不得少于 2 次。复验合格后方可使用。

(1)《通风与空调工程施工质量验收规范》(GB 50243—2016) 第 3.0.3 条规定，通风与空调工程所使用的主要原材料、成品、半成品和设备的材质、规格及性能应符合设计文件和国家现行标准的规定，不得采用国家明令禁止使用或淘汰的材料与设备。主要原材料、成品、半成品和设备的进场验收应符合下列规定：①进场质量验收应经监理工程师或建设单位相关责任人确认，并应形成相应的书面记录。②进口材料与设备应提供有效的商检合格证明、中文质量证明等文件。

(2)《建筑节能工程施工质量验收标准》(GB 50411—2019) 第 10.2.2 条规定，通风与空调节能工程使用的风机盘管机组和绝热材料进场时，应对其下列性能进行复验，复验应为见证取样检验：……绝热材料的导热系数或热阻、密度、吸水率。

检验方法：核查复验报告。

检查数量：按结构形式抽检，同厂家的风机盘管机组数量在 500 台及以下时，抽检 2 台；每增加 1000 台时应增加抽检 1 台。同工程项目、同施工单位且同期施工的多个单位工程可合并计算。当符合本标准第 3.2.3 条规定时，检验批容量可以扩大一倍。

同厂家、同材质的绝热材料，复验次数不得少于 2 次。

(3)《建筑节能工程施工质量验收标准》(GB 50411—2019) 第 10.2.8 条规定，空调风管系统及部件的绝热层和防潮层施工应符合下列规定：绝热材料的燃烧性能、材质、规格及厚度等应符合设计要求。

检验方法：观察检查；用钢针刺入绝热层、尺量。

检查数量：按本标准第 3.4.3 条的规定抽检，最小抽样数量绝热层不得少于 10 段、防潮层不得少于 10m、阀门等配件不得少于 5 个。

(4)《建筑节能工程施工质量验收标准》(GB 50411—2019) 第 10.2.9 条规定，空调水系统管道、制冷剂管道及配件绝热层和防潮层的施工，应符合下列规定：绝热材料的燃烧性能、材质、规格及厚度等应符合设计要求。

检验方法：观察检查；用钢针刺入绝热层、尺量。

检查数量：按本标准第 3.4.3 条的规定抽检，最小抽样数量绝热层不得少于 10 段、防潮层不得少于 10m、阀门等配件不得少于 5 个。

【例 3-16】 低压变配电室已经投入使用一年，且有供电部门验收报告，复查中发现低压配电电源质量测试记录内容有缺失现象，且不能提供三相电能质量分析仪的第三方检测机构有效检测报告。

分析 低压变配电室安装完成后应对低压配电系统进行调试，以保证低压配电电源质量。低压配电电源质量测试记录内容应按《建筑节能工程施工质量验收标准》（GB 50411—2019）的规定填写齐全：供电电压允许偏差；公共电网谐波电压限值；谐波电流规定的允许值。同时，三相电能质量分析仪应具有第三方检测机构出具的有效检测报告。

《建筑节能工程施工质量验收标准》（GB 50411—2019）第 12.2.4 条规定，工程安装完成后应对配电系统进行调试，调试合格后应对低压配电系统以下技术参数进行检测，其检测结果应符合下列规定：

（1）用电单位受电端电压允许偏差：三相 380V 供电为标称电压的±7%；单相 220V 供电为标称电压的－10%～＋7%；

（2）正常运行情况下用电设备端子处额定电压的允许偏差：室内照明为±5%，一般用途电动机为±5%、电梯电动机为±7%，其他无特殊规定设备为±5%；

（3）10kV 及以下配电变压器低压侧，功率因数不低于 0.9；

（4）380V 的电网标称电压谐波限值：电压谐波总畸变率（THDu）为 5%，奇次（1～25 次）谐波含有率为 4%，偶次（2～24 次）谐波含有率为 2%；

（5）谐波电流不应超过表 3-8 中规定的允许值。

表 3-8 谐波电流允许值

标准电压（kV）	基准短路容量（MVA）	谐波次数及谐波电流允许值												
0.38	10	谐波次数	2	3	4	5	6	7	8	9	10	11	12	13
		谐波电流允许值（A）	78	62	39	62	26	44	19	21	16	28	13	24
		谐波次数	14	15	16	17	18	19	20	21	22	23	24	25
		谐波电流允许值（A）	11	12	9.7	18	8.6	16	7.8	8.9	7.1	14	6.5	12

检验方法：在用电负荷满足检测条件的情况下，使用标准仪器仪表进行现场测试；对于室内插座等装置使用带负载模拟的仪表进行测试。

检查数量：受电端全数检查，末端按本标准表 3.4.3 最小抽样数量抽样。

【例 3-17】 复查中发现公共建筑、住宅建筑竣工验收前，照明系统通电连续试运行无故障，且建筑物照明通电试运行记录有效、齐全，但建筑物照明系统照度测试记录缺失，未对公共建筑、住宅建筑照明系统的照度和功率密度值进行测试。同时，未提供照明系统的光照度测试仪第三方检测机构出具的有效鉴定报告。

分析　公共建筑、住宅建筑竣工验收前，照明系统通电连续试运行无故障，且建筑物照明通电试运行记录内容应有效、齐全，并按照《建筑节能工程施工质量验收标准》(GB 50411—2019）的规定对公共建筑、住宅建筑照明系统的照度和功率密度值进行测试。公共建筑、住宅建筑照明系统的照度和功率密度值进行测试执行现行国家标准《建筑照明设计标准》(GB 50034—2013)，对照明功率密度值做出明确规定的各类房间和场所作为典型功能区域，并将其规定值和设计值作为判断依据。

(1)《建筑节能工程施工质量验收标准》(GB 50411—2019）第 12.2.5 条规定，照明系统安装完成后应通电试运行，其测试参数和计算值应符合下列规定：照度值允许偏差为设计值的±10%；功率密度值不应大于设计值，当典型功能区域照度值高于或低于其设计值时，功率密度值可按比例同时提高或降低。

检验方法：检测被检区域内平均照度和功率密度。

检查数量：各类典型功能区域，每类检查不少于 2 处。

(2)《建筑照明设计标准》(GB 50034—2013）第 6.3.1 条规定，住宅建筑每户照明功率密度限值宜符合表 3-9 的规定。

表 3-9　住宅建筑每户照明功率密度限值

房间或场所	照度标准值（lx）	照明功率密度限值（W/m²）	
		现行值	目标值
起居室	100	≤6.0	≤5.0
卧室	75		
餐厅	150		
厨房	100		
卫生间	100		
职工宿舍	100	≤4.0	≤3.5
车库	30	≤2.0	≤1.8

(3)《建筑照明设计标准》(GB 50034—2013）第 6.3.2 条规定，图书馆建筑照明功率密度限值应符合表 3-10 的规定。

表 3-10　图书馆建筑照明功率密度限值

房间或场所	照度标准值（lx）	照明功率密度限值（W/m²）	
		现行值	现行值
一般阅览室、开放式阅览室	300	≤9.0	≤8.0
目录厅（室)、出纳室	300	≤11.0	≤10.0
多媒体阅览室	300	≤9.0	≤8.0
老年阅览室	500	≤15.0	≤13.5

(4)《建筑照明设计标准》(GB 50034—2013）第 6.3.3 条规定，办公建筑和其他类型建筑中具有办公用途场所的照明功率密度限值应符合表 3-11 的规定。

表 3-11　办公建筑和其他类型建筑中具有办公用途场所照明功率密度限值

房间或场所	照度标准值（lx）	照明功率密度限值（W/m²）	
		现行值	现行值
普通办公室	300	≤9.0	≤8.0
高档办公室、设计室	500	≤15.0	≤13.5
会议室	300	≤9.0	≤8.0
服务大厅	300	≤11.0	≤10.0

【例 3-18】 复查中发现公共建筑与住宅建筑的照明系统通电试运行记录，连续试运行时间混淆。

分析　公共建筑(public building) 是指供人们进行各种公共活动的建筑，一般包括办公建筑、商业建筑、旅游建筑、科教文卫建筑、通信建筑、交通运输类建筑等。住宅建筑（residential building）是指供家庭居住使用的建筑，一般包括住宅建筑、公寓建筑、宿舍建筑、别墅建筑等。《建筑电气工程施工质量验收规范》（GB 50303—2015）对公共建筑与住宅建筑照明系统通电连续试运行时间有明确规定，填写建筑物照明通电试运行记录时应严格执行。

《建筑电气工程施工质量验收规范》（GB 50303—2015）第 21.1.2 条规定，公共建筑照明系统通电连续试运行时间应为 24h，住宅照明系统通电连续试运行时间应为 8h。所有照明灯具均应同时开启，且应每 2h 按回路记录运行参数，连续试运行时间内应无故障。

检查数量：按每检验批的末级照明配电箱总数抽查 5%，且不得少于 1 台配电箱及相应回路。

检查方法：试验运行时观察检查或查阅建筑照明通电试运行记录。

【例 3-19】 接地电阻测试记录表中填写的内容不合理，测试结论追溯性较差，如接地类型、设计要求应填写“设计说明的设计要求及施工图编号”，不同机房的接地类型、设计要求不同，且测点位置也不同。复查中发现不同机房的测点位置、接地电阻阻值的填写有些是一样的。

分析　接地类型分为防雷接地、计算机接地、工作接地、保护接地、防静电接地、逻辑接地、重复接地、综合接地、医疗设备接地等，不同机房的接地类型、接地电阻阻值的设计要求是不同的，且接地电阻测试点位置也不同。电气设备接地电阻测试数值应符合设计要求，接地电阻数值较高，则电流通过导体持续高电位的时间较长，电气设备被雷电流击中，造成对建筑物及电气设备的破坏较大。因此，应按《建筑电气工程施工质量验收规范》（GB 50303—2015）有关规定，认真填写电气接地电阻测试记录。

《建筑电气工程施工质量验收规范》（GB 50303—2015）第 22.1.2 条规定，接地装置的接地电阻值应符合设计要求。

条文说明：在建筑工程中可能有多个场所对接地电阻值提出要求，如变电所、电子信息系统机房、消防控制室等。另外，建筑物防雷工程也会对接地电阻值提出要求，因此在接地电阻测试时，应根据具体情况在相应的场所或部位分别进行测试，且应满足接地电阻值的设计要求。

【例 3-20】 漏电开关模拟试验记录中，复查中发现实际测试的漏电动作电流（mA）为非施加设计的动作电流（mA），无法判断试验结论是否合格。

分析 剩余电流为漏电保护器中漏电单元的动作电流，相（单相或三相）电流与零线电流的矢量和超过此值时，漏电单元即带动保护器跳闸。漏电开关模拟试验记录中，设计要求的动作电流（mA）、动作时间（ms）可查阅施工图设计说明，实际测试动作电流（mA）、动作时间（ms）则是现场测试值，不能随意编造数据资料，否则无法通过数据的比对得出试验结论是否合格。

(1)《建筑电气工程施工质量验收规范》(GB 50303—2015) 第 3.4.3 条规定，当验收建筑电气工程时，应核查下列各项质量控制资料，且资料内容应真实、齐全、完整：……剩余电流动作保护器测试记录。

(2)《建筑电气工程施工质量验收规范》(GB 50303—2015) 第 5.1.9 条规定，配电箱（盘）内的剩余电流动作保护器（RCD）应施加额定剩余动作电流（$I_{\Delta n}$）的情况下测试动作时间，且测试值应符合设计要求。

检查数量：每个配电箱（盘）不少于 1 个。

检查方法：仪表测试并查阅试验记录。

【例 3-21】 复查电气设备空载试运行记录资料中，发现缺失“空载试运行”记录资料，数据非现场实际测试结果，而是随意编造出来的，空载电流值甚至达到额定电流值，轴承温度也非常高，接近极限指标，试运行结论为合格。

分析 电气设备电动机空载试运行时间宜为2h，每隔 1h 记录电流、电压、温度等有关数据，电动机的空载电流一般为额定电流的 30%以下（指异步电动机），电动机外壳表面的温升应满足建筑设备或工艺装置的空载状态运行的要求。

(1)《建筑电气工程施工质量验收规范》(GB 50303—2015) 第 3.4.3 条规定，当验收建筑电气工程时，应核查下列各项质量控制资料，且资料内容应真实、齐全、完整：……电气设备空载试运行和负荷试运行记录。

(2)《建筑电气工程施工质量验收规范》(GB 50303—2015) 第 9.1.3 条规定，电动机应试通电，并应检查转向和机械转动情况，电动机试运行应符合下列规定：空载试运行时间宜为 2h，机身和轴承的温升、电压和电流等应符合建筑设备或工艺装置的空载状态运行要求，并应记录电流、电压、温度、运行时间等有关数据……

检查数量：按设备总数抽查 10%，且不得少于 1 台。

检查方法：轴承温度采用测温仪测量，其他参数可在试验时观察检查并查阅电动机空载试运行记录。

条文说明：电动机的空载电流一般为额定电流的 30%以下（指异步电动机），机身的温升经 2h 空载试运行不会太高，重点是考核机械装配质量，尤其要注意噪声是否太大或有异常撞击声响。此外，要检查轴承的温度是否正常，如滚动轴承润滑脂填充量过多，会导致轴承温度过高，且试运行中温度上升急剧。电动机启动瞬时电流要比额定电流大，有的达 6～8 倍。

【例 3-22】 复查电气绝缘电阻测试记录时，发现检测 380V 电气线路的绝缘电阻采用 1000V 兆欧表，且测试电气线路绝缘电阻的兆欧表未进行计量鉴定及计量鉴定报告未归档，装入资料中的计量鉴定报告与电气绝缘电阻测试记录中采用的仪器规格、型号、量程不相符。

分析 380V电气设备线路的绝缘电阻应采用电压等级为500V的兆欧表，《电气装置安装工程 电气设备交接试验标准》（GB 50150—2016）第3.0.9条对此有规定。正确选用的同时，还须注意检测仪器的准确性，必须有经过第三方具有资质的检测机构出具的检测报告，检测合格方可使用。

《电气装置安装工程 电气设备交接试验标准》（GB 50150—2016）第3.0.9条规定，测量绝缘电阻时，采用兆欧表的电压等级、设备电压等级与兆欧表的选用关系应符合表3-12的规定；用于极化指数测量时，兆欧表短路电流不应低于2mA。

表3-12 设备电压等级与兆欧表的选用关系

序号	设备电压等级（V）	兆欧表电压等级（V）	兆欧表最小量程（MΩ）
1	＜100	250	50
2	＜500	500	100
3	＜3000	1000	2000
4	＜10000	2500	10000
5	≥10000	2500或5000	10000

【例3-23】 复查建筑物照明系统照度测试记录资料，发现施工图设计说明办公室照度值为300lx，功率密度为4.5W/m^2，而测试记录表格办公室的照明值测试为255lx，功率密度为4.2kW/m^2，表明：缺乏“照明系统的照度值和功率密度值”的节能专业知识；数据非现场实际测试结果，而是随意编造出来的。公共建筑办公室照明值为255lx，功率密度为4.2kW/m^2，不符合《建筑节能工程施工质量验收标准》（GB 50411—2019）、《建筑照明设计标准》（GB 50034—2013）的规定。

分析 《建筑电气工程施工质量验收规范》（GB 50303—2015）对建筑物照明系统照度值、功率密度数值未进行规定，填写建筑物照明系统照度测试记录时应执行《建筑节能工程施工质量验收标准》（GB 50411—2019）第12.2节、《建筑照明设计标准》（GB 50034—2013）第6.3节的有关规定，正确填写照度标准值（lx）和照明功率密度现行值、目标值（W/m^2）。

（1）《建筑电气工程施工质量验收规范》（GB 50303—2015）第21.1.3条规定，对设计有照度测试要求的场所，试运行时应检测照度，并应符合设计要求。

（2）《建筑节能工程施工质量验收标准》（GB 50411—2019）第12.2.5条规定，照明系统安装完成后应通电试运行，其测试参数和计算值应符合下列规定：

1）照度值允许偏差为设计值的±10%；

2）功率密度值不应大于设计值，当典型功能区域照度值高于或低于其设计值时，功率密度值可按比例同时提高或降低。

检验方法：检测被检区域内平均照度和功率密度。

检查数量：各类典型功能区域，每类检查不少于2处。

（3）《建筑照明设计标准》（GB 50034—2013）第6.3.1条规定，住宅建筑每户照明功率密度限值宜符合表3-9的规定。

（4）《建筑照明设计标准》（GB 50034—2013）第 6.3.2 条规定，图书馆建筑照明功率密度限值应符合表 3-10 的规定。

（5）《建筑照明设计标准》（GB 50034—2013）第 6.3.3 条规定，办公建筑和其他类型建筑中具有办公用途场所的照明功率密度限值应符合表 3-11 的规定。

第四章　建筑电气工程施工资料填写指南

第一节　施工管理资料（表C1）

施工管理资料（表C1）共16种，包括施工现场质量管理检查记录、施工日志、施工组织设计/（专项）施工方案报审表、分包单位资质报审表等。

一、施工现场质量管理检查记录（表C1-1）

建筑工程项目经理部应建立质量责任制度、现场管理制度、分包方管理制度、工程质量检验制度和现场材料、设备存放与管理制度；健全质量管理体系；配备施工技术标准；主要专业工种操作上岗证书齐全；分包方资质满足要求；搅拌站计量设施精确且有控制措施；现场材料、设备存放条件满足要求；施工图经具备相应审查资质的单位审查合格、地质勘察资料齐全。施工单位应按规定填写《施工现场质量管理检查记录》后，报项目总监理工程师（或建设单位项目负责人）检查，并做出检查结论。

二、施工日志（表C1-2）

施工日志以单位工程为记载对象，从工程开始施工起至工程竣工止。应按专业至少分土建和安装工程两部分。

1. 施工日志的作用

（1）记录工程施工过程详细情况，确保日后能够对工程进行有效的追溯；

（2）记录施工中设计与实际不符的情况，为设计变更提供依据；

（3）记录施工中存在的问题，为编制工程质量处理方案提供参考依据；

（4）记录施工中是否达到规范要求，为资料整理、质量评定与质量验收提供依据；

（5）记录工序质量完成情况，为下道工序提供依据；

（6）记录施工中工程项目情况的经验与不足，为以后项目总结与提高积累丰富的经验。

2. 施工日志填写的基本要求

（1）施工日志应按单位工程的分部工程填写；

（2）记录时间从开工到竣工验收时为止；

（3）逐日记载，不应中断；

（4）记录要真实、可靠、全面；

（5）施工过程发生人员变动，应当办理交接手续，保持施工日记的连续性、完整性；

（6）施工日志应由专业施工负责人（工长、施工员）填写。

3. 施工日志填写的内容

（1）基本内容

1）日期、星期、气象、平均温度。

2）施工部位。施工部位应将分部、分项工程名称和分项工程系统、楼层等组织填写。

3）施工班组人数、操作班组负责人。

（2）施工部位及施工进度情况

1）记录材料、设备到场及验收情况；

2）劳动力安排情况；

3）记录施工项目完成情况；

4）施工项目检查、存在问题、处理情况、复查情况；

5）施工试验情况；

6）质量验收情况。

（3）技术质量活动

1）施工中存在的技术质量问题及解决措施；

2）设计变更、工程变更洽商的办理情况及其执行情况；

3）建设单位、监理单位及设计单位等做出的有关技术质量方面的决定及其实施情况；

4）各专业施工质量验收规范的实施情况；

5）技术交底情况；

6）施工现场技术专题会、例会的情况；

7）施工现场质量专题会、例会的情况；

8）质量检查情况及其存在的问题和解决情况。

（4）其他内容

1）停电、停水、停工、复工等情况；

2）施工机械设备故障及其处理情况；

3）冬、雨期施工准备及检查情况；

4）施工中涉及的“深基坑工程，模板工程及支撑体系，起重吊装及安装拆卸工程，脚手架工程，拆除、爆破工程，其他危险性较大的工程特殊措施和“新技术、新工艺、新材料、新设备”的推广与应用情况；

5）消防、安全、绿色、文明施工情况。

4. 填写过程中应注意的问题

（1）书写时一定要字迹工整、清晰。

（2）主要施工内容一定要与施工部位、施工进度相对应。

（3）停工、停水、停电时，应记录起止时间；停水、停电时，施工进度部位的情况，是否造成经济损失要记录清楚。

三、施工组织设计/（专项）施工方案报审表（表 C1-3）

施工组织总设计、单位工程施工组织设计、施工方案、专项施工方案应有齐全的内部审批手续，报项目监理机构批准后实施。

（1）单位工程施工组织设计应在组织施工前编制，规模较大、工艺复杂的工程、群体工程或分期出图工程，可分阶段报批施工组织设计。

（2）主要分部（分项）工程、工程重点部位、技术复杂或采用新技术的关键工序应编制专项施工方案、冬（雨）期施工应编制季节性施工方案。

（3）施工组织设计（方案）审批表。施工组织设计/（专项）施工方案实施前应审批手续齐全。施工措施和工艺发生较大的变更时，应重新报审，审批手续应齐全有效。

施工现场质量管理检查记录 表 C1-1		资料编号	06-C1-1-×××		
工程名称	北京××大厦	施工许可证（开工证）	〔2009〕施建字××××号		
建设单位	北京××房地产开发公司	项目负责人	赵××		
设计单位	北京××建筑设计研究院	项目负责人	李××		
监理单位	北京××监理有限责任公司	总监理工程师	齐××		
施工单位	北京××建设有限责任公司	项目经理	陈××	项目技术负责人	高××

序号	项目	内容
1	现场质量管理制度	建立健全
2	现场质量责任制	落实得力
3	主要专业工种操作上岗证书	有效齐全
4	分包单位的管理制度	有效齐全、建立健全
5	图纸会审记录	会审完毕
6	地质勘察资料	归档齐全
7	施工技术标准	北京市地方性标准
8	施工组织设计、施工方案及审批	编写与审批完毕
9	物资采购管理制度	建立健全
10	施工设施和机械设备管理制度	建立健全
11	计量设备配备	齐全有效
12	检测试验管理制度	建立健全、管理有序
13	工程质量检查验收制度	建立健全
14		

自检结果：	检查结论：
各项内容自检合格。 施工单位项目负责人：陈×× 20××年××月××日	项目经理部施工技术标准明确，建立健全现场管理制度、工程质量检验制度，分包方资质与分包单位的管理制度、主要专业工种操作上岗证书有效齐全，质量责任制落实到位，施工图会审完毕，施工组织设计（方案）及审批施工技术文件齐全，现场材料、设备存放与管理有序，计量仪器仪表齐全有效，施工现场质量管理处于受控状态。 总监理工程师：齐×× 20××年××月××日

本表由施工单位填写。

<table>
<tr><td colspan="3">施工日志
表 C1-2</td><td>资料编号</td><td>06-C1-2-×××</td></tr>
<tr><td>时间</td><td>天气状况</td><td>风力</td><td>最高/最低温度</td><td>备注</td></tr>
<tr><td>白天</td><td>晴间多云</td><td>偏北风二三级</td><td>＋4℃/＋2℃</td><td>上、下午各测一次</td></tr>
<tr><td>夜间</td><td>晴间多云</td><td>偏北风二三级</td><td>－10℃/－12℃</td><td>上、下夜各测一次</td></tr>
<tr><td colspan="5">生产情况记录：(施工部位、施工内容、机械作业、班组工作、生产存在问题等)
施工部位：
北京××大厦 A 段屋面女儿墙
施工内容：
防雷引下线安装、接闪器安装
机械作业：
钢筋调直机 1 台，型号为 HS-Z-4，电机额定功率为 4.2kW；电锤 3 台，钻孔直径为 10～20mm，电机额定功率为 0.5kW；磨光机 3 台，型号为 SR 100AEN，电动机额定功率为 0.9kW；交流电焊机 2 台，型号为 BX1-400，额定容量为 22kV・A；弹簧测力计 4 个，型号为 SH-100K 弹簧测力计（传感器内置式），高精度高分辨率，准确度为 0.5 级，最小读数达 0.001N。
班组工作：
班组出勤人数为 12 名，其中电焊工 2 名、电工 7 名、普工 3 名。
生产存在问题：
目前工程处于装修阶段，机电专业与土建专业交叉作业，需要科学、合理、有序提供劳动力，并做好设备、材料进场计划，为电气设备安装提供物资保障，并落实好成品保护工作。</td></tr>
<tr><td colspan="5">技术质量安全工作记录：(技术质量安全活动、检查评定验收、技术质量安全问题等)
技术质量安全活动：
目前公司正开展“质量安全和谐月”活动，项目经理部结合质量安全月活动主题，开展创北京××大厦精品工程活动。本月公司技术部、安全部对北京××大厦先后各检查两次，对检查组发现的问题已分别整改完毕，并将整改报告报送公司技术部、安全部，经复查后符合国家、地方规范和标准的要求。
1. 技术交底的分项工程为防雷及接地装置安装工程，技术交底的交底人将质量要求、验收标准向接受交底人进行书面交底。
2. 技术交底的交底人、接受交底人经过交流和沟通后，对书面交底内容未提出不同意见，相关人员签字齐全，各自保存一份。
检查评定验收：
对北京××大厦 A 段屋面女儿墙避雷带安装质量检查验收。避雷带平正顺直，固定间距均匀，ϕ12mm 热镀锌圆钢搭接长度为其直径的 6 倍，双面施焊，焊缝应无夹渣、咬肉缺陷，并对焊缝进行防腐处理。
技术质量安全问题：
1. 隐蔽工程检查记录（表 C5-1）、避雷带支架拉力测试记录（表 C6-44）按施工进度均报送监理单位，监理单位专业工程师发现个别专业术语打印有误，如“电缆桥架”应改为“电缆梯架或电缆托盘”。我方应在技术资料报送前加强检查工作，杜绝技术资料出现文字错误。
2. 屋面女儿墙避雷带安装属于高空作业，张××、李××利用电锤打孔时，未佩戴安全防护用品，班长刘××发现后，责其佩戴好安全带、安全帽、绝缘手套后继续作业，及时纠正一起安全隐患事故。此事件也警示我们应加强作业人员的安全意识、文明施工管理力度，做到常抓不懈。</td></tr>
<tr><td>记录人</td><td colspan="2">李××</td><td>日期</td><td>20××年××月××日</td></tr>
</table>

本表由施工单位填写。

（4）施工组织设计/（专项）施工方案内容应齐全，并完成上一级的审批手续，承包单位填写施工组织设计/（专项）施工方案报审表（表C1-3）。

（5）项目经理签字，并加盖承包单位印章后报总承包单位，由总承包单位报送监理单位。

（6）监理专业工程师填写审查意见，总监理工程师填写审核意见，加盖印章后返还总承包单位。

<table>
<tr><td colspan="2">施工组织设计/（专项）施工方案报审表
表 C1-3</td><td>资料编号</td><td>06-C1-3-×××</td></tr>
<tr><td>工程名称</td><td colspan="3">北京××大厦</td></tr>
<tr><td colspan="4">致：北京××大厦监理项目经理部（项目监理机构）
我方已完成北京××大厦工程建筑电气工程施工组织设计的编制和审批，请予以审查。
附件：□施工组织总设计
□施工组织设计
□专项施工方案
□施工方案
☑施工组织设计（方案）审批表

施工项目经理部（盖章）
施工单位项目负责人（签字）：陈××
20××年××月××日</td></tr>
<tr><td colspan="4">审查意见：
同意北京××大厦工程建筑电气工程施工组织设计的实施。

专业监理工程师（签字）：
20××年××月××日</td></tr>
<tr><td colspan="4">审核意见：
同意北京××大厦工程建筑电气工程施工组织设计的实施，施工过程应严格执行国家施工质量验收标准，确保安全、质量、工期目标的实现。

项目监理机构（盖章）
总监理工程师（签字、加盖执业印章）：齐××
20××年××月××日</td></tr>
<tr><td colspan="4">审批意见（仅对超过一定规模的危险性较大的分部分项工程专项施工方案）：
同意北京××大厦工程建筑电气工程施工组织设计的实施，严格执行施工合同条款的约定，确保施工过程安全、质量、工期目标的实现。

建设单位（盖章）
项目负责人（签字）：赵××
20××年××月××日</td></tr>
</table>

本表由施工单位填写。

施工组织设计（方案）审批表

资料编号：

工程名称	北京××大厦	施工单位	北京××建设有限责任公司
技术文件名称	北京××大厦工程建筑电气工程施工组织设计（方案）		
建设单位	北京××房地产开发公司	编制单位	北京××大厦工程项目经理部
审批单位	技术部	编制人	赵××
审批人	李××	编制日期	20××年××月××日
审批日期	20××年××月××日	报审日期	20××年××月××日
审批意见：（内容是否全面，控制是否到位及适时修改） 1. 同意北京××大厦工程建筑电气工程施工组织设计（方案），请项目经理部以本施工组织设计（方案）确定的电气工程质量目标为依据，科学组织，落实到位，确保本工程安全、技术、质量目标的实现； 2. 施工过程中，请严格按照《施工现场临时用电安全技术规范》（JGJ 46—2005）的要求，落实安全管理责任制，做好安全教育工作，确保北京××大厦工程实施过程作业者的人身安全，以及各种手持电动机具的用电安全； 3. 实施过程中，请严格按照《建筑电气工程施工质量验收规范》（GB 50303—2015）的要求，落实样板引路，做好施工质量的三检制度，实现本工程中国建设工程鲁班奖质量目标； 4. 施工过程中，请严格按照北京市地方标准《建筑工程资料管理规程》（DB11/T 695—2017）的要求，及时收集、整理和归档建筑电气工程技术资料，做到与施工进度同步进行，签字（盖章）齐全有效，具有可追溯性； 5. 若电气工程施工组织设计（方案）需要修改，按原审批程序报送重新审批。			
施工单位（盖章）：北京××建设有限责任公司 技术负责人（签字）：陈×× 审批时间：20××年××月××日			

本表由施工单位技术部门负责填写。

四、分包单位资质报审表（表 C1-8）

（1）分包单位应在工程项目开工前或拟分包的分项、分部工程开工前，填写《分包单位资质报审表》（表 C1-8），附分包单位资质资料、分包单位业绩资料、中标通知书等。报总承包单位，由总承包单位报送监理单位审核。

（2）监理单位应在规定的期限内完成审批工作或提出进一步补充有关资料的审批意见。

（3）监理单位和建设单位认为必要时，可会同总承包单位对分包单位进行工程业绩考察，以验证分包单位提供有关资料的真实性。

<table>
<tr><td colspan="2">分包单位资质报审表
表 C1-8</td><td>资料编号</td><td colspan="2">06-C1-8-×××</td></tr>
<tr><td>工程名称</td><td colspan="4">北京××大厦</td></tr>
<tr><td>总承包单位</td><td colspan="4">北京××建设集团有限公司</td></tr>
<tr><td>分包单位</td><td>北京××智能系统工程技术有限公司</td><td>报审日期</td><td colspan="2">20××年××月××日</td></tr>
<tr><td colspan="5">致：北京××大厦监理项目经理部（项目监理机构）
经考察，我方认为拟选择的北京××智能系统工程技术有限公司（专业承包单位）具有承担下列工程的施工资质和施工能力，可以保证本工程项目按合同的约定进行施工或安装。分包后，我方仍然承担施工单位的责任。请予以审查和批准。
附件：1. 分包单位资质资料
2. 分包单位业绩资料
3. 中标通知书
4. 安全生产许可证
5. 分包单位项目负责人的授权书
6. 专职管理人员和特种作业人员的资格
7. 分包单位与总包单位签订的安全生产管理协议</td></tr>
<tr><td colspan="2">分包工程名称（部位）</td><td>工程量</td><td>分包工程合同额</td><td>备注</td></tr>
<tr><td colspan="2">智能建筑工程（中标通知书范围）</td><td>12 万平方米</td><td>2000 万元</td><td></td></tr>
<tr><td colspan="2"></td><td></td><td></td><td></td></tr>
<tr><td colspan="2">合计</td><td></td><td></td><td></td></tr>
<tr><td colspan="5">施工单位审核意见：
该专业分包单位的施工资质和施工能力满足本工程施工合同约定的要求，请予以审查和批准。
施工项目经理部（盖章）
施工单位项目负责人（签字、加盖执业印章）：
20××年××月××日</td></tr>
<tr><td colspan="5">专业监理工程师审查意见：
经审查，该专业分包单位的施工资质和施工能力满足本项目智能建筑工程（中标通知书中标范围）的要求。
专业监理工程师（签字）：
20××年××月××日</td></tr>
<tr><td colspan="5">总监理工程师审查意见：
同意该分包单位与总包单位按照规定办理有关事宜。
项目监理机构（盖章）
总监理工程师（签字、加盖执业印章）：
20××年××月××日</td></tr>
</table>

本表由施工单位填写。

附件1 分包单位资质资料

编号:1 02405999

营业执照

(副 本)(14-1)

统一社会信用代码

名 称 北京智能系统工程技术有限公司

类 型 有限责任公司(自然人投资或控股)

住 所 北京市海淀区中关村南大街

法定代表人

注册资本 10000万元

成立日期 1998年02月04日

营业期限 1998年02月04日 至 2048年02月03日

经营范围 技术开发、技术服务、技术咨询、技术转让;工程技术咨询;销售自行开发后的产品、计算机及辅助设备、通讯设备、电子产品;工程勘察设计;计算机系统服务;舞台美工、灯光音响;工程造价咨询。(企业依法自主选择经营项目,开展经营活动;依法须经批准的项目,经相关部门批准后依批准的内容开展经营活动;不得从事本市产业政策禁止和限制类项目的经营活动。)

在线扫码获取详细信息

登记机关 北京市工商行政管理局海淀分局

2016年06月15日

提示:每年1月1日至6月30日通过企业信用信息公示系统报送上一年度年度报告并公示。

企业信用信息公示系统网址: qyxy.baic.gov.cn

中华人民共和国国家工商行政管理总局监制

统一社会信用代码：[illegible]

建筑业企业资质证书

（副本）

企业名称：北京[illegible]智能系统工程技术有限公司

详细地址：北京市海淀区中关村南大街[illegible]

营业执照注册号：

法定代表人：[illegible]

注册资本：10000 万元

经济性质：有限责任公司(自然人投资或控股)

证书编号：[illegible]

有效期：2015-12-21 至 2018-12-20

资质类别及等级：

电子与智能化工程专业承包壹级；

建筑装修装饰工程专业承包贰级 2017/04/05；

消防设施工程专业承包贰级 2017/03/06；

******

发证机关：

2017 年 04 月 05 日

中华人民共和国住房和城乡建设部制

全国建筑市场监管与诚信信息发布平台查询网址：http://www.mohurd.gov.cn/docmaap

NO.DF 20433452

附件 2　分包单位业绩资料

协议书

发包方（全称）：中国■■■■有限公司

分包方（全称）：北京■■■■■智能系统工程技术有限公司

依照《中华人民共和国合同法》《中华人民共和国建筑法》及其他有关法律、行政法规，遵循平等、自愿、公平和诚实信用的原则，鉴于中国■■■■有限公司（以下简称为“发包方”）与分包方已经签订施工分包合同（以下称为“分包合同”），发包方和分包方双方就分包工程施工事项经协商达成一致，订立本合同。

一、工程概况

工程名称：海淀区■■■■■定向安置房项目一标段。

工程地点：海淀区■■■■■■

工程承包范围：12、22、25 地块施工图纸范围内的所有弱电工程（包括且不仅限非可视对讲系统、视频监控系统、综合布线系统、有线电视系统、室外弱电挖沟及管材敷设、周界防范系统、公共广播系统、智能平台系统施工，并负责二次深化设计、弱电系统调试及验收工作，不含弱电管路预留预埋。不含智能平台）。

二、分包合同价款

金额：大写：人民币（暂定）贰仟贰佰万元整，

小写：（暂定）2200 万元。

本合同最终价款以发包商方与政府的最终审计结算定案总价为准。

三、工期

开工日期：本分包工程定于 2016 年 04 月 25 日开工；

竣工日期：本分包工程定于 2016 年 09 月 25 日竣工（安装及调试完成及竣工）；

合同工期总日历天数为：152 天。

四、工程质量标准

本分包工程质量标准双方约定为：合格

五、组成分包合同的文件包括：

1．本合同协议书；

2．中标通知书（如有时）；

3．分包方的报价书；

4．除总包合同工程价款之外的总包合同文件；

5．本合同专用条款；

6．本合同通用条款；

7．本合同工程建设标准、图纸及有关技术文件；

8．合同履行过程中，发包方和分包方协商一致的其他书面文件。

六、本协议书中有关词语的含义与本合同第二部分《通用条款》中分别赋予它们的定义相同。

七、分包方向发包方承诺，按照合同约定的工期和质量标准，完成本协议书第一条约定的工程（以下简称为“分包工程”），并在质量保修期内承担保修责任。

八、发包方向分包方承诺，按照合同约定的期限和方式，支付本协议书第二条约定的合同价款（以下简称“分包合同价”），以及其他应当支付的款项。

九、分包方向发包方承诺，履行总包合同中与分包工程有关的发包方的所有义务，并与发包方承担履行分包工程合同以及确保分包工程质量的连带责任。

十、合同的生效

合同订立时间：2016年4月25日；

合同订立地点：北京市海淀区[illegible]

本合同双方约定签字，盖章后生效。

发包方：中国[illegible]有限公司

（公章）

住所：北京市海淀区[illegible]

法定代表人：

委托代理人：

电话：010-[illegible]

传真：

开户银行：工行百万庄支行

账号：[illegible]

邮政编码：100045

分包方：北京[illegible]智能系统工程技术有限公司

（公章）

住所：北京市海淀区[illegible]

法定代表人：

委托代理人：[illegible]

电话：[illegible]

传真：

开户银行：华夏银行北京首体支行

账号：[illegible]

邮政编码：100080

单位（子单位）工程质量竣工验收记录表

表 C8-01

工程名称	海淀区[illegible]	结构类型	框剪	层数/建筑面积	7万平方米
施工单位	北京[illegible]智能系统工程技术有限公司	技术负责人	徐国光	开工日期	2016年4月25日
项目经理	韦[illegible]	项目技术负责人	刘[illegible]	竣工日期	2016年9月25日

序号	项目	验收记录	验收结论
1	分部工程	共 18 分部，经查 18 分部 符合标准及设计要求 18 分部	验收合格
2	质量控制资料核查	共 1 项,经审查符合要求 1 项, 经核定符合规范要求 1 项	验收合格
3	安全和主要使用功能核查及抽查结果	共核查 5 项,符合要求 5 项, 共抽查 5 项,符合要求 5 项, 经返工处理符合要求 0 项	同意验收
4	观感质量验收	共抽查 4 项,符合要求 4 项, 不符合要求 0 项	好
5	综合验收结论	符合设计及施工质量验收规范要求，同意验收。	

参加验收单位	建设单位	监理单位	施工单位	设计单位
	(公章) 单位(项目)负责人 2016年7月25日	(公章) 总监理工程师 2016年9月26日	(公章) 单位负责人 2016年7月25日	(公章) 单位(项目)负责人 2016年7月28日

附件 3　中标通知书

招标结果受理（开）	
京开第 [illegible] 号	
经办人：[illegible]	2014年5月9日

中标通知书（施工）

北京××智能系统工程技术有限公司：

根据评标委员会提出的书面评标报告和推荐的中标候选人情况，以及招标文件中规定的定标原则和评标方法，现确定你单位为下述工程的施工中标人。主要中标条件如下：

工程名称	北京××大厦	建设规模	7 万平方米
建设地点	北京市经济技术开发区河西区××地块		
中标范围	施工图纸范围内的全部弱电工程		
中标价格	￥2268 万元　大写：贰仟贰佰陆拾捌万元整		
中标工期	154 日历天	计划开工日期	20××年××月××日
		计划竣工日期	20××年××月××日
质量等级	合格		
备注	本中标通知书有份附件，附件是本中标通知书的组成部分，是对本中标通知书的进一步补充，附件共 1 页。		

本中标通知书经北京市建设工程招投标监管部门受理盖章后发出。请你单位在接到本中标通知书后 30 天内 到我单位签订承包合同。

招标人：　　　　　　　　法定代表人：

日期：2014 年 5 月 9 日

说明：本中标通知书一式五份，招标办两份，招标人一份，中标人一份，建委工程办一份。

北京市建设工程招标投标管理办公室制

附件 4　安全生产许可证

延　期　核　准　栏

经审查，准予该企业安全生产许可证有效期延期三年。

自：2016 年 07 月 01 日

至：2019 年 06 月 30 日

延期核准机关（章）

2016 年 05 月 18 日

经审查，准予该企业安全生产许可证有效期延期三年。

自：

至：

延期核准机关（章）

年　月　日

安全生产许可证

（副本）

编号：（京）JZ安许证字〔2013〕223927 -1

单位名称　北京[illegible]智能系统工程技术有限公司

主要负责人　刘[illegible]

单位地址　北京市海淀区[illegible]

经济类型　有限责任公司（自然人投资或控股）

许可范围　建筑施工

有效期：2013年 07月 02日至 2016年 07月 01日

发证机关：北京市住房和城乡建设委员会

2013 年 07 月 02 日

国家安全生产监督管理总局 监制

附件5　分包单位项目负责人的授权书

项目负责人授权委托书

兹授权委托韦××同志为北京××大厦的项目经理，代表北京××智能系统工程技术有限公司全面处理该项目施工过程中的全部事宜，行使项目经理权力，负责施工合同条款的履行，主持本项目部的全面工作，自授权委托书发布之日起生效。

委托期限：授权时间20××年××月××日至20××年××月××日。

特此通知。

北京××智能系统工程技术有限公司

20××年××月××日

附件 6　专职管理人员和特种作业人员的资格

本证书由中华人民共和国住房和城乡建设部签发，持证者可以注册建造师名义执业，并在相关文件上签章。

This certificate is issued by the Ministry of Housing and Urban-Rural Construction, the People's Republic of China. The holder is entitled to use the designation "Certified Constructor" in his/her business, and sign and seal as such in relevant work documents.

中华人民共和国
一级建造师注册证书
Certificate of Registration
of Constructor
The People's Republic of China

资格证书编号 [illegible]
Qualification Certificate Number

注册编号 京[illegible]
Registered Number

证书编号 00420043
Certificate Number

姓名 韦[illegible]
Full Name

性别 男
Sex

出生年月 1973年12月26日
Date of Birth

专业类别 机电工程
Specialty

聘用企业 北京[illegible]智能系统工程技术有限公司
Employer

发证机关盖章 中华人民共和国住房和城乡建设部
Issued by

签发日期 2015年10月08日
Issued on

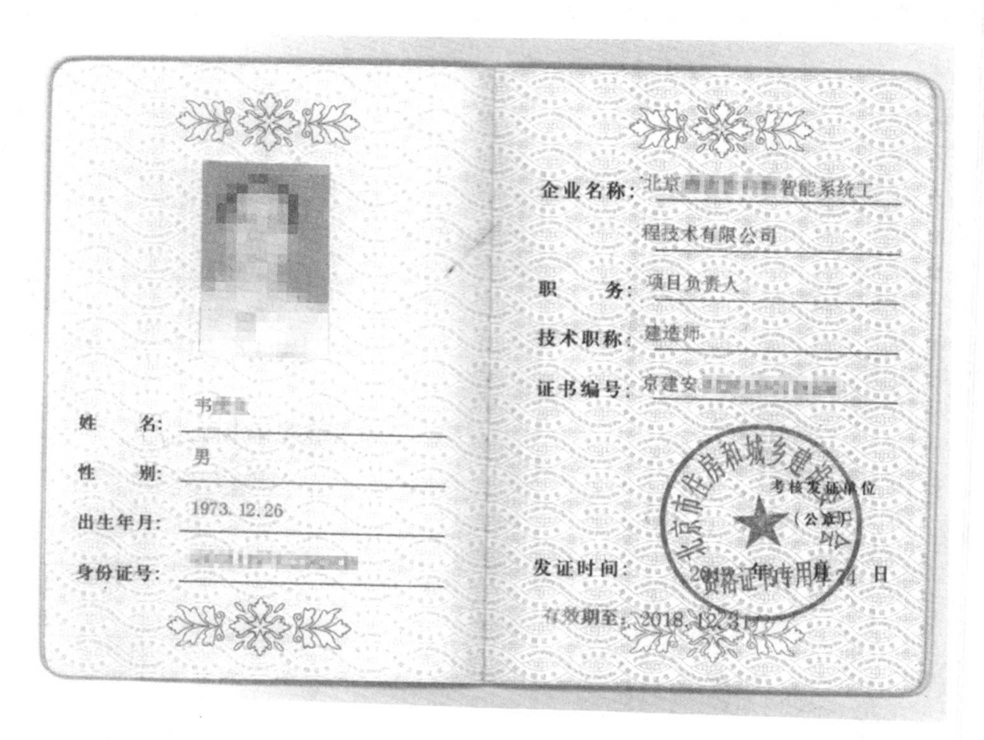

姓　　名：韦
性　　别：男
出生年月：1973.12.26
身份证号：

企业名称：北京　　　智能系统工程技术有限公司
职　　务：项目负责人
技术职称：建造师
证书编号：京建安
发证时间：　　年　　月　　日
有效期至：2018.12.31

北京市住房和城乡建设委员会 资格证书专用章
考核发证单位（公章）

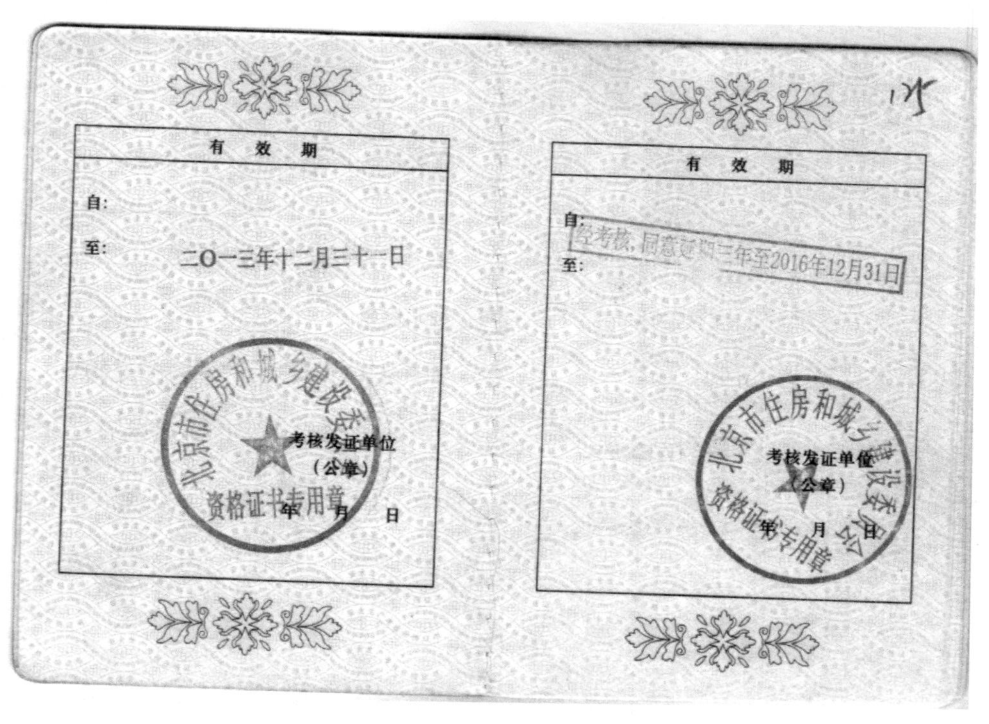

有　效　期
自：
至：二〇一三年十二月三十一日

北京市住房和城乡建设委员会 资格证书专用章
考核发证单位（公章）
年　　月　　日

有　效　期
自：
至：
经考核，同意延期三年至2016年12月31日

北京市住房和城乡建设委员会 资格证书专用章
考核发证单位（公章）
年　　月　　日

附件7　分包单位与总包单位签订的安全生产管理协议

总包单位与分包单位安全生产协议书

一、工程概况

工程项目名称：北京××大厦

工程项目地址：北京市经济技术开发区河西区××地块

承包施工内容：弱电工程

开工日期：20××年××月××日

竣工日期：20××年××月××日

二、管理目标

在建施工管理中，为了认真贯彻落实《中华人民共和国安全生产法》《建筑工程安全生产管理条例》《中华人民共和国消防法》《中华人民共和国职业病防治法》和《中华人民共和国环境保护法》，确保实现我单位施工中达到无施工人员死亡事故，无重伤事故，无火灾事故，无重大治安和交通责任事故，无重大环境污染和重大职业病患事故的管理目标，争创北京市文明安全工地，保障施工生产顺利进行，甲乙双方本着“安全生产、预防为主、综合治理”的安全生产原则，根据“统一管理、各负其责”的施工管理办法，签订本协议。

三、甲方责任

1. 根据甲乙双方合同为乙方提供满足健康安全的施工环境和有关安全管理标准、制度，对乙方贯彻落实国家有关法规及甲方的安全规章制度的执行情况进行检查。

2. 严格检查乙方施工资质、营业执照、安全许可证，不得发包给不具备施工资质、营业执照、安全许可证的企业。

3. 在乙方进场时对其进行入场安全教育，经考核80分以上者方可上岗，有义务组织乙方学习有关安全管理的各项规章管理制度。

4. 分项工程施工前，甲方专业工程师对乙方进行有针对性的书面安全技术交底。

5. 编制本工程应急救援预案及预防职业病，突发灾害、疫情的防范措施，并组织乙方有关人员对应急预案进行演练，确保应急救援能力。

6. 负责编制现场安全技术措施（方案）和专项安全措施搭拆方案搭设。

7. 甲方应按规定要求，定期组织施工现场分包单位进行安全生产学习教育，对前期安全生产工作进行总结讲评，对近期的安全生产工作进行安排部署。甲方组织安全生产教育应做好详细记录并留有影像资料。

8. 负责编制现场一级和二级电箱以上临时用电方案，审核乙方报送的所辖施工区域的二级配电箱以下的临时用电方案，提供现场一级和二级电箱，对现场一级和二级电箱及主要电缆进行管理和维护，监督乙方对所属施工区域二级电箱以下的临电设施的管理、维护。

9. 负责组织乙方参加甲方每周的定期安全检查，对现场的安全防护、临电管理、机械安全进行检查、讲评，督促乙方落实安全隐患整改措施。

四、甲方权力

1. 对施工现场的危险源进行识别、评价，制定重大危险源防范控制措施。有权对整个施工现场的安全管理工作进行协调和监督管理。指导、监督、检查乙方的职业健康安全管理工作，对乙方施工中的违章指挥、违章作业和安全隐患提出整改意见，督促、检查乙方的安全隐患整改落实情况，必要时协助乙方进行安全隐患整改工作。

2. 对乙方未建立健全安全管理体系，未按规定配置安全员的施工队伍不允许进场施工。乙方安全人员必须服从甲方安全部门的管理，协助乙方管理部门做好现场安全管理工作。

3. 甲方有权要求立刻撤退现场内的乙方分包队伍中没有适当理由而又不遵守、执行地方政府相关部门、行政主管部门及甲方发布的安全管理规定、制度和指令的人员，无论在任何情况下，此人不得再雇用于现场，除非事先有甲方的书面同意。

4. 对乙方违反安全生产、治安、消防、文明施工规定的行为，甲方依据相关制度有权对分包方进行经济处罚，罚金从安全保证金内扣除，拒不签认的，加倍扣除。

5. 管理及维护甲方负责对自己提供的机械设备、机具，督促乙方对其携带进场的机械设备、机具进场管理、维护，对现场机械设备、机具安全进行检查，对存在的安全隐患提出整改意见，督促乙方有关人员进行整改。

6. 对乙方采购的重要劳动保护用品［安全（平、兜）网、安全带、安全帽］及小型电器设备（配电箱、漏电保护器、电线、电缆）进行抽查，必须在甲方提供的合格供应商处采购，如乙方私自采购甲方合格分供商以外的重要劳动保护用品及小型电气设备，按照施工现场奖罚规定对有关人员进行处罚并没收违规采购的以上产品。对乙方使用不合格防护用品及小型电气设备的，按有关规定进行处罚。

7. 对现场搭设完毕未投入使用前的安全防护设施，安装调试完毕未投入使用前的机械设备、机具，敷设安装完毕未投入使用的临电设施等，应组织有关部门、人员进行验收，符合安全使用要求方准投入使用。

8. 对乙方在施工过程中违反有关安全管理规定、有违章现象发生、安全问题整改不到位或拒不接受甲方的正常安全管理的，根据问题的严重程度依据甲方的施工现场奖罚规定进行处罚。乙方在施工中存在重大隐患或险情时，甲方有权对乙方停工整顿，直至乙方解除合同，清退出场。

9. 在乙方退场时，与乙方办理现场安全防护设施的移交手续后，方可办理乙方的退场手续。

10. 乙方出现安全事故，甲方有权根据责任情况对乙方进行处罚。若乙方未经甲方同意擅自增加或调换人员，一旦发生伤亡事故，应追究乙方的责任。

11. 督促乙方为其职工办理公伤保险。

12. 对乙方施工过程中有不符合安全规定的，甲方安全管理人员有权要求停工和强行整改，使之达到安全标准为止。

五、关于安全生产管理

1. 乙方必须认真贯彻执行国务院、住房城乡建设部和工程所在省（市）政府颁发的有关安全生产的各项法令、法规，遵守甲方制定的各项安全生产规章制度，服从安全生产管理。

2. 乙方必须遵守国家颁布的《劳动法》和省（市）政府颁发的有关劳务用工的各项管理规定，及时办理劳务用工登记注册审批手续，不得私招乱雇和违法用工。

3. 乙方不得将工程再分解转包。如乙方将工程分包，必须经甲方同意并备案。因乙方原因造成乙甲或第三方受到各种损失由乙甲单独承担，乙方与第三方一切纠纷由乙方负责。

4. 乙方要严格加强对进场员工的全面管理。进场员工必须持有与乙方签订的正式劳务合同，乙方必须按规定负责发放员工必需的劳动保护用品，缴纳相关的保险费等（如乙方未给办理和缴纳保险费的，甲方代为办理，所花费用将在乙方的工程款中加倍扣除）。

5. 乙方应根据在施工程的规模建立安全生产领导小组和配备专职安全人员。分包单位施工人员达到50人及以上的要配备1～2名专职安全人员，不足50人的分包单位必须配备1名专职安全员。安全员必须经过省（市）级政府相关部门培训考试合格并持有相应资格证书。

6. 乙方的施工人员凡年龄未满18周岁或患有“三高”病（高血压、高血脂、高血糖）、心脏病、神经性疾病和癫痫病患者，均不得进入施工现场从事建筑施工作业。

7. 乙方进入建筑工地的施工作业人员（含管理人员），必须参加公司和项目部组织的“三级”（公司、项目部和班组）安全生产培训学习，没有经过“三级”安全培训学习和安全知识考试不合格的不得在本工地上岗作业。分包单位必须经常对职工开展多种形式的安全教育，不断提升施工人员的安全意识和自我防护能力。

8. 乙方负责工人上下班过程中的人身安全，甲方不提供交通设施，乙方组织工人结队而行，遵守交通规则，不横穿马路，不打架嬉戏，以免发生交通意外事故。如工人出现意外伤亡情况，则由乙方全权负责，与甲方无关。

9. 乙方进入建筑工地的施工机械设备，必须是正规厂家的合格产品，项目部和分包单位必须逐一登记造册，按时维修保养。其中的大型机械设备（塔吊、外用电梯、物料提升机和各种升降式吊篮等）除必须有正规厂家或租赁单位提供的产品合格证、验收报告外，还必须编制其大型机具安装拆除的专项施工方案和安全技术交底，在设备安装完毕后必须经过质量安全监管部门验收和签发安装合格证书后方可投入使用。

10. 乙方在建工地的临电、临水和临时消防设施的配置，必须满足现场施工需要，必须根据施工情况编制专项施工方案和安全技术交底，临电的配置必须依据《施工现场临时用电安全技术规范》（JGJ 46—2005）执行。临电系统必须经过项目部技术负责人、工程监理、项目部相关专业技术人员验收合格后方可投入使用。现场机械设备必须做好接零接地保护系统，执行“一机、一箱、一闸、一漏”安全用电防护措施。

11. 乙方在高层建筑施工安全管理中，必须重点抓好“三保”（安全帽、安全带、安全网）的利用和做好“四口”（楼梯口、电梯井口、预留洞口、通道口）“五临边”（槽、坑、沟的周边，框架结构楼层周边，尚未安装栏杆的阳台、料台挑平台周边，楼梯、上下跑道及斜道的两侧边，无外架防护的屋面周边）的安全防护设施，要严格贯彻相关的安全规范标准。

12. 乙方采购的安全帽、安全带、安全网等所有劳动保护用品必须是正规厂家生产的合格产品。采购时，必须向厂家索取发票和产品合格证，入库要有验收单，发放时要进行造册签名登记备案。要经常检查并及时淘汰残破、损坏和超期使用的劳动保护用品，并对作业职工正确使用劳动保护用品情况进行监督检查。

13. 乙方负责人因故需要离开现场时，应指定专人负责现场安全工作并书面告知甲方备案。分包单位负责人、现场安全生产管理负责人应经常检查监督本单位职工自觉遵守安全生产管理制度，做好自身安全生产管理工作。

14. 乙方在施工期间必须接受甲方的检查、督促和指导，甲方应协助乙方搞好安全生产管理，对查出的安全隐患，应在甲方限期内进行整改，并及时将整改情况报告甲方。对乙方整改不力或过期不整改甚至置之不理的，甲方有权予以严厉批评教育或进行经济处罚。

15. 分包单位必须对所处的施工区域，工作环境、安全防护设施、机具设备等认真检查，发现安全问题及可能引发事故的重大安全隐患，应立即停止施工作业，进行整改。乙方无能力整改的安全隐患，要及时向甲方汇报，由甲方协调有关人员负责整改，确认无安全隐患后方可继续施工。

16. 乙方对施工现场脚手架、安全设施、施工设备的各种安全防护、保险装置、安全标志和警示牌等不得擅自拆除、移动，如需要拆除移动，必须经甲方施工负责人和专业安全生产管理人员的同意，并采取必要可行的安全措施后方可拆除移动。

17. 乙方特殊工种作业施工人员、大中型机械操作人员，必须经过有关部门考核，考核成绩合格并取得操作合格证书后，方可上岗工作。

18. 在施工过程中，乙方应注意地下管线及高、低压架空线和通信设施、设备的保护。甲方应将地下管线及障碍物情况向乙方及时进行详细的安全技术交底，乙方要按照交底要求进行施工。遇有问题或情况不明时，要立即停止作业并及时向甲方汇报。保护市政设施和通信设施是施工单位义不容辞的责任。

19. 一旦有安全事故发生，乙方必须及时向甲方及项目部主管领导详细报告事故情况，由甲方通过正常渠道及时逐级上报有关部门，并同时启动应急救援预案，组织抢救伤员和保护好事故现场。如因抢救伤员必须移动现场设备，要做好详细记录或拍照存档，甲方要及时为事故救援提供必要的条件。

20. 如果发生伤亡事故，乙方必须积极配合甲方或上级主管机关做好事故调查取证和现场考查工作，不得做伪证、假证或迟报，甚至隐瞒不报。

21. 乙方必须教育并约束员工严格遵守施工现场安全管理规定，对遵章守纪者给予表扬，对违章作业、违章指挥、违反劳动纪律和施工管理制度者，给予有效批评或进行必要的经济处罚。

六、关于消防保卫管理

1. 乙方必须将工程的组织设计和现场临建搭设施工方案报甲方审核、审批。施工现场要设围墙，大门要设门卫值班室，作业区（含设备材料存放区）、办公区和生活区应保持安全距离分开设置，要符合《建筑施工安全检查标准》（JGJ 59—2011）中的规定和甲方企业管理要求。

2. 施工现场建立门卫值班制度，配备门卫值守人员。施工人员进入施工现场应佩戴“工作卡（或胸牌）”。施工现场实行封闭式管理，禁止非施工闲杂人员随意进入施工现场。

3. 施工现场实行逐级治安防火责任制，本着“谁施工谁负责”的原则。确定 1 名治安消防负责人，组建现场抢险救援领导小组，全面负责施工现场治安保卫和消防管理工作。

4. 乙方进入现场应及时提供进驻许可证和施工人员的身份证复印件，建立健全施工人员花名册、特殊工种人员花名册，并有特殊工种操作证复印件，不得私招乱雇来源不明的闲杂人员。

5. 乙方对自有施工人员要从严管理，要经常进行法制教育，施工人员不准聚众赌博、打架斗殴、盗窃行骗，不准参加非法集会活动；不得进行卖淫嫖娼、观看及传播黄色影像等非法活动。

6. 乙方负责本单位的小型机具、贵重物品、建筑材料的使用和管理工作，防止丢失和盗窃案件发生。要特别做好易燃易爆品的存放，做好安全工作，注意防火防爆，并将责任书落实到人。

7. 乙方要进行经常性的防火安全检查，制止违章用火用电和违章操作行为，制定火险隐患防范措施及应急预案。

8. 不得违章停放各种车辆随意占用消防车道，对无故占用消防车道、随意拆除挪用消防设施的行为，视情节轻重给予批评和经济处罚。

9. 工地发生任何重大突发事故或事件时，乙方全体人员应听从甲方或工地项目部的统一调动指挥，积极参加应急救援义务抢险队，对立功者，甲方要给予表彰和奖励。

10. 乙方要接受公安、消防机关和甲方保卫部门的监督检查，对提出的问题要及时落实整改，不留隐患死角。

七、关于职业卫生和环境保护管理

1. 乙方严格贯彻执行现行 ISO 14001、OHSAS 18001 的文件要求，遵守甲方现场有关职业安全卫生与环境管理的各项管理规定，并制定相关的环境、职业安全卫生管理保证措施，经甲方审核后实施。

2. 乙方组织所属员工接受 ISO 14001、HOSAS 18001 知识讲座，接受教育培训。

3. 乙方必须遵守国家及地方职能部门有关施工扰民、噪声控制、扬尘控制、固体废弃物排放及文明施工等有关规定，在施工中乙方应采取积极有效的措施，使以上各项降低至现行文件规定允许的范围内。

4. 乙方垃圾清理及建筑垃圾消纳工作应严格按照甲方《污染物（扬尘、噪声、废水、废弃物）控制及管理程序》和作业指导书执行。

5. 乙方负责在甲方的指导下辨识所承包工程实施中的危险源，并采取绝对有效的措施。

6. 乙方应严格执行甲方有关施工技术质量管理、现场维护、施工用电、机械操作、化学危险品使用及保存等各项管理规定，同时注意保护女工的各项合法权益。

7. 乙方对接触职业病危险源的现场作业工人应提供符合要求的保护用品，并向甲方提供有效的职业健康有效证明，对无职业健康体检证明的，乙方须对其进行体检，有职业禁忌症者，应对其调换工种。

8. 乙方定期对工人宿舍、食堂、厕所等生活区进行清洁、消毒，定期对现场工人进行体检并记录，对发现有传染性疾病或疑似传染病时，须立即隔离并报告甲方及当地卫生防疫部门，并配合甲方按照卫生防疫部门防治传染病的要求采取相应的措施。

9. 在施工过程中，乙方必须采取有效措施，防止噪声超标或机械漏油污染环境，杜绝敲击等人为噪声。使用机械要定期进行噪声的检测，对不符合要求的机械要及时采取维修措施。木工车间要封闭，减少噪声、粉尘的排放。

10. 乙方需采取必要措施保护施工现场周围的环境，在施工中若遇古树、历史文物，要按照地方政府关于古树名木的管理保护条例和《中华人民共和国文物保护法》执行，严禁对自然环境造成破坏。

11. 加强对机动车辆的日常维护和保养，并对机动车辆进行定期检查，以保持机动车性能良好，尾气年检合格。

12. 乙方在施工中应保证施工、生活及办公废弃物得到有效控制与管理，本着“节约资源，减少环境污染”的原则，确保废弃物处理后不对环境造成二次污染。

13. 乙方负责处理的废弃物必须执行国家、地方政府和甲方有关的管理规定，进行分类处理，最大限度地回收利用。

八、违章违规责任和处罚

1. 乙方在现场施工过程中，必须接受甲方、地方各级政府的安全、卫生、环境、消防、治安等职能部门的监督及执法检查，甲方对安全检查中发现的各类问题、隐患，有权发出安全检查隐患通知书或停工整顿指令。乙方应在整顿期限内立即组织相关人员按时进行整改，未进行整改或造成经济处罚时，乙方要负完全责任。

2. 属乙方责任造成的安全事故，甲方要组织对事故进行调查、上报。乙方要负责按照国家的有关工伤保险规定，在乙方单位工商注册所在地为伤亡职工进行工伤认定、评残，对伤亡职工或家属进行经济赔偿等善后处理工作，甲方不承担工伤保险责任和法律责任。

3. 乙方必须认真负责地做好事故的善后处理工作，甲方不得面对事故的伤亡者及其家属。乙方应承担承包人工伤事故的善后处理工作，对因处理不当而发生的纠纷，若影响到甲方的正常工作和给其他承包商造成经济损失，乙方应承担相应的经济责任和法律责任。

4. 乙方在施工现场出现各种火警、火情，视其损失大小及造成的影响程度，对肇事单位处以罚款。

5. 在工地内出现偷盗公、私财物，对肇事者所在的单位处以罚款。

6. 乙方出现打架斗殴或参与打架斗殴，无论主客观原因都应罚款，情节严重者交由司法机关处理，后果由乙方单位或肇事者本人全部承担。

7. 乙方对施工现场的废弃物必须及时处理，集中统一消纳，禁止随意堆放。如在处理过程中对环境造成二次污染，一切责任由乙方承担。

8. 乙方如违反本协议规定造成环境破坏和人身伤害，乙方要承担全部责任和损失（包括无偿修理和恢复在施工过程中受到破坏的环境及赔偿业主/甲方的损失）。

九、本协议生效与终止

1. 本协议在签订建筑工程承包合同的同时签订，作为正式合同的补充文件，具有同等法律效力。

2. 本协议自甲、乙双方签字之日起生效，随双方签订的分包合同的终止而终止。

3. 本协议一式两份，具有同等的法律效力，签字或盖章甲、乙双方各执一份。

总包单位（公章）：	分包单位（公章）：
代表签字：张××	代表签字：王××
签订日期：20××年××月××日	签订日期：20××年××月××日

第二节　施工技术资料（C2）

施工技术资料（C2）共4种，包括技术交底记录、图纸会审记录、设计变更通知单、工程变更洽商记录。

一、技术交底记录（表C2-1）

（1）技术交底记录应包括施工组织设计交底、专项施工方案技术交底、分项工程施工技术交底、“四新”（新材料、新设备、新技术、新工艺）技术交底和设计变更技术交底。各项交底应有文字记录，交底双方签字应齐全。

（2）技术交底内容组成：施工作业条件、施工准备工作、施工工艺操作、质量验收标准、成品保护、职业健康安全与环境保护注意事项。

（3）技术交底的形式和方法：书面交底、现场交底。

<table>
<tr><td colspan="2">技术交底记录
表C2-1</td><td>资料编号</td><td>06-C2-1-×××</td></tr>
<tr><td>工程名称</td><td colspan="3">北京××大厦</td></tr>
<tr><td>施工单位</td><td>北京××建设集团工程总承包部</td><td>审核人</td><td>李××</td></tr>
<tr><td>分包单位</td><td>北京××机电安装有限责任公司</td><td colspan="2" rowspan="3">□施组总设计交底
□单位工程施组交底
□施工方案交底
□专项施工方案交底
☑施工作业交底</td></tr>
<tr><td>交底部位</td><td>A座地下一层</td></tr>
<tr><td>接受交底范围</td><td>电缆托盘安装</td></tr>
<tr><td colspan="4">交底摘要：电缆托盘安装及质量验收标准
交底内容：
一、施工作业条件
1. 配合建筑电气施工的预留孔洞、预埋件等全部完成。
2. 电气竖井内地面、墙面作业全部完成。
二、施工准备工作
1. 查验电缆桥架的产品合格证、检测报告等质量文件。
2. 查看电缆托盘外观：钢制托盘涂层完好，无锈蚀；连接板、盖板与电缆托盘适配；镀锌螺杆、镀锌爪形螺母、镀锌垫片齐全。
三、施工工艺操作
1. 电缆托盘支、吊架可用圆钢、扁钢、角钢等制作，大型托盘也可以用槽钢制作。支、吊架制作完毕后应进行除锈、刷防锈漆。
2. 支、吊架制作安装：托盘垂直安装时，先把最上面的一个支架固定好，再用线坠在中心线处吊线，下面的支架即可按吊线进行固定。桥架水平安装时，可以先把两端固定好，然后以两端的支架为基准用拉线法均匀设置支架。</td></tr>
</table>

3. 托盘水平安装时，在首段、中间、末端等处设置防晃支、吊架。

四、质量验收标准

主控项目：

金属电缆托盘及其支架和引入或引出的金属电缆导管必须接地（PE）或接零（PEN）可靠，且必须符合下列规定：

（1）金属电缆托盘及其支架全长应不少于2处与接地（PE）或接零（PEN）干线相连接；

（2）非镀锌电缆托盘间连接板的两端跨接铜芯接地线，接地线最小允许截面面积不小于$4mm^2$；

（3）镀锌电缆托盘间连接板的两端不跨接接地线，但连接板两端不少于2个有防松螺帽或防松垫圈的连接固定螺栓。

一般项目：

电缆托盘安装应符合下列规定：

（1）直线段钢制电缆托盘长度超过30m时设置伸缩节；电缆托盘跨越建筑物变形缝处设置补偿装置。

（2）电缆托盘转弯处的弯曲半径，不小于托盘内电缆最小允许弯曲半径。

（3）当设计无要求时，电缆托盘水平安装的支架间距为1.5～3m；垂直安装的支架间距不大于2m。

（4）托盘与支架间螺栓、托盘连接板螺栓固定紧固无遗漏，螺母位于托盘外侧。

（5）敷设在竖井内和穿越不同防火区的托盘，按设计要求位置有防火隔堵措施。

（6）支架与预埋件焊接固定时，焊缝饱满；膨胀螺栓固定时，选用螺栓适配，螺栓紧固，防松零件齐全。

五、成品保护

1. 电缆托盘按规定验收后，放置于干燥、清洁的储存场地，有遮盖，并应避免酸、碱等腐蚀性物质的侵蚀。

2. 在保存场地应分类码放，层间应有适当软垫物隔开，避免重压，以防变形和涂层损坏，影响施工质量。

六、职业健康安全与环境保护注意事项

1. 进入施工现场的人员必须戴好安全帽，扣好帽带；

2. 高处作业严禁上下传递材料；

3. 使用电动手持工具要有可靠的保护接地（接零）措施；

4. 电动工具打孔时，要戴好护目镜，工作地点下方不得站人；

5. 人字梯必须坚固，使用时距梯脚40～60cm处设置拉绳，防止坠落伤人；

6. 包装用的塑料布及包装纸等应及时分类清除，送到相应的容器内；

7. 电气竖井、电缆沟施工时，应提供良好的照明环境；

8. 施工结束后，应清理好现场，做到“工完、料尽、场清”。

交底人	刘××	接受交底人数	6人	交底时间	20××年××月××日
接受交底人员	李××、孙××、赵××、张××、程××、高××				

注：1. 本表由施工单位填写。

2. 内容较多时本表作为首页，交底内容可续页。

二、图纸会审记录（表 C2-2）

（1）工程开工前，由建设单位组织设计、监理和施工单位技术负责人及有关人员参加图纸会审，由监理、施工单位将各自提出的图纸问题及意见，按专业整理、汇总后报建设单位，由建设单位提交给设计单位进行设计交底准备。

（2）图纸会审记录是工程设计文件的组成部分，不得在会审记录上涂改或变更其内容。

<table>
<tr><td colspan="3">图纸会审记录
表 C2-2</td><td>资料编号</td><td colspan="2">06-C2-2-×××</td></tr>
<tr><td colspan="2">工程名称</td><td>北京××大厦</td><td>会审日期</td><td colspan="2">20××年××月××日</td></tr>
<tr><td colspan="2">地点</td><td>北京××有限责任公司第一会议室</td><td>专业名称</td><td colspan="2">建筑电气工程</td></tr>
<tr><td>序号</td><td>图号</td><td colspan="2">图纸问题</td><td colspan="2">图纸问题交底</td></tr>
<tr><td>1</td><td>电施-12</td><td colspan="2">1. 2～5 层电气动力平面图所有防火卷帘系统为 SC25 管，系统图上标注的是 SC32 管，请问施工时以系统图为准还是以平面图上的为准</td><td colspan="2">1. 防火卷帘系统图为 SC32，施工图按 SC32 预埋</td></tr>
<tr><td>2</td><td>电施-27</td><td colspan="2">2. S6AT-1F1 配电箱（5 层动力平面图 F 轴与 7 轴交会处）的引上管为 2×SC70，如暗埋墙体内厚度不够，土建结构无法施工；由此配电箱引出 2 个配电箱分别为 35kW 配电箱和 40.5kW 配电箱，电源保护管为 SC70，管径过大，无法正常施工</td><td colspan="2">2. 由于管径过大，墙上明敷金属线槽</td></tr>
<tr><td>3</td><td>电施-45</td><td colspan="2">3. 空调机房预埋风机动力电气管路由于管径比较大，与消防管路、照明管路交叉，造成叠加后的管路超出楼板保护层厚度，是否考虑为明敷设</td><td colspan="2">3. 空调机房内各系统管路尽量暗敷，如施工过程无法暗敷，可以明敷，沿金属线槽敷设</td></tr>
<tr><td rowspan="2">签字栏</td><td>建设单位</td><td>监理单位</td><td>设计单位</td><td colspan="2">施工单位</td></tr>
<tr><td>赵××</td><td>王××</td><td>××</td><td colspan="2">李××</td></tr>
</table>

本表由施工单位整理、汇总。

三、设计变更通知单（表 C2-3）

（1）设计单位应在工程开工前，向施工单位、建设单位、监理单位进行施工图设计交底，说明设计意图，解释设计文件。

（2）设计单位可按单位工程进行设计交底，对关键部位和重要结构也可进行单独交底。

（3）设计交底由建设单位组织，设计交底记录由施工单位整理、汇总，各单位技术负责人会签，并加盖建设单位公章，形成正式设计文件。

<table>
<tr><td colspan="3">设计变更通知单
表 C2-3</td><td>资料编号</td><td>06-C2-3-×××</td></tr>
<tr><td colspan="2">工程名称</td><td>北京××大厦</td><td>专业名称</td><td>建筑电气工程</td></tr>
<tr><td colspan="2">设计单位名称</td><td>北京××建筑设计研究院</td><td>日期</td><td>20××年××月××日</td></tr>
<tr><td>序号</td><td>图号</td><td colspan="3">变更内容</td></tr>
<tr><td>1</td><td>电施-07</td><td colspan="3">地下一层消防水泵房 1 号消防泵电源管现改为 SC40，电源管暗敷设至混凝土基础平台旁，引出地面 300mm</td></tr>
<tr><td>2</td><td>电施-18</td><td colspan="3">地下一层 J～H 轴、26～32 轴间的风管盘管控制器安装标高－2.9m，距 F 轴水平距离 3.6m，SC20 沿墙暗敷设</td></tr>
<tr><td>3</td><td>电施-25</td><td colspan="3">首层 K～M 轴、12～15 轴间动力控制箱增加一个回路控制 5 号热水器，控制回路 BV3×4mm²-SC20 沿墙暗敷设</td></tr>
<tr><td>4</td><td>电施-32</td><td colspan="3">首层底板标高现均调整为－0.7m，负一层所有插座、开关标高相应下调 100mm</td></tr>
<tr><td rowspan="2">签字栏</td><td colspan="2">监理（建设）单位</td><td>设计单位</td><td>施工单位</td></tr>
<tr><td colspan="2">王××</td><td>赵××</td><td>李××</td></tr>
</table>

本表由变更提出单位填写。

四、工程变更洽商记录（表 C2-4）

（1）工程变更洽商记录应分专业及时办理，内容必须明确、具体，注明原图号，必要时应附图。

（2）工程变更洽商应有设计单位、施工单位和监理（建设）单位等有关各方代表签认；设计单位如委托监理（建设）单位办理签认，应办理委托手续；相同工程如需用同一个变更洽商记录，可用复印件或抄件。

（3）分包单位的有关设计变更洽商记录，应通过工程总承包单位办理。

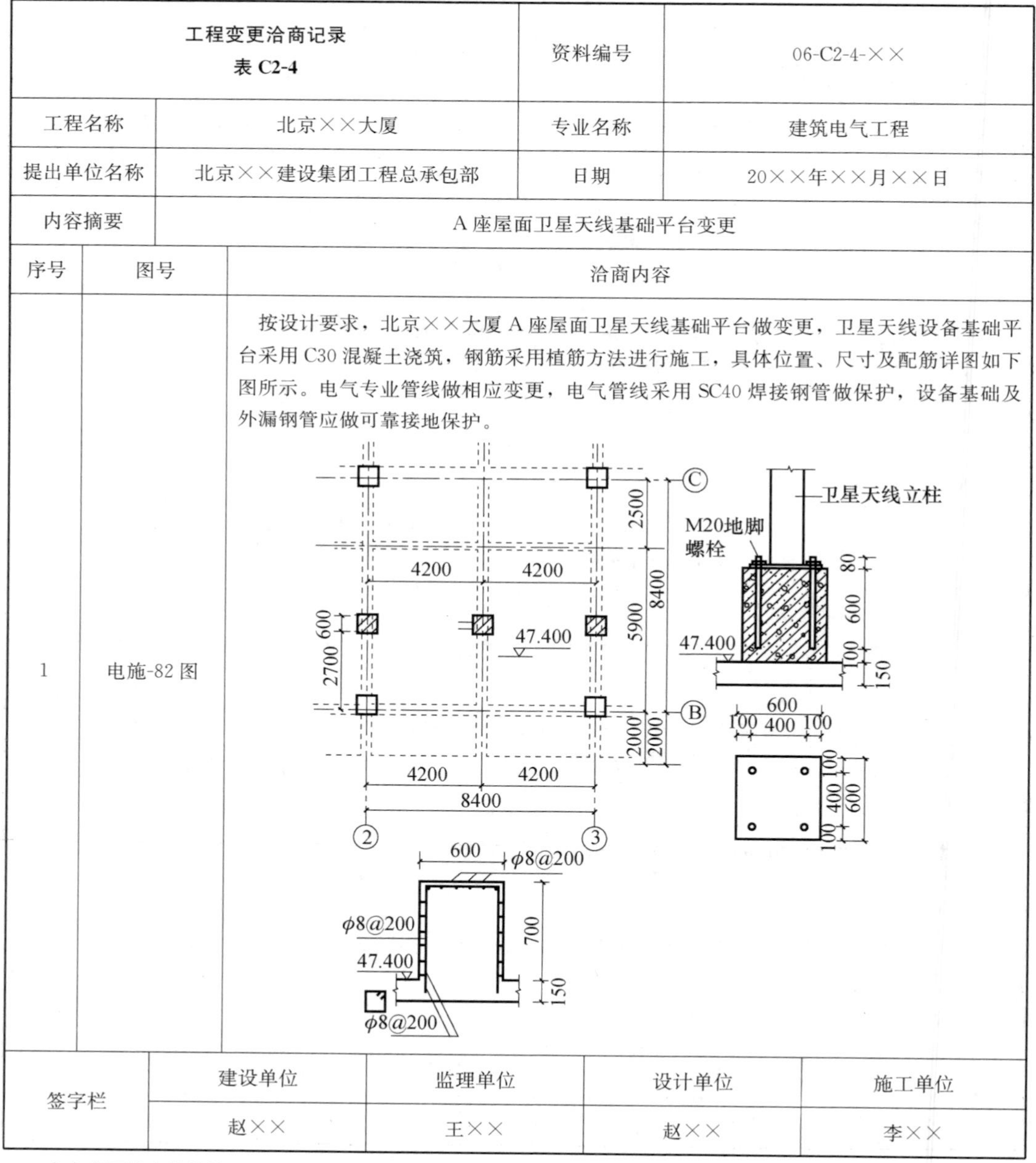

工程变更洽商记录 表 C2-4			资料编号	06-C2-4-××
工程名称	北京××大厦		专业名称	建筑电气工程
提出单位名称	北京××建设集团工程总承包部		日期	20××年××月××日
内容摘要	A 座屋面卫星天线基础平台变更			
序号	图号	洽商内容		
1	电施-82 图	按设计要求，北京××大厦 A 座屋面卫星天线基础平台做变更，卫星天线设备基础平台采用 C30 混凝土浇筑，钢筋采用植筋方法进行施工，具体位置、尺寸及配筋详图如下图所示。电气专业管线做相应变更，电气管线采用 SC40 焊接钢管做保护，设备基础及外漏钢管应做可靠接地保护。		
签字栏	建设单位	监理单位	设计单位	施工单位
	赵××	王××	赵××	李××

本表变更提出单位填写。

第三节 施工物资资料（C4）

施工物资资料（C4）共101种，主要包括质量证明文件、材料及构配件进场检验记录、设备开箱检验记录、设备及管道附件试验记录、设备安装使用说明书、材料进场复试报告、预拌混凝土（砂浆）运输单等，应符合以下要求：

（1）建筑安装工程使用的主要物资应有出厂质量证明文件（包括产品合格证、质量合格证、检验报告、试验报告、产品生产许可证和质量保证书等）。质量证明文件应反映工程物资的品种、规格、数量、性能指标等，并与实际进场物资相符。

（2）消防、电气等有关物资进场，应具有相应资质检测单位出据的检测报告。

《火灾自动报警系统施工及验收标准》（GB 50166—2019）第2.2.1条规定，材料、设备及配件进入施工现场应具有清单、使用说明书、质量合格证明文件、国家法定质检机构的检验报告等文件，火灾自动报警系统中的强制认证产品还应有认证证书和认证标识。

检查数量：全数检查。

检验方法：查验相关材料。

《火灾自动报警系统施工及验收标准》（GB 50166—2019）第2.2.2条规定，系统中国家强制认证产品的名称、型号、规格应与认证证书和检验报告一致。

检查数量：全数检查。

检验方法：核对认证证书、检验报告与产品。

《建筑电气工程施工质量验收规范》（GB 50303—2015）第3.2.6条规定，变压器、箱式变电所、高压电器及电瓷制品的进场验收应包括下列内容：查验合格证和随带技术文件：变压器应有出厂试验记录……

《建筑电气工程施工质量验收规范》（GB 50303—2015）第3.2.7条规定，高压成套配电柜、蓄电池柜、UPS柜、EPS柜、低压成套配电柜（箱）、控制柜（台、箱）的进场验收应符合下列规定：查验合格证和随带技术文件：高压和低压成套配电柜、蓄电池柜、UPS柜、EPS柜等成套柜应有出厂试验报告……

《建筑电气工程施工质量验收规范》（GB 50303—2015）第3.2.8条规定，柴油发电机组的进场验收应包括下列内容：核对主机、附件、专用工具、备品备件和随机技术文件：合格证和出厂试运行记录应齐全、完整，发电机及其控制柜应有出厂试验记录……

《建筑电气工程施工质量验收规范》（GB 50303—2015）第3.2.9条规定，电动机、电加热器、电动执行机构和低压开关设备等的进场验收应包括下列内容：查验合格证和随机技术文件：内容应填写齐全、完整……

《建筑电气工程施工质量验收规范》（GB 50303—2015）第3.2.10条规定，照明灯具及附件的进场验收应符合下列规定：查验合格证：合格证内容应填写齐全、完整，灯具材质应符合设计要求和产品标准要求；新型气体放电灯应随带技术文件；太阳能灯具的内部短路保护、过载保护、反向放电保护、极性反接保护等功能性试验资料应齐全，并应符合设计要求……

《建筑电气工程施工质量验收规范》（GB 50303—2015）第3.2.13条规定，导管的进场验收应符合下列规定：查验合格证：钢导管应有产品质量证明书，塑料导管应有合格证及相应检测报告……对塑料导管及配件的阻燃性能有异议时，应按批抽样送有资质的实验室检测。

《建筑电气工程施工质量验收规范》（GB 50303—2015）第3.2.14条规定，型钢和电焊条的进场验收应符合下列规定：查验合格证和材质证明书：有异议时，应按批抽样送有资质的实验室检测……

《建筑电气工程施工质量验收规范》（GB 50303—2015）第3.2.15条规定，金属镀锌制品的进场验收应符合下列规定：查验产品质量证明书：应按设计要求查验其符合性……对镀锌质量有异议时，应按批抽样送有资质的实验室检测。

《建筑电气工程施工质量验收规范》（GB 50303—2015）第3.2.16条规定，梯架、托盘和槽盒的进场验收应符合下列规定：查验合格证及出厂检验报告：内容填写应齐全、完整……

《建筑电气工程施工质量验收规范》（GB 50303—2015）第3.2.17条规定，母线槽的进场验收应符合下列规定：查验合格证和随带安装技术文件，并应符合下列规定：①CCC型式试验报告中的技术参数应符合设计要求，导体规格及相应温升值应与CCC型式试验报告中的导体规格一致，当对导体的载流能力有异议时，应送有资质的实验室做极限温升试验，额定电流的温升应符合国家现行有关产品标准的规定；②耐火母线槽除应通过CCC认证外，还应提供由国家认可的检测机构出具的型式检验报告，其耐火时间应符合设计要求……

《建筑电气工程施工质量验收规范》（GB 50303—2015）第3.2.20条规定，使用的降阻剂材料应符合设计及国家现行有关标准的规定，并应提供经国家相应检测机构检验检测合格的证明。

（3）进口材料和设备应有中文安装使用说明书及商检证明。

《建筑电气工程施工质量验收规范》（GB 50303—2015）第3.2.4条规定，进口电气设备、器具和材料进场验收时应提供质量合格证明文件，性能检测报告以及安装、使用、维修、试验要求和说明等技术文件；对有商检规定要求的进口电气设备，尚应提供商检证明。

（4）强制性产品应有产品基本安全性能认证标识（CCC），认证证书应在有效期内。

《建筑电气工程施工质量验收规范》（GB 50303—2015）第3.2.2条规定，实行生产许可证或强制性认证（CCC认证）的产品，应有许可证编号或CCC认证标志，并应抽查生产许可证或CCC认证证书的认证范围、有效性及真实性。

（5）建筑安装工程使用的物资出厂质量证明文件的复印件应与原件内容一致，复印件应加盖复印件提供单位的印章，注明复印日期，并有经手人签字。

一、电线（电缆）试验报告（表C4-38）

《建筑节能工程施工质量验收标准》（GB 50411—2019）第12.2.3条规定，低压配电系统使用的电线、电缆进场时，应对其导体电阻值进行复验，复验应为见证取样检验。

检验方法：现场随机抽样检验；核查检验报告。

检查数量：同厂家各种规格总数的10%，且不少于2个规格。

<table>
<tr><td colspan="3" rowspan="3">电线（电缆）试验报告
表 C4-38</td><td>资料编号</td><td>表 C4-38-××</td></tr>
<tr><td>试验编号</td><td>Ds115-00810</td></tr>
<tr><td>委托编号</td><td>2015-89468</td></tr>
<tr><td>工程名称及部位</td><td colspan="4">1 号教学楼等 20 项工程，1 号教学楼首层至六层</td></tr>
<tr><td>委托单位</td><td colspan="2">北京市××有限公司</td><td>委托人</td><td>安×</td></tr>
<tr><td>施工单位</td><td colspan="2">北京××建设工程有限公司</td><td>试样编号</td><td>DX-002</td></tr>
<tr><td>见证人单位</td><td colspan="2">北京××工程项目管理有限公司</td><td>见证人</td><td>李××</td></tr>
<tr><td>样品名称</td><td colspan="2">单芯硬导线无护套阻燃电线</td><td>代表数量</td><td>—</td></tr>
<tr><td>型号、规格及导体型式</td><td colspan="2">ZC-BV450/750V　2.5mm²</td><td>委托日期</td><td>20××年××月××日</td></tr>
<tr><td>生产厂家</td><td colspan="2">天津市××线缆有限公司</td><td>试验日期</td><td>20××年××月××日</td></tr>
</table>

<table>
<tr><td rowspan="9">试验结果</td><td>序号</td><td>导体绝缘层颜色</td><td>截面面积（mm²）</td><td>20℃时导体电阻值（Ω/km）</td></tr>
<tr><td>1</td><td>黄绿</td><td>2.5</td><td>7.24</td></tr>
<tr><td></td><td></td><td></td><td></td></tr>
<tr><td></td><td></td><td></td><td></td></tr>
<tr><td></td><td></td><td></td><td></td></tr>
<tr><td></td><td></td><td></td><td></td></tr>
<tr><td></td><td></td><td></td><td></td></tr>
<tr><td></td><td></td><td></td><td></td></tr>
<tr><td></td><td></td><td></td><td></td></tr>
</table>

<table>
<tr><td colspan="6">结论：
依据《电线电缆电性能试验方法　第 4 部分：导体直流电阻试验》（GB/T 3048.4—2007）、《电气绝缘用薄膜　第 2 部分：试验方法》（GB/T 13542.2—2009）对送检电线进行检测，试验结果满足《电缆的导体》（GB/T 3956—2008）标准，单芯硬导线无护套阻燃电线导体电阻值符合要求，检测合格。</td></tr>
<tr><td colspan="6">备注：</td></tr>
<tr><td>批准</td><td>万××</td><td>审核</td><td>李××</td><td>试验</td><td>王××</td></tr>
<tr><td>检测试验机构</td><td colspan="5">××工程检测有限公司</td></tr>
<tr><td>报告日期</td><td colspan="5">20××年××月××日</td></tr>
</table>

本表由检测机构提供。

有见证送检

2013010400R

2016.08.21

CNAS L2614

有见证试验

委托编号：20140176

电线（电缆）试验报告 表C4-31				资料编号	
				试验编号	ds115-00810
				委托编号	2015-89468
工程名称及部位	1号教学楼等20项（河西区X78地块中学项目）-电气工程			试件编号	DX-002
委托单位	北京■■建设工程有限公司			试验委托人	安■
样品名称	一般用途单芯硬导体无护套阻燃电线			代表数量	—
型号、规格及导体形式	ZC-BV 450/750 V 2.5			委托日期	2015.××.××
生产厂	天津市小猫线缆有限公司			试验日期	2015.××.××

试验结果	序号	试件颜色	直径（mm）	截面积（mm²）	20 ℃导体直流电阻值（Ω/km）
	1	黄绿	1.785	2.5	7.24
	—	—	—	—	—
	—	—	—	—	—
	—	—	—	—	—
	—	—	—	—	—
	—	—	—	—	—
	—	—	—	—	—
	—	—	—	—	—

结 论：

依据GB/T 3048.4—2007、GB/T 13542.2—2009标准检测；依据GB/T 3956—2008标准判定，所检项目导体电阻值符合要求，截面面积见实测值。

此试件[illegible]

批准	[illegible]	审 核	[illegible]	试 验	[illegible]
试验单位	[illegible]工程检测有限公司				
报告日期	20■■ 年 ■ 月 ■ 日				

备注：报告无检测单位检测报告专用章无效；报告无批准、审核、试验人无效；对检测报告若有异议，应于收到之日起十日内向检测单位提出，过期不予受理

136

二、材料、构配件进场检验记录（表 C4-44）

《建筑电气工程施工质量验收规范》（GB 50303—2015）第 3.2.1 条规定，主要设备、材料、成品和半成品应进场验收合格，并应做好验收记录和验收资料归档。当设计有技术参数要求时，应核对其技术参数，并应符合设计要求。

材料、构配件进场检验记录 表 C4-44					资料编号	06-C4-44-×××	
工程名称		北京××大厦			进场日期	20××年××月××日	
施工单位		北京××建设集团工程总承包部			分包单位		
序号	名称	规格型号	进场数量	生产厂家	质量证明文件核查	外观检验结果	复验情况
1	焊接钢管	SC15	1800m	天津市××钢管有限公司	符合☑ 不符合□	合格☑ 不合格□	不需复验☑ 复验合格□ 复验不合格□
2	热镀锌扁钢	—25×4	480m	××钢材股份有限公司	符合☑ 不符合□	合格☑ 不合格□	不需复验☑ 复验合格□ 复验不合格□
3	热镀锌圆钢	ϕ10	300m	××钢材股份有限公司	符合☑ 不符合□	合格☑ 不合格□	不需复验☑ 复验合格□ 复验不合格□
4					符合□ 不符合□	合格□ 不合格□	不需复验□ 复验合格□ 复验不合格□
5					符合□ 不符合□	合格□ 不合格□	不需复验□ 复验合格□ 复验不合格□
施工单位检查意见： 外观及质量证明文件：　符合要求☑　　不符合要求□　日期：20××年××月××日 需要复验项目的复验结论：符合要求□　　不符合要求□　日期：　　年　　月　　日 附件共（12）页							
监理单位审查意见： 符合要求，同意使用☑　不符合要求□，退场□　　日期：20××年××月××日							
签字栏	分包单位材料进场验收人员			施工单位负责人		监理单位专业监理工程师	
	吴××			李××		王××	
制表日期				20××年××月××日			

注：1. 本表由施工单位填写。

2. 本表由专业监理工程师签字批准后代替材料进场报验表。

3. 本表代替材料进场检验批验收记录。

三、设备开箱检查记录（表 C4-45）

《建筑电气工程施工质量验收规范》（GB 50303—2015）第 3.2.3 条规定，新型电气设备、器具和材料进场验收时应提供安装、使用、维修和试验要求等技术文件。

设备开箱检查记录 表 C4-45				资料编号	06-C4-45-×××	
工程名称	北京××大厦			检查日期	20××年××月××日	
设备名称	低压成套配电柜			规格型号	MNS	
生产厂家	北京××成套设备有限责任公司			产品合格证编号	BJ-01-1～12	
总数量	12 台			检验数量	12 台	
进场检验记录						
包装情况	包装完整良好，无损坏，设备规格型号标识明确					
随机文件	出厂合格证、产品检验报告、产品试验报告、生产厂家资质证书					
备件与附件	箱体连接用橡胶条、螺栓、螺母、垫片齐全，二次系统图齐全					
外观情况	外观良好，无损坏锈蚀现象。柜内电器元件排列整齐，线束绑扎整齐					
测试情况	绝缘电阻测试符合设计要求					
缺、损附备件明细表						
序号	附配件名称	规格		单位	数量	备注
检验结论： 12 台低压 MNS 配电柜开箱检查，其包装情况、随机文件、备件与附件、外观情况及测试情况良好，符合施工图设计及《建筑电气工程施工质量验收规范》（GB 50303—2015）要求。12 台低压 MNS 配电柜内电器元件无损坏丢失，接线无脱落现象，铭牌标识齐全。设备开箱检查合格。						
签字栏	监理单位		施工单位		供应单位	
	王××		李××		李××	

本表由施工单位填写。

第四节　施工记录资料（C5）

施工记录资料（C5）共27种，包括隐蔽工程检查记录、交接检查记录等，应符合以下要求：

一、隐蔽工程检查记录（表C5-1）

（1）《建筑电气工程施工质量验收规范》（GB 50303—2015）第3.1.1条规定，建筑电气工程施工现场的质量管理除应符合现行国家标准《建筑工程施工质量验收统一标准》（GB 50300）的有关规定外，尚应符合下列规定：①安装电工、焊工、起重吊装工和电力系统调试等人员应持证上岗；②安装和调试用各类计量器具应检定合格，且使用时应在检定有效期内。

（2）《建筑工程施工质量验收统一标准》（GB 50300—2013）第3.0.6条规定，建筑工程施工质量应按下列要求进行验收：工程质量验收均应在施工单位自检合格的基础上进行；参加工程施工质量验收的各方人员应具备相应的资格……隐蔽工程在隐蔽前应由施工单位通知监理单位进行验收，并应形成验收文件，验收合格后方可继续施工；工程的观感质量应由验收人员现场检查，并应共同确认。

（3）建筑电气工程隐检内容：

1）埋于结构内的各种电线导管：检查导管的品种、规格、位置、弯曲度、弯曲半径、连接、跨接接地线、防腐、管盒连接方式、管口处理、敷设情况、保护层、需焊接部位的焊接质量等。

2）利用结构钢筋做的防雷引下线：检查轴线位置、钢筋数量、规格、搭接长度、焊接质量、与接地极、避雷带、均压环等连接点的情况等。

3）等电位及均压环暗埋：检查使用材料的品种、规格、安装位置、连接方法、连接质量、保护层厚度等。

4）接地极装置埋设：检查接地极的位置、间距、数量、材质、埋深、接地极的连接方法、连接质量、防腐情况等。

5）金属门窗、幕墙与防雷引下线的连接：检查连接材料的品种、规格、连接位置和数量、连接方法和质量等。

6）直埋电缆：检查电缆的品种、规格、埋设方法、埋深、弯曲半径、标桩埋设情况等。

隐蔽工程检查记录 表 C5-1		资料编号	06-C5-1-×××
工程名称	北京××大厦		
施工单位	北京××建设有限责任公司	监理单位	北京××监理有限责任公司
验收项目	电力电缆进户管安装	验收日期	20××年××月××日
验收部位	地下一层　3～6/C～H 轴线　－3.2m 标高		

验收内容：

1. 主要材料：镀锌扁钢 40mm×4mm，止水钢板 800mm×1000mm，镀锌钢管 RC150，其规格、型号符合施工图设计要求；
2. 低压电力电源进户管为 12 根 RC150 镀锌钢管，与预制好的止水钢板焊接在一起，焊缝均匀、饱满，焊缝处的焊剂清理干净，焊缝表面做防腐处理；
3. 穿越主体结构墙体的止水钢板上沿标高为－1.30m，镀锌钢管顶部标高为－1.36m，固定位置、标高符合施工图设计要求。镀锌钢管均采用油麻封堵密实，符合施工质量验收规范规定；
4. 低压电力电源进户管 12 根 RC150 镀锌钢管、止水钢板 800mm×1000mm 通过 40mm×4mm 镀锌扁钢与总等电位连接线进行焊接，扁钢与钢管焊接应紧贴 3/4 钢管表面，上下两侧施焊，圆钢与扁钢搭接不应小于圆钢直径的 6 倍，且应双面施焊，焊缝表面做防腐处理。

附影像资料（2）页：

地下一层，3～6/C～H 轴线，－3.2m 标高。影像资料数量为两份。

申报人：郭××

检查意见：

符合施工图设计及《建筑电气工程施工质量验收规范》（GB 50303—2015）的要求。

检查结论：　☑ 同意隐蔽　　　　☐不同意，修改后进行复查

签字栏	专业监理工程师	专业质检员	专业工长
	赵××	王××	齐××

本表由施工单位填写。

<table>
<tr><td colspan="2">**隐蔽工程检查记录**
表 C5-1</td><td>资料编号</td><td>06-C5-1-×××</td></tr>
<tr><td>工程名称</td><td colspan="3">北京××大厦</td></tr>
<tr><td>施工单位</td><td>北京××建设有限责任公司</td><td>监理单位</td><td>北京××监理有限责任公司</td></tr>
<tr><td>验收项目</td><td>吊顶内槽盒敷设</td><td>验收日期</td><td>20××年××月××日</td></tr>
<tr><td>验收部位</td><td colspan="3">地下一层　7～13/A～H 轴线　－1.200m 标高</td></tr>
<tr><td colspan="4">验收内容：
1. 主要材料镀锌槽盒 50mm×100mm、100mm×200mm，符合施工图设计要求。槽盒镀层完整，无锈蚀、变形等现象，出厂合格证、检测报告、CCC 标识认证证书齐全有效；
2. 槽盒连接端子板两端全部采用防松垫圈的连接固定螺栓，螺母置于槽盒同一外侧；
3. 槽盒穿越墙体洞口均采用防火胶泥封堵，防火封堵密实与墙面平齐；
4. 槽盒与接线箱间均采用 BV6mm² 黄绿色绝缘铜芯软导线做跨接，跨接牢固可靠；
5. 吊顶内槽盒采用 M10 金属膨胀螺栓固定 ϕ12mm 吊杆，横担采用 40mm×4mm 角钢，支架安装顺直，间距合理一致。

附影像资料（2）页：
地下一层，7～13/A～H 轴线，－1.200m 标高。影像资料数量为两份。
申报人：郭××</td></tr>
<tr><td colspan="4">检查意见：
符合施工图设计及《建筑电气工程施工质量验收规范》（GB 50303—2015）要求。
检查结论：　☑ 同意隐蔽　　　☐不同意，修改后进行复查</td></tr>
<tr><td rowspan="2">签字栏</td><td>专业监理工程师</td><td>专业质检员</td><td>专业工长</td></tr>
<tr><td>赵××</td><td>王××</td><td>齐××</td></tr>
</table>

本表由施工单位填写。

<table>
<tr><td colspan="2">隐蔽工程检查记录
表 C5-1</td><td>资料编号</td><td colspan="2">06-C5-1-×××</td></tr>
<tr><td>工程名称</td><td colspan="4">北京××大厦</td></tr>
<tr><td>施工单位</td><td>北京××建设有限责任公司</td><td>监理单位</td><td colspan="2">北京××监理有限责任公司</td></tr>
<tr><td>验收项目</td><td>动力系统管路暗敷</td><td>验收日期</td><td colspan="2">20××年××月××日</td></tr>
<tr><td>验收部位</td><td colspan="4">地下一层　7～13/A～H 轴线　－6.100～－0.250m 标高</td></tr>
<tr><td colspan="5">验收内容：
1. 本段动力系统分别采用 SC20、SC32 焊接钢管，其规格、标高、位置符合施工图设计要求；
2. 管内壁已做好防腐处理。管进箱盒不大于 5mm，两根以上管路进箱盒间距均匀，排列整齐。管盒间采用专用锁母固定，管口光滑无毛刺，已封堵严密；
3. 管路采用套管连接，套管长度为管外径的 2.2 倍，两管置于套管中间，管口对接严密，套管焊接饱满；
4. 管的弯曲半径为管外径的 10 倍，弯扁度小于 0.1D；
5. 成排进入动力箱的焊接钢管排列整齐，间距均匀合理。动力箱采用液压开孔器开孔，孔径与焊接钢管适配；
6. 管与动力箱跨接线采用 ϕ6mm 钢筋，跨接长度为其直径的 6 倍，双面施焊，无夹渣、咬肉现象，焊药清理干净。

附影像资料（2）页：
地下一层，7～13/A～H 轴线，－6.100～－0.250m 标高。影像资料数量为两份。
申报人：郭××</td></tr>
<tr><td colspan="5">检查意见：
符合施工图设计及《建筑电气工程施工质量验收规范》(GB 50303—2015) 要求。
检查结论：　☑ 同意隐蔽　　　□不同意，修改后进行复查</td></tr>
<tr><td rowspan="2">签字栏</td><td>专业监理工程师</td><td colspan="2">专业质检员</td><td>专业工长</td></tr>
<tr><td>赵××</td><td colspan="2">王××</td><td>齐××</td></tr>
</table>

本表由施工单位填写。

<table>
<tr><td colspan="2">隐蔽工程检查记录
表 C5-1</td><td>资料编号</td><td>06-C5-1-×××</td></tr>
<tr><td>工程名称</td><td colspan="3">北京××大厦</td></tr>
<tr><td>施工单位</td><td>北京××建设有限责任公司</td><td>监理单位</td><td>北京××监理有限责任公司</td></tr>
<tr><td>验收项目</td><td>照明系统管路暗配</td><td>验收日期</td><td>20××年××月××日</td></tr>
<tr><td>验收部位</td><td colspan="3">六层　　12～23/H～K 轴线　　+18.6m 标高</td></tr>
<tr><td colspan="4">验收内容：
1. 本段照明系统分别采用 SC15、SC20 焊接钢管，其规格、标高、位置符合施工图设计要求；
2. 管内壁已做好防腐处理。管进箱盒不大于 5mm，两根以上管路进箱盒间距均匀，排列整齐。管盒间采用专用锁母固定，管口光滑无毛刺，已封堵严密；
3. 管路连接采用套管连接，套管长度为管外径的 2.2 倍，两管置于套管中间，管口对接严密，套管焊接饱满；
4. 管的弯曲半径为管外径的 10 倍，弯扁度小于 0.1D；
5. 管与八角盒、接线盒跨接线采用 ϕ6mm 钢筋，跨接长度为其直径的 6 倍，双面施焊，无夹渣、咬肉现象，焊药清理干净；
6. 管路保护层的厚度大于 15mm。

附影像资料（2）页：
六层，12～23/H～K 轴线，+18.6m 标高。影像资料数量为两份。
申报人：郭××</td></tr>
<tr><td colspan="4">检查意见：
符合施工图设计及《建筑电气工程施工质量验收规范》(GB 50303—2015) 要求。
检查结论：　☑ 同意隐蔽　　　☐不同意，修改后进行复查</td></tr>
<tr><td rowspan="2">签字栏</td><td>专业监理工程师</td><td>专业质检员</td><td>专业工长</td></tr>
<tr><td>赵××</td><td>王××</td><td>齐××</td></tr>
</table>

本表由施工单位填写。

<table>
<tr><td colspan="2">隐蔽工程检查记录
表 C5-1</td><td>资料编号</td><td>06-C5-1-×××</td></tr>
<tr><td>工程名称</td><td colspan="3">北京××大厦</td></tr>
<tr><td>施工单位</td><td>北京××建设有限责任公司</td><td>监理单位</td><td>北京××监理有限责任公司</td></tr>
<tr><td>验收项目</td><td>大型水晶花灯预埋件安装</td><td>验收日期</td><td>20××年××月××日</td></tr>
<tr><td>验收部位</td><td colspan="3">首层　　7～8/C～D 轴线　　+6.30m 标高</td></tr>
<tr><td colspan="4">验收内容：
1. 大型水晶花灯的固定件采用 250mm×250mm×10mm 的镀锌钢板预埋于首层顶板混凝土内，花灯的挂钩采用 φ12mm 圆钢。定制加工后，对焊缝进行防腐处理；
2. 按照施工图设计要求，在首层 7～8/C～D 轴线顶板位置，将预埋件绑扎固定在钢筋网上铁，灯具吊钩向下露出模板；
3. 混凝土浇筑前，核对大型水晶花灯预埋件安装位置正确，方可进行下一道工序。
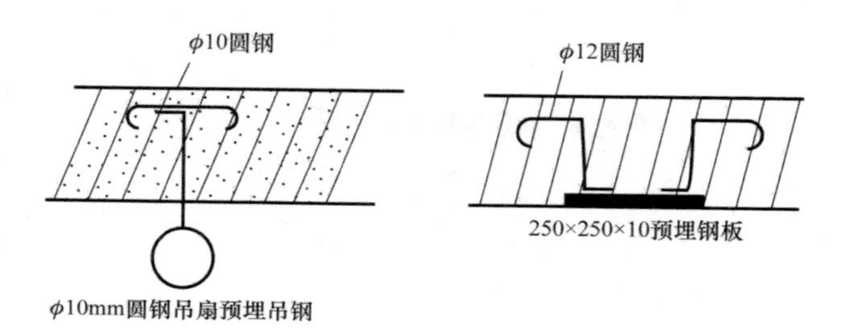

附影像资料（2）页：
首层，7～8/C～D 轴线，+6.30m 标高。影像资料数量为两份。
申报人：郭××</td></tr>
<tr><td colspan="4">检查意见：
符合施工图设计及《建筑电气工程施工质量验收规范》(GB 50303—2015）要求。
检查结论：　☑ 同意隐蔽　　　☐不同意，修改后进行复查</td></tr>
<tr><td rowspan="2">签字栏</td><td>专业监理工程师</td><td>专业质检员</td><td>专业工长</td></tr>
<tr><td>赵××</td><td>王××</td><td>齐××</td></tr>
</table>

本表由施工单位填写。

<table>
<tr><td colspan="2">隐蔽工程检查记录
表 C5-1</td><td>资料编号</td><td>06-C5-1-×××</td></tr>
<tr><td>工程名称</td><td colspan="3">北京××大厦</td></tr>
<tr><td>施工单位</td><td>北京××建设有限责任公司</td><td>监理单位</td><td>北京××监理有限责任公司</td></tr>
<tr><td>验收项目</td><td>防雷引下线敷设</td><td>验收日期</td><td>20××年××月××日</td></tr>
<tr><td>验收部位</td><td colspan="3">地下一层　　5～12/D～F 轴线　　－3.6m 标高</td></tr>
<tr><td colspan="4">验收内容：
1. 防雷引下线的材质是利用主体结构柱 2 根 ϕ32mm 对角钢筋，其位置、材质均符合施工图设计要求；
2. ϕ32mm 钢筋连接采用搭接焊，圆钢与圆钢搭接长度为圆钢直径的 6 倍，双面施焊，焊缝饱满，无夹渣、咬肉等现象；
3. 焊缝药渣及时清理干净，并做防腐处理；
4. 每组对角两根 ϕ32mm 作为防雷引下线，为避免防雷引下线焊接出现错误，在每根需引上的主筋均用红色油漆涂刷进行标识；
5. 施工完毕，接地电阻值测试为 2Ω，满足施工图设计小于等于 4Ω 的要求。

附影像资料（2）页：
地下一层，5～12/D～F 轴线，－3.6m 标高。影像资料数量为两份。
申报人：郭××</td></tr>
<tr><td colspan="4">检查意见：
符合施工图设计及《建筑电气工程施工质量验收规范》（GB 50303—2015）要求。
检查结论：　☑ 同意隐蔽　　　　☐不同意，修改后进行复查</td></tr>
<tr><td rowspan="2">签字栏</td><td>专业监理工程师</td><td>专业质检员</td><td>专业工长</td></tr>
<tr><td>赵××</td><td>王××</td><td>齐××</td></tr>
</table>

本表由施工单位填写。

<table>
<tr><td colspan="2">隐蔽工程检查记录
表 C5-1</td><td>资料编号</td><td>06-C5-1-×××</td></tr>
<tr><td>工程名称</td><td colspan="3">北京××大厦</td></tr>
<tr><td>施工单位</td><td>北京××建设有限责任公司</td><td>监理单位</td><td>北京××监理有限责任公司</td></tr>
<tr><td>验收项目</td><td>局部等电位箱安装</td><td>验收日期</td><td>20××年××月××日</td></tr>
<tr><td>验收部位</td><td colspan="3">十一层　1～7/C～H 轴线　+35.24m 标高</td></tr>
<tr><td colspan="4">验收内容：
1. 局部等电位箱 LEB 的产品合格证、检测报告齐全有效，局部等电位箱 LEB 的安装位置、高度以及等电位联结端子板材质、规格、截面符合施工图设计要求；
2. 局部等电位箱 LEB 电位联结干线为 25mm×4mm 镀锌扁钢，与总等电位箱 MEB 间采用焊接方式连接，沿地面暗敷设，三面施焊，搭接倍数为扁钢的 2 倍，扁钢转角处的弯曲半径大于扁钢厚度的 2 倍；
3. 焊缝饱满、均匀、无夹渣现象，清理焊缝药渣，并对焊缝做防腐处理；
4. 需做等电位联结卫生间洁具的金属部件或零件的外界可导电部分，均设置专用接线螺栓与等电位联结导体连接，并设置清晰、显著的标识；
5. 连接处的螺栓、垫圈、螺母等应为热镀锌制品，防松零件齐全，且连接牢固。

附影像资料（2）页：
十一层，1～7/C～H 轴线，+35.24m 标高。影像资料数量为两份。
申报人：郭××</td></tr>
<tr><td colspan="4">检查意见：
符合施工图设计及《建筑电气工程施工质量验收规范》（GB 50303—2015）要求。
检查结论：　☑ 同意隐蔽　　　☐不同意，修改后进行复查</td></tr>
<tr><td rowspan="2">签字栏</td><td>专业监理工程师</td><td>专业质检员</td><td>专业工长</td></tr>
<tr><td>赵××</td><td>王××</td><td>齐××</td></tr>
</table>

本表由施工单位填写。

隐蔽工程检查记录 表 C5-1		资料编号	06-C5-1-×××
工程名称	北京××大厦		
施工单位	北京××建设有限责任公司	监理单位	北京××监理有限责任公司
验收项目	玻璃幕墙防雷接地	验收日期	20××年××月××日
验收部位	三层 3～4/D～M 轴线 ＋12.3m 标高		

验收内容：

1. 每三层在建筑物四周结构顶板表面敷设一根 40mm×4mm 镀锌扁钢，并与建筑物四周防雷引下线的引出钢筋 ϕ32mm 焊接，形成一道均压环；

2. 玻璃幕墙竖向铝合金主龙骨作为防雷引下线，为保持其可靠接地通路，用 40mm×4mm 镀锌扁钢一端与均压环焊接，另一端用两个 M8 不锈钢对穿螺栓与竖向主龙骨进行机械连接，为防止镀锌扁钢与铝合金发生电化学腐蚀，在其间加不锈钢平垫和不锈钢弹簧垫；

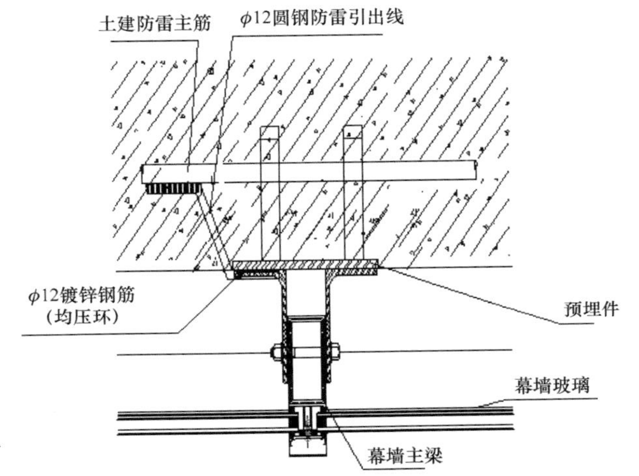

3. 圆钢搭接长度为其直径的 6 倍，且双面施焊；扁钢搭接长度为其宽度的 2 倍，且三面施焊，符合施工质量验收规范要求；

4. 焊缝无漏焊、虚焊、加渣等现象，焊接处药渣清理干净，并做防腐处理；

5. 施工完毕，接地电阻值测试为 1Ω，符合施工图设计 4Ω 要求。

附影像资料（2）页：

三层，3～4/D～M 轴线，＋12.3m 标高。影像资料数量为两份。

申报人：郭××

检查意见：

符合施工图设计及《建筑电气工程施工质量验收规范》（GB 50303—2015）要求。

检查结论： ☑ 同意隐蔽 ☐不同意，修改后进行复查

签字栏	专业监理工程师	专业质检员	专业工长
	赵××	王××	齐××

本表由施工单位填写。

<table>
<tr><td colspan="2">隐蔽工程检查记录
表 C5-1</td><td>资料编号</td><td>06-C5-1-×××</td></tr>
<tr><td>工程名称</td><td colspan="3">北京××大厦</td></tr>
<tr><td>施工单位</td><td>北京××建设有限责任公司</td><td>监理单位</td><td>北京××监理有限责任公司</td></tr>
<tr><td>验收项目</td><td>均压环安装</td><td>验收日期</td><td>20××年××月××日</td></tr>
<tr><td>验收部位</td><td colspan="3">十二层　9～13/F～H 轴线　+46.80m 标高</td></tr>
<tr><td colspan="4">验收内容：
1. 每隔三层在建筑物结构外侧圈梁沿四周水平敷设一根 24mm×4mm 镀锌扁钢，并与建筑物结构外侧圈梁上部两根 ϕ25mm 主筋通长焊接。24mm×4mm 镀锌扁钢作为等电位联结导体与建筑物结构圈梁设计的 ϕ25mm 钢筋可靠焊接连通，以此作为均压环，符合施工图设计要求；
2. 沿建筑物结构外侧圈梁四周水平敷设一根 24mm×4mm 镀锌扁钢与建筑物四周防雷引下线的引出钢筋 ϕ32mm 可靠焊接，符合施工图设计要求；
3. 焊接搭接长度符合下列规定：扁钢与扁钢搭接不应小于扁钢宽度的 2 倍，且应至少三面施焊；圆钢与扁钢搭接不应小于圆钢直径的 6 倍，且应双面施焊；
4. 焊缝密实、饱满，无夹渣、咬肉等现象，焊渣清理干净，并做防腐处理；
5. 均压环采用暗敷设，安装位置、连接方法、连接质量、保护层厚度均符合施工图设计及施工质量验收规范要求。

附影像资料（2）页：
十二层，9～13/F～H 轴线，+46.80m 标高。影像资料数量为两份。
申报人：郭××</td></tr>
<tr><td colspan="4">检查意见：
符合施工图设计及《建筑电气工程施工质量验收规范》（GB 50303—2015）要求。
检查结论：　☑ 同意隐蔽　　　□不同意，修改后进行复查</td></tr>
<tr><td rowspan="2">签字栏</td><td>专业监理工程师</td><td>专业质检员</td><td>专业工长</td></tr>
<tr><td>赵××</td><td>王××</td><td>齐××</td></tr>
</table>

本表由施工单位填写。

二、交接检查记录（表 C5-2）

交接检查记录适用于不同施工单位之间的移交检查，当前一专业工程施工质量对后续专业工程施工质量产生直接影响时，应进行交接检查。

（1）工程应做交接检查的项目：支护与桩基工程完工移交给结构工程；粗装修完工移交给精装修工程；设备基础完工移交给机电设备安装；结构工程完工移交给幕墙工程等。

（2）《建筑电气工程施工质量验收规范》（GB 50303—2015）第 3.1.1 条规定，建筑电气工程施工现场的质量管理除应符合现行国家标准《建筑工程施工质量验收统一标准》（GB 50300）的有关规定外，尚应符合下列规定：①安装电工、焊工、起重吊装工和电力系统调试等人员应持证上岗；②安装和调试用各类计量器具应检定合格，且使用时应在检定有效期内。

（3）《建筑工程施工质量验收统一标准》（GB 50300—2013）第 3.0.6 条规定，建筑工程的施工质量控制应符合下列规定：……各施工工序应按施工技术标准进行质量控制，每道施工工序完成后，经施工单位自检符合规定后，才能进行下道工序施工。各专业工种之间的相关工序应进行交接检验，并应记录。对监理单位提出检查要求的重要工序，应经监理工程师检查认可，才能进行下道工序施工……

<table>
<tr><td colspan="2">交接检查记录
表 C5-2</td><td>资料编号</td><td colspan="2">06-C5-2-×××</td></tr>
<tr><td>工程名称</td><td colspan="4">北京××大厦</td></tr>
<tr><td>移交单位名称</td><td>北京××建设有限责任公司</td><td>接收单位名称</td><td colspan="2">北京××机电安装有限公司</td></tr>
<tr><td>交接部位</td><td>消防系统预留预埋管路</td><td>检查日期</td><td colspan="2">20××年××月××日</td></tr>
<tr><td colspan="5">交接内容：
北京××建设集团工程总承包部负责本工程消防系统预留预埋管路工作，现已施工完毕，将移交北京××机电安装有限责任公司进行消防系统的线缆敷设及设备安装、调试和运行。</td></tr>
<tr><td colspan="5">检查结果：
经移交单位、接收单位和监理单位三方共同检查，消防系统预留预埋管路已按施工图设计及《建筑电气工程施工质量验收规范》（GB 50303—2015）的要求敷设完毕，并分别穿好管线，预留洞口位置及几何尺寸符合施工图设计要求，移交单位完成的作业内容满足接受单位日后开展作业的需求。</td></tr>
<tr><td rowspan="2">签字栏</td><td>移交单位</td><td colspan="2">接收单位</td><td></td></tr>
<tr><td>李××</td><td colspan="2">吴××</td><td></td></tr>
</table>

本表由施工单位填写。

三、施工记录（通用）（表 C5-21）

按照各专业现行国家施工质量验收规范要求，应进行施工过程检查的重要工序，且北京市地方标准《建筑工程资料管理规程》（DB11/T 695—2015）无相应施工记录表格时，应填写施工检查记录（通用）表。该表适用于各专业，对施工过程中影响质量、观感、安装、人身安全的工序等应在施工过程中做好过程控制与检查记录。

施工记录（通用） 表 C5-21		资料编号	06-C5-21-×××
工程名称	北京××大厦		
施工单位	北京××机电安装有限责任公司	施工内容	动力配电柜安装
施工部位	31～36/P～Y 轴线地下一层配电室	施工日期	20××年××月××日

依据：

《建筑电气工程施工质量验收规范》（GB 50303—2015）及电施图-53、电施图-54、电施图-55。

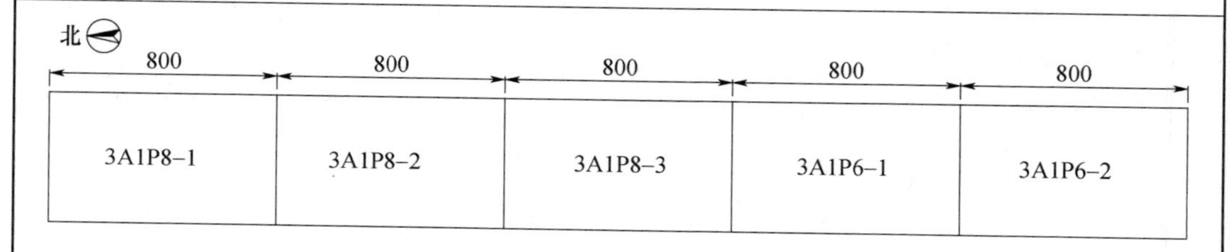

内容：

1. 成套配电柜（3A1P6-1、3A1P6-2、3A1P8-1、3A1P8-2、3A1P8-3）规格型号、基础位置符合施工图设计要求，柜体表面无划痕、污染现象；
2. 10 号基础槽钢全长安装不直度允许偏差值不大于 5mm，10 号基础槽钢全长安装不直度实测偏差值为 2mm；
3. 10 号基础槽钢全长安装不平度允许偏差值不大于 5mm，10 号基础槽钢全长安装不平度实测偏差值为 3mm；
4. 10 号基础槽钢全长安装不平行度允许偏差值不大于 5mm，10 号基础槽钢全长安装不平行度实测偏差值为 3mm；
5. 成列配电柜顶部水平度允许偏差值不大于 5mm，实测偏差值为 2mm；成列配电柜垂直度允许偏差值不大于 1.5‰，实测偏差值为 0.8‰；
6. 找平找正后将斜垫铁点焊固定，成列配电柜与基础型钢应用镀锌螺栓连接，防松零件齐全；
7. 二次线绑扎成束、标识清晰，电器元件布局合理、安装牢固，二次线系统图粘贴于柜体门内侧；
8. 成列配电柜底部与基础型钢做可靠接地；装有电器的可开门与框架间采用裸编织铜线连接，且标识清晰。

检查意见：

符合施工图设计及《建筑电气工程施工质量验收规范》（GB 50303—2015）的要求。

签字栏	专业技术负责人	专业质检员	专业工长
	李××	吴××	徐××
制表时间	20××年××月××日		

本表由施工单位填写。

<table>
<tr><td colspan="2">施工记录（通用）
表 C5-21</td><td>资料编号</td><td colspan="2">06-C5-21-×××</td></tr>
<tr><td>工程名称</td><td colspan="4">北京××大厦</td></tr>
<tr><td>施工单位</td><td>北京××机电安装有限责任公司</td><td>施工内容</td><td colspan="2">梯架安装</td></tr>
<tr><td>施工部位</td><td>31～36/P～Y 轴线地下一层配电室</td><td>施工日期</td><td colspan="2">20××年××月××日</td></tr>
<tr><td colspan="5">依据：
《建筑电气工程施工质量验收规范》（GB 50303—2015）及电施图-37、电施图-38。</td></tr>
<tr><td colspan="5">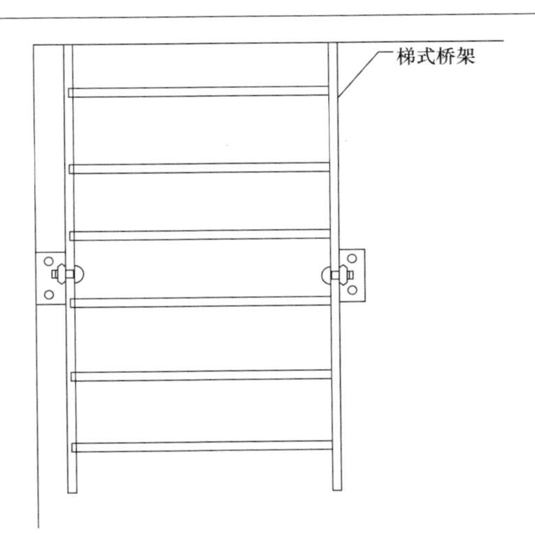
内容：
1. 梯级式电缆桥架（CQ1-T）的规格型号、安装位置、标高符合施工图设计及规范要求，表面无污染现象；
2. 电缆桥架及其支架全长，与接地（PE）干线相连接为 2 处，确保整个桥架为一个电气通路；
3. 梯级式电缆桥架间连接的两端跨接铜芯接地线截面面积不小于 4mm²；
4. 梯级式电缆桥架间连接板的两端设置 2 个有防松螺帽，防松螺帽、防松垫圈与螺栓可靠连接；
5. 梯级式电缆桥架安装时，整体结构横平竖直，水平安装支架间距不大于 3m，水平安装时距地面安装高度不小于 2.2m；垂直安装支撑间距不大于 2m；
6. 梯级式电缆桥架的电缆排列整齐，电缆的直线端每隔 5m、电缆的首尾两端和电缆的转弯两侧均采用尼龙绑扎带与电缆桥架骨架进行固定；
7. 梯级式电缆桥架内的电缆的首端、末端和分支处均设置标识牌；
8. 梯级式电缆桥架穿越墙体、顶板时均采用防火材料进行封堵隔离。</td></tr>
<tr><td colspan="5">检查意见：
符合施工图设计及《建筑电气工程施工质量验收规范》（GB 50303—2015）的要求。</td></tr>
<tr><td rowspan="2">签字栏</td><td>专业技术负责人</td><td colspan="2">专业质检员</td><td>专业工长</td></tr>
<tr><td>李××</td><td colspan="2">吴××</td><td>徐××</td></tr>
<tr><td colspan="2">制表时间</td><td colspan="3">20××年××月××日</td></tr>
</table>

本表由施工单位填写。

<table>
<tr><td colspan="2">施工记录（通用）
表 C5-21</td><td>资料编号</td><td>06-C5-21-×××</td></tr>
<tr><td>工程名称</td><td colspan="3">北京××大厦</td></tr>
<tr><td>施工单位</td><td>北京××机电安装有限责任公司</td><td>施工内容</td><td>照明配电箱箱体安装</td></tr>
<tr><td>施工部位</td><td>13～17/H～K 轴线地上十层电气竖井</td><td>施工日期</td><td>20××年××月××日</td></tr>
<tr><td colspan="4">依据：
《建筑电气工程施工质量验收规范》（GB 50303—2015）及电施图-19、电施图-20。</td></tr>
<tr><td colspan="4">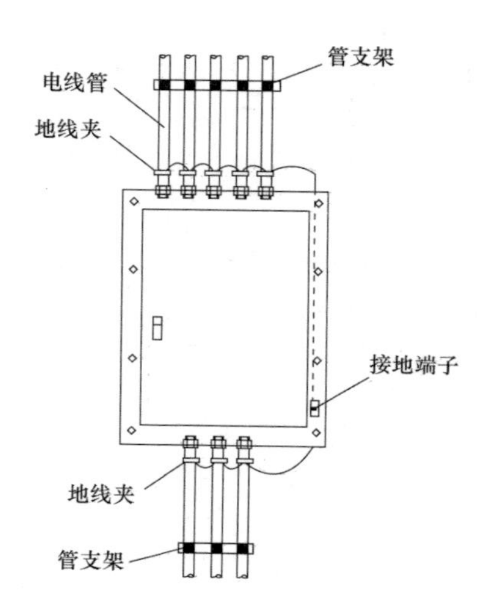

内容：
1. 照明配电箱（AL-12）的规格型号、安装位置、标高符合施工图设计及规范要求，箱体表面无污染现象；
2. 根据预留洞尺寸，核对箱体的位置、标高及空间安装尺寸。根据箱体的实际位置，核对入箱焊接钢管的长短合适、间距均匀、排列整齐等；
3. 根据支路管路的位置用液压开孔器对箱体进行开孔，焊接钢管与箱体孔洞均适配，管路排列整齐，管路间采用管箍连接，管路端口与箱体间采用金属锁母连接，连接牢固；
4. 采用 ϕ6mm 圆钢对 8 根 SC20 焊接钢管做跨拉线，双面施焊，焊缝饱满，无夹渣、咬肉等缺陷；
5. 对箱体表面做好成品保护，箱体周边用水泥砂浆填实抹平，外墙采用金属网固定抹灰。</td></tr>
<tr><td colspan="4">检查意见：
符合施工图设计及《建筑电气工程施工质量验收规范》（GB 50303—2015）的要求。</td></tr>
<tr><td rowspan="2">签字栏</td><td>专业技术负责人</td><td>专业质检员</td><td>专业工长</td></tr>
<tr><td>李××</td><td>吴××</td><td>徐××</td></tr>
<tr><td colspan="2">制表时间</td><td colspan="2">20××年××月××日</td></tr>
</table>

本表由施工单位填写。

<table>
<tr><td colspan="2">施工记录（通用）
表 C5-21</td><td>资料编号</td><td>06-C5-21-×××</td></tr>
<tr><td>工程名称</td><td colspan="3">北京××大厦</td></tr>
<tr><td>施工单位</td><td>北京××机电安装有限责任公司</td><td>施工内容</td><td>水泵外壳接地标识</td></tr>
<tr><td>施工部位</td><td>7～13/B～F 轴线地下一层消防水泵房</td><td>施工日期</td><td>20××年××月××日</td></tr>
<tr><td colspan="4">依据：
《建筑电气工程施工质量验收规范》(GB 50303—2015) 及电施图-19、电施图-20。</td></tr>
<tr><td colspan="4">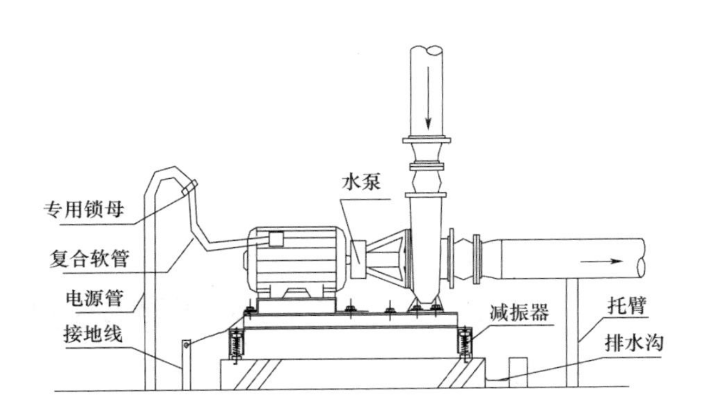
内容：
1. 消防水泵基础平台和地脚螺栓孔位置、坐标、标高，减振装置符合施工图设计要求；
2. 电源保护管端口至水泵电动机接线盒间采用可挠金属电源保护套管连接，保护管连接处、电动机接线盒连接处均采取可靠防水连接件与之连接；
3. 采用可挠金属电源保护套管连接水泵电动机时，长度均不大于 0.8m，可挠金属电源保护套管的防水连接件应适配，连接牢固；
4. 水泵房每台水泵的接地支线应单独与接地干线相连接，接地干线应与底板钢筋做可靠连接；
5. 接地支线、接地干线材质为 40mm×4mm 镀锌扁钢，采用搭接焊方式连接，扁钢与扁钢搭接长度为扁钢宽度的 2 倍，且三面施焊；
6. 在靠近水泵混凝土基础平台一侧，由地面引出接地支线的高度为 0.2m，接地支线开孔与黄绿相间 BV16mm^2 接地线采用镀锌螺栓连接，接地线的另一端与水泵电动机外壳采用镀锌螺栓连接，且接地标识清晰。</td></tr>
<tr><td colspan="4">检查意见：
符合施工图设计及《建筑电气工程施工质量验收规范》(GB 50303—2015) 的要求。</td></tr>
<tr><td rowspan="2">签字栏</td><td>专业技术负责人</td><td>专业质检员</td><td>专业工长</td></tr>
<tr><td>李××</td><td>吴××</td><td>徐××</td></tr>
<tr><td colspan="2">制表时间</td><td colspan="2">20××年××月××日</td></tr>
</table>

本表由施工单位填写。

<table>
<tr><td colspan="2">施工记录（通用）
表 C5-21</td><td>资料编号</td><td>06-C5-21-×××</td></tr>
<tr><td>工程名称</td><td colspan="3">北京××大厦</td></tr>
<tr><td>施工单位</td><td>北京××机电安装有限责任公司</td><td>施工内容</td><td>电源进户管安装</td></tr>
<tr><td>施工部位</td><td>▽－18.64m，7～13/G～J 轴线</td><td>施工日期</td><td>20××年××月××日</td></tr>
</table>

依据：

《建筑电气工程施工质量验收规范》(GB 50303—2015) 及电施图-19、电施图-20。

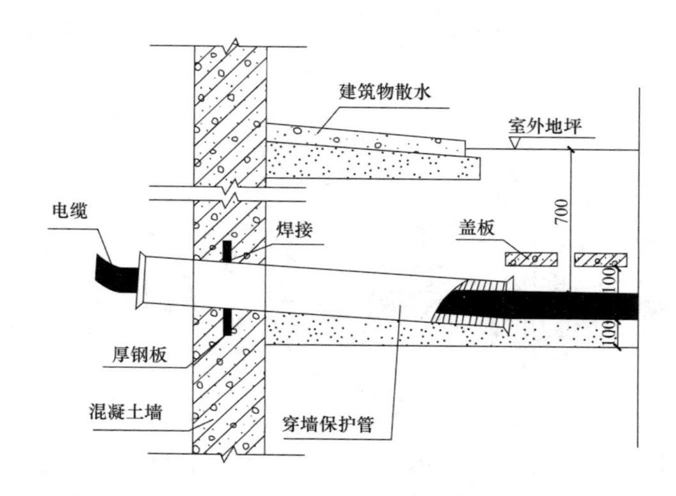

内容：

1. 电力电缆进户管安装位置在地下一层 7～13/G～J 轴线墙体，进户管中线距±0.00 标高为－2.34m；
2. 电力电缆进户管为 6×SC125，止水钢板为 10mm，焊接钢管与止水钢板焊缝应均匀饱满密实，无夹渣、咬肉缺陷。40mm×4mm 镀锌扁铁与止水板焊接，并与接地装置焊接为一体；
3. 止水板与线管焊接应焊缝饱满，无夹渣、砂眼现象，焊药敲净。镀锌扁铁与止水板焊接长度大于扁铁宽度的 2 倍，要求三面施焊，焊接应饱满，无夹渣、砂眼现象，药皮敲净；
4. 6×SC125 进户管内外端口均打喇叭口，内部涂刷两遍防锈漆，外部涂刷沥青油两遍，10mm 止水钢板与防雷接地装置做可靠连接，所有管口均用填料封堵严实；
5. 电力电缆进户管沿水平方向，向下倾斜 5°，防止渗水沿电力电缆进入配电室。

检查意见：

符合施工图设计及《建筑电气工程施工质量验收规范》(GB 50303—2015) 的要求。

<table>
<tr><td rowspan="2">签字栏</td><td>专业技术负责人</td><td>专业质检员</td><td>专业工长</td></tr>
<tr><td>李××</td><td>吴××</td><td>徐××</td></tr>
<tr><td colspan="2">制表时间</td><td colspan="2">20××年××月××日</td></tr>
</table>

本表由施工单位填写。

<table>
<tr><td colspan="2">施工记录（通用）
表 C5-21</td><td>资料编号</td><td>06-C5-21-×××</td></tr>
<tr><td>工程名称</td><td colspan="3">北京××大厦</td></tr>
<tr><td>施工单位</td><td>北京××机电安装有限责任公司</td><td>施工内容</td><td>封闭母线槽支架安装</td></tr>
<tr><td>施工部位</td><td>13～17/H～K 轴线十层电气竖井</td><td>施工日期</td><td>20××年××月××日</td></tr>
<tr><td colspan="4">依据：
《建筑电气工程施工质量验收规范》（GB 50303—2015）及电施图-19、电施图-20。</td></tr>
</table>

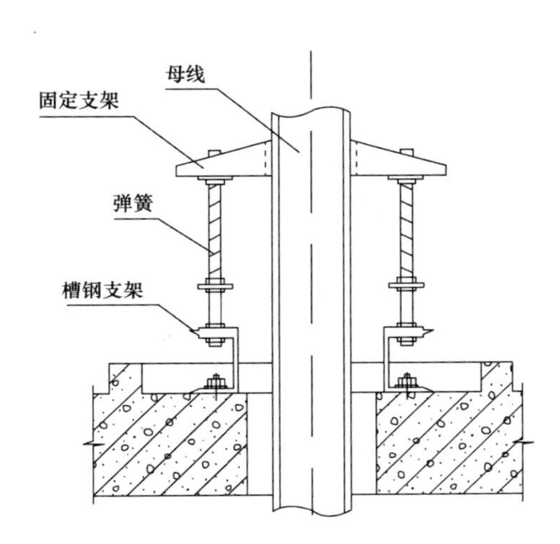

内容：

1. 水平或垂直敷设的每节封闭母线槽设置一个支吊架，支吊架间距为 25m，距拐弯 0.5m 处设置一个支吊架；
2. 封闭母线槽垂直穿越电气竖井楼板时应每层设置弹簧支架，其洞口四周应设置高度为 50mm 的防水台，并采取防火胶泥进行封堵；
3. 封闭母线槽和弹簧支架之间连接固定后，通过调整支架的左、右弹簧，保证封闭母线槽垂直；
4. 封闭母线槽的重力压在弹簧支架后，调整弹簧的预压缩力，使封闭母线槽处于预期位置时，弹簧的弹力等于母线槽的重力；
5. 封闭母线槽的金属外壳间应采用 16mm^{2}编制软铜线跨接可靠，且全长封闭母线槽与保护导体可靠连接不应少于 2 处。

<table>
<tr><td colspan="4">检查意见：
符合施工图设计及《建筑电气工程施工质量验收规范》（GB 50303—2015）的要求。</td></tr>
<tr><td rowspan="2">签字栏</td><td>专业技术负责人</td><td>专业质检员</td><td>专业工长</td></tr>
<tr><td>李××</td><td>吴××</td><td>徐××</td></tr>
<tr><td colspan="2">制表时间</td><td colspan="2">20××年××月××日</td></tr>
</table>

本表由施工单位填写。

<table>
<tr><td colspan="2">施工记录（通用）
表 C5-21</td><td>资料编号</td><td>06-C5-21-×××</td></tr>
<tr><td>工程名称</td><td colspan="3">北京××大厦</td></tr>
<tr><td>施工单位</td><td>北京××机电安装有限责任公司</td><td>施工内容</td><td>电缆托盘墙体洞口防火封堵</td></tr>
<tr><td>施工部位</td><td>地下二层电气竖井
▽－18.64m，18～20/H～I 轴</td><td>施工日期</td><td>20××年××月××日</td></tr>
<tr><td colspan="4">依据：
《建筑电气工程施工质量验收规范》（GB 50303—2015）及电施图-19、电施图-20。</td></tr>
<tr><td colspan="4">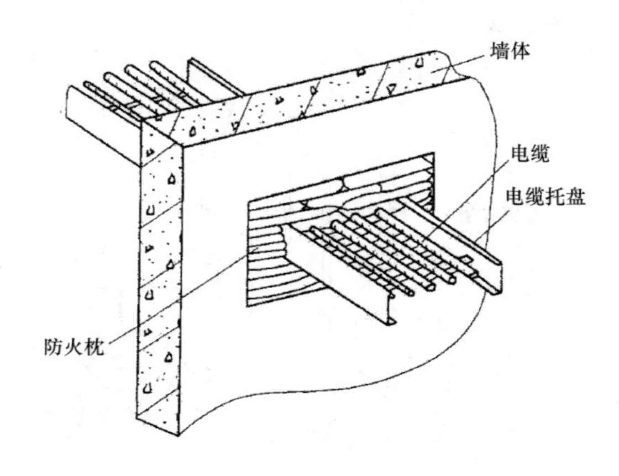

内容：
1. 非镀锌托盘、电力电缆均有产品出厂合格证及检测报告；
2. 防火堵料、阻火包、防火板等防火材料均具有产品生产许可证、检测报告及产品出厂合格证；
3. 采用 ϕ8mm 圆钢作吊杆，水平安装的支吊架间距为 2m，垂直安装的支吊架间距为 1.5m；
4. 非镀锌托盘之间的连接板均在同一侧，连接板的两端应作跨接线，其为黄绿相间 BV6mm^2 导线，连接板每端均设 3 个防松螺帽，且防松垫圈齐全，螺栓连接牢固；
5. 墙体洞口周围阻火包堆砌整齐、密实、牢固，无漏光现象；
6. 非镀锌托盘内电缆排列顺直，阻火包平整地嵌入电缆空隙中，相互结合密实、牢固；
7. 防火板封堵孔洞固定牢固、平整，防火板与墙体表面缝隙采用有机防火材料封堵密实。</td></tr>
<tr><td colspan="4">检查意见：
符合施工图设计及《建筑电气工程施工质量验收规范》（GB 50303—2015）的要求。</td></tr>
<tr><td rowspan="2">签字栏</td><td>专业技术负责人</td><td>专业质检员</td><td>专业工长</td></tr>
<tr><td>李××</td><td>吴××</td><td>徐××</td></tr>
<tr><td colspan="2">制表时间</td><td colspan="2">20××年××月××日</td></tr>
</table>

本表由施工单位填写。

<table>
<tr><td colspan="2">施工记录（通用）
表 C5-21</td><td>资料编号</td><td>06-C5-21-×××</td></tr>
<tr><td>工程名称</td><td colspan="3">北京××大厦</td></tr>
<tr><td>施工单位</td><td>北京××机电安装有限责任公司</td><td>施工内容</td><td>航空障碍灯具安装</td></tr>
<tr><td>施工部位</td><td>屋面▽+93.64m，18～20/H～I 轴</td><td>施工日期</td><td>20××年××月××日</td></tr>
</table>

依据：

《建筑电气工程施工质量验收规范》（GB 50303—2015）及电施图-19、电施图-20。

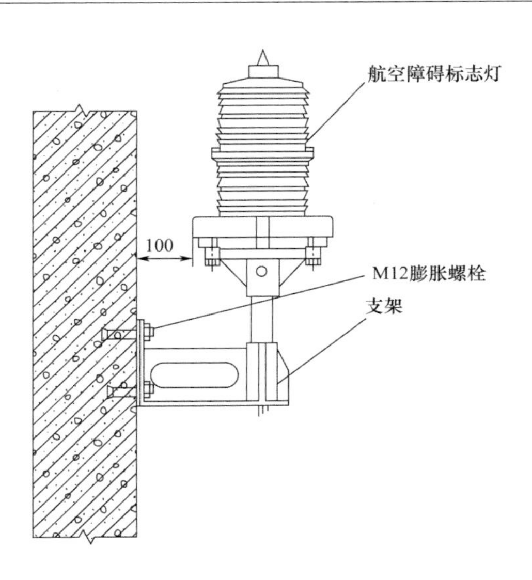

内容：

1. 航空障碍灯具支架型钢的型号、规格符合设计要求，灯具的产品检测报告、产品合格证齐全有效；
2. 航空障碍灯具的安装位置、标高符合设计要求，在屋面承重结构采用膨胀螺栓固定灯具支架，螺栓与螺帽牢固可靠，且平垫和防松垫圈齐全；
3. 航空障碍灯具安装前，检测灯具的绝缘电阻，每套灯具的导电部分对地绝缘电阻值大于 2MΩ 方可安装；
4. 航空障碍灯具的金属外壳与灯具支架型钢间采用 BV6mm^2 铜导线做等电位联结，连接处的螺栓与螺母连接牢固，且防松垫圈齐全；
5. 航空障碍照明灯应属于一级负荷，接入应急电源回路中。灯的启闭采用露天安装光电自动控制器进行控制，以室外自然环境照度为参量来控制光电元件的导通，以启闭航空障碍灯的启动与关闭。

检查意见：

符合施工图设计及《建筑电气工程施工质量验收规范》（GB 50303—2015）的要求。

<table>
<tr><td rowspan="2">签字栏</td><td>专业技术负责人</td><td>专业质检员</td><td>专业工长</td></tr>
<tr><td>李××</td><td>吴××</td><td>徐××</td></tr>
<tr><td colspan="2">制表时间</td><td colspan="2">20××年××月××日</td></tr>
</table>

本表由施工单位填写。

<table>
<tr><td colspan="2">施工记录（通用）
表 C5-21</td><td>资料编号</td><td>06-C5-21-×××</td></tr>
<tr><td>工程名称</td><td colspan="3">北京××大厦</td></tr>
<tr><td>施工单位</td><td>北京××机电安装有限责任公司</td><td>施工内容</td><td>接地电阻测试箱安装</td></tr>
<tr><td>施工部位</td><td>地坪面▽＋0.5m，18～20/H～I 轴</td><td>施工日期</td><td>20××年××月××日</td></tr>
<tr><td colspan="4">依据：
《建筑电气工程施工质量验收规范》（GB 50303—2015）及电施图-19、电施图-20。</td></tr>
<tr><td colspan="4">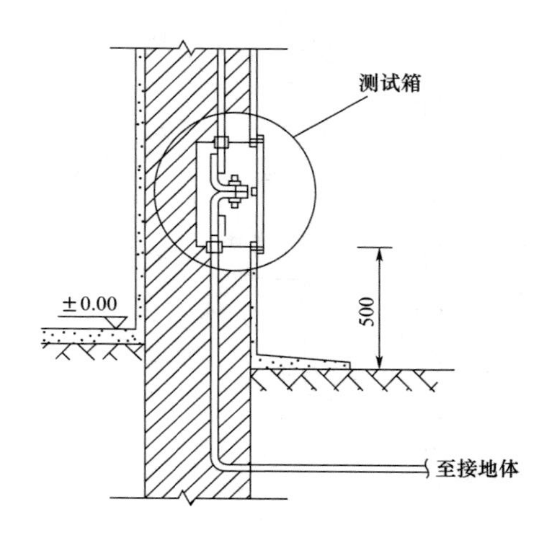

内容：
1. 本工程防雷接地测试点采用 25mm×4mm 热镀锌扁钢，材质、规格、位置符合施工图设计要求；
2. 利用主体结构暗柱内主筋做防雷引下线，按设计要求找出暗柱内主筋位置，用油漆做好标识，逐层串联焊接至屋面女儿墙，距室外 0.5m 地坪处设置测试点；
3. 热镀锌扁钢与防雷引下线做可靠焊接，采用双面焊接，搭接长度为圆钢直径的 6 倍。焊接牢固，焊缝饱满，无夹渣、咬肉、虚焊等缺陷；
4. 接地电阻测试点设置在暗箱内，且有明显标识，箱底边距室外地坪 0.5m。箱门开启灵活，设有钥匙，并采取防水措施。箱内镀锌螺杆、镀锌弹簧垫片、镀锌平光垫片、镀锌燕尾螺母齐全；
5. 断开箱内断接卡子，测试接地装置的接地电阻为 0.5Ω，符合施工图设计要求。</td></tr>
<tr><td colspan="4">检查意见：
符合施工图设计及《建筑电气工程施工质量验收规范》（GB 50303—2015）的要求。</td></tr>
<tr><td rowspan="2">签字栏</td><td>专业技术负责人</td><td>专业质检员</td><td>专业工长</td></tr>
<tr><td>李××</td><td>吴××</td><td>徐××</td></tr>
<tr><td colspan="2">制表时间</td><td colspan="2">20××年××月××日</td></tr>
</table>

本表由施工单位填写。

<table>
<tr><td colspan="2">施工检查记录（通用）
表 C5-21</td><td>资料编号</td><td colspan="2">06-C5-21-×××</td></tr>
<tr><td>工程名称</td><td>北京××大厦</td><td>检查项目</td><td colspan="2">干式变压器安装</td></tr>
<tr><td>检查部位</td><td>32-37/P～R 轴线地下一层配电室</td><td>检查日期</td><td colspan="2">20××年××月××日</td></tr>
<tr><td colspan="5">检查依据：
《建筑电气工程施工质量验收规范》(GB 50303—2015) 及电施图-72、电施图-73。</td></tr>
<tr><td colspan="5">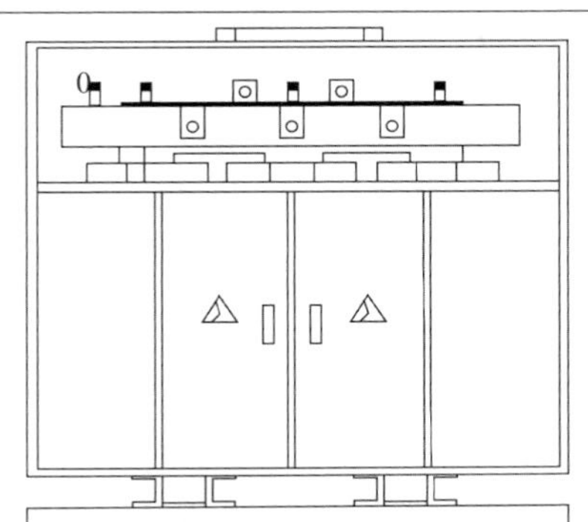
内容：
1. 干式变压器（SCB-1250kVA）的规格型号，基础平台的位置、标高符合施工图设计和规范的要求。产品质量合格证、出厂试验记录等随机文件齐全有效，随箱附带零配件等与清单相符。
2. 干式变压器基础平台和地脚螺栓孔位置、坐标、标高符合施工图设计要求。
3. 干式变压器绝缘件无缺损、裂纹，充油部分无渗漏现象，充气高压设备气压指示正常，涂层完整。
4. 干式变压器的输入、输出三相电源线按变压器接线板母线颜色黄、绿、红分别接 A 相、B 相、C 相，零线应与变压器中性零线相接，接地线、变压器外壳以及变压器中心点相连接。输入输出线检查正确无误。
5. 基础槽钢放置在混凝土基础上，找平找正后将斜垫铁点焊固定。变压器就位调整好后，拧紧地脚螺栓并设有防松装置。
6. 变压器保护系统的开关、熔丝工作正常，防雷器安装正确；变压器监视装置的测量仪表无损坏，指示范围适当；变压器的绝缘电阻符合设计要求。
7. 接地装置引出的接地干线与变压器的低压侧中性点直接连接，变压器箱体外壳做保护接地，且标识清晰。</td></tr>
<tr><td colspan="5">检查意见：
符合施工图设计及《建筑电气工程施工质量验收规范》(GB 50303—2015) 的要求。</td></tr>
<tr><td colspan="5">复查意见：
复查人：　　　　　　　　　　　　　　　　复查日期：</td></tr>
<tr><td>施工单位</td><td colspan="4">北京××建设集团工程总承包部</td></tr>
<tr><td>专业技术负责人</td><td>专业质检员</td><td colspan="3">专业工长</td></tr>
<tr><td>李××</td><td>吴××</td><td colspan="3">徐××</td></tr>
</table>

本表由施工单位填写。

【说明】

（1）《干式电力变压器技术参数和要求》（GB/T 10228—2015）第 5 节技术要求规定：

1）按本标准制造的变压器应符合 GB 1094.11 和 GB/T 1094.12 的规定。

2）变压器组件、部件的设计、制造及检验等应符合相关标准的要求。

3）变压器的声级水平应符合 JB/T 10088 的规定。

4）变压器的接地装置应有防护层及明显的接地标志。

5）变压器一次和二次引线的接线端子应符合 GB/T 5273 的规定。

6）变压器防止直接接触的保护标志应符合 GB/T 5465.2 的规定。

7）变压器的铁心和金属件应有防腐蚀的保护层。

8）变压器应装有底脚，其上应设有安装用的定位孔，孔中心距（横向尺寸）为 300mm、400mm、550mm、660mm、820mm、1070mm、1475mm 及 2040mm；如使用单位要求装有滚轮，轮中心距（横向尺寸）为 550mm、660mm、820mm、1070mm、1475mm 及 2040mm。如对纵向尺寸有要求，也可按横向尺寸数值选取。

9）变压器应具有承受整体总质量的起吊装置，根据需要，有载调压变压器的有载分接开关可与变压器主体分开起吊。

10）根据用户要求，可在变压器上装设监测其运行温度的装置。

（2）《电气装置安装工程 电气设备交接试验标准》（GB 50150—2016）第 8.0.1 条规定，电力变压器的试验项目，应包括下列内容：

1）绝缘油试验或 SF_6 气体试验；

2）测量绕组连同套管的直流电阻；

3）检查所有分接的电压比；

4）检查变压器的三相接线组别和单相变压器引出线的极性；

5）测量铁心及夹件的绝缘电阻；

6）非纯瓷套管的试验；

7）有载调压切换装置的检查和试验；

8）测量绕组连同套管的绝缘电阻、吸收比或极化指数；

9）测量绕组连同套管的介质损耗因数（$\tan\delta$）与电容量；

10）变压器绕组变形试验；

11）绕组连同套管的交流耐压试验；

12）绕组连同套管的长时感应耐压试验带局部放电测量；

13）额定电压下的冲击合闸试验；

14）检查相位；

15）测量噪声。

（3）《建筑电气工程施工质量验收规范》（GB 50303—2015）第 4.1.1 条规定，变压器安装应位置正确，附件齐全，油浸变压器油位正常，无渗油现象。

第 4.1.2 条规定，变压器中性点的接地连接方式及接地电阻值应符合设计要求。

第 4.1.3 条规定，变压器箱体、干式变压器的支架、基础型钢及外壳应分别单独与保护导体可靠连接，紧固件及防松零件齐全。

第五节　施工试验资料（C6）

建筑给水排水及采暖工程、建筑电气工程、通风与空调工程施工试验资料（C6）共计39张表格。建筑给水排水及采暖工程、建筑电气工程、通风与空调工程各系统测试及试运行等应符合施工图设计和以下各专业施工质量验收规范的规定：

《建筑电气工程施工质量验收规范》（GB 50303—2015）；

《电气装置安装工程　电气设备交接试验标准》（GB 50150—2016）；

《电力工程电缆设计标准》（GB 50217—2018）；

《逆变应急电源》（GB/T 21225—2007）；

现行往复式内燃机驱动的交流发电机组（GB 2820.1～GB 2820.12）；

《建筑节能工程施工质量验收标准》（GB 50411—2019）。

施工试验不合格时，应有处理记录，并采取技术措施，保证系统试验合格。

一、电气接地电阻测试记录（表C6-35）

《建筑电气工程施工质量验收规范》（GB 50303—2015）第3.3.21条规定，防雷接地系统测试前，接地装置应完成施工且测试合格；防雷接闪器应完成安装，整个防雷接地系统应连成回路。

《建筑电气工程施工质量验收规范》（GB 50303—2015）第22.1.2条规定，接地装置的接地电阻值应符合设计要求。接地电阻季节系数表见下表。

接地电阻季节系数表

月份	1月	2月	3月	4月	5月	6月	7月	8月	9月	10月	11月	12月
季节系数	1.05	1.05	1.0	1.6	1.9	2.0	2.2	2.55	1.6	1.55	1.55	1.35

注：接地电阻值＝接地电阻测试仪测出的实际数值×接地电阻季节系数。

电气接地电阻测试记录表C6-35		资料编号	06-C6-35-×××		
工程名称	北京××大厦	测试日期	20××年××月××日		
施工单位	北京××机电安装有限责任公司	监理单位	北京××监理有限责任公司		
仪表型号	ZC-8	天气情况	晴	气温（℃）	20
接地类型	□防雷接地　□计算机接地　□工作接地 □保护接地　□防静电接地　□逻辑接地 □重复接地　☑综合接地　□医疗设备接地				
设计要求	□≤10Ω　□≤4Ω　☑≤1Ω □≤0.1Ω				
试验结论： 利用土建主体结构底板钢筋做防雷接地自然接地体，所有底板钢筋焊接点连接可靠，并在结构主筋上做标识。土建专业在开盘鉴定之前，依据防施-4图标注的避雷引下点进行摇测，各点的防雷接地阻值均小于1Ω（选最大值乘以季节系数）。符合施工图设计及《建筑电气工程施工质量验收规范》（GB 50303—2015）的要求。					
签字栏	专业监理工程师	专业质检员		专业工长	
	王××	吴××		徐××	
制表日期		20××年××月××日			

本表由施工单位填写。

二、电气接地装置隐检与平面示意图（表 C6-36）

（1）《建筑电气工程施工质量验收规范》（GB 50303—2015）第 3.3.18 条规定，接地装置安装应符合下列规定：

1）对利用建筑物基础接地的接地体，应先完成底板钢筋敷设，然后按设计要求进行接地装置施工，经检查确认后支模或浇捣混凝土。

2）对人工接地的接地体，应按设计要求利用基础沟槽或开挖沟槽，然后经检查确认，再埋入或打入接地极和敷设地下接地干线。

3）降低接地电阻的施工应符合下列规定：

①采用接地模块降低接地电阻的施工，应先按设计位置开挖模块坑，并将地下接地干线引到模块上，经检查确认，再相互焊接；

②采用添加降阻剂降低接地电阻的施工，应先按设计要求开挖沟槽或钻孔垂直埋管，再将沟槽清理干净，检查接地体埋入位置后灌注降阻剂；

③采用换土降低接地电阻的施工，应先按设计要求开挖沟槽，并将沟槽清理干净，再在沟槽底部铺设经确认合格的低电阻率土壤，经检查铺设厚度达到设计要求后安装接地装置；接地装置连接完好，并完成防腐处理后，覆盖上一层低电阻率土壤。

4）隐蔽装置前，应先检查验收合格，再覆土回填。

（2）《建筑电气工程施工质量验收规范》（GB 50303—2015）第 22.1.3 条规定，接地装置的材料规格、型号应符合设计要求。

（3）《建筑电气工程施工质量验收规范》（GB 50303—2015）第 22.2.1 条规定，当设计无要求时，接地装置顶面埋设深度不应小于 0.6m，且应在冻土层以下。圆钢、角钢、钢管、铜棒、铜管等接地极应垂直埋入地下，间距不应小于 5m；人工接地体与建筑物的外墙或基础之间的水平距离不宜小于 1m。

（4）《建筑电气工程施工质量验收规范》（GB 50303—2015）第 22.2.2 条规定，接地装置的焊接应采用搭接焊，除埋设在混凝土中的焊接接头外，应采取防腐措施，焊接搭接长度应符合下列规定：

1）扁钢与扁钢搭接不小于扁钢宽度的 2 倍，不少于三面施焊；

2）圆钢与圆钢搭接不小于圆钢直径的 6 倍，双面施焊；

3）圆钢与扁钢搭接不小于圆钢直径的 6 倍，双面施焊；

4）扁钢与钢管，扁钢与角钢焊接，紧贴角钢外侧两面，或紧贴 3/4 钢管表面，上下两侧施焊。

三、电气绝缘电阻测试记录（表 C6-37）

《建筑电气工程施工质量验收规范》（GB 50303—2015）第 5.1.6 条规定，对低压成套配电柜、箱及控制柜（台、箱）间线路的线间和线对地间绝缘电阻值，馈电线路不应小于 0.5MΩ，二次回路不应小于 1MΩ；二次回路的耐压试验电压应为 1000V，当回路绝缘电阻值大于 10MΩ 时，应用 2500V 兆欧表代替，试验持续时间应为 1min，或符合产品技术文件要求。

<table>
<tr><td colspan="3">电气接地装置隐检与平面示意图
表 C6-36</td><td>资料编号</td><td colspan="2">06-C6-36-×××</td></tr>
<tr><td>工程名称</td><td colspan="2">北京××大厦</td><td>图号</td><td colspan="2">防施-9</td></tr>
<tr><td>施工单位</td><td colspan="2">北京××机电安装有限责任公司</td><td>监理单位</td><td colspan="2">北京××监理有限责任公司</td></tr>
<tr><td>接地类型</td><td>重复接地</td><td>组数</td><td>2</td><td>设计要求</td><td>≤1Ω</td></tr>
<tr><td colspan="6">接地装置平面示意图（绘制比例要适当，注明各组别编号及有关尺寸）</td></tr>
<tr><td colspan="6">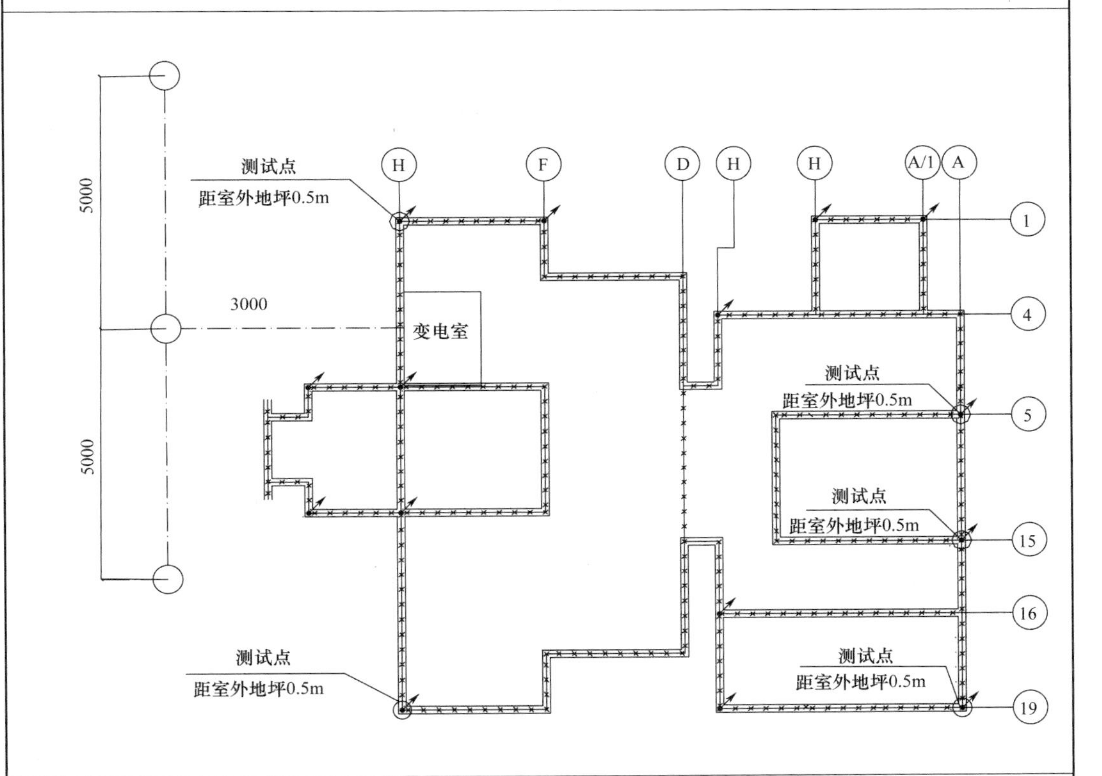
</td></tr>
<tr><td colspan="6">接地装置敷设情况检查表（尺寸单位：mm）</td></tr>
<tr><td>沟槽尺寸</td><td colspan="2">10000×600×800</td><td>土质情况</td><td colspan="2">砂质黏土</td></tr>
<tr><td>接地极规格</td><td colspan="2">40×40×4 镀锌角钢</td><td>打进深度</td><td colspan="2">2500</td></tr>
<tr><td>接地体规格</td><td colspan="2">40×4 镀锌扁钢</td><td>焊接情况</td><td colspan="2">饱满</td></tr>
<tr><td>防腐处理</td><td colspan="2">刷沥青油两道</td><td>接地电阻</td><td colspan="2">（取最大值）0.8Ω</td></tr>
<tr><td>检验结论</td><td colspan="2">符合施工图设计要求</td><td>检验日期</td><td colspan="2">20××年××月××日</td></tr>
<tr><td rowspan="2">签字栏</td><td colspan="2">专业监理工程师</td><td colspan="2">专业质检员</td><td>专业工长</td></tr>
<tr><td colspan="2">王××</td><td colspan="2">吴××</td><td>徐××</td></tr>
<tr><td colspan="2">制表日期</td><td colspan="4">20××年××月××日</td></tr>
</table>

本表由施工单位填写。

电气绝缘电阻测试记录 表 C6-37						资料编号		06-C6-37-×××			
工程名称		北京××大厦				测试日期		20××年××月××日			
施工单位		北京××机电安装有限责任公司				监理单位		北京××监理有限责任公司			
计量单位		MΩ				天气情况		晴			
仪表型号		ZC-7		电压		1000		气温		15℃	
试验内容		相间			相对零			相对地			零对地
		L_1—L_2	L_2—L_3	L_3—L_1	L_1—N	L_2—N	L_3—N	L_1—PE	L_2—PE	L_3—PE	N—PE
层数、路别、名称、编号	首层										
	A 户箱										
	照明支路 1				1000			1000			1000
	照明支路 2				1000			1000			1000
	照明支路 3				980			1000			1000
	插座支路 1				980			1000			1000
	空调支路 2				1000			1000			1000
	厨房插座 3				1000			1000			1000
	卫生间插座 4				1000			1000			1000
	B 户箱										
	照明支路 1				1000			1000			1000
	照明支路 2				1000			1000			1000
	照明支路 3				1000			1000			1000
	插座支路 1				1000			1000			1000
测试结论： 经现场对首层 A 户箱、B 户箱各支路分别摇测绝缘电阻值，其绝缘电阻值符合施工图设计及《建筑电气工程施工质量验收规范》（GB 50303—2015）的要求，测试结论为合格。											
签字栏	专业监理工程师				专业质检员			专业工长			
	王××				吴××			徐××			
制表日期					20××年××月××日						

本表由施工单位填写。

四、电气器具通电安全检查记录（表 C6-38）

《建筑电气工程施工质量验收规范》（GB 50303—2015）第 20.1.3 条规定，插座接线应符合下列规定：①单相两孔插座，面对插座的右孔或上孔与相线连接，左孔或下孔与中性保护导体（N）连接。单相三孔插座，面对插座的右孔与相线连接，左孔与中性保护导体（N）连接。②单相三孔、三相四孔及三相五孔插座的保护导体（PE）接在上孔。插座的保护导体端子不与中性导体端子连接。同一场所的三相插座，接线的相序一致。③保护导体（PE）在插座间不串联连接。④相线与中性导体（N）不得利用插座本体的接线端子转接供电。

《建筑电气工程施工质量验收规范》（GB 50303—2015）第 20.1.4 条规定，照明开关安装应符合下列规定：①同一建（构）筑物的开关宜采用同一系列的产品，单控开关的通断位置一致，操作灵活、接触可靠；②相线经开关控制；③紫外线杀菌灯的开关应有明显标识，且应与普通照明开关的位置分开。

五、电气设备空载试运行记录（表 C6-39）

《建筑电气工程施工质量验收规范》（GB 50303—2015）第 6.1.3 条规定，高压及 100kV 以上电动机的交接试验应符合现行国家标准《电气装置安装工程　电气设备交接试验标准》（GB 50150）的规定。

《电气装置安装工程　电气设备交接试验标准》（GB 50150—2016）第 7.0.13 条规定，电动机空载转动检查和空载电流测量，应符合下列规定：

（1）电动机空载转动的运行时间应为 2h；

（2）应记录电动机空载转动时的空载电流；

（3）当电动机与其机械部分的连接不易拆开时，可连在一起进行空载转动检查试验。

六、建筑物照明通电试运行记录（表 C6-40）

《建筑电气工程施工质量验收规范》（GB 50303—2015）第 21.1.2 条规定，公用建筑照明系统通电连续试运行时间应为 24h，住宅照明系统通电连续试运行时间应为 8h。所有照明灯具均应同时开启，且每 2h 按回路记录运行参数，连续试运行时间内无故障。

七、大型照明灯具承载试验记录（表 C6-41）

《建筑电气工程施工质量验收规范》（GB 50303—2015）第 3.3.15 条规定，照明灯具安装应符合下列规定：①灯具安装前，应确认安装灯具的预埋螺栓及吊杆、吊顶上安装嵌入式灯具用的专用支架等已完成，对需做承载试验的预埋件或吊杆经试验应合格；②影响灯具安装的模板、脚手架应已拆除，顶棚和墙面喷浆、油漆或壁纸等及地面清理工作应已完成；③灯具接线前，导线的绝缘电阻测试应合格；④高空安装的灯具，应先在地面进行通断电试验合格。

《建筑电气工程施工质量验收规范》（GB 50303—2015）第 18.1.1 条规定，灯具固定应符合下列规定：……质量大于 10kg 的灯具，固定装置及悬吊装置应按灯具重力的 5 倍恒定均布载荷做强度试验，且持续时间不得少于 5min。

电气器具通电安全检查记录 表 C6-38		资料编号	06-C6-38-×××
工程名称	北京××大厦	检查日期	20××年××月××日
施工单位	北京××机电安装有限责任公司	楼门单元或区域场所	第 1 段

层数	开关									灯具									插座								
	1	2	3	4	5	6	7	8	9	1	2	3	4	5	6	7	8	9	1	2	3	4	5	6	7	8	9
首层	√	√	√	√	√	√	√	√	√	√	√	√	√	√	√	√	√	√	√	√	√	√	√	√	√	√	√
																			√	√	√	√	√				
																			√	√	√	√	√				

检查结论：

对首层 1 段内所有电气器具进行通电安全检查的结果：开关面板开启方向正确，灵敏可靠，且所控灯具位置一一相对应；插座面板的零线、相线、接地保护线经相位测试仪检测连接正确；符合施工图设计及《建筑电气工程施工质量验收规范》(GB 50303—2015）要求。

签字栏	专业监理工程师	专业质检员	专业工长
	王××	吴××	徐××
制表日期		20××年××月××日	

本表由施工单位填写。

电气设备空载试运行记录 表 C6-39		资料编号	06-C6-39-×××
工程名称	北京××大厦		
施工单位	北京××机电安装有限责任公司	监理单位	北京××监理有限责任公司
试运项目	地下一层 3 号污水泵	填写日期	20××年××月××日
试运时间	由　当　日　8　时　0　分开始至　次　日　10　时　0　分结束		

运行负荷记录	试运时间	运行电压（V）			运行电流（A）			温度（℃）
		L_1—N （L_1—L_2）	L_2—N （L_2—L_3）	L_3—N （L_3—L_1）	L_1相	L_2相	L_3相	
	8：00	382	380	380	5.2	5	5	15
	8：00—9：00	380	380	382	5	5.4	5	30
	9：00—10：00	380	385	380	5.4	5	5	30

试运行情况记录：

地下一层 3 号污水泵经 2h 空载试运行，其电流、电压测量值正常，温升测量值在允许的范围内，无异常噪声，无异味，符合施工图设计及《建筑电气工程施工质量验收规范》（GB 50303—2015）要求。试运行为合格。

签字栏	专业监理工程师	专业质检员	专业工长
	王××	吴××	徐××
制表日期		20××年××月××日	

本表由施工单位填写。

建筑物照明通电试运行记录 表 C6-40		资料编号	06-C6-40-×××
工程名称	北京××大厦		公建☑/住宅□
施工单位	北京××机电安装有限责任公司		监理单位
试运项目	照明系统试运行	填写日期	20××年××月××日
试运时间	由　当　日　8　时　0　分开始至　次　日　8　时　0　分结束		

运行负荷记录	运行时间	运行电压（V）			运行电流（A）			温度（℃）
		L_1—N （L_1—L_2）	L_2—N （L_2—L_3）	L_3—N （L_3—L_1）	L_1相	L_2相	L_3相	
	8：00	230	230	230	25	25	25	15
	8：00—10：00	230	230	230	25	25	25	30
	10：00—12：00	220	220	220	26	26	26	30
	12：00—14：00	220	220	220	26	26	26	30
	14：00—16：00	220	220	220	26	26	26	30
	16：00—18：00	225	225	225	28	28	27	30
	18：00—20：00	215	215	215	26	26	26	32
	20：00—22：00	215	215	215	26	26	26	32
	22：00—24：00	220	220	220	26	26	26	32
	24：00—2：00	220	220	220	28	28	27	30
	2：00—4：00	215	215	215	26	26	26	30
	4：00—6：00	220	220	220	28	28	27	30
	6：00—8：00	220	220	220	26	26	26	30

试运行情况记录：

经 24h 照明系统全负荷试运行，照明控制柜电压、电流数值波动变化不大，干线电缆、支路导线的温升在允许范围内，灯具发光无闪烁现象，符合施工图设计及《建筑电气工程施工质量验收规范》（GB 50303—2015）的要求。照明系统试运行为合格。

签字栏	专业监理工程师	专业质检员	专业工长
	王××	吴××	徐××
制表日期	20××年××月××日		

本表由施工单位填写。

大型照明灯具承载试验记录 表 C6-41		资料编号	06-C6-41-×××	
工程名称	北京××大厦			
施工单位	北京××机电安装有限责任公司		监理单位	北京××监理有限责任公司
层数	首层		试验日期	20××年××月××日
灯具名称	安装部位	数量	灯具质量（kg）	试验质量（kg）
水晶花灯	首层大厅	3 盏	52	110
试验结论： 三套水晶花灯的预埋吊钩均为 ϕ12mm 镀锌圆钢件，在吊钩上承载 110kg 重物，20min，且离地面 0.5m，预埋件安全可靠，符合施工图设计及《建筑电气工程施工质量验收规范》（GB 50303—2015）的要求，试验结论为合格。				
签字栏	专业监理工程师	专业质检员	专业工长	
	王××	吴××	徐××	
制表日期		20××年××月××日		

本表由施工单位填写。

八、漏电开关模拟试验记录（表 C6-42）

（1）《建筑电气工程施工质量验收规范》（GB 50303—2015）第 5.1.9 条规定，配电箱（盘）内的剩余电流动作保护电器（RCD）应在施加额定剩余动作电流（I_{Δ_n}）的情况下测试动作时间，且测试值应符合设计要求。

（2）《剩余电流动作保护电器（RCD）的一般要求》（GB/T 6829—2017）第 5.4.3 条规定，额定剩余动作电流标准值（I_{Δ_n}）：额定剩余动作电流的优选值：0.006A，0.01A，0.03A，0.1A，0.2A，0.3A，0.5A，1A，2A，3A，5A，10A，20A，30A。

（3）《剩余电流动作保护电器（RCD）的一般要求》（GB/T 6829—2017）第 5.4.12 条规定了无延时型 RCD 的最大分断时间标准值。

无延时型 RCD 的最大分断时间标准值在表 1、表 2、表 3 和表 4 中规定。

表 1　无延时型 RCD 对交流剩余电流的最大分断时间标准值

I_{Δ_n}（A）	最大分断时间标准值（s）			
	I_{Δ_n}	$2I_{\Delta_n}$	$5I_{\Delta_n}$ [a]	$>5I_{\Delta_n}$ [b]
任何值	0.3	0.15	0.04	0.04

[a]对 $I_{\Delta_n} \leqslant 0.030$A 的 RCD，可用 0.25A 代替 $5I_{\Delta_n}$。

[b]在相关的产品标准中规定。

表 2　无延时型 RCD 对半波脉动直流剩余电流的最大分断时间标准值

I_{Δ_n}（A）	最大分断时间标准值（s）							
	$1.4I_{\Delta_n}$	$2I_{\Delta_n}$	$2.8I_{\Delta_n}$	$4I_{\Delta_n}$	$7I_{\Delta_n}$ [a]	$10I_{\Delta_n}$ [b]	$>7I_{\Delta_n}$ [c]	$>10I_{\Delta_n}$ [c]
≤0.010		0.3		0.15		0.04		0.04
0.030	0.3		0.15		0.04			0.04
>0.030	0.3		0.15		0.04		0.04	

[a]对 $I_{\Delta_n}=0.030$A 的 RCD，可用 0.35A 代替 $7I_{\Delta_n}$。

[b]对 $I_{\Delta_n} \leqslant 0.010$A 的 RCD，可用 0.5A 代替 $10I_{\Delta_n}$。

[c]在相关产品标准中规定。

表 3　无延时型 RCD 对整流流路产生的直流剩余电流和（或）平滑直流剩余电流的最大分断时间标准值

I_{Δ_n}（A）	最大分断时间标准值（s）			
	$2I_{\Delta_n}$	$4I_{\Delta_n}$	$10I_{\Delta_n}$	$>10I_{\Delta_n}$ [a]
任何值	0.3	0.15	0.04	0.04

[a]相关的产品标准中规定。

表 4　对预期在 120V 带中性点的两相系统中使用的额定剩余电流为 6mA 的无延时型 RCD 的最大分断时间可替代的标准值

I_{Δ_n}（A）	最大分断时间标准值（s）			
	$1I_{\Delta_n}$	$2I_{\Delta_n}$	$5I_{\Delta_n}$	$>5I_{\Delta_n}$ [a]
0.006	5	2	0.04	0.04

[a]在相关产品标准中规定。

（4）《剩余电流动作保护电器（RCD）的一般要求》（GB/T 6829—2017）第5.4.12.2条规定了延时型剩余电流保护电器的分断时间和不驱动时间的标准值。

延时型仅适用于 $I_{\Delta n}>0.03A$ 的剩余电流保护电器。

延时型剩余电流保护电器的分断时间和不驱动时间的标准值在表5、表6和表7中规定。对其他额定延时的延时型剩余电流保护电器，应由制造商规定 $2I_{\Delta n}$ 的不驱动时间。

$2I_{\Delta n}$ 时的最小不驱动时间的优选值是0.06s，0.1s，0.2s，0.3s，0.4s，0.5s，1s。

表5　延时型RCD对交流剩余电流的分断时间标准值

额定延时（s）	动作时间	分断时间标准值和不驱动时间（s）			
		$I_{\Delta n}$	$2I_{\Delta n}$	$5I_{\Delta n}$	$>5I_{\Delta n}$
0.06	最大分断时间	0.5	0.2	0.15	0.15
	最小不驱动时间	a	0.06	b	b
其他额定延时	最大分断时间	ab	b	b	b
	最小不驱动时间	a	额定延时	b	b

[a]为确保故障保护，最大动作时间应按GB/T 16895.21—2011。

[b]由相关的产品标准或制造商规定。

表6　延时型RCD对脉动直流剩余电流的分断时间标准值

额定延时（s）	动作时间	分断时间标准值和不驱动时间（s）			
		$1.4I_{\Delta n}$	$2.8I_{\Delta n}$	$7I_{\Delta n}$	$>7I_{\Delta n}$
0.06	最大分断时间	0.5	0.2	0.15	0.15
	最小不驱动时间	a	0.06	b	b
其他额定延时	最大分断时间	ab	b	b	b
	最小不驱动时间	a	额定延时	b	b

[a]为确保故障保护，最大动作时间应按GB/T 16895.21—2011。

[b]由相关的产品标准或制造商规定。

表7　延时型RCD对平滑直流剩余电流的分断时间标准值

额定延时（s）	动作时间	分断时间标准值和不驱动时间（s）			
		$2I_{\Delta n}$	$4I_{\Delta n}$	$10I_{\Delta n}$	$>10I_{\Delta n}$
0.06	最大分断时间	0.5	0.2	0.15	0.15
	最小不驱动时间	a	0.06	b	b
其他额定延时	最大分断时间	ab	b	b	b
	最小不驱动时间	a	额定延时	b	b

[a]为确保故障保护，最大动作时间应按GB/T 16895.21—2011。

[b]由相关的产品标准或制造商规定。

<table>
<tr><td colspan="3">漏电开关模拟试验记录
表 C6-42</td><td>资料编号</td><td colspan="2">06-C6-42-×××</td></tr>
<tr><td>工程名称</td><td colspan="5">北京××大厦</td></tr>
<tr><td>施工单位</td><td colspan="2">北京××机电安装有限责任公司</td><td>监理单位</td><td colspan="2">北京××监理有限责任公司</td></tr>
<tr><td>试验器具</td><td colspan="2">漏电开关测试仪（M2121 型）</td><td>试验日期</td><td colspan="2">20××年××月××日</td></tr>
<tr><td rowspan="2">安装部位</td><td rowspan="2">型号</td><td colspan="2">设计要求</td><td colspan="2">实际测试</td></tr>
<tr><td>动作电流
（mA）</td><td>动作时间
（ms）</td><td>动作电流
（mA）</td><td>动作时间
（ms）</td></tr>
<tr><td>一层 A 户箱</td><td></td><td></td><td></td><td></td><td></td></tr>
<tr><td>卧室插座回路</td><td>4506A</td><td>30</td><td>100</td><td>30</td><td>60</td></tr>
<tr><td>卫生间插座回路</td><td>4506A</td><td>30</td><td>100</td><td>30</td><td>62</td></tr>
<tr><td></td><td></td><td></td><td></td><td></td><td></td></tr>
<tr><td></td><td></td><td></td><td></td><td></td><td></td></tr>
<tr><td></td><td></td><td></td><td></td><td></td><td></td></tr>
<tr><td></td><td></td><td></td><td></td><td></td><td></td></tr>
<tr><td></td><td></td><td></td><td></td><td></td><td></td></tr>
<tr><td></td><td></td><td></td><td></td><td></td><td></td></tr>
<tr><td></td><td></td><td></td><td></td><td></td><td></td></tr>
<tr><td></td><td></td><td></td><td></td><td></td><td></td></tr>
<tr><td></td><td></td><td></td><td></td><td></td><td></td></tr>
<tr><td></td><td></td><td></td><td></td><td></td><td></td></tr>
<tr><td colspan="6">测试结论：
经对一层 A 户箱内设置的漏电开关进行测试。其动作电流、动作时间采用漏电开关测试仪现场测试，其动作电流，动作时间均符合施工图设计及《建筑电气工程施工质量验收规范》（GB 50303—2015）要求。一层 A 户箱测试结论为合格。</td></tr>
<tr><td rowspan="2">签字栏</td><td colspan="2">专业监理工程师</td><td colspan="2">专业质检员</td><td>专业工长</td></tr>
<tr><td colspan="2">王××</td><td colspan="2">吴××</td><td>徐××</td></tr>
<tr><td colspan="3">制表日期</td><td colspan="3">20××年××月××日</td></tr>
</table>

本表由施工单位填写。

九、大容量电气线路结点测温记录（表 C6-43）

《建筑电气工程施工质量验收规范》（GB 50303—2015）第 9.1.1 条规定，试运行前，相关电气设备和线路应按本规范的规定试验合格。

检查数量：全数检查。

检查方法：试验时观察检查并查阅相关试验、测试记录。

《电力工程电缆设计规范》（GB 50217—2007）附录 A 规定了常用电力电缆导体的最高允许温度，见下表。

常用电力电缆导体的最高允许温度

电缆			最高允许温度（℃）	
绝缘类别	型式特征	电压（kV）	持续工作	短路暂态
聚氯乙烯	普通	≤6	70	160
交联聚乙烯	普通	≤500	90	250
自容式充油	普通牛皮纸	≤500	80	160
	半合成纸	≤500	85	160

【说明】

（1）新版本《建筑电气工程施工质量验收规范》（GB 50303—2015）第 9 章电气设备试验和试运行删除了旧版本《建筑电气工程施工质量验收规范》（GB 50303—2002）第 10 章低压电气设备试验和试运行，第 10.2.4 条大容量（630A 及以上）导线或母线连接处，在设计计算负荷运行情况下应做温度抽测记录，温升值稳定且不大于设计值。但为了更准确把握规范内涵，更正确填写“大容量电气线路结点测温记录（表 C6-43）”，建议参考旧版本《建筑电气工程施工质量验收规范》（GB 50303—2002）和新版本《建筑电气工程施工质量验收规范》（GB 50303—2015）的相关内容。

（2）大容量电气线路结点测温方法。

1）大容量电气线路结点测温应使用远红外摇表测量仪，并在检定有效期内。

2）应对导线或母线连接处的温度进行测量，且温升值稳定不大于设计值。

3）设计温度应根据所测材料的种类而定。导线应符合现行额定电压 450/750V 及以下聚氯乙烯绝缘电缆相关标准（GB 5023.1～GB 5023.7）生产的设计温度；电缆应符合《电力工程电缆设计标准》（GB 50217—2018）中附录 A 的设计温度等。

（3）大容量电气线路结点测温应由建设（监理）单位及施工单位共同检测。

<table>
<tr><td colspan="3">大容量电气线路结点测温记录
表 C6-43</td><td>资料编号</td><td>06-C6-43-×××</td></tr>
<tr><td>工程名称</td><td colspan="4">北京××大厦</td></tr>
<tr><td>施工单位</td><td colspan="2">北京××机电安装有限责任公司</td><td>监理单位</td><td>北京××监理有限责任公司</td></tr>
<tr><td>测试地点</td><td colspan="2">地下一层配电室</td><td>测试品种</td><td>导线☑/母线□/开关□</td></tr>
<tr><td>测试工具</td><td colspan="2">32～37/P～R 轴线红外线测温仪</td><td>测试日期</td><td>20××年××月××日</td></tr>
<tr><td>测试回路（部位）</td><td>测试时间</td><td>电流（A）</td><td>设计温度（℃）</td><td>测试温度（℃）</td></tr>
<tr><td>照明配电柜总开关（NSC100B-630A）</td><td>8：00—10：00</td><td>1250</td><td>60</td><td>45</td></tr>
<tr><td>动力配电柜总开关（NSC100B-75A）</td><td>8：30—10：30</td><td>150</td><td>60</td><td>45</td></tr>
<tr><td></td><td></td><td></td><td></td><td></td></tr>
<tr><td></td><td></td><td></td><td></td><td></td></tr>
<tr><td></td><td></td><td></td><td></td><td></td></tr>
<tr><td></td><td></td><td></td><td></td><td></td></tr>
<tr><td></td><td></td><td></td><td></td><td></td></tr>
<tr><td></td><td></td><td></td><td></td><td></td></tr>
<tr><td></td><td></td><td></td><td></td><td></td></tr>
<tr><td></td><td></td><td></td><td></td><td></td></tr>
<tr><td></td><td></td><td></td><td></td><td></td></tr>
<tr><td colspan="5">测试结论：
对地下一层配电室内的照明配电柜、动力配电柜设置的总开关接线端子电缆的工作电流、工作温度进行测试。其工作电流、工作温度采用钳式电流表、红外线测温仪测量，照明配电柜、动力配电柜设置的总开关（NSC100B-630A、NSC100B-75A）所有大容量结点工作温度，均在设计允许温度变化范围内，符合施工图设计及《建筑电气工程施工质量验收规范》（GB 50303—2015）要求。测试结论为合格。</td></tr>
</table>

<table>
<tr><td rowspan="2">签字栏</td><td>专业监理工程师</td><td>专业质检员</td><td>专业工长</td></tr>
<tr><td>王××</td><td>吴××</td><td>徐××</td></tr>
<tr><td colspan="2">制表日期</td><td colspan="2">20××年××月××日</td></tr>
</table>

本表由施工单位填写。

十、避雷带支架拉力测试记录（表 C6-44）

《建筑电气工程施工质量验收规范》（GB 50303—2015）第 24.2.5 条规定，接闪线和接闪带安装尚应符合下列要求：

（1）安装应平正顺直、无急弯，其固定支架应间距均匀、固定牢固。

（2）当设计无要求时，固定支架高度不宜小于 150mm，间距应符合下表的规定。

明敷引下线及接闪导体固定支架的间距　　mm

布置方式	扁形导体固定支架间距	圆形导体固定支架间距
安装于水平面上的水平导体	500	1000
安装于垂直面上的水平导体		
安装于高于 20m 以上垂直面上的垂直导体		
安装于地面至 20m 以下垂直面上的垂直导体	1000	1000

（3）每个固定支架应能承受 49N 的垂直拉力。

【说明】

1. 避雷带支架拉力测试要求

（1）避雷带应平正顺直，固定点支持件间距均匀、固定可靠，每个支持件应能承受大于 49N（5kg）的垂直拉力。

（2）当设计无要求时，明敷接地引下线及室内接地干线的支持件间距应符合：水平直线部分 0.5～1.5m，垂直直线部分 1.5～3m，弯曲部分 0.3～0.5m。

2. 避雷带支架拉力测试方法

（1）避雷带支架垂直拉力测试应使用电子拉力测试仪，电子拉力测试仪的量程显示的拉力，不需要 9.8N/kg 转换，满足规范要求，电子拉力测试仪的使用应在检测有效期内。

（2）避雷带的支持件 10m 以内应 100%进行垂直拉力测试，大于 10m 应 30%进行垂直拉力测试。

3. 避雷带支架拉力测试应由建设（监理）单位及施工单位共同测试

十一、逆变应急电源测试记录（表 C6-45）

《逆变应急电源》（GB/T 21225—2007）第 5.2.2.1 条规定，在逆变应急运行方式，EPS 稳态运行，中间直流电路不低于额定值时，输出电压允差不超过额定输出电压的±5%。

《逆变应急电源》（GB/T 21225—2007）第 5.2.3 条规定，在逆变应急运行方式，EPS 输出表观功率为额定值的 120%。在正常情况下，应急正常工作 3min；在紧急情况下，应能继续工作不少于 30min。

《逆变应急电源》（GB/T 21225—2007）第 5.2.6 条规定，在逆变应急运行方式，

EPS 噪声应不超过 65dB（A）。

避雷带支架拉力测试记录 表 C6-44				资料编号		06-C6-44-×××	
工程名称	北京××大厦						
施工单位	北京××机电安装有限责任公司			监理单位	北京××监理有限责任公司		
测试部位	屋面避雷带			测试日期	20××年××月××日		
序号	拉力（N）	序号	拉力（N）	序号	拉力（N）	序号	拉力（N）
1	58.2	16	58.3	31	58.2	46	58.1
2	58.2	17	58.2	32	58.3	47	58.3
3	58.3	18	58.3	33	58.2	48	58.1
4	58.4	19	58.2	34	58.2	49	58.3
5	58.2	20	58.3	35	58.3	50	58.2
6	58.1	21	58.3	36	58.3	51	58.3
7	58.2	22	58.2	37	58.3	52	58.3
8	58.2	23	58.1	38	58.3	53	58.2
9	58.2	24	58.3	39	58.2	54	58.2
10	58.3	25	58.3	40	58.1	55	58.2
11	58.4	26	58.2	41	58.2	56	58.2
12	58.3	27	58.2	42	58.2	57	58.3
13	58.2	28	58.1	43	58.1	58	58.2
14	58.3	29	58.1	44	58.1	59	58.1
15	58.2	30	58.3	45	58.4		
测试结果： 屋面女儿墙避雷带水平方向敷设顺直，固定点间距不大于 1m，弯曲段固定点间距为 0.3m，镀锌弹簧垫片、螺母齐全，连接紧固。经现场测试支架拉承受力均大于 49N，符合施工图设计及《建筑电气工程施工质量验收规范》（GB 50303—2015）的要求。检验结果合格。							
签字栏	专业监理工程师		专业质检员		专业工长		
	王××		吴××		徐××		
制表日期		20××年××月××日					

本表由施工单位填写。

【说明】

1. 正常运行方式——空载试验

EPS在正常运行方式工作，测得的空载输入电压和输出电压应相等。

2. 正常运行方式——满载试验

在输出端连接100%额定输出表观功率的阻性负载，在稳态条件下测量输入电压和输出电压，按下式计算空载对满载的电压允差。

$$\Delta U \frac{(U_{max}-U_{min})}{U_n}\times 100\%$$

式中　ΔU——电压允差；

U_{max}——最大电压基波分量的方均根值；

U_{min}——最小电压基波分量的方均根值；

U_n——电压额定值。

3. 逆变应急运行方式——空载试验

EPS在逆变应急运行方式工作，输出空载，测量输出电压、输出频率，并与额定输出电压、额定输出频率进行比较，其值应符合输出电压允差和输出频率允差的要求。

4. 逆变应急运行方式——满载试验

在输出端连接100%额定输出表观功率的阻性负载，在稳态条件下，EPS中间直流电路电压不低于额定值时，测量输出电压、输出频率，电压允差的计算方法同正常运行时满载的计算方法。

5. 应急供电时间试验

进行该试验前，在主电源不低于额定值及空载输出情况下，EPS处于正常运行方式，其运行时间应超过供货者规定的能量恢复时间。施加等于额定容量的阻性负载，切断主电源，转换到逆变应急运行方式。逆变应急运行方式开始时，输出电压应为规定值。记录EPS从开始工作到停机为止的运行时间。在环境温度为25℃时，该时间应不短于供货者的规定值。逆变应急运行方式供电时间结束时，蓄电池电压应仍不低于截止电压。

6. 逆变应急供电能力试验

逆变应急供电能力通过切断主电源，使EPS投入逆变应急运行方式工作，在中间直流电路电压不低于额定值的情况下，施加等于额定容量的阻性负载，测量保持规定输出电能的持续时间来确定。

7. 能量恢复时间试验（如有）

蓄电池（组）电压低于截止电压后，恢复符合要求的主电源，EPS对蓄电池（组）进行自动恒流充电。测量初充电流应符合蓄电池供货者规定的充电要求，充电所需时间应符合（GB/T 21225—2007）第5.2.7条的规定。断开蓄电池（组）充电电路，测量充电电压，应符合蓄电池供货者规定的恒压要求。必要时，可通过重新放电试验来验证。

<table>
<tr><td colspan="3">逆变应急电源测试记录
表 C6-45</td><td>资料编号</td><td>06-C6-45-×××</td></tr>
<tr><td>工程名称</td><td colspan="4">北京××大厦</td></tr>
<tr><td>施工单位</td><td colspan="2">北京××机电安装有限责任公司</td><td>监理单位</td><td>北京××监理有限责任公司</td></tr>
<tr><td>安装部位</td><td colspan="2">32～37/P～R 轴线地下一层设备间</td><td>测试日期</td><td>20××年××月××日</td></tr>
<tr><td>规格型号</td><td colspan="2">75kW SKEPS</td><td>环境温度</td><td>30℃</td></tr>
<tr><td colspan="3">检查测试内容</td><td>额定值</td><td>测试值</td></tr>
<tr><td colspan="3">输入电压（V）</td><td>220</td><td>220</td></tr>
<tr><td rowspan="3">输出电压（V）</td><td colspan="2">空载</td><td>220</td><td>220</td></tr>
<tr><td rowspan="2">满载</td><td>正常运行</td><td>220</td><td>218</td></tr>
<tr><td>逆变应急运行</td><td>220</td><td>216</td></tr>
<tr><td rowspan="2">输出电流（A）</td><td rowspan="2">满载</td><td>正常运行</td><td>112</td><td>113</td></tr>
<tr><td>逆变应急运行</td><td>112</td><td>110</td></tr>
<tr><td colspan="3">能量恢复时间（h）</td><td>≤24</td><td>16</td></tr>
<tr><td colspan="3">切换时间（s）</td><td>0.025</td><td>0.025</td></tr>
<tr><td colspan="3">逆变储能供电能力（min）</td><td>60</td><td>90</td></tr>
<tr><td rowspan="2">过载能力（输出表观功率额定值 120%的阻性负载）</td><td>正常运行</td><td>连续工作时间（min）</td><td>30</td><td>60</td></tr>
<tr><td>逆变应急运行</td><td>连续工作时间（min）</td><td>30</td><td>60</td></tr>
<tr><td rowspan="2">噪声检测（dB）</td><td colspan="2">正常运行</td><td>≤65</td><td>50</td></tr>
<tr><td colspan="2">逆变应急运行</td><td>≤65</td><td>55</td></tr>
<tr><td>测试结果</td><td colspan="4">75kW EPS 应急电源各项测试指标均符合要求，其技术条件符合施工图设计及《逆变应急电源》（GB/T 21225—2007）标准要求，EPS 应急电源工作试运行正常。</td></tr>
<tr><td rowspan="2">签字栏</td><td>专业监理工程师</td><td colspan="2">专业质检员</td><td>专业工长</td></tr>
<tr><td>王××</td><td colspan="2">吴××</td><td>徐××</td></tr>
<tr><td colspan="2">制表日期</td><td colspan="3">20××年××月××日</td></tr>
</table>

本表由施工单位填写。

十二、柴油发电机测试记录（表 C6-46）

(1)《往复式内燃机驱动的交流发电机组　第 6 部分：试验方法》（GB/T 2820.6—2009）：

6.7　测量设备的精确度和验收试验程序

6.7.1　测量设备的精确度

电气仪表的精确度要求应按制造商和用户的协议。

若试验是在制造商工厂进行的，应采用5.4的精确度。若试验不是在制造厂进行的，推荐按下表的最低精确度。

应考虑所使用测量仪表与波形的相关性。

现场检验——测量设备的精确度

参数	单位	允差（%）
电流	A	2.5
电压	V	2.5
有功功率	W	2.5
无功功率	var	2.5
功率因数	—	5.0
功率	Hz	1.0

6.7.2 预热时间

验收试验应在达到通常温度和压力的发电机组上进行。试验工程师应保证机组运动足够的时间使其温度达到稳定。

6.7.3 负载试验的持续时间

负载试验的持续时间取决于发电机组的额定和用途。它一般是在0.5～2h之间，并通常由制造商规定或建议。

(2)《往复式内燃机驱动的交流发电机组 第10部分：噪声的测量（面包法）》(GB/T 2820.10—2009)：

12 测量程序

12.1 准则

环境条件可能会对测头产生不利的影响。可以通过选择测头和/或确定测头的适当位置来避免该干扰的影响（例如较强的电场或磁场、被测发电机组上的空气运动及过高或过低的温度），测头应以正确角度对准测量平面，但是在拐角处，测头应对准参考框架的相应角，见右图。

参考框架

测头的方向

在测量过程中，由于人员的存在会对测量结果产生影响，为减少这种影响，测头最好固定安装。测量人员与测头的距离应保持不小于1.5m。

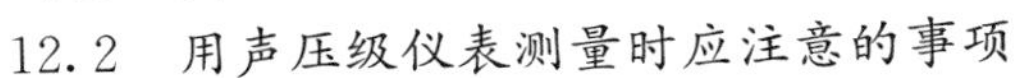

12.2 用声压级仪表测量时应注意的事项

应选择声压级仪表的“慢”挡加权特性进行测量。如果A计权声压数值的编差小于±1dB，则认为噪声值是稳定的。应把观察期间的最大值和最小值的平均值作为测量结果。在观察期间，如果噪声值的偏差大于±1dB，则认为噪声是不稳定的。如果噪声是不稳定的，则测量结果不能被接受，此时应用积分式声压级仪表重新测量。

12.3　用积分式声压级仪表测量时应注意的事项

当使用符合 IEC 60804 规定的积分式声压级仪表进行测量时，有必要使积分时间等于测量时间。

12.4　发电机组运行期间的测量

确定测量平面，选择正确的测头的位置。当发电机组按本标准第 9 章所给定的工况运行时，测量其总体噪声的 A 计权声压级，如果经用户与制造商同意，可在要求的频率范围内在每个测点处测量发电机组的倍频程或三分之一倍频程声压级。不必同时在各个测点进行测量。在所有测点处的测量时间应不少于 10s。

包括倍频程或三分之一倍频程的最小中心频率应为 63～8000Hz。必要时，还应对更低的频率进行测量，确保有效的低频部分也包括在内。

【说明】

1. 满载输出电流、电压试验方法在输出端连接 100%额定输出额定功率的阻性负载，稳态条件下测量输出电压和输出电流。

2. 噪声测试应满足额定要求，且应满足设计要求。在发电机房各进出门的权计隔声 RW≥35dB。

3. 转换时间应符合设计要求。

柴油发电机测试记录 表 C6-46		资料编号	06-C6-46-×××	
工程名称	北京××大厦			
施工单位	北京××机电安装有限责任公司	监理单位	北京××监理有限责任公司	
安装部位	23～27/L～P 轴线地下一层机房	测试日期	20××年××月××日	
规格型号	880kV·A 康明斯	环境温度	30℃	
检查测试内容			额定值	测试值
输出电压（V）	空载		380	380
	满载		418	415
输出电流（A）	满载		1440	1380
切换时间（s）			1～15	2
供电能力（min）			90	110
噪声检测（dB）	空载		≤65	50
	满载		≤103	86
测试结果	880kV·A 康明斯柴油发电机组的各项测试指标均符合要求，机组整机技术条件符合施工图设计及《往复式内燃机驱动的交流发电机组　第 6 部分：试验方法》（GB/T 2820.6—2009）、《往复式内燃机驱动的交流发电机组　第 10 部分：噪声的测量（面包法）》（GB/T 2820.10—2009）标准要求，机组工作试运行正常。			
签字栏	专业监理工程师	专业质检员		专业工长
	王××	吴××		徐××
制表日期	20××年××月××日			

本表由施工单位填写。

十三、低压配电电源质量测试记录（表 C6-47）

《建筑节能工程施工质量验收规范》（GB 50411—2019）第 12.2.4 条规定，工程安装完成后应对配电系统进行调试，调试合格后应对低压配电系统以下技术参数进行检测，其检测结果应符合下列规定：

（1）用电单位受电端电压允许偏差：三相 380V 供电为标称电压的±7%；单相 220V 供电为标称电压的－10%～＋7%；

（2）正常运行情况下用电设备端子处额定电压的允许偏差：室内照明为±5%，一般用途电动机为±5%、电梯电动机为±7%，其他无特殊规定设备为±5%；

（3）10kV 及以下配电变压器低压侧，功率因数不低于 0.9；

（4）380V 的电网标称电压谐波限值：电压谐波总畸变率（THDu）为 5%，奇次（1～25 次）谐波含有率为 4%，偶次（2～24 次）谐波含有率为 2%；

（5）谐波电流不应超过下表中规定的允许值。

谐波电流允许值

标准电压（kV）	基准短路容量（MV·A）	谐波次数及谐波电流允许值												
0.38	10	谐波次数	2	3	4	5	6	7	8	9	10	11	12	13
		谐波电流允许值（A）	78	62	39	62	26	44	19	21	16	28	13	24
		谐波次数	14	15	16	17	18	19	20	21	22	23	24	25
		谐波电流允许值（A）	11	12	9.7	18	8.6	16	7.8	8.9	7.1	14	6.5	12

检验方法：在用电负荷满足检测条件的情况下，使用标准仪器仪表进行现场测试；对于室内插座等装置使用带负载模拟的仪表进行测试。

检查数量：受电端全数检查，末端按本标准表 3.4.3 最小抽样数量抽样。

低压配电电源质量测试记录 表 C6-47		资料编号	06-C6-47-××
工程名称	北京××大厦	测试日期	20××年××月××日
施工单位	北京××机电安装有限责任公司	监理单位	北京××监理有限责任公司
测试设备名称及型号	三相电能质量分析仪 Fluke 434Ⅱ		

续表

检查测试内容			测试值（V）	偏差（%）
供电电压	三相	A 相	376	－1.05
		B 相	390	＋3.95
		C 相	368	－3.16
	单相		—	—
公共电网谐波电压	电压总谐波畸变率（%）		5	5
	奇次（1～25 次）谐波含有率（%）		4	4
	偶次（1～25 次）谐波含有率（%）		2	2
谐波电流（A）20			附检测设备打印记录	

测试结果：

供电系统在正常运行下，三相电压测试数值均满足《电能质量　供电电压偏差》（GB/T 12325—2008）规定，10kV 及以下三相供电电压允许偏差为标称电压的－7%～＋7%，220V 单相供电电压允许偏差为标称电压的－10%～＋7%。

公共电网标称 10kW 电压正常运行下，电压总谐波畸变率、奇次谐波电压含有率、偶次谐波电压含有率、谐波电流测试数值均满足《电能质量　公用电网谐波》（GB/T 14549—1993）的规定。

因此，低压配电电源质量测试合格。

签字栏	专业监理工程师	专业质检员	专业工长
	王××	吴××	徐××
制表日期	20××年××月××日		

本表由施工单位填写。

十四、低压电气设备交接试验检验记录（表 C6-48）

《建筑电气工程施工质量验收规范》（GB 50303—2015）第 9.1.2 条规定，现场单独安装的低压电器交接试验项目应符合下表的规定。

低压电器交接试验

序号	试验内容	试验标准或条件
1	绝缘电阻	用 500V 兆欧表摇测≥1MΩ，潮湿场所≥0.5MΩ
2	低压电器动作情况	除产品另有规定外，电压、液压或气压在额定值的 85%～110%范围内能可靠动作
3	脱扣器的整定值	整定值误差不得超过产品技术条件的规定
4	电阻器和变阻器的直流电阻差值	符合产品技术条件规定

十五、电动机检查（抽芯）记录（表 C6-49）

（1）《建筑电气工程施工质量验收规范》（GB 50303—2015）第 6.2.2 条规定，除电动机随带技术文件说明不允许在施工现场抽芯检查外，有下列情况之一的电动机应抽芯检查：

1）出厂时间已超过制造厂保证期限；

2）外观检查、电气试验、手动盘转和试运转有异常情况。

（2）《建筑电气工程施工质量验收规范》（GB 50303—2015）第 9.1.3 条规定，电动机应试通电，并应检查转向和机械转动情况，电动机试运行应符合下列规定：

1）空载试运行时间宜为 2h，机身和轴承的温升、电压和电流等应符合建筑设备或工艺装置的空载状态运行要求，并应记录电流、电压、温度、运行时间等有关数据。

2）空载状态下可启动次数及间隔时间应符合产品技术文件的要求；无要求时，连续启动 2 次的时间间隔不应小于 5min，并应在电动机冷却至常温下进行再次启动。

检查数量：按设备总数抽查 10%，且不得少于 1 台。

检查方法：轴承温度采用测温仪测量，其他参数可在试验时观察检查并查阅电动机空载试运行记录。

十六、接地故障回路阻抗测试记录（表 C6-50）

《建筑电气工程施工质量验收规范》（GB 50303—2015）第 5.1.8 条规定，低压成套配电柜和配电箱（盘）内末端用电回路中，所设过电流保护电器兼作故障防护时，应在回路末端测量接地故障回路阻抗，且回路阻抗应满足下式要求：

$$Z_s(m) \leqslant \frac{2}{3} \times \frac{U_0}{I_a}$$

式中　Z_s（m）——实测接地故障回路的阻抗（Ω）；

U_0——相导体对地的中性导体的电压（V）；

I_a——保护电器在规定时间内切断故障回路的动作电流（A）。

低压电气设备交接试验检验记录 表 C6-48			资料编号	06-C6-48-××	
工程名称	北京××大厦				
施工单位	北京××机电安装有限责任公司		监理单位	北京××监理有限责任公司	
设备名称	塑壳断路器	型号	DZ20	安装位置	7～11/M～P 轴线 二层 1 段开水间
额定容量 （kV·A）	—	额定电压 （V）	380	额定电流 （A）	100
制造厂家	北京××开关有限公司	出厂日期	20××年××月××日	产品型号	AD-2～1
环境温度	26℃	环境湿度	45%	检验日期	20××年××月××日
试验依据	施工图设计及《电气装置安装工程　电气设备交接试验标准》（GB 50150—2016）				

试验项目		检验结果					试验仪器
1	绝缘电阻	低压电器连同所连接电缆及二次回路的绝缘电阻值（MΩ）：20					500V 兆欧表
2	低压电器动作情况	名称	电压动作值（V）	液压动作值（MPa）		气压动作值（MPa）	校验台
		数值	380	—		—	
3	脱扣器的整定值	名称	过流脱扣器（A）	失压脱扣器（V）	分励脱扣器（V）	延时装置（s）	校验台
		整定值	100	≥75%	100%	—	
		动作值	100	≤70%	70%～110%	—	
4	电阻器和变阻器的直流电阻差值	名称	电阻器	变阻器	分励脱扣器	延时装置	
		出厂值（Ω）					
		测量值（Ω）					

检验结果：

经对一层 1 段动力箱 AD-2～1 开关及保护装置、工频耐压试验、绝缘电阻、动作情况及脱扣器的整定值进行交接试验，均符合施工图设计及《电气装置安装工程　电气设备交接试验标准》（GB 50150—2016）、《建筑电气工程施工质量验收规范》（GB 50303—2015）要求。二层 1 段动力箱 AD-2～1 交接试验检验为合格。

签字栏	专业监理工程师	专业质检员	专业工长
	王××	吴××	徐××

本表由施工单位填写。

<table>
<tr><td colspan="4">电动机检查（抽芯）记录
表 C6-49</td><td>资料编号</td><td colspan="2">06-C6-49-××</td></tr>
<tr><td>工程名称</td><td colspan="3">北京××大厦</td><td>检查日期</td><td colspan="2">20××年××月××日</td></tr>
<tr><td>施工单位</td><td colspan="3">北京××机电安装有限责任公司</td><td>监理单位</td><td colspan="2">北京××监理有限责任公司</td></tr>
<tr><td>施工图号</td><td colspan="2">电施-92</td><td>电动机位置</td><td>冷冻机房</td><td>电动机类型</td><td>三相异步电动机</td></tr>
<tr><td>电动机型号</td><td colspan="2">Y280S-2</td><td>额定功率（kW）</td><td>75</td><td>绝缘等级</td><td>B级</td></tr>
<tr><td>额定电压（V）</td><td colspan="2">380</td><td>额定电流（A）</td><td>139</td><td>转速（r/min）</td><td>2970</td></tr>
<tr><td>制造厂家</td><td colspan="2">苏州××电机有限公司</td><td>出厂编号</td><td>Y2016-068</td><td>出厂日期</td><td>20××年××月××日</td></tr>
<tr><td colspan="7">电动机检查（抽芯）原因：
☑1　出厂时间已超过制造厂保证期限，无保证期限的已超过出厂时间一年以上；
□2　外观检查、电气试验、手动盘转和试运转，噪声有异常情况。</td></tr>
<tr><td>序号</td><td colspan="3">检查内容</td><td colspan="3">检查结果及处理记录</td></tr>
<tr><td>1</td><td colspan="3">电动机内部应清洁、无杂物</td><td colspan="3">电动机内部应清洁、无杂物</td></tr>
<tr><td>2</td><td colspan="3">线圈绝缘层完好、无伤痕，端部绑线不应松动，槽楔应固定、无断裂、无凸出和松动，引线应焊接饱满，内部应清洁、通风孔道无堵塞</td><td colspan="3">线圈绝缘层完好，端部绑线无松动，槽楔无断裂，引线焊接饱满，内部清洁、通风孔道无堵塞</td></tr>
<tr><td>3</td><td colspan="3">轴承应无锈斑，注油（脂）的型号、规格和数量应正确，转子平衡块应紧固，平衡螺栓锁紧，风扇叶片应无裂纹</td><td colspan="3">轴承应无锈斑，转子平衡块紧固，风扇叶片无裂纹</td></tr>
<tr><td>4</td><td colspan="3">电动机的基座和端盖的止口部位应无砂眼和裂纹</td><td colspan="3">电动机的基座和端盖的止口部位无砂眼和裂纹</td></tr>
<tr><td>5</td><td colspan="3">连接用紧固件的防松零件应齐全完整</td><td colspan="3">连接用紧固件的防松零件应齐全完整</td></tr>
<tr><td>6</td><td colspan="3">其他指标符合产品技术文件的要求</td><td colspan="3">符合技术文件要求</td></tr>
<tr><td colspan="7">检查结果：
冷冻机房6号电动机出厂时间已超过制造厂保修期限，经电动机抽芯检查，对发现的电动机问题已做出相应的处理，工作正常，无异常噪声，可以继续使用，符合《建筑电气工程施工质量验收规范》（GB 50303—2015）的要求。</td></tr>
<tr><td rowspan="2">签字栏</td><td colspan="2">专业监理工程师</td><td colspan="2">专业质检员</td><td colspan="2">专业工长</td></tr>
<tr><td colspan="2">王××</td><td colspan="2">吴××</td><td colspan="2">徐××</td></tr>
<tr><td colspan="3">制表日期</td><td colspan="4">20××年××月××日</td></tr>
</table>

本表由施工单位填写。

接地故障回路阻抗测试记录 表 C6-50			资料编号	06-C6-50-××		
工程名称	北京××大厦		测试日期	20××年××月××日		
施工单位	北京××机电安装有限责任公司		监理单位	北京××监理有限责任公司		
仪器及型号	智能回路电阻测试仪 GWZL-200A		鉴定日期	20××年××月××日		
配电箱编号	回路编号	回路实测电压 U_0（V）	回路保护电器的动作电流 I_a（A）	回路阻抗实测值 Z_s（m）（Ω）	$(2\times U_0)/(3\times I_e)$ 计算值（Ω）	是否满足 $Z_s(m)\leqslant\frac{2}{3}\times\frac{U_0}{I_a}$
AL1-6 照明配电箱	第 1 个故障回路	224	16	0.86	9.33	满足
测试结果： 1 段 7 层照明配电箱 AL-6 第一个插座回路计算阻抗为 9.33Ω，回路阻抗实测值为 0.86Ω，满足 $Z_s(m)\leqslant\frac{2}{3}\times\frac{U_0}{I_a}$ 不等式要求，表明回路导线连接可靠，符合《建筑电气工程施工质量验收规范》（GB 50303—2015）的要求，且回路过电流保护器动作可靠。						
签字栏	专业监理工程师		专业质检员		专业工长	
	王××		吴××		徐××	
制表日期			20××年××月××日			

本表由施工单位填写。

十七、接地（等电位）联结导通性测试记录（表 C6-51）

《建筑电气工程施工质量验收规范》（GB 50303—2015）第 3.3.22 条规定，等电位联结应符合下列规定：

（1）对总等电位联结，应先检查确认总等电位联结端子的接地导体位置，再安装总等电位联结端子板，然后按设计要求做总等电位联结；

（2）对局部等电位联结，应先检查确认连接端子位置及连接端子板的截面面积，再安装局部等电位联结端子板，然后按设计要求做局部等电位联结；

（3）对特殊要求的建筑金属屏蔽网箱，应先完成网箱施工，经检查确认后，与 PE 连接。

十八、监测与控制节能工程检查记录（表 C6-52）

《建筑节能工程施工质量验收规范》（GB 50411—2019）规定：

13.2.1　监测与控制节能工程使用的设备、材料应进行进场验收，验收结果应经监理工程师检查认可，并应形成相应的验收记录。各种材料和设备的质量证明文件和相关技术资料应齐全，并应符合设计要求和国家现行有关标准的规定，要对下列主要产品的技术性能参数和功能进行核查：

（1）系统集成软件的功能及系统接口兼容性；

（2）自动控制阀门和执行机构的设计计算书；控制器、执行器、变频设备以及阀门等设备的规格参数；

（3）变风量（VAV）末端控制器的自动控制和运算功能。

检验方法：观察、尺量检查；对照设计文件核查质量证明文件。

检查数量：全数检查。

13.2.2　监测与控制节能工程的传感器、执行机构，其安装位置、方式应符合设计要求；预留的检测孔位置正确，管道保温时应做明显标识；监测计量装置的测量数据应准确并符合设计要求。

检验方法：观察检查；用标准仪器仪表实测监测计量装置的实测数据，分别与直接数字控制器和中央工作站显示数据对比。

检查数量：按本标准表 3.4.3 最小抽样数量抽样，不足 10 台应全数检查。

13.2.3　监测与控制节能工程的系统集成软件安装并完成系统地址配置后，在软件加载到现场控制器前，应对中央控制站软件功能进行逐项测试，测试结果应符合设计文件要求。测试项目包括：系统集成功能、数据采集功能、报警联锁控制、设备运行状态显示、远动控制功能、程序参数下载、瞬间保护功能、紧急事故运行模式切换、历史数据处理等。

检验方法：观察检查；根据软件安装使用说明书提供的检测案例及检测方法逐项核查测试报告。

检查数量：全数检测。

13.2.4　监测与控制系统和供暖通风与空调系统应同步进行试运行与调试，系统稳定后，进行不少于 120h 的连续运行，系统控制及故障报警功能应符合设计要求。当不具备条件时，应以模拟方式进行系统试运行与调试。

检验方法：观察检查；核查调试报告和试运行记录。

检查数量：全数检查。

13.2.5　能耗监测计量装置宜具备数据远传功能和能耗核算功能，其设置应符合下列规定：

（1）按分区、分类、分系统、分项进行设置和监测；

（2）对主要能耗系统、大型设备的耗能量（含燃料、水、电、汽）、输出冷（热）量等参数进行监测；

（3）利用互联网、物联网、云计算及大数据等创新技术构建的新型建筑节能平台，具备建筑节能管理功能。

检验方法：对检测点逐点调出数据与现场测点数据核对，观察检查，并在中央工作站调用监测数据统计分析结果及能耗图表。

检查数量：全数检查。

13.2.6　冷热源的水系统当采取变频调节控制方式时，机组、水泵在低频率工况下，水系统应能正常运行。

检验方法：将机组运行工况调到变频器设定的下限，实测水系统末端最不利点的水压值应符合设计要求。

检查数量：全数检查。

13.2.7　供配电系统的监测与数据采集应符合设计要求。

检验方法：观察检查，检查中央工作站供配电系统的运行数据显示和报警功能。

检查数量：全数检查。

13.2.8　照明自动控制系统的功能应符合设计要求，当设计无要求时，应符合下列规定：

（1）大型公共建筑的公用照明区应采用集中控制，按照建筑使用条件、自然采光状况和实际需要，采取分区、分组及调光或降低照度的节能控制措施；

（2）宾馆的每间（套）客房应设置总电源节能控制开关；

（3）有自然采光的楼梯间、廊道的一般照明，应采用按照度或时间表开关的节能控制方式；

（4）当房间或场所设有两列或多列灯具时，应采取下列控制方式：

1）所控灯列应与侧窗平行；

2）电教室、会议室、多功能厅、报告厅等场所，应按靠近或远离讲台方式进行分组；

3）大空间场所应间隔控制或调光控制。

检验方法：

（1）现场操作检查控制方式；

（2）依据施工图，按回路分组，在中央工作站上进行被检回路的开关控制，观察相应回路的动作情况；

（3）在中央工作站通过改变时间表控制程序的设定，观察相应回路的动作情况；

（4）在中央工作站采用改变光照度设定值、室内人员分布等方式，观察相应回路的调光效果；

（5）在中央工作站改变场景控制方式，观察相应的控制情况。

检查数量：现场操作检查为全数检查，在中央工作站上按照明控制箱总数的5％抽样检查，不足5台应全数检查。

13.2.9　自动扶梯无人乘行时，应自动停止运行。

检验方法：观察检查。

检查数量：全数检查。

13.2.10　建筑能源管理系统的能耗数据采集与分析功能、设备管理和运行管理功能、优化能源调度功能、数据集成功能应符合设计要求。

检验方法：观察检查，对各项功能逐项测试，核查测试报告。

检查数量：全数检查。

13.2.11　建筑能源系统的协调控制及供暖、通风与空调系统的优化监控等节能控制系统应满足设计要求。

检验方法：输入仿真数据，进行模拟测试，按不同的运行工况监测协调控制和优化监控功能。

检查数量：全数检查。

13.2.12　监测与控制节能工程应对下列可再生能源系统参数进行监测：

（1）地源热泵系统：室外温度、典型房间室内温度、系统热源侧与用户侧进出水温度和流量、机组热源侧与用户侧进出水温度和流量、热泵系统耗电量；

（2）太阳能热水供暖系统：室外温度、典型房间室内温度、辅助热源耗电量、集热系统进出口水温、集热系统循环水流量、太阳总辐射量；

（3）太阳能光伏系统：室外温度、太阳总辐射量、光伏组件背板表面温度、发电量。

检验方法：将现场实测数据与工作站显示数据进行比对，偏差应符合设计要求。

检查数量：全数检查。

接地（等电位）联结导通性测试记录 表 C6-51					资料编号	06-C6-51-××	
工程名称	北京××大厦						
施工单位	北京××机电安装有限责任公司				监理单位	北京××监理有限责任公司	
设计值	总电阻不大于 3Ω				测试日期	20××年××月××日	
测试仪器及型号	等电位联结电阻测试仪 GY330				鉴定日期	20××年××月××日	
部位	分段电阻（Ω）						总电阻（Ω）
	1	2	3	4	5	6	
排水金属管	0.2	0.18	0.24	0.23	0.20		1.05
采暖金属管	0.13	0.16	0.18	0.16	0.20		0.74
给水金属管	0.22	0.15	0.30	0.18	0.20		1.05
4-5/Y 轴 MEB 箱	0.20						0.20
12/D 轴 LEB 箱	0.23						0.23
15/D 轴 LEB 箱	0.15						0.15
29-31/J 轴 MEB 箱	0.21						0.21
测试结果： 等电位联结的部位及联结材质符合设计要求，地下一层配电室等电位联结干线由接地装置直接引出两处，并与局部等电位箱间的连接线形成环形网路。对等电位联结导通进行测试，测试值符合设计要求，确认其已形成了一个有效的电气通路，符合施工图设计和《建筑电气工程施工质量验收规范》（GB 50303—2015）的要求，等电位联结导通性测试结果为合格。							
签字栏	专业监理工程师		专业质检员		专业工长		
	王××		吴××		徐××		
制表日期		20××年××月××日					

本表由施工单位填写。

监测与控制节能工程检查记录 表 C6-52		资料编号	06-C6-52-×××
工程名称	北京××大厦	日期	20××年××月××日
施工单位	北京××机电安装有限责任公司	监理单位	北京××监理有限责任公司

序号	检查项目	检验内容及其规范标准要求	检查结果
1	空调与采暖的冷源	控制及故障报警功能应符合设计要求	符合设计要求
2	空调与采暖的热源	控制及故障报警功能应符合设计要求	符合设计要求
3	空调水系统	控制及故障报警功能应符合设计要求	符合设计要求
4	通风与空调检测控制系统	控制及故障报警功能应符合设计要求	符合设计要求
5	供配电的监测与数据采集系统	监测采集的运行数据和报警功能应符合设计要求	符合设计要求
6	大型公共建筑的公用照明区	集中控制并按建筑使用条件和天然采光状况采取分区、分组控制，并按需要采取调光或降低照度的控制措施	采取分区、分组控制
7	宾馆、饭店的每间（套）客房	应设置节能控制型开关	设置节能控制型开关
8	居住建筑有天然采光的楼梯间、走道的一般照明	应采用节能自熄开关	采用节能自熄开关
9	房间或场所设有两列或多列灯具的控制	所控灯列与侧窗平行	所控灯列与侧窗平行
		电教室、会议室、多功能厅、报告厅等场所按靠近或远离讲台分组	
10	庭院灯、路灯的控制	开启和熄灭时间应根据自然光线变换智能控制，其供电方式可采用太阳能	根据自然光线变换智能控制

签字栏	专业监理工程师	专业质检员	专业工长
	王××	吴××	徐××
制表日期	20××年××月××日		

本表由施工单位填写。

十九、建筑物照明系统照度测试记录（表 C6-53）

（1）《建筑电气工程施工质量验收规范》（GB 50303—2015）第 21.1.3 条规定，对设计有照度测试要求的场所，试运行时应检测照度，并应符合设计要求。

（2）《建筑节能工程施工质量验收规范》（GB 50411—2019）第 12.2.5 条规定，照明系统安装完成后应通电试运行，其测试参数和计算值应符合下列规定：

1）照度值允许偏差为设计值的±10%；

2）功率密度值不应大于设计值，当典型功能区域照度值高于或低于其设计值时，功率密度值可按比例同时提高或降低。

检验方法：检测被检区域内平均照度和功率密度。

检查数量：各类典型功能区域，每类检查不少于 2 处。

（3）《建筑照明设计标准》（GB 50034—2013）第 6.3.1 条规定了住宅建筑每户照明功率密度限值，见本书表 3-9。

（4）《建筑照明设计标准》（GB 50034—2013）第 6.3.2 条规定了图书馆建筑照明功率密度限值，见本书表 3-10。

（5）《建筑照明设计标准》（GB 50034—2013）第 6.3.3 条规定了办公建筑和其他类型建筑中具有办公用途场所的照明功率密度限值，见本书表 3-11。

建筑物照明系统照度测试记录 表 C6-53			资料编号	06-C6-53-×××	
工程名称	北京××大厦				
施工单位	北京××机电安装有限责任公司		监理单位	北京××监理有限责任公司	
测试器具名称、型号		光照度测试仪 TES-1330A	测试日期、时间	20××年××月××日 10：00—10：30	
测试部位	照度（lx）	功率密度（kW/m²）	测试部位	照度（lx）	功率密度（kW/m²）
房间 1-01	300	0.011	房间 1-01	295	0.012
房间 1-02	300	0.011	房间 1-02	296	0.012
房间 1-03	300	0.011	房间 1-03	295	0.013
房间 1-04	300	0.011	房间 1-04	298	0.012
房间 1-05	300	0.011	房间 1-05	286	0.013
会议室 1-01	300	0.011	会议室 1-01	286	0.012
会议室 1-02	300	0.011	会议室 1-02	295	0.012
会议室 1-03	300	0.011	会议室 1-03	286	0.012
会议室 1-04	300	0.011	会议室 1-04	295	0.012
测试结论： 该大厦三层各部位照明系统的照度测试值均不小于施工图设计数值的 90%，且功率密度测试值均符合施工图设计规定的数值。照明系统各部位的照度和功率密度测试值均符合施工图设计及《建筑节能工程施工质量验收标准》（GB 50411—2019）的要求。					
签字栏	专业监理工程师		专业质检员	专业工长	
	王××		吴××	徐××	
制表日期			20××年××月××日		

本表由施工单位填写。

第五章　建筑给水排水及采暖工程施工资料填写指南

第一节　施工物资资料（C4）

施工物资资料（C4）共101种，主要包括质量证明文件、材料及构配件进场检验记录、设备开箱检验记录、设备及管道附件试验记录、设备安装使用说明书、材料进场复试报告、预拌混凝土（砂浆）运输单等，应符合以下要求：

（1）建筑安装工程使用的主要物资应有出厂质量证明文件（包括产品合格证、质量合格证、检验报告、试验报告、产品生产许可证和质量保证书等）。质量证明文件应反映工程物资的品种、规格、数量、性能指标等，并与实际进场物资相符。

（2）消防、卫生洁具、给水管道、防火风管等有关物资进场，应具有相应资质检测单位出据的检测报告。

1）《火灾自动报警系统施工及验收标准》（GB 50166—2019）第2.2.1条规定，材料、设备及配件进入施工现场应具有清单、使用说明书、质量合格证明文件、国家法定质检机构的检验报告等文件，火灾自动报警系统中的强制认证产品还应有认证证书和认证标识。

检查数量：全数检查。

检验方法：查验相关材料。

2）《建筑给水排水及采暖工程施工质量验收规范》（GB 50242—2002）第4.1.2条规定，给水管道必须采用与管材相适应的管件。生活给水系统所涉及的材料必须达到饮用水卫生标准。

3）《节水型卫生洁具》（GB/T 31436—2015）第5.1.1.1条规定，按6.1.1条规定进行试验，坐便器名义用水量应符合下表的规定，实际用水量不得大于名义量。

坐便器名义用水量　　L

分类	用水量
节水型坐便器	≤5.0
高效节水型坐便器	≤4.0

4）《节水型卫生洁具》（GB/T 31436—2015）第5.1.1.2条规定，双冲式坐便器的半冲平均用水量不得大于全冲用水量最大限定值的70%。

5）《节水型卫生洁具》（GB/T 31436—2015）第 5.1.1.3 条规定，节水型双冲式坐便器的全冲水用水量最大限定值（V_0）不得大于 6.0L；高效节水型双冲式坐便器的全冲水用水量最大限定值（V_0）不得大于 5.0L。

（3）进口材料和设备应有中文安装使用说明书及商检证明。

1）《建筑给水排水及采暖工程施工质量验收规范》（GB 50242—2002）第 3.2.1 条规定，建筑给水、排水及采暖工程所使用的主要材料、成品、半成品、配件、器具和设备必须具有中文质量合格证明文件，规格、型号及性能检测报告应符合国家技术标准或设计要求。进场时应做检查验收，并经监理工程师核查确认。

2）《建筑给水排水及采暖工程施工质量验收规范》（GB 50242—2002）第 3.2.2 条规定，所有材料进场时应对品种、规格、外观等进行验收。包装应完好，表面无划痕及外力冲击破损。

3）《建筑给水排水及采暖工程施工质量验收规范》（GB 50242—2002）第 3.2.3 条规定，主要器具和设备必须有完整的安装使用说明书。在运输、保管和施工过程中，应采取有效措施防止损坏或腐蚀。

（4）强制性产品应有产品基本安全性能认证标识（FCCC），认证证书应在有效期内。

《火灾自动报警系统施工及验收标准》（GB 50166—2019）第 2.2.2 条规定，系统中国家强制认证产品的名称、型号、规格应与认证证书和检验报告一致。

检查数量：全数检查。

检验方法：核对认证证书、检验报告与产品。

（5）建筑安装工程使用的物资出厂质量证明文件的复印件应与原件内容一致，复印件应加盖复印件提供单位的印章，注明复印日期，并有经手人签字。

一、散热器试验报告（表 C4-37）

《建筑节能工程施工质量验收标准》（GB 50411—2019）第 9.2.2 条规定，供暖节能工程使用的散热器和保温材料进场时，应对其下列技术性能进行复验，复验应为见证取样检验：

（1）散热器的单位散热量、金属热强度；

（2）保温材料的导热系数或热阻、密度、吸水率。

检验方法：核查复验报告。

检查数量：同厂家、同材质的散热器，数量在 500 组及以下时，抽检 2 组；当数量每增加 1000 组时应增加抽检 1 组。同工程项目、同施工单位且同期施工的多个单位工程可合并计算。当符合本标准第 3.2.3 条规定时，检验批容量可以扩大一倍。同厂家、同材质的保温材料，复验次数不得少于 2 次。

散热器试验报告 表 C4-37			资料编号	表 C4-37-××
			试验编号	××
			委托编号	××
工程名称及部位	1 号教学楼等 20 项工程，1 号教学楼首层至六层			
委托单位	北京市××有限公司		委托人	安×
施工单位	北京××建设工程有限公司		试样编号	××
见证单位	北京××工程项目管理有限公司		见证人	李××
样品名称	铸铁散热器		代表数量	1 组
型号规格	XDTZY2-1.0/6-8		委托日期	20××年××月××日
生产厂家	山西××散热器有限公司		试验日期	20××年××月××日
样品描述	样品类型	柱翼形散热器	组合片数	13
	连接方式	同侧连接，上进下出	样品材质	铸铁
	标准散热量设计值（W）	2006.5	表面涂料	无金属涂料
试验结果	散热器散热量与计算温差关系			
	标准散热量（W）	64.5℃时，标准散热量 2006.5		
	金属热强度［W/(kg·K)］	0.386		

结论：

依据采暖散热器散热量与计算温差关系为：$Q=9.2966\Delta T^{1.2864}$(W)

当 $\Delta T=64.5$℃时，标准散热量 $Q=2006.5$W，金属热强度 $q=0.386$W/(kg·K)

送检采暖散热器的散热量、金属热强度试验结果均满足《供暖散热器热量测定方法》（GB/T 13754—2017）的要求，检测合格。

备注：

批准	王××	审核	涂××	试验	李××
检测试验机构	北京市××有限公司				
报告日期	20××年××月××日				

本表由检测机构提供。

北京市[illegible]有限公司

检测报告

TEST REPORT OF BEIJING [illegible] CO., LTD.

委托号(No. of Report)：[illegible]　　　　第 1 页 共 3 页 (Page 1 of 3)

委托单位(Client)		北京[illegible]建设工程有限公司	检测号 (Test No.)	[illegible]
委托日期 (Date of delivery)		[illegible]	委托人 (Mandator)	安××
样品 (Sample)	名称(Name)	铸铁采暖散热器（柱翼780）	规格型号 (Type/Model)	XDTZY2—1.0/6-8 （国标2）
	生产单位 (Manufacturer)	山西[illegible]散热器有限公司	状态 (State)	符合要求
工程名称及部位 (Name and location of engineering)		1号教学楼等20项（河西区X78地块中学工程项目）1~6号教学楼、7~11号宿舍楼及12号综合楼室内采暖用散热器	监理单位 (Surveillance dept)	北京伟泽工程项目管理有限公司
检测 (Test)	项目 (Item)	采暖散热器检测设备 金属热强度	地点 (Place)	散热器检测间
	依据 (Reference documents)	方法标准：GB/T 13754-2017	检测日期 (Test date)	[illegible]
	设备 (Equipments)	SR-Ⅰ型采暖散热器检测设备（FF-04-21）、台秤（FM-02-05）、钢卷尺（LS-02-19）、压力变送器（FP-05-27）	数量 (Quantity)	1组
			检测条件 (Test condition)	温度：18.33 ℃ 湿度：37% RH
检测结果 (Conclusion)		经检测，散热器散热量与计算温差关系为：$Q=9.2966\Delta T^{1.2864}$（W） 当$\Delta T=64.5$℃时：标准散热量 $Q=2006.5$W 金属热强度 $q=0.386$W/(kg·K)		

样品描述：

组合片数	13	样品长度	935mm	样品宽度	100mm	样品高度	780mm
表面涂料	非金属涂料	重量	[illegible].0kg	中心距	600mm	样品材质	铸铁

连接方式：同侧连接，上进下出。

安装位置：背部距墙0.05m，底部距地0.[illegible]

批 准：(Approval)[illegible]　　审 核：(Verification)[illegible]　　主 检：(Chief Test)[illegible]

签发日期(Date)：[illegible]

二、材料、构配件进场检验记录（表 C4-44）

《建筑给水排水及采暖工程施工质量验收规范》（GB 50242—2002）第 3.2.1 条规定，建筑给水、排水及采暖工程所使用的主要材料、成品、半成品、配件、器具和设备必须具有中文质量合格证明文件，规格、型号及性能检测报告应符合国家技术标准或设计要求。进场时应做检查验收，并经监理工程师核查确认。

三、设备开箱检查记录（表 C4-45）

《建筑给水排水及采暖工程施工质量验收规范》（GB 50242—2002）第 3.2.2 条规定，所有材料进场时应对品种、规格、外观等进行验收。包装应完好，表面无划痕及外力冲击破损。第 3.2.3 条规定，主要器具和设备必须有完整的安装使用说明书。在运输、保管和施工过程中，应采取有效措施防止损坏或腐蚀。

【说明】

建筑工程所使用的设备进场后，应由施工单位、建设（监理）单位、供货单位共同开箱检验，并填写设备开箱检验记录。

（1）设备开箱检验的主要内容：

检验项目主要包括设备的产地、品种、规格、外观、数量、附件情况、标识和质量证明文件、相关技术文件等。

（2）设备开箱时应具备的质量证明文件、相关技术要求如下：

1）各类设备均应有产品质量合格证，其生产日期、规格型号、生产厂家等内容应与实际进场的设备相符。

2）对国家及地方所规定的特定设备，应有相应资质等级检测单位的检测报告，如锅炉（压力容器）的焊缝无损伤检验报告、卫生器具的环保检测报告、水表、热量表的计量检测证书等。

3）主要设备、器具应有安装使用说明书。

4）成品补偿器应有预拉伸证明书。

5）进口设备应有商检证明［国家认证委员会公布的强制性认证（CCC 认证）产品除外］和中文版的质量证明文件、性能检测报告以及中文版的安装、使用、维修和试验要求等技术文件。

（3）所有设备进场时包装应完好，表面无划痕及外力冲击破损。应按照相关的标准和采购合同的要求对所有设备的产地、规格、型号、数量、附件等项目进行检测，符合要求后方可接收。

（4）水泵、锅炉、热交换器、罐类等设备上应有金属材料印制的铭牌，铭牌的标注内容应准确，字迹应清楚。

（5）对有异议的设备，应由相应资质等级检测单位进行抽样检测，并出具检测报告。异议是指：

1）近期该产品因质量低劣而被曝光的。

2）经了解在其他工程使用中发生过质量问题的。

3）进场后经观察与同类产品有明显差异，有可能不符合有关标准的。

材料、构配件进场检验记录 表 C4-44					资料编号	06-C4-44-×××	
工程名称	北京××大厦				进场日期	20××年××月××日	
施工单位	北京××建设集团工程总承包部				分包单位	—	
序号	名称	规格型号	进场数量	生产厂家	质量证明文件核查	外观检验结果	复验情况
1	PPR 管材	De20	552m	河北××管业有限公司	符合☑ 不符合□	合格☑ 不合格□	不需复验☑ 复验合格□ 复验不合格□
2	PPR 弯头	De20	40 个	河北××管业有限公司	符合☑ 不符合□	合格☑ 不合格□	不需复验☑ 复验合格□ 复验不合格□
3	PPR 三通	De20	26 个	河北××管业有限公司	符合☑ 不符合□	合格☑ 不合格□	不需复验☑ 复验合格□ 复验不合格□
4	PPR 管箍	De20	18 个	河北××管业有限公司	符合☑ 不符合□	合格☑ 不合格□	不需复验☑ 复验合格□ 复验不合格□
5	PPR 变径	De20 变 25	38 个	河北××管业有限公司	符合☑ 不符合□	合格☑ 不合格□	不需复验☑ 复验合格□ 复验不合格□
施工单位检查意见： 外观及质量证明文件：符合要求☑　　不符合要求□　日期：20××年××月××日 需要复验项目的复验结论：符合要求☑　不符合要求□　日期：　　年　　月　　日 附件共（32）页							
监理单位审查意见： 符合要求，同意使用☑　不符合要求，退场□　日期：20××年××月××日。							
签字栏	分包单位材料进场验收人员		施工单位负责人		监理单位专业监理工程师		
	吴××		李××		王××		
制表日期			20××年××月××日				

注：①本表由施工单位填写。②本表由专业监理工程师签字批准后代替材料进场报验表。③此表代替材料进场检验批验收记录。

<table>
<tr><td colspan="5">材料、构配件进场检验记录
表 C4-44</td><td>资料编号</td><td colspan="3">06-C4-44-×××</td></tr>
<tr><td colspan="2">工程名称</td><td colspan="3">北京××大厦</td><td>进场日期</td><td colspan="3">20××年××月××日</td></tr>
<tr><td colspan="2">施工单位</td><td colspan="3">北京××建设集团工程总承包部</td><td>分包单位</td><td colspan="3"></td></tr>
<tr><td>序号</td><td>名 称</td><td>规格型号</td><td>进场数量</td><td>生产厂家</td><td>质量证明文件核查</td><td>外观检验结果</td><td colspan="2">复验情况</td></tr>
<tr><td>1</td><td>不锈钢水箱</td><td>7m×4m×2.5m</td><td>1套</td><td>河北华盛节能设备有限公司</td><td>符合☑
不符合□</td><td>合格☑
不合格□</td><td colspan="2">不需复验☑
复验合格□
复验不合格□</td></tr>
<tr><td></td><td></td><td></td><td></td><td></td><td>符合☑
不符合□</td><td>合格☑
不合格□</td><td colspan="2">不需复验□
复验合格□
复验不合格□</td></tr>
<tr><td></td><td></td><td></td><td></td><td></td><td>符合□
不符合□</td><td>合格□
不合格□</td><td colspan="2">不需复验□
复验合格□
复验不合格□</td></tr>
<tr><td></td><td></td><td></td><td></td><td></td><td>符合□
不符合□</td><td>合格□
不合格□</td><td colspan="2">不需复验□
复验合格□
复验不合格□</td></tr>
<tr><td></td><td></td><td></td><td></td><td></td><td>符合□
不符合□</td><td>合格□
不合格□</td><td colspan="2">不需复验□
复验合格□
复验不合格□</td></tr>
<tr><td colspan="9">施工单位检查意见：
外观及质量证明文件：　符合要求☑　　不符合要求□　日期：20××年××月××日
需要复验项目的复验结论：符合要求□　　不符合要求□　日期：　　年　　月　　日
附件共（6）页</td></tr>
<tr><td colspan="9">监理单位审查意见：
符合要求，同意使用☑　不符合要求，退场□　日期：20××年××月××日</td></tr>
<tr><td colspan="2" rowspan="2">签字栏</td><td colspan="3">分包单位材料进场验收人员</td><td colspan="2">施工单位负责人</td><td colspan="2">监理单位专业监理工程师</td></tr>
<tr><td colspan="3">吴××</td><td colspan="2">李××</td><td colspan="2">王××</td></tr>
<tr><td colspan="5">制表日期</td><td colspan="4">20××年××月××日</td></tr>
</table>

注：1. 本表由施工单位填写。2. 本表由专业监理工程师签字批准后代替材料进场报验表。3. 此表代替材料进场检验批验收记录。

涉及饮用水卫生安全的国产产品

卫生许可批件

产品名称：华盛牌不锈钢水箱

产品类别：输配水设备

申报单位名称：河北华盛节能设备有限公司

批准文号：冀卫水字（20[illegible]）第[illegible]号

经审查，该产品符合《生活饮用水卫生监督管理办法》的规定，现予以批准。产品自批准之日起有效期四年。

河北省卫生厅

2013年6月8日

检　验　报　告

产品名称：不锈钢水箱

检验类别：委托

送检单位：河北华盛节能设备有限公司

北京市疾病预防控制中心

25

注 意 事 项

NOTICE

1. 报告无"检验鉴定章"或检验单位公章无效；

Test report is invalid without the "Stamp of test report" or that of test department on it.

2. 复制报告未重新加盖"检验鉴定章"或检验单位公章无效；

Duplication of test report is invalid without the "Stamp of test report" or that of test department re-stamped on it.

3. 报告无主检、审核、批准签字无效（仲裁检验报告应增加审定签字）；

Test report is invalid Without the signatures of the persons for chief test, verification and approval. The test report for arbitration should be added the signature of the person for verification on it.

4. 报告涂改无效；

Test report is invalid if altered.

5. 对检验报告若有异议，应于收到报告之日起十五日内向检验单位提出；

Different opinions about test report should be reported to the test department within 15 days from the date of receiving the test report.

6. 一般情况，委托检验仅对来样负责，样品信息由委托方提供。

In general, for entrusted tests the responsibilities are undertaken for the delivered samples only and the sample information is provided by clients.

地址：北京市朝阳区北三环东路30号
ADD: NO.30, Beisanhuan East Road, Chaoyang District, Beijing, China
电话(Tel)：010-84281338　010-64517787
投 诉 电 话：010-64517830
传真(Fax)：010-84288515　010-84281338
邮政编码(Post code)：100013
Internet: http://www.cabr-betc.com

北京市疾病预防控制中心

检验报告

第1页/共2页

样品名称	不锈钢水箱	检验类别	委托检验
送检单位	河北华盛节能设备有限公司	样品型号	1m*1m*6mm（厚度：mm）
样品生产单位	河北华盛节能设备有限公司	样品数量	2个
生产日期	2016年06月16日	检验开始日期	2016年06月22日
受理日期	2016年06月21日	检验完成日期	2016年06月30日
检验目的	卫生安全性检验		
检验依据	《生活用具设备及防护材料卫生安全评价规范》（2004）		

结论汇总：

根据《生活用具设备及防护材料卫生安全评价规范》（2004），对送检的样品进行了卫生安全性检验。所测项目的检测结果符合《生活用具设备及防护材料卫生安全评价规范》（2004）中的卫生要求。

以下空白

法人或授权人：郝建龙

北京市疾病预防控制中心

报告日期：2016年07月27日

77

北京市疾病预防控制中心

(2011)量认(京)字(S0210)号

检测报告

第2页/共2页

样品名称　不锈钢水箱　　检验类别　委托检验
送检单位　河北华盛节能设备有限公司　　生产日期　2016年06月16日
样品生产单位　河北华盛节能设备有限公司　　水箱型号　7m*4m*2.5m
样品性状　固体　　实验室名称　理化实验室
受理日期　2016年06月21日　　检验日期　2016年06月22日-06月30日
检验编号　H1245-H1246、H1263-H1264　　检验目的　卫生安全性检验
检验依据　《生活饮用水检验规范》(2004)
评价依据　《生活饮用水输配水设备及防护材料卫生安全评价规范》(2004)

检验结果

检验项目	单位	配制对照水 H1245	配制对照水 H1246	配制浸泡水 H1263	配制浸泡水 H1264	卫生要求	评价
色	度	<5	<5	<5	<5	增加量≤5度	合格
浑浊度	NTU	0.15	0.15	0.14	0.14	增加量≤0.2NTU	合格
臭和味	描述	无	无	无	无	无异臭、异味	合格
肉眼可见物	描述	无	无	无	无	不得含有	合格
PH	描述	0.28	8.26	8.20	8.23	改变量≤0.5	合格
溶解性总固体	mg/L	167	165	174	170	增加量≤10mg/L	合格
耗氧量	mg/L	0.50	0.51	0.72	0.75	增加量≤1mg/L	合格
砷	mg/L	<0.005	<0.005	<0.005	<0.005	增加量≤0.005mg/L	合格
汞	mg/L	<0.0001	<0.0001	<0.0001	<0.0001	增加量≤0.0002mg/L	合格
六价铬	mg/L	<0.004	<0.004	<0.004	<0.004	增加量≤0.005mg/L	合格
挥发酚类	mg/L	<0.002	<0.002	<0.002	<0.002	增加量≤0.002mg/L	合格
铜	mg/L	<0.100	<0.100	<0.100	<0.100	增加量≤0.001mg/L	合格
铅	mg/L	<0.001	<0.001	<0.001	<0.001	增加量≤0.001mg/L	合格
锌	mg/L	<0.050	<0.050	<0.050	<0.050	增加量≤0.2mg/L	合格
镉	mg/L	<0.0005	<0.0005	<0.0005	<0.0005	增加量≤0.0005mg/L	合格
铁	mg/L	<0.030	<0.030	<0.030	<0.030	增加量≤0.06mg/L	合格
锰	mg/L	<0.010	<0.010	<0.010	<0.010	增加量≤0.02mg/L	合格
银	mg/L	<0.001	<0.001	<0.001	<0.001	增加量≤0.005mg/L	合格
铝	mg/L	<0.020	<0.020	<0.020	<0.020	增加量≤0.02mg/L	合格
镍	mg/L	<0.002	<0.002	<0.002	<0.002	增加量≤0.002mg/L	合格
三氯甲烷	mg/L	1.05	<0.60	<1.78	1.09	增加量　6mg/L	合格
四氯化碳	mg/L	<0.02	<0.02	<0.02	<0.02	增加量　0.2mg/L	合格
总有机碳	mg/L	1.10	1.11	1.31	[illegible]	增加量　1mg/L	合格
以下空白							

技术负责人：王寶田

最终审核日期：2016年07月04日

检测检验专用章

<table>
<tr><td colspan="3">设备开箱检查记录
表 C4-45</td><td colspan="2">资料编号</td><td>06-C4-45-×××</td></tr>
<tr><td>工程名称</td><td colspan="2">北京××大厦</td><td colspan="2">检查日期</td><td>20××年××月××日</td></tr>
<tr><td>设备名称</td><td colspan="2">消火栓箱</td><td colspan="2">规格型号</td><td>1800×800</td></tr>
<tr><td>生产厂家</td><td colspan="2">北京××消防设备有限责任公司</td><td colspan="2">产品合格证编号</td><td>XF-01-1～10</td></tr>
<tr><td>总数量</td><td colspan="2">10 台</td><td colspan="2">检验数量</td><td>10 台</td></tr>
<tr><td colspan="6">进场检验记录</td></tr>
<tr><td>包装情况</td><td colspan="5">包装完整良好，无损坏，设备规格、型号标识明确</td></tr>
<tr><td>随机文件</td><td colspan="5">出厂合格证、产品检验报告、产品试验报告、生产厂家资质证书</td></tr>
<tr><td>备件与附件</td><td colspan="5"></td></tr>
<tr><td>外观情况</td><td colspan="5">消火栓箱体外观完整，无破损、凹陷、划痕等缺陷</td></tr>
<tr><td>测试情况</td><td colspan="5">消火栓箱门测试，门轴顺滑，开启度达到规范要求。锁具灵敏可靠</td></tr>
<tr><td colspan="6">缺、损附备件明细表</td></tr>
<tr><td>序号</td><td>附配件名称</td><td>规格</td><td>单位</td><td>数量</td><td>备注</td></tr>
<tr><td></td><td></td><td></td><td></td><td></td><td></td></tr>
<tr><td></td><td></td><td></td><td></td><td></td><td></td></tr>
<tr><td></td><td></td><td></td><td></td><td></td><td></td></tr>
<tr><td></td><td></td><td></td><td></td><td></td><td></td></tr>
<tr><td></td><td></td><td></td><td></td><td></td><td></td></tr>
<tr><td></td><td></td><td></td><td></td><td></td><td></td></tr>
<tr><td colspan="6">检验结论：
10 台消火栓箱检查，其包装情况、随机文件、备件与附件、外观情况及测试情况良好，符合施工图设计及《建筑给水排水及采暖工程施工质量验收规范》（GB 50242—2002）的要求。设备开箱检查合格，同意办理进场手续。</td></tr>
<tr><td rowspan="2">签字栏</td><td colspan="2">监理单位</td><td colspan="2">施工单位</td><td>供应单位</td></tr>
<tr><td colspan="2">王××</td><td colspan="2">李××</td><td>李××</td></tr>
</table>

本表由施工单位填写。

四、设备及管道附件试验记录（表 C4-46）

（1）《建筑给水排水及采暖工程施工质量验收规范》（GB 50242—2002）的相关规定。

第 3.2.4 条规定，阀门安装前，应做强度和严密性试验。试验应在每批（同牌号、同型号、同规格）数量中抽查 10%，且不少于一个。对安装在主干管上起切断作用的闭路阀门，应逐个做强度和严密性试验。

第 3.2.5 条规定，阀门的强度和严密性试验，应符合以下规定：阀门的强度试验压力为公称压力的 1.5 倍；严密性试验压力为公称压力的 1.1 倍；试验压力在试验持续时间内保持不变，且壳体填料及阀瓣密封面无渗漏。阀门试验持续时间见下表。

阀门试验持续时间

工程直径 DN（mm）	最短试验持续时间（s）		
	严密性试验		强度试验
	金属密封	非金属密封	
≤50	15	15	15
65～200	30	15	60
250～450	60	30	180

第 8.3.1 条规定，散热器组对后，以及整组出厂的散热器在安装之前应做水压试验。试验压力如设计无要求，应为工作压力的 1.5 倍，但不得小于 0.6MPa。

检验方法：试验时间为 2～3min，压力不降且不渗不漏。

第 6.3.2 条规定，热交换器应以最大工作压力的 1.5 倍做水压试验。蒸汽部分应不低于蒸汽供汽压力加 0.3MPa；热水部分应不低于 0.4MPa。

检验方法：试验压力下 10min 内压力不降，不渗不漏。

（2）《自动喷水灭火系统施工及验收规范》（GB 50261—2017）第 3.2.7 条规定，喷头的现场检验必须符合下列要求：

1）喷头的商标、型号、公称动作温度、响应时间指数（RTI）、制造厂及生产日期等标志应齐全。

2）喷头的型号、规格等应符合设计要求。

3）喷头外观应无加工缺陷和机械损伤。

4）喷头螺纹密封面应无伤痕、毛刺、缺丝或断丝现象。

5）闭式喷头应进行密封性能试验，以无渗漏、无损伤为合格。

试验数量应从每批中抽查 1%，并不得少于 5 只，试验压力应为 3.0MPa，保压时间不得少于 3min。当两只及两只以上不合格时，不得使用该批喷头。当仅有一只不合格时，应再抽查 2%，并不得少于 10 只，重新进行密封性能试验；当仍有不合格时，亦不得使用该批喷头。

检查数量：符合 5）的规定。

检查方法：观察检查及在专用试验装置上测试，主要测试设备有试压泵、压力表、秒表。

<table>
<tr><td colspan="3">设备及管道附件试验记录
表 C4-46</td><td>资料编号</td><td colspan="3">06-C4-46-×××</td></tr>
<tr><td colspan="2">工程名称</td><td>北京××大厦</td><td>系统名称</td><td colspan="3">给水系统</td></tr>
<tr><td colspan="2">设备/管道附件名称</td><td>阀门</td><td>试验日期</td><td colspan="3">20××年××月××日</td></tr>
<tr><td colspan="7">试验要求：
阀门公称压力为 1.6MPa，金属密封；强度试验压力为公称压力 1.5 倍，严密性试验压力为公称压力 1.1 倍；试验压力在试验时间内应保持不变，且壳体填料及阀瓣密封面无渗漏。</td></tr>
<tr><td colspan="2">型号、材质</td><td>铜合金</td><td>铜合金</td><td>铜合金</td><td></td><td></td></tr>
<tr><td colspan="2">规格</td><td>DN25</td><td>DN40</td><td>DN50</td><td></td><td></td></tr>
<tr><td colspan="2">总数量</td><td>30</td><td>20</td><td>10</td><td></td><td></td></tr>
<tr><td colspan="2">试验数量</td><td>3</td><td>2</td><td>1</td><td></td><td></td></tr>
<tr><td colspan="2">公称或工作压力（MPa）</td><td>1.5</td><td>1.8</td><td>2.0</td><td></td><td></td></tr>
<tr><td rowspan="5">强度试验</td><td>试验压力（MPa）</td><td>2.2</td><td>2.7</td><td>3.0</td><td></td><td></td></tr>
<tr><td>试验持续时间（s）</td><td>900</td><td>900</td><td>900</td><td></td><td></td></tr>
<tr><td>试验压力降（MPa）</td><td>0</td><td>0</td><td>0</td><td></td><td></td></tr>
<tr><td>渗漏情况</td><td>无</td><td>无</td><td>无</td><td></td><td></td></tr>
<tr><td>试验结论</td><td>合格</td><td>合格</td><td>合格</td><td></td><td></td></tr>
<tr><td rowspan="5">严密性试验</td><td>试验压力（MPa）</td><td>1.6</td><td>2.0</td><td>2.2</td><td></td><td></td></tr>
<tr><td>试验持续时间（s）</td><td>900</td><td>900</td><td>900</td><td></td><td></td></tr>
<tr><td>试验压力降（MPa）</td><td>0</td><td>0</td><td>0</td><td></td><td></td></tr>
<tr><td>渗漏情况</td><td>无</td><td>无</td><td>无</td><td></td><td></td></tr>
<tr><td>试验结论</td><td>合格</td><td>合格</td><td>合格</td><td></td><td></td></tr>
<tr><td rowspan="3">签字栏</td><td rowspan="2">施工单位</td><td colspan="3" rowspan="2">北京××机电安装有限责任公司</td><td>专业质检员</td><td>专业工长</td></tr>
<tr><td>吴××</td><td>徐××</td></tr>
<tr><td>监理单位</td><td colspan="3">北京××监理有限责任公司</td><td>专业工程师</td><td>王××</td></tr>
</table>

本表由施工单位填写。

<table>
<tr><td colspan="3">设备及管道附件试验记录
表 C4-46</td><td>资料编号</td><td colspan="3">06-C4-46-×××</td></tr>
<tr><td colspan="2">工程名称</td><td>北京××大厦</td><td>系统名称</td><td colspan="3">采暖系统</td></tr>
<tr><td colspan="2">设备/管道附件名称</td><td>散热器</td><td>试验日期</td><td colspan="3">20××年××月××日</td></tr>
<tr><td colspan="7">试验要求：
散热器在安装之前应做水压试验。试验压力如设计无要求，应为工作压力的1.5倍，但不得小于0.6MPa。试验时间为2～3min，压力不降且不渗不漏。</td></tr>
<tr><td colspan="2">型号、材质</td><td>GPA600</td><td>GPA1200</td><td></td><td></td><td></td></tr>
<tr><td colspan="2">规格</td><td>2508</td><td>25010</td><td></td><td></td><td></td></tr>
<tr><td colspan="2">总数量</td><td>100</td><td>100</td><td></td><td></td><td></td></tr>
<tr><td colspan="2">试验数量</td><td>10</td><td>10</td><td></td><td></td><td></td></tr>
<tr><td colspan="2">公称或工作压力（MPa）</td><td>0.85</td><td>0.85</td><td></td><td></td><td></td></tr>
<tr><td rowspan="5">强度试验</td><td>试验压力（MPa）</td><td>1.3</td><td>1.3</td><td></td><td></td><td></td></tr>
<tr><td>试验持续时间（s）</td><td>180</td><td>180</td><td></td><td></td><td></td></tr>
<tr><td>试验压力降（MPa）</td><td>0</td><td>0</td><td></td><td></td><td></td></tr>
<tr><td>渗漏情况</td><td>无</td><td>无</td><td></td><td></td><td></td></tr>
<tr><td>试验结论</td><td>合格</td><td>合格</td><td></td><td></td><td></td></tr>
<tr><td rowspan="5">严密性试验</td><td>试验压力（MPa）</td><td></td><td></td><td></td><td></td><td></td></tr>
<tr><td>试验持续时间（s）</td><td></td><td></td><td></td><td></td><td></td></tr>
<tr><td>试验压力降（MPa）</td><td></td><td></td><td></td><td></td><td></td></tr>
<tr><td>渗漏情况</td><td></td><td></td><td></td><td></td><td></td></tr>
<tr><td>试验结论</td><td></td><td></td><td></td><td></td><td></td></tr>
<tr><td rowspan="3">签字栏</td><td rowspan="2">施工单位</td><td colspan="3" rowspan="2">北京××机电安装有限责任公司</td><td>专业质检员</td><td>专业工长</td></tr>
<tr><td>吴××</td><td>徐××</td></tr>
<tr><td>监理单位</td><td colspan="3">北京××监理有限责任公司</td><td>专业工程师</td><td>王××</td></tr>
</table>

本表由施工单位填写。

<table>
<tr><td colspan="4">设备及管道附件试验记录
表 C4-46</td><td colspan="2">资料编号</td><td>06-C4-46-×××</td></tr>
<tr><td colspan="2">工程名称</td><td colspan="2">北京××大厦</td><td colspan="2">系统名称</td><td>自动喷水灭火系统</td></tr>
<tr><td colspan="2">设备/管道附件名称</td><td colspan="2">洒水喷头</td><td colspan="2">试验日期</td><td>20××年××月××日</td></tr>
<tr><td colspan="7">试验要求：
闭式喷头密封性能试验的试验压力为 3.0MPa，保压时间不少于 3min，压力不降且不渗不漏。试验数量从每批中抽查 1%，并不得少于 5 只。</td></tr>
<tr><td colspan="2">型号、材质</td><td>T-ZSTX-68℃
ϕ5mm</td><td>T-ZSTZ-68℃
ϕ5mm</td><td></td><td></td><td></td></tr>
<tr><td colspan="2">规格</td><td>DN15</td><td>DN15</td><td></td><td></td><td></td></tr>
<tr><td colspan="2">总数量</td><td>3600</td><td>878</td><td></td><td></td><td></td></tr>
<tr><td colspan="2">试验数量</td><td>36</td><td>9</td><td></td><td></td><td></td></tr>
<tr><td colspan="2">公称或工作压力（MPa）</td><td>1.6</td><td>2.6</td><td></td><td></td><td></td></tr>
<tr><td rowspan="5">强度试验</td><td>试验压力（MPa）</td><td>3.0</td><td>3.0</td><td></td><td></td><td></td></tr>
<tr><td>试验持续时间（s）</td><td>180</td><td>180</td><td></td><td></td><td></td></tr>
<tr><td>试验压力降（MPa）</td><td>0</td><td>0</td><td></td><td></td><td></td></tr>
<tr><td>渗漏情况</td><td>无</td><td>无</td><td></td><td></td><td></td></tr>
<tr><td>试验结论</td><td>合格</td><td>合格</td><td></td><td></td><td></td></tr>
<tr><td rowspan="5">严密性试验</td><td>试验压力（MPa）</td><td>3.0</td><td>3.0</td><td></td><td></td><td></td></tr>
<tr><td>试验持续时间（s）</td><td>180</td><td>180</td><td></td><td></td><td></td></tr>
<tr><td>试验压力降（MPa）</td><td>0</td><td>0</td><td></td><td></td><td></td></tr>
<tr><td>渗漏情况</td><td>无</td><td>无</td><td></td><td></td><td></td></tr>
<tr><td>试验结论</td><td>合格</td><td>合格</td><td></td><td></td><td></td></tr>
<tr><td rowspan="3">签字栏</td><td rowspan="2">施工单位</td><td colspan="2" rowspan="2">北京××机电安装有限责任公司</td><td>专业质检员</td><td colspan="2">专业工长</td></tr>
<tr><td>吴××</td><td colspan="2">徐××</td></tr>
<tr><td>监理单位</td><td colspan="2">北京××监理有限责任公司</td><td>专业工程师</td><td colspan="2">王××</td></tr>
</table>

本表由施工单位填写。

第二节　施工记录（C5）

施工记录（C5）共 27 种，包括隐蔽工程验收记录、交接检查记录等，应符合以下要求。

一、隐蔽工程检查记录（表 C5-1）

《建筑给水排水及采暖工程施工质量验收规范》（GB 50242—2002）第 3.3.2 条规

定，隐蔽工程应在隐蔽前经验收各方检验合格后，才能隐蔽，并形成记录。

建筑给水、排水及采暖工程隐检内容：

（1）直埋入地下或结构中，暗敷设于沟槽、管井等部位的给水、排水、雨水、采暖、消防管道和相关设备，以及有防水要求的套管：检查管材、管件、阀门、设备的材质与型号、安装位置、标高、坡度；防水套管的定位及尺寸；管道连接做法及质量；附件使用、支架固定，以及是否已按照施工图设计要求及施工质量验收规范完成等。

（2）有绝热、防腐要求的给水、排水、采暖、消防、喷淋管道和相关设备：检查绝热方式、绝热材料的材质与规格、绝热管道与支架之间的防结露措施、防腐处理材料及其做法等，是否已按照施工图设计要求及施工质量验收规范完成等。

（3）埋地的采暖、热水管道、保温层、保护层完成后，所在部位进行回填之前，应进行隐检，检查安装位置、标高、坡度；支吊架做法、保温层、保护层做法等，是否已按照施工图设计要求及施工质量验收规范完成等。

<table>
<tr><td colspan="2">隐蔽工程检查记录
表 C5-1</td><td>资料编号</td><td colspan="2">05-××-C5-×××</td></tr>
<tr><td>工程名称</td><td colspan="4">北京××大厦</td></tr>
<tr><td>施工单位</td><td>北京××建设有限责任公司</td><td>监理单位</td><td colspan="2">北京××监理有限责任公司</td></tr>
<tr><td>验收项目</td><td>柔性防水套管安装</td><td>验收日期</td><td colspan="2">20××年××月××日</td></tr>
<tr><td>验收部位</td><td colspan="4">地下一层　1～8/A～H 轴线　－3.6m 标高</td></tr>
<tr><td colspan="5">验收内容：
1. 柔性防水套管 DN70、DN80、DN150 的质量证明文件齐全、有效，其规格、型号、材质符合施工图设计要求；
2. 防水套管 3×DN70、2×DN80、1×DN150 预埋位置在地下一层墙体，坐标为 1～8/A～H 轴线，标高为－3.6m，符合施工图设计要求；
3. 防水套管采用大两号的焊接钢管，防水翼环的厚度及宽度均符合《02S404 防水套管图集》设计要求；
4. 防水套管制作按《02S404 防水套管图集》（A 型）定制加工，套管与防水翼环焊接处采用双面焊，焊缝均匀、饱满，无咬肉、夹渣、焊瘤等现象；
5. 防水套管穿越剪力墙的墙筋两侧采用附加钢筋绑扎固定方式，套管两侧洞口填料封堵密实。

附影像资料（2）页：
地下一层，1～8/A～H 轴线，－3.6m～－7.1m 标高。影像资料数量为一份。
申报人：郭××</td></tr>
<tr><td colspan="5">检查意见：
符合施工图设计及《建筑给水排水及采暖工程施工质量验收规范》（GB 50242—2002）的要求。
检查结论：　☑ 同意隐蔽　　　　□不同意，修改后进行复查</td></tr>
<tr><td rowspan="2">签字栏</td><td>专业监理工程师</td><td>专业质检员</td><td colspan="2">专业工长</td></tr>
<tr><td>王××</td><td>吴××</td><td colspan="2">徐××</td></tr>
</table>

本表由施工单位填写。

<table>
<tr><td colspan="2">隐蔽工程检查记录
表 C5-1</td><td>资料编号</td><td>05-01-C5-×××</td></tr>
<tr><td>工程名称</td><td colspan="3">北京××大厦</td></tr>
<tr><td>施工单位</td><td>北京××建设有限责任公司</td><td>监理单位</td><td>北京××监理有限责任公司</td></tr>
<tr><td>验收项目</td><td>出户管道安装</td><td>验收日期</td><td>20××年××月××日</td></tr>
<tr><td>验收部位</td><td colspan="3">地下一层　8～9/C～H 轴线　－1.300m 标高</td></tr>
<tr><td colspan="4">验收内容：
1. DN125 焊接钢管及其管件的合格证、质量证明书、检验报告齐全、有效，其型号、规格符合施工图设计要求；
2. 管道安装位置在地下一层，坐标为 8～9/C～H 轴线，标高为－1.300m，符合施工图设计要求；
3. 穿越墙体时设置的套管大管道两号，管道在套管的中心轴线位置，套管与管道之间的缝隙采用阻燃弹性密实材料封堵密实，表面光滑；
4. 管道坡度为 3‰；
5. 管道固定支架埋设平整牢固，支架与管道接触紧密，固定牢靠；
6. 管道及支架清除表面污染后，刷防锈漆两道，管道埋地段采用聚氨酯直埋保温；
7. 阀门的规格、型号符合施工图设计要求，阀门启闭灵活，安装质量符合施工规范要求；
8. 给水管道的水压试验符合施工图设计及施工规范的要求。

附影像资料（2）页：
地下一层，8～9/C～H 轴线，－1.300m 标高。影像资料数量为二份。
申报人：郭××</td></tr>
<tr><td colspan="4">检查意见：
符合施工图设计及《建筑给水排水及采暖工程施工质量验收规范》（GB 50242—2002）的要求。
检查结论：　☑ 同意隐蔽　　　□不同意，修改后进行复查</td></tr>
<tr><td rowspan="2">签字栏</td><td>专业监理工程师</td><td>专业质检员</td><td>专业工长</td></tr>
<tr><td>王××</td><td>吴××</td><td>徐××</td></tr>
</table>

本表由施工单位填写。

<table>
<tr><td colspan="2">隐蔽工程检查记录
表 C5-1</td><td>资料编号</td><td colspan="3">05-01-C5-×××</td></tr>
<tr><td>工程名称</td><td colspan="5">北京××大厦</td></tr>
<tr><td>施工单位</td><td>北京××建设有限责任公司</td><td>监理单位</td><td colspan="3">北京××监理有限责任公司</td></tr>
<tr><td>验收项目</td><td>室内给水系统干管安装（高区）</td><td>验收日期</td><td colspan="3">20××年××月××日</td></tr>
<tr><td>验收部位</td><td colspan="5">四层　　1～13/D～F 轴线　　10.400～13.200m 标高</td></tr>
<tr><td colspan="6">验收内容：
1. 给水系统采用钢塑复合管（包括 DN25、DN32、DN40、DN50、DN70、DN80）、铜质截止阀（包括 DN25、DN32、DN40、DN50）、铸钢蝶阀（包括 DN70、DN80），管材及管件的合格证、卫生许可证、质量证明书、检验报告齐全、有效，其规格、型号符合施工图设计要求，并满足饮用水卫生安全要求；
2. 给水系统立管安装的位置在四层，坐标为 1～13/D～F 轴线，标高为 10.400～13.200m，符合施工图设计要求；
3. 钢塑复合管采用螺纹连接，螺纹加工时破坏的镀锌层表面及外露螺纹均已做防腐处理；
4. 支架采用角钢制作，U 形卡固定牢固，支架表面均刷防锈漆两道，灰色漆一道，其制作形式、安装位置、数量等均符合施工图设计和施工规范要求；
5. 穿过楼板的套管与管道之间的缝隙采用阻燃弹性密实材料封堵密实，表面光滑；
6. 阀门的规格、型号符合施工图设计要求，阀门启闭灵活，安装质量符合规范要求；
7. 给水系统管道强度严密性试验结果符合施工图设计及施工规范要求。

附影像资料（2）页：
四层，1～13/D～F 轴线，10.400～13.200m 标高。影像资料数量为二份。
申报人：郭××</td></tr>
<tr><td colspan="6">检查意见：
符合施工图设计及《建筑给水排水及采暖工程施工质量验收规范》（GB 50242—2002）的要求。
检查结论：　☑ 同意隐蔽　　　☐不同意，修改后进行复查</td></tr>
<tr><td rowspan="2">签字栏</td><td colspan="2">专业监理工程师</td><td colspan="2">专业质检员</td><td>专业工长</td></tr>
<tr><td colspan="2">王××</td><td colspan="2">吴××</td><td>徐××</td></tr>
</table>

本表由施工单位填写。

<table>
<tr><td colspan="2">隐蔽工程检查记录
表 C5-1</td><td>资料编号</td><td>05-01-C5-×××</td></tr>
<tr><td>工程名称</td><td colspan="3">北京××大厦</td></tr>
<tr><td>施工单位</td><td>北京××建设有限责任公司</td><td>监理单位</td><td>北京××监理有限责任公司</td></tr>
<tr><td>验收项目</td><td>室内给水系统支管安装</td><td>验收日期</td><td>20××年××月××日</td></tr>
<tr><td>验收部位</td><td colspan="3">四层　1～13/D～F 轴线　10.400～13.200m 标高</td></tr>
<tr><td colspan="4">验收内容：
1. 给水系统采用铝合金衬塑（PP-R）复合管（包括 De15、De20、De25、De32）、铜质截止阀（包括 DN15、DN20、DN25、DN32），管材及管件的合格证、卫生许可证、质量证明书、检验报告齐全、有效，其规格、型号符合施工图设计要求，并满足饮用水卫生安全要求；
2. 给水系统立管安装的位置在四层，坐标为 1～13/D～F 轴线，标高为 10.400～13.200m，符合施工图设计要求；
3. 铝合金衬塑（PP-R）复合管采用热熔连接，铝合金衬塑（PP-R）复合管道与金属管件、阀门的连接采用专用管件；
4. 塑料管道采用热熔连接时，无旋转的将管材端口导入加热套内，插入到标识深度，同时，无旋转的将管件推到加热头上，达到规定的标识处；
5. 达到加热时间 6s 后，将管材与管件从加热套与加热头上同时取下，沿管材中轴线均速插入管件中所标识的深度，使接头处形成均匀凸缘；
6. 阀门的规格、型号符合施工图设计要求，阀门启闭灵活，安装质量符合规范要求；
7. 给水系统管道强度严密性试验不渗不漏，符合施工图设计及施工规范要求。

附影像资料（2）页：
四层，1～13/D～F 轴线，10.400～13.200m 标高。影像资料数量为二份。
申报人：郭××</td></tr>
<tr><td colspan="4">检查意见：
符合施工图设计及《建筑给水排水及采暖工程施工质量验收规范》（GB 50242—2002）的要求。
检查结论：　☑ 同意隐蔽　　　□不同意，修改后进行复查</td></tr>
<tr><td rowspan="2">签字栏</td><td>专业监理工程师</td><td>专业质检员</td><td>专业工长</td></tr>
<tr><td>王××</td><td>吴××</td><td>徐××</td></tr>
</table>

本表由施工单位填写。

隐蔽工程检查记录 表 C5-1		资料编号	05-10-C5-×××
工程名称	北京××大厦		
施工单位	北京××建设有限责任公司	监理单位	北京××监理有限责任公司
验收项目	室内中水系统立管安装	验收日期	20××年××月××日
验收部位	地下一层～六层　1～16/A～F 轴线　－1.850～＋17.100m 标高		

验收内容：

1. 中水系统立管采用衬塑镀锌钢管（包括 DN25、DN32、DN40、DN50、DN70、DN80）、铜质截止阀（包括 DN25、DN32、DN40、DN50）、铸钢蝶阀（包括 DN70、DN80），管材及管件的合格证、质量证明书、检验报告、卫生检验报告齐全、有效，其规格、型号符合施工图设计要求；
2. 中水系统立管安装位于地下一层～六层，坐标为 1～16/A～F 轴线，标高为－1.850～＋17.100m，符合施工图设计要求；
3. 衬塑镀锌钢管采用螺纹连接，螺纹加工时破坏的镀锌层表面及外露螺纹均做防腐处理；
4. 支架采用角钢制作，U 形卡固定牢固，支架表面均刷防锈漆两道，灰色漆一道，其制作形式、安装位置、数量等均符合施工图设计和施工规范要求；
5. 阀门的强度严密性试验结果均合格，安装位置符合施工图设计要求；
6. 中水系统的管道外壁分别涂浅绿色标识，阀门有“中水”标识；
7. 中水系统的管道强度严密性试验不渗不漏，符合施工图设计及施工规范要求。

附影像资料（2）页：

地下一～六层，1～16/A～F 轴线，－1.850～＋17.100m 标高。影像资料数量为七份。

申报人：郭××

检查意见：

符合施工图设计及《建筑给水排水及采暖工程施工质量验收规范》（GB 50242—2002）的要求。

检查结论：　☑ 同意隐蔽　　　□不同意，修改后进行复查

签字栏	专业监理工程师	专业质检员	专业工长
	王××	吴××	徐××

本表由施工单位填写。

隐蔽工程检查记录 表 C5-1		资料编号	05-10-C5-×××
工程名称	北京××大厦		
施工单位	北京××建设有限责任公司	监理单位	北京××监理有限责任公司
验收项目	室内中水系统支管安装	验收日期	20××年××月××日
验收部位	一层　1～16/A～F 轴线　3.900～4.400m 标高		

验收内容：

1. 中水系统立管采用钢塑复合管（包括 DN20、DN25、DN32、DN40、DN50）、铜质截止阀（包括 DN20、DN25、DN32、DN40、DN50），管材及管件的合格证、质量证明书、检验报告、卫生检验报告齐全、有效，其规格、型号符合施工图设计要求；
2. 中水系统支管安装位置在一层，坐标为 1～16/A～F 轴线，标高为 3.900～4.400m 符合施工图设计要求；
3. 衬塑镀锌钢管采用螺纹连接，螺纹加工时破坏的镀锌层表面及外露螺纹均做防腐处理；
4. 支架采用角钢制作，U 形卡固定牢固，支架表面均刷防锈漆两道，灰色漆一道，其制作形式、安装位置、数量等均符合施工图设计和施工规范要求；
5. 阀门均采用铜质截止阀，强度和严密性试验结果均合格，安装位置符合施工图设计要求；
6. 中水系统的管道外壁分别涂浅绿色标识，阀门有“中水”标识；
7. 中水系统的管道强度严密性试验不渗不漏，符合施工图设计及施工规范要求。

附影像资料（2）页：

一层，1～16/A～F 轴线，3.900～4.400m 标高。影像资料数量为二份。

申报人：郭××

检查意见：

符合施工图设计及《建筑给水排水及采暖工程施工质量验收规范》(GB 50242—2002) 的要求。

检查结论：　☑ 同意隐蔽　　　□不同意，修改后进行复查

签字栏	专业监理工程师	专业质检员	专业工长
	王××	吴××	徐××

本表由施工单位填写。

<table>
<tr><td colspan="2">隐蔽工程检查记录
表 C5-1</td><td>资料编号</td><td>05-02-C5-×××</td></tr>
<tr><td>工程名称</td><td colspan="3">北京××大厦</td></tr>
<tr><td>施工单位</td><td>北京××建设有限责任公司</td><td>监理单位</td><td>北京××监理有限责任公司</td></tr>
<tr><td>验收项目</td><td>雨水系统干管安装</td><td>验收日期</td><td>20××年××月××日</td></tr>
<tr><td>验收部位</td><td colspan="3">地下一层～十六层　8～13/B～F 轴线　－3.540～＋57.920m 标高</td></tr>
<tr><td colspan="4">验收内容：
1. 雨水系统干管为 PVC-Uϕ110mm 塑料管，管材及管件产品合格证、质量证明书、检测报告齐全、有效，其规格、型号符合施工图设计要求；
2. 室内排水系统干管安装位于地下一层～十六层，坐标为 8～13/B～F 轴线，标高为－3.540～＋57.920m，符合施工图设计要求；
3. PVC-U 塑料管间采用粘接接口连接，排水塑料管道的坡度为 12‰，排水塑料立管垂直度允许偏差 2mm/m，符合施工规范的规定；
4. 排水立管穿越楼板处及排水横支管穿越管道井处，设置 A 型阻火圈；伸缩节设置于水流汇合管道之下，每层设置检查口，高度距地 1m；
5. PVC-U 塑料管道支架的安装位置正确，埋设平整牢固；固定支架卡板与管道接触紧密，固定牢固；
6. PVC-U 塑料立管底部的弯管处设置有支墩固定措施，PVC-U 塑料立管支架间距为 2m；
7. PVC-U 塑料管道做灌水试验不渗不漏，符合施工图设计及施工规范的要求。

附影像资料（2）页：
地下一层～十六层，8～13/B～F 轴线，－3.540～57.920m 标高。影像资料数量为十七份。
申报人：郭××</td></tr>
<tr><td colspan="4">检查意见：
符合施工图设计及《建筑给水排水及采暖工程施工质量验收规范》（GB 50242—2002）的要求。
检查结论：　☑ 同意隐蔽　　　☐不同意，修改后进行复查</td></tr>
<tr><td rowspan="2">签字栏</td><td>专业监理工程师</td><td>专业质检员</td><td>专业工长</td></tr>
<tr><td>王××</td><td>吴××</td><td>徐××</td></tr>
</table>

本表由施工单位填写。

隐蔽工程检查记录 表 C5-1		资料编号	05-01-C5-×××
工程名称	北京××大厦		
施工单位	北京××建设有限责任公司	监理单位	北京××监理有限责任公司
验收项目	消火栓系统管道安装	验收日期	20××年××月××日
验收部位	地下一层　1～13/H～S轴线　－3.8m标高		

验收内容：

1. 消火栓系统管道为镀锌钢管（包括DN70、DN80、DN100、DN125），管材及管件产品合格证、质量证明书、检测报告齐全、有效，其规格、型号符合施工图设计要求。
2. 消火栓系统管道安装位置在地下一层，坐标为1～13/H～－S轴线、标高－3.8m，给水水平管道的坡度为3‰坡向泄水装置，符合施工图设计及规范要求。
3. 镀锌钢管的连接方式：小于或等于DN100时采用螺纹连接，螺纹加工时破坏的镀锌层表面及外露螺纹部分做防腐处理，大于DN100时采用沟槽式管件专用管件连接。
4. 穿过墙体和楼板的横管及立管设置金属套管，穿越楼板的套管与管道之间的缝隙采用阻燃弹性密实材料封堵密实。安装在楼板内的套管，其顶部应高出装饰地面20mm；安装在墙体内的套管，其两端应与饰面相平。
5. 管道支吊架采用膨胀螺栓固定时，螺栓至混凝土构件边缘应不小于8倍的螺栓直径；螺栓间距不小于10倍的螺栓直径。
6. 管道支吊架安装平整、牢固，无明显扭曲，与管道接触紧密。水平管道采用单杆吊架时，在管道起始点、阀门、弯头、三通部位及长度在15m内的支管段上设置防晃支吊架；沟槽连接的管道，水平管道接头和管件两侧设置支吊架，支吊架与接头的间距为200mm。
7. 消火栓系统管道水压试压结果符合施工图设计及施工规范要求。

附影像资料（2）页：

地下一层，1～13/H～S轴线，－3.8m标高。影像资料数量为二份。

申报人：郭××

检查意见：

符合施工图设计及《建筑给水排水及采暖工程施工质量验收规范》（GB 50242—2002）的要求。

检查结论：☑ 同意隐蔽　　☐不同意，修改后进行复查

签字栏	专业监理工程师	专业质检员	专业工长
	王××	吴××	徐××

本表由施工单位填写。

<table>
<tr><td colspan="2">隐蔽工程检查记录
表 C5-1</td><td>资料编号</td><td colspan="2">05-02-C5-×××</td></tr>
<tr><td>工程名称</td><td colspan="4">北京××大厦</td></tr>
<tr><td>施工单位</td><td>北京××建设有限责任公司</td><td>监理单位</td><td colspan="2">北京××监理有限责任公司</td></tr>
<tr><td>验收项目</td><td>室内排水系统干管安装</td><td>验收日期</td><td colspan="2">20××年××月××日</td></tr>
<tr><td>验收部位</td><td colspan="4">地下一层～十六层　8～13/B～F 轴线　－3.540～＋57.920m 标高</td></tr>
<tr><td colspan="5">验收内容：
1. 室内排水系统干管为 PVC-U：ϕ110mm 塑料管，管材及管件产品合格证、质量证明书、检测报告齐全、有效，其规格、型号符合施工图设计要求；
2. 室内排水系统干管安装位于地下一层～十六层，坐标为 8～13/B～F 轴线，标高为－3.540～＋57.920m，符合施工图设计要求；
3. PVC-U 塑料管间采用粘接接口连接，排水塑料管道的坡度为 12‰，排水塑料立管垂直度允许偏差为 2mm/m，符合施工规范的规定；
4. 排水立管穿越楼板处及排水横支管穿越管道井处，设置 A 型阻火圈；伸缩节设置于水流汇合管道之下，每层设置检查口，距地高度为 1m；
5. PVC-U 塑料管道支架的安装位置正确，埋设平整牢固；固定支架卡板与管道接触紧密，固定牢固；
6. PVC-U 塑料立管底部的弯管处设置有支墩固定措施，PVC-U 塑料立管支架间距为 2m；
7. PVC-U 塑料管道做灌水试验不渗不漏，符合施工图设计及施工规范的要求。

附影像资料（2）页：
地下一层～十六层，8～13/B～F 轴线，－3.540～57.920m 标高。影像资料数量为十七份。
申报人：郭××</td></tr>
<tr><td colspan="5">检查意见：
符合施工图设计及《建筑给水排水及采暖工程施工质量验收规范》(GB 50242—2002）的要求。
检查结论：☑ 同意隐蔽　　☐不同意，修改后进行复查</td></tr>
<tr><td rowspan="2">签字栏</td><td>专业监理工程师</td><td colspan="2">专业质检员</td><td>专业工长</td></tr>
<tr><td>王××</td><td colspan="2">吴××</td><td>徐××</td></tr>
</table>

本表由施工单位填写。

<table>
<tr><td colspan="2">隐蔽工程检查记录
表 C5-1</td><td>资料编号</td><td colspan="2">05-02-C5-×××</td></tr>
<tr><td>工程名称</td><td colspan="4">北京××大厦</td></tr>
<tr><td>施工单位</td><td>北京××建设有限责任公司</td><td>监理单位</td><td colspan="2">北京××监理有限责任公司</td></tr>
<tr><td>验收项目</td><td>卫生间排水系统管道安装</td><td>验收日期</td><td colspan="2">20××年××月××日</td></tr>
<tr><td>验收部位</td><td colspan="4">地下一层　1～13/A～G 轴线　−1.800m 标高</td></tr>
<tr><td colspan="5">验收内容：
1. 卫生间排水立管、支管为 DN100、DN50 铸铁管，管材及管件产品合格证、质量保证书、检验报告齐全、有效，其规格、型号符合施工图设计要求；
2. 卫生器具排水口尺寸、标高、安装位置符合施工图设计要求；
3. 立管与横支管连接采用 TY 三通，立管 DN100 垂直度允许偏差为 2mm/m，支管 DN50 坡度为 25‰；
4. 支吊架采用膨胀螺栓固定，螺栓至混凝土构件边缘为 8 倍的螺栓直径，螺栓间距为 10 倍的螺栓直径；
5. 排水立管每层设置支架固定，支架的间距为 2m，立管底部设置支墩固定措施；
6. 排水横管支架的间距为 2m，横管与每个管件（弯头、三通等）的连接安装吊架，吊架与接口端面间的距离为 300mm；
7. 卫生间地漏标高低于排水表面，地漏的水封高度为 50mm；
8. 隐蔽前的排水管道做灌水试验，接口处不渗不漏，符合施工图设计及规范要求。

附影像资料（2）页：
地下一层，1～13/A～G 轴线，−1.800m 标高。影像资料数量为二份。
申报人：郭××</td></tr>
<tr><td colspan="5">检查意见：
符合施工图设计及《建筑给水排水及采暖工程施工质量验收规范》（GB 50242—2002）的要求。
检查结论：　☑ 同意隐蔽　　□不同意，修改后进行复查</td></tr>
<tr><td rowspan="2">签字栏</td><td>专业监理工程师</td><td colspan="2">专业质检员</td><td>专业工长</td></tr>
<tr><td>王××</td><td colspan="2">吴××</td><td>徐××</td></tr>
</table>

本表由施工单位填写。

<table>
<tr><td colspan="2">隐蔽工程检查记录
表 C5-1</td><td>资料编号</td><td colspan="3">05-03-C5-×××</td></tr>
<tr><td>工程名称</td><td colspan="5">北京××大厦</td></tr>
<tr><td>施工单位</td><td>北京××建设有限责任公司</td><td>监理单位</td><td colspan="3">北京××监理有限责任公司</td></tr>
<tr><td>验收项目</td><td>室内热水系统管道安装</td><td>验收日期</td><td colspan="3">20××年××月××日</td></tr>
<tr><td>验收部位</td><td colspan="5">四层　1～13/D～F 轴线　10.200～13.100m 标高</td></tr>
<tr><td colspan="6">验收内容：
1. 热水系统管道为铝合金衬塑（PP-R）复合管（包括 De16mm、De25m），管材及管件产品合格证、检验报告齐全、有效，其规格、型号符合施工图设计要求。
2. 铝合金衬塑（PP-R）复合管采用热熔连接，铝合金衬塑（PP-R）复合管道与金属管件、阀门的连接采用专用管件。
3. 达到加热时间 6s 后，将管材与管件从加热套与加热头上同时取下，沿管材中轴线均速插入到管件中所标识的深度，使接头处形成均匀凸缘。
4. 热水系统的衬塑复合管垂直、水平安装的支吊架间距符合规范要求，管道与金属支吊架间加衬橡胶垫。
5. 穿过结构墙体和楼板的横管及立管设置塑料套管。安装在楼板内的套管，其顶部应高出装饰地面 20mm；安装在墙体内的套管，其两端应与饰面相平。
6. 穿过楼板的套管与管道之间的缝隙采用阻燃弹性密实材料封堵密实，表面光滑。
7. 铝合金衬塑（PP-R）复合管道水压试验不渗不漏，符合施工图设计及施工规范要求。

附影像资料（2）页：
四层，1～13/D～F 轴线，10.200～13.100m 标高。影像资料数量为二份。
申报人：郭××</td></tr>
<tr><td colspan="6">检查意见：
符合施工图设计及《建筑给水排水及采暖工程施工质量验收规范》（GB 50242—2002）的要求。
检查结论：　☑ 同意隐蔽　　□不同意，修改后进行复查</td></tr>
<tr><td rowspan="2">签字栏</td><td colspan="2">专业监理工程师</td><td colspan="2">专业质检员</td><td>专业工长</td></tr>
<tr><td colspan="2">王××</td><td colspan="2">吴××</td><td>徐××</td></tr>
</table>

本表由施工单位填写。

<table>
<tr><td colspan="2">隐蔽工程检查记录
表 C5-1</td><td>资料编号</td><td colspan="2">05-05-C5-×××</td></tr>
<tr><td>工程名称</td><td colspan="4">北京××大厦</td></tr>
<tr><td>施工单位</td><td>北京××建设有限责任公司</td><td>监理单位</td><td colspan="2">北京××监理有限责任公司</td></tr>
<tr><td>验收项目</td><td>室内供暖系统干管管道安装</td><td>验收日期</td><td colspan="2">20××年××月××日</td></tr>
<tr><td>验收部位</td><td colspan="4">地下一层　1～23/D～F 轴线　－1.500～－3.420m 标高</td></tr>
<tr><td colspan="5">验收内容：
1. 供暖系统管道采用热镀锌钢管（包括 DN20、DN25、DN32、DN40、DN50、DN70、DN80、DN100）、铜质平衡阀（包括 DN20、DN25、DN32、DN40、DN50）、铸钢平衡阀（包括 DN70、DN80、DN100），管材及管件的合格证、质量证明书、检验报告齐全、有效，其规格、型号符合施工图设计要求；
2. 供暖系统干管安装位于地下一层，坐标为 1～23/D～F 轴线，标高为－1.500～－3.420m，符合施工图设计要求；
3. 镀锌钢管采用螺纹连接，螺纹加工时破坏的镀锌层表面及外露螺纹均已做防腐处理；
4. 支架采用角钢制作，U 形卡固定牢固，支架表面均刷防锈漆两道，灰色漆一道，其制作形式、安装位置、数量等均符合施工图设计和施工规范要求；
5. 阀门的强度严密性试验结果均合格，安装位置符合施工图设计要求；
6. 供暖系统的管道强度严密性试验不渗不漏，符合施工图设计及施工规范要求。

附影像资料（2）页：
地下一层，1～23/D～F 轴线，－1.500～－3.420m 标高。影像资料数量为二份。
申报人：郭××</td></tr>
<tr><td colspan="5">检查意见：
符合施工图设计及《建筑给水排水及采暖工程施工质量验收规范》（GB 50242—2002）的要求。
检查结论：　☑ 同意隐蔽　　□不同意，修改后进行复查</td></tr>
<tr><td rowspan="2">签字栏</td><td>专业监理工程师</td><td>专业质检员</td><td colspan="2">专业工长</td></tr>
<tr><td>王××</td><td>吴××</td><td colspan="2">徐××</td></tr>
</table>

本表由施工单位填写。

<table>
<tr><td colspan="2">隐蔽工程检查记录
表 C5-1</td><td>资料编号</td><td>05-05-C5-×××</td></tr>
<tr><td>工程名称</td><td colspan="3">北京××大厦</td></tr>
<tr><td>施工单位</td><td>北京××建设有限责任公司</td><td>监理单位</td><td>北京××监理有限责任公司</td></tr>
<tr><td>验收项目</td><td>室内供暖系统干管管道保温</td><td>验收日期</td><td>20××年××月××日</td></tr>
<tr><td>验收部位</td><td colspan="3">地下一层　1～23/D～F 轴线　－1.500～－3.420m 标高</td></tr>
<tr><td colspan="4">验收内容：
1. 采暖系统管道安装质量符合规范要求，水压试验合格后才进行管道保温。
2. 管道保温采用难燃橡塑海绵管壳 20mm、50mm、100mm，厚度为 60mm，其合格证、检验报告齐全、有效，复试结果合格，符合施工图设计要求。
3. 橡塑保温材料使用的胶水与橡塑材料相匹配，且作业的环境温度不低于 5℃。
4. DN100 管道保温采用 40mm 厚阻燃橡塑海绵管壳（B1 级），外缠黄色压延膜 2 道；DN20、DN50 管道保温采用 20mm 厚阻燃橡塑海绵管壳（B1 级），外缠黄色压延膜 2 道。
5. 橡塑保温材料与管道表面贴合紧密，纵、横向接缝错开，管壳纵向接缝处于管道上部。
6. 橡塑保温层表面平整，搭槎合理，封口严密，无空鼓及松动，难燃塑料白乳膜牢固地缠裹在保温层表面上，无胀裂、松脱现象。
7. 保温层穿越楼板和墙体处设置套管，套管与管道保温之间的缝隙采用阻燃弹性密实材料封堵密实，表面光滑。
8. 管道阀门等部位单独保温，便于拆除，且不影响其使用功能。

附影像资料（2）页：
地下一层，1～23/D～F 轴线，－1.500～－3.420m 标高。影像资料数量为二份。
申报人：郭××</td></tr>
<tr><td colspan="4">检查意见：
符合施工图设计及《建筑给水排水及采暖工程施工质量验收规范》（GB 50242—2002）的要求。
检查结论：☑ 同意隐蔽　　□不同意，修改后进行复查</td></tr>
<tr><td rowspan="2">签字栏</td><td>专业监理工程师</td><td>专业质检员</td><td>专业工长</td></tr>
<tr><td>王××</td><td>吴××</td><td>徐××</td></tr>
</table>

本表由施工单位填写。

二、交接检查记录（表 C5-2）

交接检查记录适用于不同施工单位之间的移交检查，当前一专业工程施工质量对后续专业工程施工质量产生直接影响时，应进行交接检查。

工程应做交接检查的项目：支护与桩基工程完工移交给结构工程；粗装修完工移交给精装修工程；设备基础完工移交给机电设备安装；结构工程完工移交给幕墙工程等。

《建筑给水排水及采暖工程施工质量验收规范》（GB 50242—2002）第 3.3.1 条规定，建筑给水、排水及采暖工程与相关各专业之间，应进行交接质量检验，并形成记录。

<table>
<tr><td colspan="2">交接检查记录
表 C5-2</td><td>资料编号</td><td>06-C5-2-×××</td></tr>
<tr><td>工程名称</td><td colspan="3">北京××大厦</td></tr>
<tr><td>移交单位名称</td><td>北京××建设有限责任公司</td><td>接收单位名称</td><td>北京××机电安装有限公司</td></tr>
<tr><td>交接部位</td><td>14～17/D～L 轴线
地下一层消防泵房混凝土基础平台</td><td>检查日期</td><td>20××年××月××日</td></tr>
<tr><td colspan="4">交接内容：
北京××建设集团工程总承包部负责本工程消防泵房混凝土基础平台坐标位置纵、横轴线；基础平台外形尺寸；基础平台水平度；基础平台混凝土强度等级；预留地脚螺栓孔中心位置、深度、孔垂直度；基础平台外观质量等，现已施工完毕，将移交北京××机电安装有限责任公司进行消防泵房的线缆敷设及消防水泵设备安装、调试和运行。</td></tr>
<tr><td colspan="4">检查结果：
经移交单位、接收单位和监理单位三方共同检查，消防泵房混凝土基础平台坐标位置、标高、外形尺寸、水平度、螺栓孔等均符合施工图设计及《建筑电气工程施工质量验收规范》（GB 50303—2015）的要求，移交单位完成的作业内容满足接收单位日后开展作业的需求。</td></tr>
<tr><td rowspan="2">签字栏</td><td>移交单位</td><td colspan="2">接收单位</td></tr>
<tr><td>李××</td><td colspan="2">吴××</td></tr>
</table>

本表由施工单位填写。

三、施工记录（通用）（表 C5-21）

按照各专业现行国家施工质量验收规范要求应进行施工过程检查的重要工序，且北京市地方标准《建筑工程资料管理规程》（DB11/T 695—2015）无相应施工记录表格时，应填写施工检查记录（通用）表。该表适用于各专业，对施工过程中影响质量、观感、安装、人身安全的工序等应在施工过程中做好过程控制与检查记录。

<table>
<tr><td colspan="2">施工记录（通用）
表 C5-21</td><td>资料编号</td><td>06-C5-21-×××</td></tr>
<tr><td>工程名称</td><td colspan="3">北京××大厦</td></tr>
<tr><td>施工单位</td><td>北京××机电安装有限责任公司</td><td>施工内容</td><td>坐便器安装</td></tr>
<tr><td>施工部位</td><td>15～18/P～R 轴线 1 段首层卫生间</td><td>施工日期</td><td>20××年××月××日</td></tr>
<tr><td colspan="4">依据：
《建筑给水排水及采暖工程施工质量验收规范》（GB 50242—2002）及水施图-22、水施图-23。</td></tr>
<tr><td colspan="4">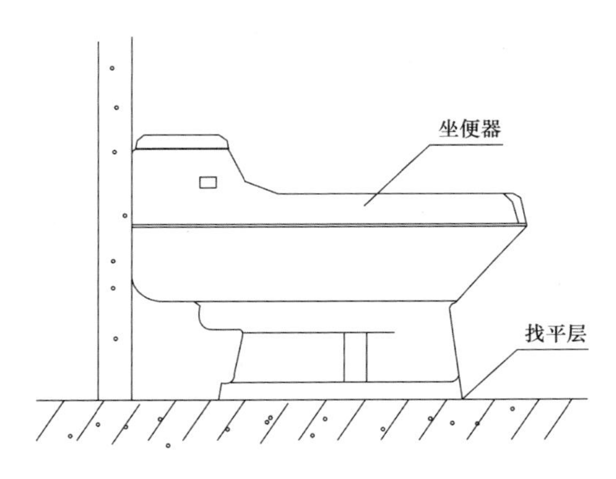
内容：
1. 卫生洁具（TOTO）的规格、型号、标高符合施工图设计的要求，卫生洁具的产品质量合格证和环保检测报告齐全有效；
2. 卫生洁具表面光滑，无裂纹、斑点等缺陷，瓷质细腻程度和色泽一致、配件与卫生洁具适配；
3. 坐便器安装位置正确，采用膨胀螺栓固定，安装牢固；底边采用密封胶封边处理，连接卫生洁具的给水管道接口紧密不漏，其固定管卡等支撑位置正确、牢固，与管道接触平整；
4. 连接卫生洁具的给水管道接口紧密不漏，其固定管卡等支撑位置正确、牢固，与管道接触平整；
5. 采用密封胶对卫生洁具缝隙进行封堵，安装完毕后均做满水和通水试验，满水后各连接件不渗不漏，通水试验给水、排水畅通，符合施工规范的要求。</td></tr>
<tr><td colspan="4">检查意见：
符合施工图设计及《建筑给水排水及采暖工程施工质量验收规范》（GB 50242—2002）的要求。</td></tr>
<tr><td rowspan="2">签字栏</td><td>专业技术负责人</td><td>专业质检员</td><td>专业工长</td></tr>
<tr><td>李××</td><td>吴××</td><td>徐××</td></tr>
<tr><td colspan="2">制表时间</td><td colspan="2">20××年××月××日</td></tr>
</table>

本表由施工单位填写。

<table>
<tr><td colspan="2">施工记录（通用）
表 C5-21</td><td>资料编号</td><td>06-C5-21-×××</td></tr>
<tr><td>工程名称</td><td colspan="3">北京××大厦</td></tr>
<tr><td>施工单位</td><td>北京××机电安装有限责任公司</td><td>施工内容</td><td>散热器安装</td></tr>
<tr><td>施工部位</td><td>8～10/C～H 轴线 1 段地下一层值班室</td><td>施工日期</td><td>20××年××月××日</td></tr>
<tr><td colspan="4">依据：
《建筑给水排水及采暖工程施工质量验收规范》（GB 50242—2002）及水施图-26。</td></tr>
<tr><td colspan="4">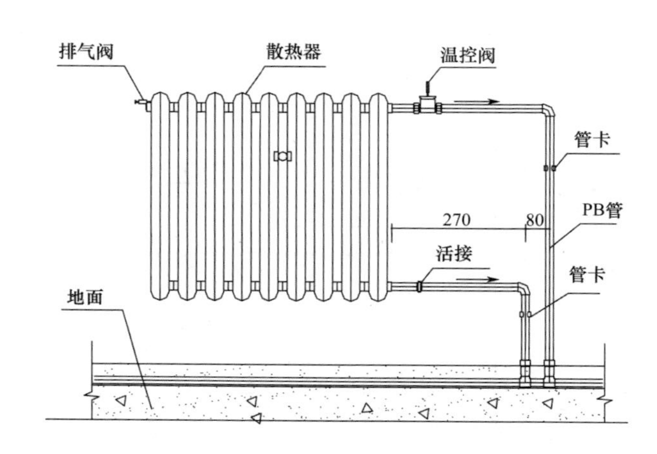

内容：
1. 散热器支管、阀配件的材质及规格符合设计要求，其产品检验报告、合格证齐全有效；散热器规格、型号符合设计图纸及施工规范要求，进场后已进行进场复试，且已见证取样复试、复试合格；
2. PP-R 管道沿地面四周布置，管中心距墙面距离及两管中心距应符合设计要求，敷设于地面深度不小于 50mm，管卡间距均不大于 60mm，并用钢钉固定于顶板内；散热器支管的位置、标高、坡度符合设计要求，支架位置及间距符合施工规范规定；
3. 散热器支管采用热熔连接，熔接深度、质量、时间及环境温度符合施工规范要求；面层施工完毕后，均标识管路位置及走向；
4. 散热器安装固定平稳牢固，温度控制阀安装在散热器的进水管上，水平度符合施工规范要求，位置、标高正确；
5. 散热器及支管的强度严密性试验已完成，试验合格。</td></tr>
<tr><td colspan="4">检查意见：
符合施工图设计及《建筑给水排水及采暖工程施工质量验收规范》（GB 50242—2002）的要求。</td></tr>
<tr><td rowspan="2">签字栏</td><td>专业技术负责人</td><td>专业质检员</td><td>专业工长</td></tr>
<tr><td>李××</td><td>吴××</td><td>徐××</td></tr>
<tr><td colspan="2">制表时间</td><td colspan="2">20××年××月××日</td></tr>
</table>

本表由施工单位填写。

<table>
<tr><td colspan="2">施工记录（通用）
表 C5-21</td><td>资料编号</td><td>06-C5-21-×××</td></tr>
<tr><td>工程名称</td><td colspan="3">北京××大厦</td></tr>
<tr><td>施工单位</td><td>北京××机电安装有限责任公司</td><td>施工内容</td><td>水箱安装</td></tr>
<tr><td>施工部位</td><td>16～23/P～S 轴线地下一层生活水箱间</td><td>施工日期</td><td>20××年××月××日</td></tr>
<tr><td colspan="4">依据：
《建筑给水排水及采暖工程施工质量验收规范》（GB 50242—2002）及水施图-31、水施图-32。</td></tr>
<tr><td colspan="4">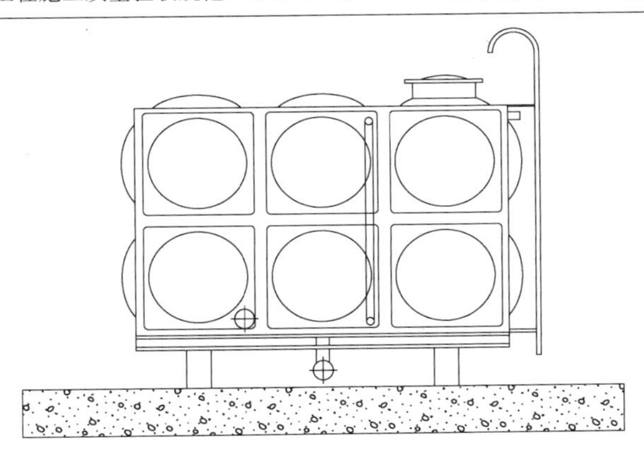</td></tr>
<tr><td colspan="4">内容：
1. 水箱设备的规格、型号及安装标高符合施工图设计的要求，其产品质量合格证和检测报告齐全有效；
2. 水箱内外壁防腐涂层的材质、涂抹质量、厚度符合设计或产品技术文件的要求；
3. 混凝土基础平面位置允许偏差小于 15mm，标高允许偏差小于±5mm，垂直度允许偏差控制在 1‰以内；
4. 水箱底座的尺寸、位置符合施工图设计要求，水箱安装的坐标允许偏差小于 15mm，标高允许偏差控制在±5mm范围内，垂直度允许偏差小于 5mm/m，水箱与底座接触紧密、平整牢固；
5. 混凝土基础已验收完毕并与土建专业完成交接检手续，连接水箱的给水管道接口紧密不漏，其固定管卡等支撑位置正确、牢固，与管道接触平整；
6. 水箱溢流管和泄放管设置在排水地点附近，均未与排水管直接连接；
7. 水箱金属外壳与接地扁钢连接可靠，接地标识清晰；
8. 水箱安装完毕后做满水试验，各连接件不渗不漏，符合施工规范的要求。</td></tr>
<tr><td colspan="4">检查意见：
符合施工图设计及《建筑给水排水及采暖工程施工质量验收规范》（GB 50242—2002）的要求。</td></tr>
<tr><td rowspan="2">签字栏</td><td>专业技术负责人</td><td>专业质检员</td><td>专业工长</td></tr>
<tr><td>李××</td><td>吴××</td><td>徐××</td></tr>
<tr><td colspan="2">制表时间</td><td colspan="2">20××年××月××日</td></tr>
</table>

本表由施工单位填写。

第三节　施工试验资料（C6）

建筑给水排水及采暖工程、建筑电气工程、通风与空调工程施工试验资料（C6）共计 39 张表格。建筑给水排水及采暖工程各系统测试及试运行等应符合施工图设计和以下各专业施工质量验收规范的规定。

《建筑给水排水及采暖工程施工质量验收规范》(GB 50242—2002)；

《自动喷水灭火系统施工及验收规范》(GB 50261—2017)；

《建筑节能工程施工质量验收标准》(GB 50411—2019)；

施工试验不合格时，应有处理记录，并采取技术措施，保证系统试验合格。

一、灌（满）水试验记录（表 C6-27）

(1)《建筑给水排水及采暖工程施工质量验收规范》(GB 50242—2002) 第 3.3.16 条规定，各种承压管道系统和设备应做水压试验，非承压管道系统和设备应做灌水试验。

1) 承压管道系统和设备水压试验检验方法

①室内给水管道

a. 试验压力：工作压力的 1.5 倍，且≥0.6MPa。

b. 检验方法：

金属及复合管在试验压力下观测 10min，压力降≤0.02MPa；然后降到工作压力，不渗不漏。

塑料管在试验压力下稳定压力 1h 后，压力降≤0.05MPa；然后在 1.15 倍工作压力下稳压 2h，压力降≤0.03MPa，不渗不漏。

②室内热水供应管道

a. 试验压力：系统顶点工作压力＋0.1MPa，且≥0.3MPa。

b. 检验方法：

钢管及复合管在试验压力 10min 后，压力降≤0.02MPa；然后降至工作压力，压力不降，不渗不漏。

塑料管在试验压力下稳定压力 1h 后，压力降≤0.05MPa；然后在 1.15 倍工作压力下稳压 2h，压力降≤0.03MPa，连接处不渗不漏。

2) 非承压管道系统和设备的灌水、通水试验检验方法

①室内隐蔽或埋地排水管道

灌水试验：灌水高度不低于低层卫生器具的上边缘或底层地面高度，满水 15min 水面下降后，灌满观察 5min，液面不降，管道及接口不渗不漏。

②室内排水主立管及水平干管

通球试验：通球球径≥排水管径的 2/3，通球率必须达到 100%。

③室内雨水管道

灌水试验：灌水高度必须到每根立管上部的雨水斗，持续 1h，不渗不漏。

④卫生器具

满水试验：满水后各连接件不渗不漏。

通水试验：给、排水管道畅通。

⑤室内排水管道

满水、通水试验：按排水检查井分段试验，试验水头应以试验段上游管顶端部加 1m，试验时间不少于 30min，排水应畅通，管接口不渗不漏。

（2）《建筑给水排水及采暖工程施工质量验收规范》（GB 50242—2002）第5.2.1条规定，隐蔽或埋地的排水管道在隐蔽前必须做灌水试验，其灌水高度应不低于底层卫生器具的上边缘或底层地面高度。

检验方法：满水15min水面下降后，灌满观察5min，液面不降，管道及接口无渗漏为合格。

（3）《建筑给水排水及采暖工程施工质量验收规范》（GB 50242—2002）第4.1.2条规定，给水管道必须采用与管材相适应的管件。生活给水系统所涉及的材料必须达到饮用水卫生标准。

（4）《建筑给水排水及采暖工程施工质量验收规范》（GB 50242—2002）第4.2.1条规定，室内给水管道的水压试验必须符合设计要求。当设计未注明时，各种材质的给水管道系统试验压力均为工作压力的1.5倍，但不得小于0.6MPa。

检验方法：金属及复合管给水管道系统在试验压力下观测10min，压力降不应大于0.02MPa，然后降到工作压力进行检查，应不渗不漏；塑料管给水系统应在试验压力下稳压1h，压力降不得超过0.05MPa，然后在工作压力的1.15倍状态下稳压2h，压力降不得超过0.03MPa，同时各连接处不得渗漏。

（5）《建筑给水排水及采暖工程施工质量验收规范》（GB 50242—2002）第4.4.3条规定，敞口水箱的满水试验和密闭水箱（罐）的水压试验必须符合设计与本规范的规定。

检验方法：满水试验静置24h观察，不渗不漏；水压试验在试验压力下10min压力不降，不渗不漏。

（6）《建筑给水排水及采暖工程施工质量验收规范》（GB 50242—2002）第5.3.1条规定，安装在室内的雨水管道安装完成后应做灌水试验，灌水高度必须到每根立管上部的雨水斗。

检验方法：满水试验持续1h，不渗不漏。

二、强度严密性试验记录（表C6-28）

《建筑给水排水及采暖工程施工质量验收规范》（GB 50242—2002）第3.3.16条规定，各种承压管道系统和设备应做水压试验，非承压管道系统和设备应做灌水试验。

需做强度严密性试验的项目：

（1）室内外输送各种介质的承压管道、设备、阀门、密闭水箱（罐）、成组散热器及其他散热设备等应进行强度严密性试验并做记录。

（2）室内给水管道的水压试验必须符合设计要求：

1）当设计未注明时，各种材质的给水管道系统试验压力均为工作压力的1.5倍，但不得小于0.6MPa。

2）金属及复合管给水管道系统在试验压力下观测10min，压力降不应大于0.02MPa，然后降至工作压力进行检查，应不渗不漏；

3）塑料管给水系统应在试验压力下稳压1h，压力降不得超过0.05MPa，然后在工作压力的1.15倍状态下稳压2h，压力降不得超过0.03MPa，同时检查各连接处不得渗漏。

《建筑给水排水及采暖工程施工质量验收规范》（GB 50242—2002）第4.2.1条规

定，室内给水管道的水压试验必须符合设计要求。当设计未注明时，各种材质的给水管道系统试验压力均为工作压力的1.5倍，但不得小于0.6MPa。

检验方法：金属及复合管给水管道系统在试验压力下观测10min，压力降不应大于0.02MPa，然后降到工作压力进行检查，应不渗不漏；塑料管给水系统应在试验压力下稳压1h，压力降不得超过0.05MPa，然后在工作压力的1.15倍状态下稳压2h，压力降不得超过0.03MPa，同时检查各连接处不得渗漏。

《建筑给水排水及采暖工程施工质量验收规范》(GB 50242—2002）第6.2.1条规定，热水供应系统安装完毕，管道保温之前应进行水压试验。试验压力应符合设计要求。当设计未注明时，热水供应系统水压试验压力应为系统顶点的工作压力加0.1MPa，同时在系统顶点的试验压力不小于0.3MPa。

检验方法：钢管或复合管道系统试验压力下10min内压力降不大于0.02MPa，然后降至工作压力检查，压力应不降且不渗不漏；塑料管道系统在试验压力下稳压1h，压力降不得超过0.05MPa，然后在工作压力1.15倍状态下稳压2h，压力降不得超过0.03MPa，连接处不得渗漏。

《建筑给水排水及采暖工程施工质量验收规范》(GB 50242—2002）第8.6.1条规定，采暖系统安装完毕，管道保温之前应进行水压试验。试验压力应符合设计要求。当设计未注明时，应符合下列规定：

（1）蒸汽、热水采暖系统，应以系统顶点工作压力加0.1MPa做水压试验，同时在系统顶点的试验压力不小于0.3MPa。

（2）高温热水采暖系统，试验压力应为系统顶点工作压力加0.4MPa。

（3）使用塑料管及复合管的热水采暖系统，应以系统顶点工作压力加0.2MPa做水压试验，同时在系统顶点的试验压力不小于0.4MPa。

检验方法：使用钢管及复合管的采暖系统应在试验压力下10min内压力降不大于0.02MPa，降至工作压力后检查，不渗、不漏；

使用塑料管的采暖系统应在试验压力下1h内压力降不大于0.05MPa，然后降压至工作压力的1.15倍，稳压2h，压力降不大于0.03MPa，同时各连接处不渗、不漏。

《自动喷水灭火系统施工及验收规范》(GB 50261—2017）第6.2.1条规定，当系统设计工作压力等于或小于1.0MPa时，水压强度试验压力应为设计工作压力的1.5倍，并不应低于1.4MPa；当系统设计工作压力大于1.0MPa时，水压强度试验压力应为该工作压力加0.4MPa。

检查数量：全数检查。

检查方法：观察检查。

《自动喷水灭火系统施工及验收规范》(GB 50261—2017）第6.2.2条规定，水压强度试验的测试点应设在系统管网的最低点。对管网注水时应将管网内的空气排净，并应缓慢升压，达到试验压力后稳压30min后，管网应无泄漏、无变形，且压力降不应大于0.05MPa。

检查数量：全数检查。

检查方法：观察检查。

《自动喷水灭火系统施工及验收规范》(GB 50261—2017）第6.2.3条规定，水压严密性试验应在水压强度试验和管网冲洗合格后进行。试验压力应为设计工作压力，稳压24h，应无泄漏。

检查数量：全数检查。

检查方法：观察检查。

<table>
<tr><td colspan="2">灌（满）水试验记录
表 C6-27</td><td>资料编号</td><td colspan="3">05-C6-27-×××</td></tr>
<tr><td>工程名称</td><td>北京××大厦</td><td>试验日期</td><td colspan="3">20××年××月××日</td></tr>
<tr><td>施工单位</td><td>北京××机电安装有限责任公司</td><td>监理单位</td><td colspan="3">北京××监理有限责任公司</td></tr>
<tr><td>试验项目</td><td>排水管道灌水试验</td><td>试验部位</td><td colspan="3">7～15/F～K 轴线首层排水池
±0.00～－1.32m</td></tr>
<tr><td>材　质</td><td>无缝钢管及附件</td><td>规　格</td><td colspan="3">DN150</td></tr>
<tr><td colspan="6">试验要求：
首层排水管道灌水试验注水高度以地表面地漏标高为准，满水 15min，在灌满水延续 5min 后，液面不下降，管道及接口处无渗漏为合格。</td></tr>
<tr><td colspan="6">试验记录：
上午 8：00 开始对首层排水管道进行灌水试验，注水高度以地表面地漏标高为准，在管道端口处密封处理，至 8：10 灌满，观察 15min 至 8：25，水面下降，再灌满水观察 5min 至 8：30，水面不下降，则管道及各接口处无渗漏现象。</td></tr>
<tr><td colspan="6">试验结论：
排水管道灌水试验符合施工图设计及《建筑给水排水及采暖工程施工质量验收规范》(GB 50242—2002) 的要求，试验结论为合格。</td></tr>
<tr><td rowspan="2">签字栏</td><td>专业监理工程师</td><td colspan="2">专业质检员</td><td colspan="2">专业工长</td></tr>
<tr><td>王××</td><td colspan="2">吴××</td><td colspan="2">徐××</td></tr>
<tr><td colspan="2">制表日期</td><td colspan="4">20××年××月××日</td></tr>
</table>

本表由施工单位填写。

<table>
<tr><td colspan="2">灌（满）水试验记录
表 C6-27</td><td>资料编号</td><td colspan="2">05-C6-27-×××</td></tr>
<tr><td>工程名称</td><td>北京××大厦</td><td>试验日期</td><td colspan="2">20××年××月××日</td></tr>
<tr><td>施工单位</td><td>北京××机电安装有限责任公司</td><td>监理单位</td><td colspan="2">北京××监理有限责任公司</td></tr>
<tr><td>试验项目</td><td>排水管道灌水试验</td><td>试验部位</td><td colspan="2">9～13/D～E 轴线 1 层机房
±0.00～−1.32m</td></tr>
<tr><td>材　质</td><td>UPVC 管材及附件</td><td>规　格</td><td colspan="2">De110、De75、De50</td></tr>
<tr><td colspan="5">试验要求：
隐蔽或埋地的排水管道在隐蔽前必须做灌水试验，其灌水高度应不低于底层卫生器具的上边缘或底层地面高度，满水 15min 水面下降，灌满观察 5min，液面不下降，管道及接口无渗漏为合格。</td></tr>
<tr><td colspan="5">试验记录：
上午 8：00 开始，在 5 层立管检查口处用球胆封闭，在 6 层立管检查口处注水，至 8：10 灌满，观察 15min 至 8：25，水面下降，再灌满水观察 5min 至 8：30，水面不下降，则管道及各接口处无渗漏现象。</td></tr>
<tr><td colspan="5">试验结论：
排水管道灌水试验符合施工图设计及《建筑给水排水及采暖工程施工质量验收规范》（GB 50242—2002）的要求，试验结论为合格。</td></tr>
<tr><td rowspan="2">签字栏</td><td>专业监理工程师</td><td>专业质检员</td><td colspan="2">专业工长</td></tr>
<tr><td>王××</td><td>吴××</td><td colspan="2">徐××</td></tr>
<tr><td colspan="2">制表日期</td><td colspan="3">20××年××月××日</td></tr>
</table>

本表由施工单位填写。

<table>
<tr><td colspan="2">灌（满）水试验记录
表 C6-27</td><td>资料编号</td><td>05-C6-27-×××</td></tr>
<tr><td>工程名称</td><td>北京××大厦</td><td>试验日期</td><td>20××年××月××日</td></tr>
<tr><td>施工单位</td><td>北京××机电安装有限责任公司</td><td>监理单位</td><td>北京××监理有限责任公司</td></tr>
<tr><td>试验项目</td><td>排水管道及配件安装</td><td>试验部位</td><td>1～2 层卫生间排水管道
9～13/D～E 轴线，0.05～8.52m</td></tr>
<tr><td>材　　质</td><td>A 型柔性铸铁管</td><td>规　　格</td><td>DN150</td></tr>
<tr><td colspan="4">试验要求：
排水管道灌水试验注水高度以地下一层地面标高为准，满水 15min，在灌满水延续 5min 后，液面不下降，铸铁管道及接口处无渗漏为合格。</td></tr>
<tr><td colspan="4">试验记录：
上午 8：00 开始对 1～2 层卫生间排水管道进行灌水试验，注水高度以地表面地漏标高为准，在管道端口处密封处理，至 8：10 灌满，观察 15min 至 8：25，水面下降，再灌满水观察 5min 至 8：30，水面不下降，则管道及各接口处无渗漏现象。</td></tr>
<tr><td colspan="4">试验结论：
经检查，排水管道灌水试验符合施工图设计及《建筑给水排水及采暖工程施工质量验收规范》(GB 50242—2002) 的要求，试验结论为合格。</td></tr>
<tr><td rowspan="2">签字栏</td><td>专业监理工程师</td><td>专业质检员</td><td>专业工长</td></tr>
<tr><td>王××</td><td>吴××</td><td>徐××</td></tr>
<tr><td colspan="2">制表日期</td><td colspan="2">20××年××月××日</td></tr>
</table>

本表由施工单位填写。

<table>
<tr><td colspan="2">灌（满）水试验记录
表 C6-27</td><td>资料编号</td><td colspan="2">05-C6-27-×××</td></tr>
<tr><td>工程名称</td><td>北京××大厦</td><td>试验日期</td><td colspan="2">20××年××月××日</td></tr>
<tr><td>施工单位</td><td>北京××机电安装有限责任公司</td><td>监理单位</td><td colspan="2">北京××监理有限责任公司</td></tr>
<tr><td>试验项目</td><td>水箱满水试验</td><td>试验部位</td><td colspan="2">地下一层生活水箱间
24～27/P～R 轴线</td></tr>
<tr><td>材　　质</td><td>304 不锈钢</td><td>规　　格</td><td colspan="2">4000mm×4000mm×25000mm</td></tr>
<tr><td colspan="5">试验要求：
敞口不锈钢水箱的满水试验必须符合设计与规范的规定。不锈钢水箱的满水试验评定为合格。
检验方法：满水试验静置 24h 观察，管道连接处、阀门及相关附件连接处不渗不漏。水箱外观无锈蚀、污染现象；注满水 2～3h 后，箱体无明显变形，焊缝不渗不漏。</td></tr>
<tr><td colspan="5">试验记录：
16：06 开始，关闭所有阀门，向水箱内注水，至 16：17 灌满，静止 24h，至次日 16：17，管道连接处、阀门及相关附件连接处不渗不漏。</td></tr>
<tr><td colspan="5">试验结论：
经检查，水箱满水试验符合施工图设计及《建筑给水排水及采暖工程施工质量验收规范》(GB 50242—2002) 的要求，试验结论为合格。</td></tr>
<tr><td rowspan="2">签字栏</td><td>专业监理工程师</td><td colspan="2">专业质检员</td><td>专业工长</td></tr>
<tr><td>王××</td><td colspan="2">吴××</td><td>徐××</td></tr>
<tr><td colspan="2">制表日期</td><td colspan="3">20××年××月××日</td></tr>
</table>

本表由施工单位填写。

<table>
<tr><td colspan="2">灌（满）水试验记录
表 C6-27</td><td>资料编号</td><td>05-C6-27-×××</td></tr>
<tr><td>工程名称</td><td>北京××大厦</td><td>试验日期</td><td>20××年××月××日</td></tr>
<tr><td>施工单位</td><td>北京××机电安装有限责任公司</td><td>监理单位</td><td>北京××监理有限责任公司</td></tr>
<tr><td>试验项目</td><td>洗脸盆、大便器满水试验</td><td>试验部位</td><td>三层卫生间
14～16/P～R 轴线</td></tr>
<tr><td>材　质</td><td>陶瓷</td><td>规　格</td><td>台式洗脸盆、座便器</td></tr>
<tr><td colspan="4">试验要求：
《建筑给水排水及采暖工程施工质量验收规范》(GB 50242—2002）中第 7.2.2 条规定，卫生器具在交会使用前应做满水和通水试验。卫生器具满水后，各连接件应不渗漏，给排水管道畅通无阻。
检验方法：满水试验静置 24h 观察，各连接件连接处不渗不漏。</td></tr>
<tr><td colspan="4">试验记录：
16：06 开始，关闭所有阀门，向水箱内注水，至 16：17 灌满，满水高度至卫生器具上边缘，静止 24h，至次日 16：17，洗脸盆、大便器管道连接处、阀门及相关附件连接处不渗不漏。</td></tr>
<tr><td colspan="4">试验结论：
经检查，洗脸盆、大便器安装符合施工图设计及《建筑给水排水及采暖工程施工质量验收规范》(GB 50242—2002）的要求，试验结论为合格。</td></tr>
<tr><td rowspan="2">签字栏</td><td>专业监理工程师</td><td>专业质检员</td><td>专业工长</td></tr>
<tr><td>王××</td><td>吴××</td><td>徐××</td></tr>
<tr><td colspan="2">制表日期</td><td colspan="2">20××年××月××日</td></tr>
<tr><td colspan="2">制表日期</td><td colspan="2">20××年××月××日</td></tr>
</table>

本表由施工单位填写。

<table>
<tr><td colspan="2">灌（满）水试验记录
表 C6-27</td><td>资料编号</td><td>05-C6-27-×××</td></tr>
<tr><td>工程名称</td><td>北京××大厦</td><td>试验日期</td><td>20××年××月××日</td></tr>
<tr><td>施工单位</td><td>北京××机电安装有限责任公司</td><td>监理单位</td><td>北京××监理有限责任公司</td></tr>
<tr><td>试验项目</td><td>室内雨水管道系统灌水试验</td><td>试验部位</td><td>屋面
9～13/D～E 轴线，
±0.00～－1.32m</td></tr>
<tr><td>材　　质</td><td>镀锌钢管及附件</td><td>规　　格</td><td>DN100、DN150</td></tr>
<tr><td colspan="4">试验要求：
《建筑给水排水及采暖工程施工质量验收规范》(GB 50242—2002) 中第 5.3.1 条规定，安装在室内的雨水管道安装完成后应做灌水试验，灌水高度必须到每根立管上部的雨水斗。
检验方法：满水试验持续 1h，不渗不漏。</td></tr>
<tr><td colspan="4">试验记录：
上午 8：00 开始，在各管道进户处用盲板封堵，屋面层雨水口处向管道内灌水，至 8：10 灌满，观察 15min 至 9：15，液面不下降，则管道及各接口处无渗漏现象。</td></tr>
<tr><td colspan="4">试验结论：
经检查，雨水管道灌水试验符合施工图设计及《建筑给水排水及采暖工程施工质量验收规范》(GB 50242—2002) 的要求，试验结论为合格。</td></tr>
<tr><td rowspan="2">签字栏</td><td>专业监理工程师</td><td>专业质检员</td><td>专业工长</td></tr>
<tr><td>王××</td><td>吴××</td><td>徐××</td></tr>
<tr><td colspan="2">制表日期</td><td colspan="2">20××年××月××日</td></tr>
</table>

本表由施工单位填写。

<table>
<tr><td colspan="2">强度严密性试验记录
表 C6-28</td><td>资料编号</td><td colspan="2">05-C6-28-×××</td></tr>
<tr><td>工程名称</td><td>北京××大厦</td><td>试验日期</td><td colspan="2">20××年××月××日</td></tr>
<tr><td>施工单位</td><td>北京××机电安装有限责任公司</td><td>监理单位</td><td colspan="2">北京××监理有限责任公司</td></tr>
<tr><td>试验项目</td><td>给水系统管道水压试验</td><td>试验部位</td><td colspan="2">9～13/B～E 轴线一～二十二层</td></tr>
<tr><td>材　　质</td><td>镀锌钢管</td><td>规　　格</td><td colspan="2">DN20～DN65</td></tr>
<tr><td colspan="5">试验要求：
给水管道工作压力为 0.7MPa，试验压力应不小于工作压力的 1.5 倍。在试验压力下稳压 10min，压力下降不大于 0.02MPa，再将系统试验压力降至 0.7MPa，外观检查，各连接处无渗漏，为合格。</td></tr>
<tr><td colspan="5">试验记录：
试验压力表设置在首层，22 层导管设置排气阀，管道充满水后，上午 9：30 开始缓慢加压至 9：45 表压升至 0.4MPa 时，发现 5 层有一处阀门渗漏，泄压后更换阀门，待管道重新补满水后进行加压，10：20 升至试验压力 1.05MPa，观察 10min 至 10：30，表压降为 1.04MPa（压降 0.01MPa），再将压力降为 0.7MPa，持续检查至 10：45，管道及各连接处不渗不漏。</td></tr>
<tr><td colspan="5">试验结论：
给水管道系统试验符合施工图设计及《建筑给水排水及采暖工程施工质量验收规范》（GB 50242—2002）的要求，试验结论为合格。</td></tr>
<tr><td rowspan="2">签字栏</td><td>专业监理工程师</td><td colspan="2">专业质检员</td><td>专业工长</td></tr>
<tr><td>王××</td><td colspan="2">吴××</td><td>徐××</td></tr>
<tr><td colspan="2">制表日期</td><td colspan="3">20××年××月××日</td></tr>
</table>

本表由施工单位填写。

<table>
<tr><td colspan="2">强度严密性试验记录
表 C6-28</td><td>资料编号</td><td>05-C6-28-×××</td></tr>
<tr><td>工程名称</td><td>北京××大厦</td><td>试验日期</td><td>20××年××月××日</td></tr>
<tr><td>施工单位</td><td>北京××机电安装有限责任公司</td><td>监理单位</td><td>北京××监理有限责任公司</td></tr>
<tr><td>试验项目</td><td>室内给水干管、立管水压试验</td><td>试验部位</td><td>中区，地下二层～二十二层，1～14/A～J 轴线</td></tr>
<tr><td>材　　质</td><td>钢塑复合管</td><td>规　　格</td><td>DN32～DN65</td></tr>
<tr><td colspan="4">试验要求：
《建筑给水排水及采暖工程施工质量验收规范》(GB 50242—2002）中第 4.2.1 条规定，室内给水管道的水压试验必须符合设计要求。设计工作压力为 0.9MPa，试验压力为 1.35MPa。
检验方法：金属及复合管给水管道系统在试验压力下观测 10min，压力降不应大于 0.02MPa，然后降到工作压力进行检查，应不渗不漏。</td></tr>
<tr><td colspan="4">试验记录：
室内给水系统中区地下二层至十二层干管、立管已经安装完毕，现进行水压试验，试验压力表安装在地下二层(加压泵出水口)。13：30 开始对系统补水，13：45 补满水，立管顶点排除管道内空气且检查所有管道连接处无渗漏现象后，启动加压泵向给水系统加压。14：00 压力升至 1.35MPa，关闭供水阀门，观察 10min，分压值无下降，然后降至工作压力 0.9MPa 进行检查，各层管道及接口无渗漏现象，14：45 试验结束。</td></tr>
<tr><td colspan="4">试验结论：
经检查，室内给水管道系统干管、立管水压试验符合施工图设计及《建筑给水排水及采暖工程施工质量验收规范》(GB 50242—2002）的要求，试验结论为合格。</td></tr>
<tr><td rowspan="2">签字栏</td><td>专业监理工程师</td><td>专业质检员</td><td>专业工长</td></tr>
<tr><td>王××</td><td>吴××</td><td>徐××</td></tr>
<tr><td colspan="2">制表日期</td><td colspan="2">20××年××月××日</td></tr>
</table>

本表由施工单位填写。

<table>
<tr><td colspan="2">强度严密性试验记录
表 C6-28</td><td>资料编号</td><td>05-C6-28-×××</td></tr>
<tr><td>工程名称</td><td>北京××大厦</td><td>试验日期</td><td>20××年××月××日</td></tr>
<tr><td>施工单位</td><td>北京××机电安装有限责任公司</td><td>监理单位</td><td>北京××监理有限责任公司</td></tr>
<tr><td>试验项目</td><td>中区室内给水系统水压试验</td><td>试验部位</td><td>中区，地下二层～二十二层，1～14/A～J 轴线</td></tr>
<tr><td>材　　质</td><td>钢塑复合管、PP-R 管</td><td>规　　格</td><td>DN32～DN65、De20、De25</td></tr>
<tr><td colspan="4">试验要求：
《建筑给水排水及采暖工程施工质量验收规范》（GB 50242—2002）中第 4.2.1 条规定，室内给水管道的水压试验必须符合设计要求。设计工作压力为 0.9MPa，试验压力为 1.35MPa。
检验方法：金属及复合管给水管道系统在试验压力下观测 10min，压力降不应大于 0.02MPa，然后降到工作压力进行检查，应不渗不漏；塑料管给水系统应在试验压力下稳压 1h，压力降不得超过 0.05MPa，然后在工作压力的 1.15 倍状态下稳压 2h，压力降不得超过 0.03MPa，同时检查各连接处不得渗漏。</td></tr>
<tr><td colspan="4">试验记录：
中区室内给水系统地下二层～十九层干管、立管、支管已经安装完毕，现进行给水系统水压试验，试验压力表安装在地下二层（加压泵出水口）。13：30 开始对系统补水，13：45 补满水，立管顶点排除管道内空气且检查所有管道连接处无渗漏现象后，启动电动加压泵向系统加压。14：00 压力升至 1.35MPa，关闭供水阀门，观察 1h，15：00 压值降至 1.33MPa（压降为 0.02MPa）无下降，然后降至工作压力 1.15 倍即为 1.04MPa，稳压 2h 进行检查，17：00 压值降至 1.03MPa（压降为 0.01MPa）无下降，检查各层管道及接口无渗漏现象，17：30 试验结束。</td></tr>
<tr><td colspan="4">试验结论：
经检查，中区室内给水管道系统水压试验符合施工图设计及《建筑给水排水及采暖工程施工质量验收规范》（GB 50242—2002）的要求，试验结论为合格。</td></tr>
<tr><td rowspan="2">签字栏</td><td>专业监理工程师</td><td>专业质检员</td><td>专业工长</td></tr>
<tr><td>王××</td><td>吴××</td><td>徐××</td></tr>
<tr><td colspan="2">制表日期</td><td colspan="2">20××年××月××日</td></tr>
</table>

本表由施工单位填写。

<table>
<tr><td colspan="2">强度严密性试验记录
表 C6-28</td><td>资料编号</td><td>05-C6-28-×××</td></tr>
<tr><td>工程名称</td><td>北京××大厦</td><td>试验日期</td><td>20××年××月××日</td></tr>
<tr><td>施工单位</td><td>北京××机电安装有限责任公司</td><td>监理单位</td><td>北京××监理有限责任公司</td></tr>
<tr><td>试验项目</td><td>低区室内采暖系统水压试验</td><td>试验部位</td><td>低区，地下二层～二十二层，1～14/A～J 轴线</td></tr>
<tr><td>材　　质</td><td>镀锌钢管、PB 管</td><td>规　　格</td><td>DN20～DN65、De20、De25</td></tr>
<tr><td colspan="4">试验要求：
《建筑给水排水及采暖工程施工质量验收规范》（GB 50242—2002）中第 8.6.1 条规定，采暖系统安装完毕，管道保温之前应进行水压试验。试验压力应符合设计要求。当设计未注明时，应符合下列规定：使用塑料管及复合管的热水采暖系统；应以系统顶点工作压力加 0.2MPa 做水压试验，同时在系统顶点的试验压力不小于 0.4MPa。
检验方法：使用塑料管的采暖系统应在试验压力下 1h 内压力降不大于 0.05MPa，然后降压至工作压力的 1.15 倍，稳压 2h，压力降不大于 0.03MPa，同时各连接处不渗、不漏。</td></tr>
<tr><td colspan="4">试验记录：
低区室内给水系统地下二层～十九层干管、立管、支管已经安装完毕，现进行给水系统水压试验，试验压力表安装在地下二层（加压泵出水口）。13：30 开始对系统补水，14：05 补满水，立管顶点排除管道内空气且检查所有管道连接处无渗漏现象后，启动电动加压泵向系统加压，表压值升至 1MPa，系统顶点压力为 0.53MPa，关闭供水阀门，14：35 地下二层压力值降至 0.98MPa（压降为 0.02MPa）无下降，然后低点压力降至工作压力 1.15 倍即为 0.92MPa，高点压力值 0.45MPa，15：30 压力值降至 0.91MPa（压降为 0.01MPa）无下降，高点压力值 0.44MPa（压降为 0.01MPa）无下降，检查各层管道及接口无渗漏现象，15：45 试验结束。</td></tr>
<tr><td colspan="4">试验结论：
经检查，低区室内采暖系统水压试验符合施工图设计及《建筑给水排水及采暖工程施工质量验收规范》（GB 50242—2002）的要求，试验结论为合格。</td></tr>
<tr><td rowspan="2">签字栏</td><td>专业监理工程师</td><td>专业质检员</td><td>专业工长</td></tr>
<tr><td>王××</td><td>吴××</td><td>徐××</td></tr>
<tr><td colspan="2">制表日期</td><td colspan="2">20××年××月××日</td></tr>
</table>

本表由施工单位填写。

<table>
<tr><td colspan="2">强度严密性试验记录
表 C6-28</td><td>资料编号</td><td>05-C6-28-×××</td></tr>
<tr><td>工程名称</td><td>北京××大厦</td><td>试验日期</td><td>20××年××月××日</td></tr>
<tr><td>施工单位</td><td>北京××机电安装有限责任公司</td><td>监理单位</td><td>北京××监理有限责任公司</td></tr>
<tr><td>试验项目</td><td>热水系统水压试验</td><td>试验部位</td><td>地下二层～二十二层，
1～14/A～J 轴线</td></tr>
<tr><td>材　　质</td><td>镀锌钢管、PP-R 管</td><td>规　　格</td><td>DN20～DN65、De20、De25</td></tr>
<tr><td colspan="4">试验要求：
《建筑给水排水及采暖工程施工质量验收规范》(GB 50242—2002) 中第 6.2.1 条规定，热水供应系统安装完毕，管道保温之前应进行水压试验。试验压力应符合设计要求。当设计未注明时，热水供应系统水压试验压力应为系统顶点的工作压力加 0.1MPa，同时在系统顶点的试验压力不小于 0.3MPa，且试验压力不得小于 0.6MPa。试验压力测试点设在注水点及系统管网最不利点，对管网注水时应将管网内空气排净并应缓慢升压。
检验方法：钢管或复合管道系统试验压力下 10min 内压力降不大于 0.02MPa，然后降至工作压力检查，压力应不降，且不渗不漏；塑料管道系统在试验压力下稳压 1h，压力降不得超过 0.05MPa，然后在工作压力 1.15 倍状态下稳压 2h，压力降不得超过 0.03MPa，连接处不得渗漏。</td></tr>
<tr><td colspan="4">试验记录：
热水系统试验压力为 0.9MPa，压力表设置在地下二层管井处、二十二层管井立管顶点。13：30 开始打开系统高处排气阀，向系统内注水，直至系统内满水无气后，关闭高处排气阀，对系统补水加压，至 14：35 压力表升至 0.90MPa，系统顶点压力为 0.62MPa，停止加压。关闭供水阀门后进行观测，14：50 地下二层压力值为 0.89MPa 即压力降 0.01MPa，系统顶点压力值为 0.61MPa 即压力降 0.01MPa，不渗不漏。
塑料管给水管道系统在试验压力 0.90MPa 状态下稳压 1h，15：50 地下二层压力值为 0.89MPa 即压力降 0.01MPa，系统顶点压力值为 0.60MPa 即压力降 0.01MPa。然后在工作压力 1.15 倍状态即 0.92MPa 下稳压 2h，17：50 地下二层压力值为 0.89MPa 即压力降 0.01MPa，系统顶点压力值为 0.60MPa 即压力降 0.01MPa，连接处不渗漏。</td></tr>
<tr><td colspan="4">试验结论：
经检查，热水系统水压试验符合施工图设计及《建筑给水排水及采暖工程施工质量验收规范》(GB 50242—2002) 的要求，试验结论为合格。</td></tr>
</table>

签字栏	专业监理工程师	专业质检员	专业工长
	王××	吴××	徐××
制表日期	20××年××月××日		

本表由施工单位填写。

<table>
<tr><td colspan="2">强度严密性试验记录
表 C6-28</td><td>资料编号</td><td>05-C6-28-×××</td></tr>
<tr><td>工程名称</td><td>北京××大厦</td><td>试验日期</td><td>20××年××月××日</td></tr>
<tr><td>施工单位</td><td>北京××机电安装有限责任公司</td><td>监理单位</td><td>北京××监理有限责任公司</td></tr>
<tr><td>试验项目</td><td>喷淋灭火系统干管水压强度试验</td><td>试验部位</td><td>地下一层至首层</td></tr>
<tr><td>材　　质</td><td>镀锌钢管</td><td>规　　格</td><td>DN25～DN100</td></tr>
<tr><td colspan="4">试验要求：
《自动喷水灭火系统施工及验收规范》(GB 50261—2017) 中第 6.2.1 条规定，当系统设计工作压力等于或小于 1.0MPa 时，水压强度试验压力应为设计工作压力的 1.5 倍，并不应低于 1.4MPa；当系统设计工作压力大于 1.0MPa 时，水压强度试验压力应为该工作压力加 0.4MPa。
第 6.2.2 规定，条水压强度试验的测试点应设在系统管网的最低点。对管网注水时应将管网内的空气排净，并应缓慢升压，达到试验压力后稳压 30min，管网应无泄漏、无变形，且压力降不应大于 0.05MPa。</td></tr>
<tr><td colspan="4">试验记录：
试验用压力表设置在地下一层（加压泵出口处），上午 9：10 开始对系统补水，9：25 补满水，首层末端立管顶点排除管道内空气且检查所有管道连接处无渗漏现象后，启动加压泵向给水系统加压。9：30 压力升至 1.4MPa，关闭供水阀门，观察 30min，10：00 压值下降 1.38MPa（压降为 0.02MPa），然后检查各层管道及接口无渗漏现象，10：10 试验结束。</td></tr>
<tr><td colspan="4">试验结论：
经检查，喷淋灭火系统干管水压强度试验符合施工图设计及《自动喷水灭火系统施工及验收规范》(GB 50261—2017)、《建筑给水排水及采暖工程施工质量验收规范》(GB 50242—2002) 的要求，试验结论为合格。</td></tr>
<tr><td rowspan="2">签字栏</td><td>专业监理工程师</td><td>专业质检员</td><td>专业工长</td></tr>
<tr><td>王××</td><td>吴××</td><td>徐××</td></tr>
<tr><td colspan="2">制表日期</td><td colspan="2">20××年××月××日</td></tr>
</table>

本表由施工单位填写。

<table>
<tr><td colspan="2">强度严密性试验记录
表 C6-28</td><td>资料编号</td><td>05-C6-28-×××</td></tr>
<tr><td>工程名称</td><td>北京××大厦</td><td>试验日期</td><td>20××年××月××日</td></tr>
<tr><td>施工单位</td><td>北京××机电安装有限责任公司</td><td>监理单位</td><td>北京××监理有限责任公司</td></tr>
<tr><td>试验项目</td><td>喷淋灭火系统干管水压严密性试验</td><td>试验部位</td><td>地下一层至首层</td></tr>
<tr><td>材　　质</td><td>镀锌钢管</td><td>规　　格</td><td>DN25～DN100</td></tr>
<tr><td colspan="4">试验要求：
《自动喷水灭火系统施工及验收规范》(GB 50261—2017) 中第 6.2.3 条规定，水压严密性试验应在水压强度试验和管网冲洗合格后进行。试验压力应为设计工作压力，稳压 24h，应无泄漏。</td></tr>
<tr><td colspan="4">试验记录：
系统强度试验合格，冲洗试验合格，喷淋头安装完毕，系统方可进行严密性试验。试验用压力表设置在地下一层（加压泵出口处），上午 9：10 开始对系统补水，9：25 补满水，首层末端立管顶点排除管道内空气且检查所有管道连接处无渗漏现象后，启动加压泵向喷淋灭火系统加压。9：30 压力升至 0.9MPa，关闭供水阀门后进行检查。至第二天上午 9：15，24h 后观察压力值无下降，然后检查各层管道及接口无渗漏现象，9：30 试验结束。</td></tr>
<tr><td colspan="4">试验结论：
经检查，喷淋灭火系统干管水压严密性试验符合施工图设计及《自动喷水灭火系统施工及验收规范》(GB 50261—2017)、《建筑给水排水及采暖工程施工质量验收规范》(GB 50242—2002) 的要求，试验结论为合格。</td></tr>
<tr><td rowspan="2">签字栏</td><td>专业监理工程师</td><td>专业质检员</td><td>专业工长</td></tr>
<tr><td>王××</td><td>吴××</td><td>徐××</td></tr>
<tr><td colspan="2">制表日期</td><td colspan="2">20××年××月××日</td></tr>
</table>

本表由施工单位填写。

三、通水试验记录（表C6-29）

《建筑给水排水及采暖工程施工质量验收规范》（GB 50242—2002）第4.2.2条规定，给水系统交付使用前必须进行通水试验并做好记录。

检查方法：观察和开启阀门、水嘴等放水。

《建筑给水排水及采暖工程施工质量验收规范》（GB 50242—2002）第7.2.2条规定，卫生器具交工前应做满水和通水试验。

检验方法：满水后各连接件不渗不漏；通水试验，给、排水畅通。

四、冲（吹）洗试验记录（表C6-30）

《建筑给水排水及采暖工程施工质量验收规范》（GB 50242—2002）第4.2.3条规定，生产给水系统管道在交付使用前必须冲洗和消毒，并经有关部门取样检验，符合国家生活饮用水标准方可使用。

检验方法：检查有关部门提供的检测报告。

《建筑给水排水及采暖工程施工质量验收规范》（GB 50242—2002）第6.2.3条规定，热水供应系统竣工后必须进行冲洗。检验方法：现场观察检查。

《建筑给水排水及采暖工程施工质量验收规范》（GB 50242—2002）第8.6.2条规定，系统试压合格后，应对系统进行冲洗并清扫过滤器及除污器。

检验方法：现场观察，直至排出水不含泥沙、铁屑等杂质，且水色不浑浊为合格。

《建筑给水排水及采暖工程施工质量验收规范》（GB 50242—2002）第9.2.7条规定，给水管道在竣工后，必须对管道进行冲洗，饮用水管道还要在冲洗后进行消毒，满足饮用水卫生要求。

检验方法：观察冲洗水的浊度，查看有关部门提供的检验报告。

《建筑给水排水及采暖工程施工质量验收规范》（GB 50242—2002）第11.3.2条规定，管道试压合格后，应进行冲洗。

检验方法：现场观察，以水色不浑浊为合格。

【说明】

（1）管道冲洗应采用设计提供的最大流量或不小于1.5m/s的流速连续进行，直到出水口处浊度、色度与入水口处冲洗水温度、色度相同为止。冲洗时应保证排水管路畅通安全。

（2）管网冲洗顺序应先室外后室内、先地下后地上、室内部分应按配水干管、配水管、配水支管顺序进行。

（3）冲洗宜设临时专用排水管道，排水管道截面面积不得小于被冲洗管道截面面积的60%。

（4）冲洗试验完成后应排净管网内余水，必要时可用压缩空气吹干。

<table>
<tr><td colspan="2">通水试验记录
表 C6-29</td><td>资料编号</td><td>05-C6-29-×××</td></tr>
<tr><td>工程名称</td><td>北京××大厦</td><td>试验日期</td><td>20××年××月××日</td></tr>
<tr><td>施工单位</td><td>北京××机电安装有限责任公司</td><td>监理单位</td><td>北京××监理有限责任公司</td></tr>
<tr><td>试验项目</td><td>室内给水系统</td><td>试验部位</td><td>5～9/B～G 轴线一层～五层（低区）</td></tr>
<tr><td colspan="4">试验系统简述及试验要求：
1～5 层（低区）供水系统由市政自来水直接供给，由地下一层导管供各立管，每户设全铜截止阀 1 个。每层 11 个坐便器、11 个脸盆、7 个淋浴水嘴甩口。
通水压力＝0.3MPa，通水流量＝50m³/h。</td></tr>
<tr><td colspan="4">试验记录：
通水试验于 13：30 开始，与排水系统通水试验同时进行，开启全部分户截止阀，打开全部给水水嘴，供水流量正常，各配水点出水畅通，阀门启闭灵活，至 17：00 结束。</td></tr>
<tr><td colspan="4">试验结论：
符合施工图设计及《建筑给水排水及采暖工程施工质量验收规范》（GB 50242—2002）的要求，试验结论为合格。</td></tr>
<tr><td rowspan="2">签字栏</td><td>专业监理工程师</td><td>专业质检员</td><td>专业工长</td></tr>
<tr><td>王××</td><td>吴××</td><td>徐××</td></tr>
<tr><td colspan="2">制表日期</td><td colspan="2">20××年××月××日</td></tr>
</table>

本表由施工单位填写。

<table>
<tr><td colspan="2">通水试验记录
表 C6-29</td><td>资料编号</td><td>05-C6-29-×××</td></tr>
<tr><td>工程名称</td><td>北京××大厦</td><td>试验日期</td><td>20××年××月××日</td></tr>
<tr><td>施工单位</td><td>北京××机电安装有限责任公司</td><td>监理单位</td><td>北京××监理有限责任公司</td></tr>
<tr><td>试验项目</td><td>卫生器具</td><td>试验部位</td><td>地下一层卫生间
9～12/A～B 轴线</td></tr>
<tr><td colspan="4">试验系统简述及试验要求：
地下一层卫生间卫生器具：3 套洗脸盆、3 套蹲便器、2 套小便斗、1 套拖布池。通水水源由市政自来水直接供给，通水压力为 0.3MPa，通水流量为 $50m^3/h$。
《建筑给水排水及采暖工程施工质量验收规范》(GB 50242—2002) 中第 7.2.2 条规定，卫生器具交工前应做满水和通水试验。检验方法：满水后各连接件不渗不漏；能通水试验给、排水畅通。</td></tr>
<tr><td colspan="4">试验记录：
通水试验于上午 9：00 开始，分别打开洗脸盆水龙头、蹲便器脚踏阀、小便斗角阀、拖布池水龙头，进行观察。给水管道流量、压力正常，卫生器具排水管道通畅，管道连接器具各连接处无渗漏，地漏 2 处分别进行通水试验，排水畅通。</td></tr>
<tr><td colspan="4">试验结论：
经检查，符合施工图设计及《建筑给水排水及采暖工程施工质量验收规范》(GB 50242—2002) 的要求，试验结论为合格。</td></tr>
<tr><td rowspan="2">签字栏</td><td>专业监理工程师</td><td>专业质检员</td><td>专业工长</td></tr>
<tr><td>王××</td><td>吴××</td><td>徐××</td></tr>
<tr><td colspan="2">制表日期</td><td colspan="2">20××年××月××日</td></tr>
</table>

本表由施工单位填写。

<table>
<tr><td colspan="2">冲（吹）洗试验记录
表 C6-30</td><td>资料编号</td><td>05-C6-30-×××</td></tr>
<tr><td>工程名称</td><td>北京××大厦</td><td>试验日期</td><td>20××年××月××日</td></tr>
<tr><td>施工单位</td><td>北京××机电安装有限责任公司</td><td>监理单位</td><td>北京××监理有限责任公司</td></tr>
<tr><td>试验项目</td><td>室内给水系统</td><td>试验介质</td><td>自来水</td></tr>
<tr><td colspan="4">试验要求：
管道在试压完成后即可冲洗。冲洗按施工图纸提供的系统最大设计流量实施（如果图纸没有，则以流速不小于1.5m/s进行，可以用秒表和水桶配合测量流速，计量4次取平均值），用自来水连续进行冲洗，直至各出水口水色透明度与进水目测一致为合格。冲洗合格后，办理验收手续。</td></tr>
<tr><td colspan="4">试验记录：
管道进行冲洗，先从室外水表井接入临时冲洗管道和加压水泵，水泵扬程为80m，关闭立管阀门，从导管末端（管径DN50）立管泄水口接排水管道，引至室外污水井。
上午9：00用加压泵往管道内加压进行冲洗，流速不小于1.5m/s，从排放处观察水质情况，目测排水水质与供水水质一样，无杂质。然后拆掉临时排水管道，打开各立管阀门，所有水表位置用一短管代替，用加压泵往系统加压，分别打开各户给水阀门，从支管末端放水，直至无杂质，水色透明，至中午12：10冲洗结束。</td></tr>
<tr><td colspan="4">试验结论：
符合施工图设计及《建筑给水排水及采暖工程施工质量验收规范》（GB 50242—2002）的要求。试验结论为合格。</td></tr>
<tr><td rowspan="2">签字栏</td><td>专业监理工程师</td><td>专业质检员</td><td>专业工长</td></tr>
<tr><td>王××</td><td>吴××</td><td>徐××</td></tr>
<tr><td colspan="2">制表日期</td><td colspan="2">20××年××月××日</td></tr>
</table>

本表由施工单位填写。

冲（吹）洗试验记录 表 C6-30		资料编号	05-C6-30-×××
工程名称	北京××大厦	试验日期	20××年××月××日
施工单位	北京××机电安装有限责任公司	监理单位	北京××监理有限责任公司
试验项目	自动喷水灭火系统冲洗试验	试验介质	自来水

试验要求：

管网冲洗按施工图纸提供的管网系统最大设计流量实施（如果图纸没有，则以流速不小于1.5m/s进行，可以用秒表和水桶配合测量流速，计量4次取平均值），用自来水连续进行冲洗，直至各出水口水色透明度与进水目测一致为合格。冲洗合格后，办理验收手续。

试验记录：

上午9：00，用加压泵往首层管网加压进行冲洗，流速不小于1.5m/s，从排放处观察水质情况，目测排水水质与供水水质一样，无杂质。然后拆掉临时排水管道，打开各立管阀门，所有水表位置用一短管代替，用加压泵往系统加压，分别打开各户给水阀门，从支管末端放水，直至无杂质，水色透明，至中午12：30冲洗结束。

试验结论：

符合施工图设计及《自动喷水灭火系统施工及验收规范》（GB 50261—2017）、《建筑给水排水及采暖工程施工质量验收规范》（GB 50242—2002）的要求。试验结论为合格。

签字栏	专业监理工程师	专业质检员	专业工长
	王××	吴××	徐××
制表日期	20××年××月××日		

本表由施工单位填写。

<table>
<tr><td colspan="2">冲（吹）洗试验记录
表 C6-30</td><td>资料编号</td><td>05-C6-30-×××</td></tr>
<tr><td>工程名称</td><td>北京××大厦</td><td>试验日期</td><td>20××年××月××日</td></tr>
<tr><td>施工单位</td><td>北京××机电安装有限责任公司</td><td>监理单位</td><td>北京××监理有限责任公司</td></tr>
<tr><td>试验项目</td><td>室内供暖系统</td><td>试验介质</td><td>自来水</td></tr>
<tr><td colspan="4">试验要求：
将供暖系统控制阀门全部打开，将临时用水与供暖供水主管进口处连接，打开阀门对管道进行冲洗。冲洗按施工图纸提供的系统最大设计流量实施（如果图纸没有，则以流速不小于 1.5m/s 进行，可以用秒表和水桶配合测量流速，计量 4 次取平均值），用自来水连续进行冲洗，直至各出水口排出水不含泥沙、铁屑等杂质，且水色不浑浊，水色透明度与进水目测一致为合格。冲洗合格后，办理验收手续。对系统所有的过滤器及除污器拆开清扫干净。</td></tr>
<tr><td colspan="4">试验记录：
供暖系统冲洗试验 13：00 开始，将供暖系统控制阀门全部打开，将临时用水与供暖供水主管进口处连接，打开阀门对管道进行冲洗。冲洗按施工图纸提供的系统最大设计流量实施（如果图纸没有则以流速不小于 1.5m/s 进行，可以用秒表和水桶配合测量流速，计量 4 次取平均值），用自来水连续进行冲洗，直至各出水口排出水不含泥沙、铁屑等杂质，且水色不浑浊，水色透明度与进水目测一致为合格。冲洗合格后，办理验收手续。14：10 停止冲洗，泄掉系统内注水，对系统所有的过滤器及除污器拆开清扫干净。</td></tr>
<tr><td colspan="4">试验结论：
经检查，符合施工图设计及《建筑给水排水及采暖工程施工质量验收规范》（GB 50242—2002）的要求。试验结论为合格。</td></tr>
<tr><td rowspan="2">签字栏</td><td>专业监理工程师</td><td>专业质检员</td><td>专业工长</td></tr>
<tr><td>王××</td><td>吴××</td><td>徐××</td></tr>
<tr><td colspan="2">制表日期</td><td colspan="2">20××年××月××日</td></tr>
</table>

本表由施工单位填写。

五、通球试验记录（表 C6-31）

《建筑给水排水及采暖工程施工质量验收规范》（GB 50242—2002）第 5.2.5 条规定，排水主立管及水平干管管道均应做通球试验，通球球径不小于排水管道管径的2/3，通球率必须达到 100%。

检查方法：通球检查。

六、补偿器安装记录（表 C6-32）

《建筑给水排水及采暖工程施工质量验收规范》（GB 50242—2002）第 8.2.2 条规定，补偿器的型号、安装位置及预拉伸和固定支架的构造及安装位置应符合要求。

【说明】

为妥善补偿采暖系统中的管道伸缩，避免因此而导致的管道破坏，该条规定补偿器及固定支架等应按设计要求正确施工。热力管道固定支架的最大允许跨距见下表。

热力管道固定支架的最大允许跨距

公称直径 DN（mm）		25	32	40	50	65	80	100	125	150
L 形补偿器（m）	长边	≤15	18	20	24	24	30	30	30	30
	短边	≥2	2.5	3.0	3.5	4.0	5.0	5.5	6.0	6.0
波纹管补偿器（m）		—	—	—	—	—	8	10	12	12
方形补偿器（m）		30	35	45	50	55	60	65	70	80

注：上述形式支架中未规定的及其他形式的支架请按国家相关规范执行。

七、消火栓试射记录（表 C6-33）

《建筑给水排水及采暖工程施工质量验收规范》（GB 50242—2002）第 4.3.1 条规定，室内消火栓系统安装完成后应取屋顶层（或水箱间内）试验消火栓和首层取二处消火栓做试射试验，达到设计要求为合格。

检查方法：实地试射检查。

《消防给水及消火栓系统技术规范》（GB 50974—2014）第 7.4.12 条规定，室内消火栓栓口压力和消防水枪充实水柱，应符合下列规定：

（1）消火栓栓口动压力不应大于 0.50MPa；当大于 0.70MPa 时必须设置减压装置。

（2）高层建筑、厂房、库房和室内净空高度超过 8m 的民用建筑等场所，消火栓栓口动压不应小于 0.35MPa，且消防水枪充实水柱应按 13m 计算；其他场所，消火栓栓口动压不应小于 0.25MPa，且消防水枪充实水柱应按 10m 计算。

【说明】

（1）消火栓箱内的组件应为经过消防检测的合格产品，并具有 CCC 认证。

（2）试射前核对消防水枪、消防水带、消火栓接口、消防卷盘、消火栓按钮的规格、型号、生产厂商、合格证、检验报告等资料。

通球试验记录 表 C6-31			资料编号	05-C6-31-×××
工程名称	北京××大厦		试验日期	20××年××月××日
施工单位	北京××机电安装有限责任公司		监理单位	北京××监理有限责任公司
试验项目	室内排水系统		管道材质	DN150
试验要求： 从导管起始检查口把管径不小于 2/3 管内径球径的塑料球放入管内，向系统内灌水，将球从室外检查井内排出，为合格。				
试验部位	管段编号	通球管道管径（mm）	通球球径（mm）	通球情况
PL-1	1 号	DN150	≥2/3ϕ	通球率为 100%
PL-2	2 号	DN150	≥2/3ϕ	通球率为 100%
PL-3	3 号	DN150	≥2/3ϕ	通球率为 100%
PL-4	4 号	DN150	≥2/3ϕ	通球率为 100%
PL-5	5 号	DN150	≥2/3ϕ	通球率为 100%
PL-6	6 号	DN150	≥2/3ϕ	通球率为 100%
试验结论： 将塑料球放入 4/P 排水导管起始端的立管一层检查口，同时从一层立管检查口灌水冲洗，用隔栅网封住检查井排水导管的出口，接到球后放入第二个，试验重复 3 次，均畅通无阻。符合施工图设计及《建筑给水排水及采暖工程施工质量验收规范》（GB 50242—2002）的要求，试验结论为合格。				
签字栏	专业监理工程师	专业质检员	专业工长	
	王××	吴××	徐××	
制表日期		20××年××月××日		

本表由施工单位填写。

补偿器安装记录 表 C6-32		资料编号	05-C6-32-×××
工程名称	北京××大厦	试验日期	20××年××月××日
施工单位	北京××机电安装有限责任公司	监理单位	北京××监理有限责任公司
设计压力（MPa）	0.8	安装部位	地下一层热水立管
规格型号	DN100	补偿器材质	钢管套筒
固定支架间距（m）	10	管内介质温度	90℃水

补偿器安装记录及说明：

①安装前清除波纹管及管道内异物；②补偿器按介质流向箭头的要求进行安装；③安装过程中保证补偿器轴向、横向安装允许误差；④调整波纹管处于良好的工作状态。

补偿器的安装及预拉值示意图和说明均满足厂家产品技术说明书，按下图进行安装。

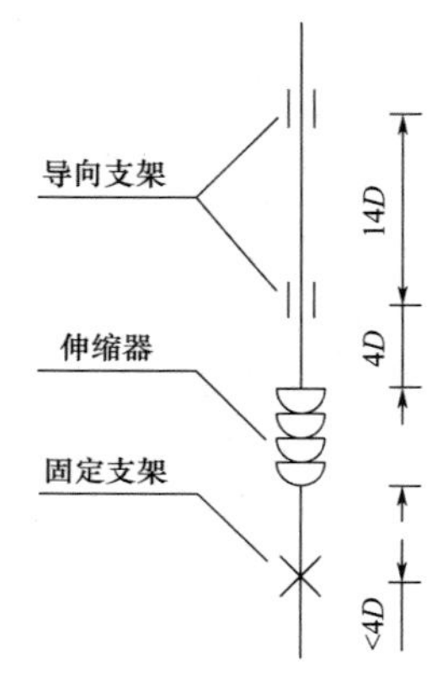

结论：

补偿器安装符合施工图设计及《建筑给水排水及采暖工程施工质量验收规范》（GB 50242—2002）的要求，安装合格。

签字栏	专业监理工程师	专业质检员	专业工长
	王××	吴××	徐××
制表日期		20××年××月××日	

本表由施工单位填写。

消火栓试射记录 表 C6-33		资料编号	05-C6-33-×××
工程名称	北京××大厦	试射时间	20××年××月××日
施工单位	北京××机电安装有限责任公司	监理单位	北京××监理有限责任公司
试射消火栓位置	首层消火栓	启泵按钮	☑合格 □不合格
消火栓组件	☑合格 □不合格	栓口安装	☑合格 □不合格
栓口水枪型号	☑合格 □不合格	卷盘间距、组件	☑合格 □不合格
栓口静压（MPa）	0.45	栓口动压（MPa）	0.43
试验要求： 首层同时取两处消火栓进行试射试验，压力表读数不应大于0.5MPa，射出的密集水柱不散花，应同时到达最远点，首层的消火栓栓口动压力不大于0.5MPa。			
试验记录： 试验从下午2：45开始，3：15结束。打开首层两处消火栓箱，按下其中一个消防泵启动按钮，取下消防水龙带迅速接好栓口和水枪，水平向上倾斜30°～45°试射，同时两个消火栓出口压力均为0.45MPa，两股水柱密集，没有散花，水柱达到的最远点一样。首层消火栓静压均为0.43MPa。			
试验结论： 首层两处消火栓试射符合施工图设计及《建筑给水排水及采暖工程施工质量验收规范》（GB 50242—2002）的要求。试验结论为合格。			
签字栏	专业监理工程师	专业质检员	专业工长
	王××	吴××	徐××
制表日期		20××年××月××日	

本表由施工单位填写。

消火栓试射记录 表 C6-33		资料编号	05-C6-33-×××
工程名称	北京××大厦	试射时间	20××年××月××日
施工单位	北京××机电安装有限责任公司	监理单位	北京××监理有限责任公司
试射消火栓位置	屋顶消火栓	启泵按钮	☑合格　□不合格
消火栓组件	☑合格　□不合格	栓口安装	☑合格　□不合格
栓口水枪型号	☑合格　□不合格	卷盘间距、组件	☑合格　□不合格
栓口静压（MPa）	0.45	栓口动压（MPa）	0.42

试验要求：

屋顶同时取两处消火栓进行试射试验，压力表读数不应大于 0.5MPa，射出的密集水柱不散花，应同时到达最远点，消防水枪充实水柱应不小于 10m，屋顶的消火栓栓口动压不小于 0.25MPa。

试验记录：

选定消火栓后安装压力表测试栓口静压，压力表读数为 0.4MPa。连接好消防水带、消防水枪及压力表后通过启泵按钮启动消火栓泵，打开消火栓阀门进行试射，压力表读数在 0.41～0.43MPa 浮动，取最低值 0.41MPa。充实水柱试射距离为 10.5m。关闭消火栓泵、消火栓阀门后排出余水，将消防水带、消防水枪复位，试射结束。

试验结论：

首层两处消火栓试射符合施工图设计及《建筑给水排水及采暖工程施工质量验收规范》（GB 50242—2002）的要求。试验结论为合格。

签字栏	专业监理工程师	专业质检员	专业工长
	王××	吴××	徐××
制表日期		20××年××月××日	

本表由施工单位填写。

八、自动喷水灭火系统质量验收缺陷项目判定记录（表 C6-34）

《自动喷水灭火系统施工及验收规范》（GB 50261—2017）第 8.0.13 条规定，系统工程质量验收判定应符合下列规定：

（1）系统工程质量缺陷应按本规范附录 F 要求划分为严重缺陷项（A）、重缺陷项（B）、轻缺陷项（C）。

（2）系统验收合格判定的条件为 $A=0$、$B\leqslant 2$，且 $B+C\leqslant 6$ 为合格，否则为不合格。

九、系统试运转调试记录（机电通用）（表 C6-65）

《自动喷水灭火系统施工及验收规范》（GB 50261—2017）相关规定：

第 7.2.1 条规定，系统调试应包括下列内容：

（1）水源测试。

（2）消防水泵调试。

（3）稳压泵调试。

（4）报警阀调试。

（5）排水设施调试。

（6）联动试验。

第 7.2.2 条规定，水源测试应符合下列要求：

（1）按设计要求核实高位消防水箱、消防水池的容积，高位消防水箱设置高度、消防水池（箱）水位显示等应符合设计要求；合用水池、水箱的消防储水应有不做他用的技术措施。

检查数量：全数检查。

检查方法：对照图纸观察和尺量检查。

（2）应按设计要求核实消防水泵接合器的数量和供水能力，并应通过移动式消防水泵做供水试验进行验证。

检查数量：全数检查。

检查方法：观察检查和进行通水试验。

第 7.2.3 条规定，消防水泵调试应符合下列要求：

（1）以自动或手动方式启动消防水泵时，消防水泵应在 55s 内投入正常运行。

检查数量：全数检查。

检查方法：用秒表检查。

（2）以备用电源切换方式或备用泵切换启动消防水泵时，消防水泵应在 1min 或 2min 内投入正常运行。

检查数量：全数检查。

检查方法：用秒表检查。

第 7.2.4 条规定，稳压泵应按设计要求进行调试。当达到设计启动条件时，稳压泵应立即启动；当达到系统设计压力时，稳压泵应自动停止运行；当消防主泵启动时，稳压泵应停止运行。

检查数量：全数检查。

检查方法：观察检查。

第 7.2.5 条规定，报警阀调试应符合下列要求：

（1）湿式报警阀调试时，在末端装置处放水，当湿式报警阀进口水压大于 0.14MPa、放水流量大于 1L/s 时，报警阀应及时启动；带延迟器的水力警铃应在 5～90s 内发出报警铃声，不带延迟器的水力警铃应在 15s 内发出报警铃声；压力开关应及时动作，启动消防泵并反馈信号。

检查数量：全数检查。

检查方法：使用压力表、流量计、秒表和观察检查。

（2）干式报警阀调试时，开启系统试验阀，报警阀的启动时间、启动点压力、水流到试验装置出口所需时间，均应符合设计要求。

检查数量：全数检查。

检查方法：使用压力表、流量计、秒表、声强计和观察检查。

（3）雨淋阀调试宜利用检测、试验管道进行。自动和手动方式启动的雨淋阀，应在 15s 之内启动；公称直径大于 200mm 的雨淋阀调试时，应在 60s 之内启动。雨淋阀调试时，当报警水压为 0.05MPa 时，水力警铃应发出报警铃声。

检查数量：全数检查。

检查方法：使用压力表、流量计、秒表、声强计和观察检查。

第 7.2.6 条规定，调试过程中，系统排出的水应通过排水设施全部排走。

检查数量：全数检查。

检查方法：观察检查。

第 7.2.7 条规定，联动试验应符合下列要求，并应按本规范附录 C 表 C.0.4 的要求进行记录：

（1）湿式系统的联动试验，启动一只喷头或以 0.94～1.5L/s 的流量从末端试水装置处放水时，水流指示器、报警阀、压力开关、水力警铃和消防水泵等应及时动作，并发出相应的信号。

检查数量：全数检查。

检查方法：打开阀门放水，使用流量计和观察检查。

（2）预作用系统、雨淋系统、水幕系统的联动试验，可采用专用测试仪表或其他方式，对火灾自动报警系统的各种探测器输入模拟火灾信号，火灾自动报警控制器应发出声光报警信号，并启动自动喷水灭火系统；采用传动管启动的雨淋系统、水幕系统联动试验时，启动一只喷头，雨淋阀打开，压力开关动作，水泵启动。

检查数量：全数检查。

检查方法：观察检查。

（3）干式系统的联动试验，启动一只喷头或模拟一只喷头的排气量排气，报警阀应及时启动，压力开关、水力警铃动作并发出相应信号。

检查数量：全数检查。

检查方法：观察检查。

<table>
<tr><td colspan="3">自动喷水灭火系统
质量验收缺陷项目判定记录
表 C6-34</td><td>资料编号</td><td colspan="3">05-C6-34-×××</td></tr>
<tr><td>工程名称</td><td colspan="2">北京××大厦</td><td>建设单位</td><td colspan="3">北京××房地产开发有限责任公司</td></tr>
<tr><td>施工单位</td><td colspan="2">北京××建设集团有限公司</td><td>监理单位</td><td colspan="3">北京××监理有限责任公司</td></tr>
<tr><td>缺陷分类</td><td>严重缺陷（A）</td><td>缺陷款数</td><td>重缺陷（B）</td><td>缺陷款数</td><td>轻缺陷（C）</td><td>缺陷款数</td></tr>
<tr><td rowspan="11">包含条款</td><td>—</td><td>—</td><td>—</td><td>—</td><td>8.0.3 条
第 1～5 款</td><td>1</td></tr>
<tr><td>8.0.4 条
第 1、2 款</td><td>0</td><td>—</td><td>—</td><td>—</td><td>—</td></tr>
<tr><td>—</td><td>—</td><td>8.0.5 条
第 1～3 款</td><td>0</td><td>—</td><td>—</td></tr>
<tr><td>8.0.6 条第 4 款</td><td>0</td><td>8.0.6 条第 1、2、3、5、6 款</td><td>0</td><td>8.0.6 条第 7 款</td><td>1</td></tr>
<tr><td>—</td><td>—</td><td>8.0.7 条第 1、2、3、4、6 款</td><td>0</td><td>8.0.7 条第 5 款</td><td>—</td></tr>
<tr><td>8.0.8 条第 1 款</td><td>0</td><td>8.0.8 条
第 4、5 款</td><td>0</td><td>8.0.8 条
第 2、3、6、7 款</td><td>—</td></tr>
<tr><td>8.0.9 条第 1 款</td><td>—</td><td>8.0.9 条第 2 款</td><td>—</td><td>8.0.9 条第 3～5 款</td><td>—</td></tr>
<tr><td>—</td><td>—</td><td>8.0.10 条</td><td>1</td><td>—</td><td>—</td></tr>
<tr><td>8.0.11 条</td><td>0</td><td>—</td><td>—</td><td>—</td><td>—</td></tr>
<tr><td>8.0.12 条
第 3、4 款</td><td>0</td><td>8.0.12 条
第 5～7 款</td><td>0</td><td>8.0.12 条
第 1、2 款</td><td>1</td></tr>
<tr><td>严重缺陷（A）
合计</td><td>0</td><td>重缺陷（B）
合计</td><td>1</td><td>轻缺陷（C）
合计</td><td>3</td></tr>
<tr><td>合格判定条件</td><td>A</td><td>0</td><td>B</td><td>≤2</td><td>B+C</td><td>≤6</td></tr>
<tr><td>缺陷判定记录</td><td>A</td><td>0 缺陷</td><td>B</td><td>1 项缺陷</td><td>B+C</td><td>3 项缺陷</td></tr>
<tr><td>判定结论</td><td colspan="6">该工程自动喷水灭火系统质量验收中发现重缺陷（B）共计 1 项，轻缺陷（C）共计 3 项，均在合格判定条件范围内，分别满足《自动喷水灭火系统施工及验收规范》（GB 50261—2017）要求，自动喷水灭火系统质量验收合格。</td></tr>
<tr><td>参加单位</td><td colspan="2">建设单位
项目负责人：
（签章）

20××年××月××日</td><td colspan="2">监理单位
监理工程师：
（签章）

20××年××月××日</td><td colspan="2">施工单位
项目负责人：
（签章）

20××年××月××日</td></tr>
</table>

本表由施工单位填写。

<table>
<tr><td colspan="2">系统试运转调试记录（机电通用）
表 C6-65</td><td>资料编号</td><td>08-C6-65-×××</td></tr>
<tr><td>工程名称</td><td>北京××大厦</td><td>试运转调试时间</td><td>20××年××月××日</td></tr>
<tr><td>试运转调试项目</td><td>自动喷水灭火系统</td><td>试运转调试部位</td><td>整栋楼</td></tr>
<tr><td colspan="4">试运转、调试内容：
（1）消防水泵调试：以自动或手动方式启动消防水泵时，消防水泵应在55s内投入正常运行。以备用电源切换方式或备用泵切换启动消防水泵时，消防水泵应在1min内投入正常运行。
（2）稳压泵调试：当达到设计启动条件时，稳压泵应立即启动；当达到系统设计压力时，稳压泵应自动停止运行；当消防主泵启动时，稳压泵应停止运行。
（3）报警阀调试：湿式报警阀调试时，在末端装置处放水，当湿式报警阀进口水压大于0.14MPa、放水流量大于1L/s时，报警阀应及时启动；带延迟器的水力警铃应在5～90s内发出报警铃声，不带延迟器的水力警铃应在15s内发出报警铃声；压力开关应及时动作，启动消防泵并反馈信号。</td></tr>
<tr><td colspan="4">试运转、调试结论：
符合施工图设计及《自动喷水灭火系统施工及验收规范》（GB 50261—2017）的要求，试运转、调试结论为合格。</td></tr>
</table>

签字栏	建设单位	监理单位	施工单位
	李××	吴××	徐××

本表由施工单位填写。

第六章　通风与空调工程施工资料填写指南

第一节　施工物资资料（C4）

施工物资资料（C4）共101种，主要包括质量证明文件、材料及构配件进场检验记录、设备开箱检验记录、设备及管道附件试验记录、设备安装使用说明书、材料进场复试报告、预拌混凝土（砂浆）运输单等，应符合以下要求：

（1）建筑安装工程使用的主要物资应有出厂质量证明文件（包括产品合格证、质量合格证、检验报告、试验报告、产品生产许可证和质量保证书等）。质量证明文件应反映工程物资的品种、规格、数量、性能指标等，并与实际进场物资相符。

（2）防火风管等有关物资进场，应具有相应资质检测单位出具的检测报告。

《通风与空调工程施工质量验收规范》（GB 50243—2016）第4.1.2条规定，风管制作所用的板材、型材以及其他主要材料进场时应进行验收，质量应符合设计要求及国家现行标准的有关规定，并应提供出厂检验合格证明。工程中所选用的成品风管，应提供产品合格证书或进行强度和严密性的现场复验。

《通风与空调工程施工质量验收规范》（GB 50243—2016）第4.2.2条规定，防火风管的本体、框架与固定材料、密封垫料等必须采用不燃材料，防火风管的耐火极限时间应符合系统防火设计的规定。

检查数量：全数检查。

检查方法：查阅材料质量合格证明文件和性能检测报告，观察检查与点燃试验。

《通风与空调工程施工质量验收规范》（GB 50243—2016）第4.2.5条规定，复合材料风管的覆面材料必须采用不燃材料，内层的绝热材料应采用不燃或难燃且对人体无害的材料。

检查数量：全数检查。

检查方法：查验材料质量合格证明文件、性能检测报告，观察检查与点燃试验。

《通风与空调工程施工质量验收规范》（GB 50243—2016）第5.2.7条规定，防排烟系统的柔性短管必须采用不燃材料。

检查数量：全数检查。

检查方法：观察检查、检查材料燃烧性能检测报告。

（3）进口材料和设备应有中文安装使用说明书及商检证明。

《通风与空调工程施工质量验收规范》（GB 50243—2016）第3.0.3条规定，通风与空调工程所使用的主要原材料、成品、半成品和设备的材质、规格及性能应符合设计文件和国家现行标准的规定，不得采用国家明令禁止使用或淘汰的材料与设备。主要原材料、成品、半成品和设备的进场验收应符合下列规定：……进口材料与设备应提供有效的商检合格证明、中文质量证明等文件。

(4) 强制性产品应有产品基本安全性能认证标识（CCC），认证证书应在有效期内。

《建筑电气工程施工质量验收规范》(GB 50303—2015) 第 3.2.2 条规定，实行生产许可证或强制性认证（CCC 认证）的产品，应有许可证编号或 CCC 认证标志，并应抽查生产许可证或 CCC 认证证书的认证范围、有效性及真实性。

(5) 建筑安装工程使用的物资出厂质量证明文件的复印件应与原件内容一致，复印件应加盖复印件提供单位的印章，注明复印日期，并有经手人签字。

一、通用材料试验报告（表 C4-43）

按规定应进场复试的工程物资，必须在进场检查验收合格后取样复试。

《建筑节能工程施工质量验收标准》(GB 50411—2019) 第 10.2.2 条规定，通风与空调节能工程使用的风机盘管机组和绝热材料进场时，应对其下列性能进行复验，复验应为见证取样检验：

(1) 风机盘管机组的供冷量、供热量、风量、水阻力、功率及噪声；

(2) 绝热材料的导热系数或热阻、密度、吸水率。

检验方法：核查复验报告。

检查数量：按结构形式抽检，同厂家的风机盘管机组数量在 500 台及以下时，抽检 2 台；每增加 1000 台时应增加抽检 1 台。同工程项目、同施工单位且同期施工的多个单位工程可合并计算。当符合本标准第 3.2.3 条规定时，检验批容量可以扩大一倍。

同厂家、同材质的绝热材料，复验次数不得少于 2 次。

《风机盘管机组》(GB/T 19232—2019) 的相关规定：

1) 外观

机组外表面应无明显划伤、锈斑和压痕，表面光洁平整，卡式和明装机组喷涂层应均匀，色调应一致，无流痕、气泡和剥落。

2) 耐压性

按 7.3 的方法试验，机组盘管在 1.6MPa 压力下应能正常运行。

3) 密封性

按 7.4 的方法试验，机组盘管在 1.6MPa 压力下进行密封性检查时应无渗漏。

4) 启动和运转

按 7.5 的方法试验，机组在各挡转速时应能正常启动和运转。可连续调节转速的机组在额定转速和可调节转速范围内应能正常启动和运转。

5) 风量

按 7.6 的方法试验，风量实测值不应低于额定值及名义值的 95%。

6) 输入功率和功率因数

按 7.7 的方法试验，输入功率实测值不应大于额定值及名义值的 105%。采用永磁同步电机的机组，其功率因数不应小于 0.9。

7) 供冷量和供热量

按 7.8 的方法试验，机组供冷量和供热量的实测值不应低于额定值及名义值的 95%。

8）水阻

按 7.9 的方法试验，机组实测水阻不应大于额定值及名义值的 110%。

9）噪声

按 7.10 方法试验，机组实测声压级噪声不应大于额定值，且不应大于机组名义值 +1dB（A）。

<table>
<tr><td colspan="4" rowspan="3">通用材料试验报告
表 C4-43</td><td>资料编号</td><td>表 C4-43-××</td></tr>
<tr><td>试验编号</td><td>××</td></tr>
<tr><td>委托编号</td><td>××</td></tr>
<tr><td>工程名称</td><td colspan="3">××研发中心</td><td>使用部位</td><td>研发用房</td></tr>
<tr><td>委托单位</td><td colspan="3">北京××集团专利中心项目部</td><td>委托人</td><td>××</td></tr>
<tr><td>施工单位</td><td colspan="3">北京××集团工程总承包部</td><td>试样编号</td><td>FJ-005</td></tr>
<tr><td>见证人单位</td><td colspan="3">中国××研究总院有限公司</td><td>见证人</td><td>××</td></tr>
<tr><td>材料名称及规格</td><td colspan="3">风机盘管机组　42CE005203A</td><td>产地、厂别</td><td>上海市　××空调设备有限公司</td></tr>
<tr><td>代表数量</td><td>1 台</td><td>委托日期</td><td>20××年××月××日</td><td>试验日期</td><td>20××年××月××日</td></tr>
<tr><td colspan="6">要求试验项目及说明：
①风量；②输入功率；③供冷量；④供热量；⑤噪声（声压级）。</td></tr>
<tr><td colspan="6">试验结果：
1. 风量实测值为 925m³/h，设计值为 900m³/h，符合《风机盘管机组》（GB/T 19232—2019）第 6.5 条规定，风量按 7.6 的方法试验，风量实测值应不低于额定值的 95%。
2. 输入功率实测值为 89.9W，设计值为 92W，符合《风机盘管机组》（GB/T 19232—2019）第 6.6 条规定，输入功率和功率因数按 7.7 的方法试验，输入功率实测值应不大于额定值及名义值的 105%。
3. 供冷量实测值为 4980W，设计值为 4500W，符合《风机盘管机组》（GB/T 19232—2019）第 6.7 条规定，供冷量和供热量按 7.8 的方法试验，机组供冷量和供热量的实测值不应低于额定值及名义值的 95%。
4. 供热量实测值为 7890W，设计值为 7500W，符合《风机盘管机组》（GB/T 19232—2019）第 6.7 条规定，供冷量和供热量按 7.8 的方法试验，机组供冷量和供热量的实测值应不低于额定值及名义值的 95%。
5. 噪声（声压级）实测值为 45.1dB（A），设计值为 46dB（A），符合《风机盘管机组》（GB/T 19232—2019）第 6.9 条规定，噪声按 7.10 方法试验，机组实测声压级噪声不应大于额定值，且不应大于机组名义值 +1dB（A）。</td></tr>
<tr><td colspan="6">试验结论：
风机盘管机组试验各项目均符合《风机盘管机组》（GB/T 19232—2019）的要求，试验结论为合格。</td></tr>
<tr><td colspan="6">备注：</td></tr>
<tr><td>批准</td><td>×××</td><td>审核</td><td>×××</td><td>试验</td><td>×××</td></tr>
<tr><td>检测试验机构</td><td colspan="5">××建筑研究总院有限公司</td></tr>
<tr><td>报告日期</td><td colspan="5">20××年××月××日</td></tr>
</table>

本表由检测机构提供。

有见证送检

2014000516E

单位编号：[illegible]150338

CNAS L0684

风机盘管机组试验报告

表C4-34

		资料编号	
		试验编号	fjpg16-00253
		委托编号	[illegible]
工程名称及部位	专利技术研发中心研发用房建设项目通风与空调工程	试样编号	FJ-006
委托单位	北京[illegible]建设项目工程总承包部	试验委托人	邢[illegible]
样品名称	风机盘管机组	商标	Carrier
生产厂	上海[illegible]空调设备有限公司	出口静压	30MPa
规格型号	42CE005203A	代表数量	200台
电机生产厂家	[illegible]电机有限公司	委托日期	[illegible]
叶轮材料及数量	金属 2个	试验日期	[illegible]

有见证试验

试验结果	试验项目	铭牌额定值	设计要求	标准要求	高速档实测值
	一、风量（m^3/h）	—	900	≥额定值的95%	924.8
	二、输入功率（W）	—	92	≤额定值的110%	89.9
	三、供冷量（W）	—	4500	≥额定值的95%	4980.6
	四、供热量（W）	—	7500	≥额定值的95%	7890.0
	五、噪声[dB(A)]	—	46	≤额定值	45.1
	六、其他	—			

结 论：

依据GB/T 19232—2019《风机盘管机组》，所检项目均符合标准要求。

$900m^3/h$、92W、4500W、7500W、30MPa、46dB（A）

中冶建筑研究总院有限公司 检测专用章

批 准	[签名]	审 核	[签名]	试 验	[签名]
试验单位	中冶建筑研究总院有限公司				
报告日期	[illegible]				

备注：部分复制检验报告需经本中心书面批准（完整复制除外）。
若有异议，收到报告十五日内向检验单位提出。

<table>
<tr><td colspan="4" rowspan="3">通用材料试验报告
表 C4-43</td><td>资料编号</td><td>表 C4-43-××</td></tr>
<tr><td>试验编号</td><td>XSBWB-003</td></tr>
<tr><td>委托编号</td><td>2017-000080</td></tr>
<tr><td colspan="2">工程名称</td><td colspan="2">数字化研发大楼</td><td>使用部位</td><td>研发大楼保温</td></tr>
<tr><td colspan="2">委托单位</td><td colspan="2">北京××建筑集团有限公司</td><td>委托人</td><td>王××</td></tr>
<tr><td colspan="2">施工单位</td><td colspan="2">北京××建筑集团有限公司</td><td>试样编号</td><td>HJ2-2017-01061</td></tr>
<tr><td colspan="2">见证人单位</td><td colspan="2">北京××国际工程管理有限公司</td><td>见证人</td><td>王××</td></tr>
<tr><td colspan="2">材料名称及规格</td><td colspan="2">橡塑保温材料
8000mm×1500mm×10mm</td><td>产地、厂别</td><td>河北省××节能科技集团有限公司</td></tr>
<tr><td>代表数量</td><td>1 组</td><td>委托日期</td><td>20××年××月××日</td><td>试验日期</td><td>20××年××月××日</td></tr>
<tr><td colspan="6">要求试验项目及说明：
①燃烧增长速率指标；②600s 内总放热量；③火焰横向蔓延长度；④火焰高度；⑤滴落物引燃滤纸；⑥烟气生成速率指数；⑦试验 600s 总烟气生成量；⑧燃烧滴落物/微粒</td></tr>
<tr><td colspan="6">试验结果：
（1）燃烧增长速率指数 $FIGRA_{0.4MJ}\leq 250W/s$，检测结果为 124W/s；
（2）600s 内总放热量 $THR_{600s}\leq 15MJ$，检测结果为 5MJ；
（3）火焰横向蔓延长度检测，结果为火焰横向蔓延未到达试样长翼边缘；
（4）火焰高度检测，结果为 60s 内焰尖高度≤150mm；
（5）滴落物引燃滤纸检测，结果为 60s 内无燃烧滴落物引燃滤纸现象；
（6）烟气生成速率指数（SMOGRA）：$s_1\leq 30m^2/s^2$，$s_2\leq 180m^2/s^2$，检测结果为 $431m^2/s^2$，为 s_3；
（7）试验 600s 总烟气生成量（TSP_{600s}）：$s_1\leq 50m^2$，$s_2\leq 200m^2$，检测结果为 $239m^2$，为 s_3；
（8）燃烧滴落物/微粒（d_0：600s 无燃烧滴落物/微粒）检测，结果为 600s 无燃烧滴落物/微粒，为 d_0。</td></tr>
<tr><td colspan="6">试验结论：
橡塑保温材料试验各项目依据《建筑材料及制品燃烧性能分级》（GB 8624—2012）中平板状建筑材料及制品燃烧性能等级的判断条件的要求，所送样品的燃烧性能为 B_1（C-s_3，d_0）级。</td></tr>
<tr><td colspan="6">备注：</td></tr>
<tr><td>批准</td><td></td><td>审核</td><td></td><td>试验</td><td></td></tr>
<tr><td>检测试验机构</td><td colspan="5">国家建设工程质量监督检验中心</td></tr>
<tr><td>报告日期</td><td colspan="5">20××年××月××日</td></tr>
</table>

本表由检测机构提供。

2017-000080

中国认可
国际互认
检测
TESTING
CNAS L0230

检 验 报 告

TEST REPORT

BETC-HJ2-2017-01061

建筑内部装修材料
见证检验报告

工程/产品名称
Name of Engineering/Product　橡塑保温材料

委托单位
Client　北京万兴建筑集团有限公司

检验类别
Test Category　见证检验

国家建筑工程质量监督检验中心
NATIONAL CENTER FOR QUALITY SUPERVISION
AND TEST OF BUILDING ENGINEERING

15

国家建筑工程质量监督检验中心检验报告

TEST REPORT OF NATIONAL CENTER FOR QUALITY SUPERVISION AND TEST OF BUILDING ENGINEERING

委托编号(Commission No.):2017-000080

报告编号(No. of Report): BETC-HJ2-2017-01061　　第 1 页 共 2 页 (Page 1 of 2)

委托单位 (Client)		北京■■建筑集团有限公司		
地址 (ADD.)		-------	样品编号(NO.)	HJ2-2017-01061
样品 (Sample)	名称(Name)	橡塑保温材料	状态(State)	正常
	商标(Brand)	-------	规格型号 (Type/Model)	(8000*1500*10)mm
生产单位 (Manufacturer)		■■节能科技集团有限公司		
送样日期 (Date of delivery)		2017-04-27	数量(Quantity)	1组
工程名称 (Name of engineering)		数字化研发大楼（科研）（数字化研发大楼）		
检验 (Test)	项目 (Item)	燃烧性能	地点 (Place)	■■■节能与装修材料检测室
	仪器 (Instruments)	建材可燃性试验炉；单体燃烧试验装置	日期 (Date)	2017-04-28～05-05
检验依据 (Test based on)		GB/T 20284-2006《建筑材料或制品的单体燃烧试验》 GB/T 8626-2007《建筑材料可燃性试验方法》		
判定依据 (Criteria based on)		GB 8624-2012《建筑材料及制品燃烧性能分级》		

检验结论 (Conclusion)

根据 GB 8624-2012《建筑材料及制品燃烧性能分级》中平板状建筑材料及制品燃烧性能等级的判定条件，判定所送样品的燃烧性能为 B_1（C-s3，d0）级。

(以下空白)

备注：

1. 试样编号：XSBWB-003；代表数量：350 m²。
2. 监理单位：北京五环国际工程管理有限公司；见证人：王长立。
3. 使用部位：①-⑮/Ⓐ-Ⓚ轴地下室及一层至十二A层卫生间吊顶内给排水管道防结露保温。

批准 (Approval)	审核 (Verification)	主检 (Chief tester)	联系电话 (Tel.)	报告日期 (Date)
[签名]	[签名]	[签名]	010-84276038	2017-05-12

有见证试验

16

国家建筑工程质量监督检验中心检验报告

TEST REPORT OF NATIONAL CENTER FOR QUALITY SUPERVISION AND TEST OF BUILDING ENGINEERING

委托编号（Commission No.）：2017-000080

报告编号（No. of Report）：BETC-HJ2-2017-01061　　　　第2页 共2页(Page 2 of 2)

检验数据					
检验项目		技术指标		检测结果	单项评定
燃烧性能 B_1 级	燃烧增长速率指数 $FIGRA_{0.4MJ}$，W/s	C级	≤250	124	合 格
	600s 内总放热量 THR_{600s}，MJ		≤15	5	合 格
	火焰横向蔓延长度（LFS）		未达到试样长翼边缘	未达到试样长翼边缘	合 格
	火焰高度（边缘点火 30s），mm		60s 内 Fs≤150	符合要求	合 格
	火焰高度（表面点火 30s），mm		60s 内 Fs≤150	符合要求	合 格
	滴落物引燃滤纸（边缘点火 30s）		60s 内无燃烧滴落物引燃滤纸现象	60s 内无燃烧滴落物	合 格
	滴落物引燃滤纸（表面点火 30s）		60s 内无燃烧滴落物引燃滤纸现象	60s 内无燃烧滴落物	合 格
	烟气生成速率指数 SMOGRA，m^2/s^2	附加分级	s1≤30	431	s3
			s2≤180		
	试验600s总烟气生成量 TSP_{600s}，m^2		s1≤50	239	s3
			s2≤200		
	燃烧滴落物/微粒		d0：600s 内无燃烧滴落物/微粒	600s 内无燃烧滴落物/微粒	d0
			d1：600s 内有燃烧滴落物/微粒，持续时间不超过 10s		
备注	1. 单体燃烧试验时，采用 12mm 厚的硅酸钙板为所检试件的背板。 2. 本报告未进行 GB/T 20285-2006 规定的产烟毒性试验。 3. 试样于基材采用粘接方式贴合在燃烧性能等级为 A1，熔点大于或等于 1000℃的金属基材表面上，背板与试样间距离为 50mm。 4. 本试验结果只与制品的试样在特定试验条件下的性能相关，不能将其作为评价该制品在实际使用中潜在火灾危险性的唯一依据。				

17

<table>
<tr><td colspan="4" rowspan="3">通用材料试验报告
表 C4-43</td><td>资料编号</td><td>表 C4-43-××</td></tr>
<tr><td>试验编号</td><td>XSBWB-003</td></tr>
<tr><td>委托编号</td><td>2017110940</td></tr>
<tr><td colspan="2">工程名称</td><td colspan="2">数字化研发大楼</td><td>使用部位</td><td>研发大楼保温</td></tr>
<tr><td colspan="2">委托单位</td><td colspan="2">北京××国际装饰
工程股份有限公司</td><td>委托人</td><td>××</td></tr>
<tr><td colspan="2">施工单位</td><td colspan="2">北京××建筑集团有限公司</td><td>试样编号</td><td>019</td></tr>
<tr><td colspan="2">见证人单位</td><td colspan="2">北京××国际工程管理有限公司</td><td>见证人</td><td>××</td></tr>
<tr><td colspan="2">材料名称及规格</td><td colspan="2">岩棉保温材料
1200mm×600mm×100mm</td><td>产地、厂别</td><td>河北省××耐火保温材料有限公司</td></tr>
<tr><td>代表数量</td><td>1 组</td><td>委托日期</td><td>20××年××月××日</td><td>试验日期</td><td>20××年××月××日</td></tr>
<tr><td colspan="6">要求试验项目及说明：
（1）不燃性：户内温升、质量损失率、持续燃烧时间。
（2）燃烧热值。</td></tr>
<tr><td colspan="6">试验结果：
1. 不燃性：
试验方法依据 GB/T 5464。炉内温升国家标准 $\Delta T \leqslant 30℃$，检测温升为 9℃，符合国家标准要求；质量损失率国家标准 $\Delta m \leqslant 50\%$，检测质量损失率为 6%，符合国家标准要求；持续燃烧时间国家标准 $t_f = 0s$，检测持续燃烧时间为 0s，符合国家标准要求。
2. 燃烧热值 PCS
试验方法依据 GB/T 5464。国家标准要求燃烧热值 PCS≤20MJ/kg，检测燃烧热值 PCS=1.46MJ/kg，符合国家标准要求。</td></tr>
<tr><td colspan="6">试验结论：
岩棉保温材料试验各项目依据《建筑材料及制品燃烧性能分级》（GB 8624—2012）中平板状建筑材料及制品燃烧性能等级的判断条件的要求，所送样品的燃烧性能达到 A_1 级要求。</td></tr>
<tr><td colspan="6">备注：</td></tr>
<tr><td>批准</td><td>××</td><td>审核</td><td>××</td><td>试验</td><td>××</td></tr>
<tr><td>检测试验机构</td><td colspan="5">北京市建设工程质量××检测所有限公司</td></tr>
<tr><td>报告日期</td><td colspan="5">20××年××月××日</td></tr>
</table>

本表由检测机构提供。

检 测 报 告

TEST REPORT

委 托 单 位
Client ________北京建磊国际装饰工程股份有限公司________

工 程 名 称
Name of Engineering ____数字化研发大楼（科研）数字化研发大楼____

检 测 类 别
Test Category ________委托检测________

样 品 名 称
Sample Description ________________

北京市建设工程质量■■检测所有限公司

BEIJING ■■■ CONSTRUCTION ENGINEERING QUALITY TEST DEPARTMENT CO., LTD.

361

北京市建设工程质量第六检测所有限公司

检　测　报　告

TEST REPORT OF BEIJING NO.6 CONSTRUCTION ENGINEERING QUALITY TEST DEPARTMENT CO., LTD.

委托号(No. of Report)：2017110940　　　　第 1 页 共 2 页 (Page 1 of 2)

委托单位(Client)		北京建鑫国际装饰工程股份有限公司	委托日期 (Date of delivery)	2017-11-15
地址(ADD)		——	委托人（Mandator）	刘超
样品 (Sample)	名称(Name)	岩棉　玻璃棉	状态(State)	正常
	规格型号 (Type/Model)	70 （1200×600×100）mm	商标 (Brand)	——
			试件编号 (No.of sample)	019
生产单位(Manufacturer)		大清耐火保温材料有限公司		
工程名称及部位(Name and location of engineering)		数字化研发大楼（科研）数字化研发大楼		
监理单位 (Surveillance dept)		北京五环国际工程管理有限公司		
检测 (Test)	项目(Item)	建筑材料不燃性、燃烧热值	检测号(Test No.)	CL17-14495
	地点(Place)	节能材料检测间(三)	检测条件（Test condition）	温度：22℃ 湿度：48%RH
	依据(Reference documents)	判定标准：GB 8624-2012 方法标准：GB/T 5464-2010 GB/T 14402-2007	代表数量(Quantity of representation)	$250m^2$ 14400
	设备 (Equipments)	建材不燃性试验炉TT-03-88、建材制品燃烧热值试验装置TT-03-71、电子天平FM-02-26、电子天平FM-02-27、温湿度计TT-08-59、温湿度计TT-08-58	试样数量(Quantity of Sample)	——
检测日期(Test date)		2017-11-20	完成时间(Finish date)	2017-11-24

检测结论

(Conclusion)

依据GB8624-2012《建筑材料及制品燃烧性能分级》规定，该材料燃烧性能达到 A_1 级要求，检测结果详见第2页。

批　准：　　　审　核：　　　主　检：

(Approval)　　(Verification)　　(Chief Test)

签发日期(Date)：2017-11-24

362

北京市建设工程质量第六检测所有限公司

检 测 报 告

TEST REPORT OF BEIJING NO.6 CONSTRUCTION ENGINEERING QUALITY TEST DEPARTMENT CO., LTD.

委托号(No. of Report)：2017110940　　第 2 页 共 2 页 (Page 2 of 2)

检 测 结 果

检验项目		标准要求	检测结果	单项结论
不燃性	炉内温升	$\Delta T \leqslant 30$℃	9℃	符合
	质量损失率	$\Delta m \leqslant 50\%$	6%	符合
	持续燃烧时间	t_f=0s	0s	符合
燃烧热值	燃烧热值 PCS	PCS≤2.0MJ/kg	1.46MJ/kg	符合

备注：

本试验结果与在特定的试验条件下试样的性能有关；试验结果不能作为评估制品在实际使用条件下潜在火灾危险性的唯一依据。

以下空白

批 准：(Approval)　审 核：(Verification)　主 检：(Chief Test)

签发日期(Date)：2017-11-24

363

注　意　事　项

NOTICE

1. 报告无检测单位检测报告专用章无效；
   Test report is invalid without the “Stamp of test report” or that of test department on it.
2. 复制报告未重新加盖检测单位公章无效；
   Duplication of test report is invalid without the “Stamp of test report” or that of test department re-stamped on it.
3. 报告无批准、审核、主检人签字无效；
   Test report is invalid without the signatures of the persons for chief test, verification and approval.
4. 报告涂改无效；
   Test report is invalid if altered.
5. 本报告仅对来样检测负责；
   For entrusted tests the responsibilities are undertaken for the test result of delivered samples only.
6. 对检测报告若有异议，应于收到之日起十日内向检测单位提出，过期不予受理。
   Different opinions about test report should be reported to the test department within 10 days from the date of receiving the test report.

地址：北京市[illegible]

ADD: [illegible] District, Beijing China

电话（Tel）：010-67995531　　传真(Fax)：87148702

邮编(Post code)：100076

364

二、材料、构配件进场检验记录（表 C4-44）

（1）物资出厂质量证明文件及检验（测）报告是否齐全。

（2）实际进场物资数量、规格和型号等是否满足设计和施工计划要求。

（3）物资外观质量是否满足设计要求或规范规定。

（4）按规定需进行抽检的材料、构配件是否及时抽检，检验结果和结论是否齐全。

《通风与空调工程施工质量验收规范》（GB 50243—2016）第 3.0.3 条规定，通风与空调工程所使用的主要原材料、成品、半成品和设备的材质、规格及性能应符合设计文件和国家现行标准的规定，不得采用国家明令禁止使用或淘汰的材料与设备。主要原材料、成品、半成品和设备的进场验收应符合下列规定：进场质量验收应经监理工程师或建设单位相关责任人确认，并应形成相应的书面记录……

材料、构配件进场检验记录 表 C4-44					资料编号	06-C4-44-×××	
工程名称	北京××大厦				进场日期	20××年××月××日	
施工单位	北京××建设集团工程总承包部				分包单位	—	
序号	名称	规格型号	进场数量	生产厂家	质量证明文件核查	外观检验结果	复验情况
1	闸阀	Z41T-16，DN50	12 个	上海××阀门制造有限公司	符合☑ 不符合□	合格☑ 不合格□	不需复验☑ 复验合格□ 复验不合格□
2	蝶阀	D73F，DN110	36 个	上海××阀门制造有限公司	符合☑ 不符合□	合格☑ 不合格□	不需复验☑ 复验合格□ 复验不合格□
3	截止阀	J41H，DN75	22 个	上海××阀门制造有限公司	符合☑ 不符合□	合格☑ 不合格□	不需复验☑ 复验合格□ 复验不合格□
					符合□ 不符合□	合格□ 不合格□	不需复验□ 复验合格□ 复验不合格□
					符合□ 不符合□	合格□ 不合格□	不需复验□ 复验合格□ 复验不合格□
施工单位检查意见： 外观及质量证明文件：符合要求☑　不符合要求□　日期：20××年××月××日 需要复验项目的复验结论：符合要求□　不符合要求□　日期：20××年××月××日 附件共（9）页							
监理单位审查意见： 符合要求，同意使用☑　不符合要求，退场□　日期：20××年××月××日。							
签字栏	分包单位材料进场验收人员			施工单位负责人		监理单位专业监理工程师	
	吴××			李××		王××	
制表日期				20××年××月××日			

注：①本表由施工单位填写。②本表由专业监理工程师签字批准后代替材料进场报验表。③此表代替材料进场检验批验收记录。

<table>
<tr><td colspan="5">材料、构配件进场检验记录
表 C4-44</td><td>资料编号</td><td colspan="2">06-C4-44-×××</td></tr>
<tr><td>工程名称</td><td colspan="4">北京××大厦</td><td>进场日期</td><td colspan="2">20××年××月××日</td></tr>
<tr><td>施工单位</td><td colspan="4">北京××建设集团工程总承包部</td><td>分包单位</td><td colspan="2">—</td></tr>
<tr><td>序号</td><td>名称</td><td>规格型号</td><td>进场数量</td><td>生产厂家</td><td>质量证明文件核查</td><td>外观检验结果</td><td>复验情况</td></tr>
<tr><td>1</td><td>橡塑保温板</td><td>δ=20mm</td><td>250m³</td><td>河北××保温材料有限公司</td><td>符合☑
不符合□</td><td>合格☑
不合格□</td><td>不需复验□
复验合格☑
复验不合格□</td></tr>
<tr><td>2</td><td>橡塑保温板</td><td>δ=30mm</td><td>3000m³</td><td>河北××保温材料有限公司</td><td>符合☑
不符合□</td><td>合格☑
不合格□</td><td>不需复验□
复验合格☑
复验不合格□</td></tr>
<tr><td>3</td><td>铝箔岩棉管壳</td><td>DN50×1000
δ=30mm</td><td>200m</td><td>河北××保温材料有限公司</td><td>符合☑
不符合□</td><td>合格☑
不合格□</td><td>不需复验□
复验合格☑
复验不合格□</td></tr>
<tr><td>4</td><td>铝箔岩棉管壳</td><td>DN100×1000
δ=40mm</td><td>100m</td><td>河北××保温材料有限公司</td><td>符合☑
不符合□</td><td>合☑格
不合格□</td><td>不需复验□
复验合格☑
复验不合格□</td></tr>
<tr><td></td><td></td><td></td><td></td><td></td><td>符合□
不符合□</td><td>合格□
不合格□</td><td>不需复验□
复验合格□
复验不合格□</td></tr>
<tr><td colspan="8">施工单位检查意见：
外观及质量证明文件：符合要求☑　　不符合要求□　日期：20××年××月××日
需要复验项目的复验结论：符合要求☑　不符合要求□　日期：20××年××月××日
附件共（16）页</td></tr>
<tr><td colspan="8">监理单位审查意见：

符合要求，同意使用☑　不符合要求，退场□　日期：20××年××月××日。</td></tr>
<tr><td rowspan="2">签字栏</td><td colspan="3">分包单位材料进场验收人员</td><td colspan="2">施工单位负责人</td><td colspan="2">监理单位专业监理工程师</td></tr>
<tr><td colspan="3">吴××</td><td colspan="2">李××</td><td colspan="2">王××</td></tr>
<tr><td colspan="3">制表日期</td><td colspan="5">20××年××月××日</td></tr>
</table>

注：①本表由施工单位填写。②本表由专业监理工程师签字批准后代替材料进场报验表。③此表代替材料进场检验批验收记录。

<table>
<tr><td colspan="5">材料、构配件进场检验记录
表 C4-44</td><td colspan="2">资料编号</td><td>06-C4-44-×××</td></tr>
<tr><td colspan="2">工程名称</td><td colspan="3">北京××大厦</td><td colspan="2">进场日期</td><td>20××年××月××日</td></tr>
<tr><td colspan="2">施工单位</td><td colspan="3">北京××建设集团工程总承包部</td><td colspan="2">分包单位</td><td>—</td></tr>
<tr><td>序号</td><td>名称</td><td>规格型号</td><td>进场数量</td><td>生产厂家</td><td>质量证明文件核查</td><td>外观检验结果</td><td>复验情况</td></tr>
<tr><td>1</td><td>镀锌钢板</td><td>1000×2000
δ=0.75mm</td><td>2t</td><td>武汉钢铁集团公司</td><td>符合☑
不符合□</td><td>合格☑
不合格□</td><td>不需复验☑
复验合格□
复验不合格□</td></tr>
<tr><td>2</td><td>镀锌钢板</td><td>1000×2000
δ=1.00mm</td><td>3t</td><td>武汉钢铁集团公司</td><td>符合☑
不符合□</td><td>合格☑
不合格□</td><td>不需复验☑
复验合格□
复验不合格□</td></tr>
<tr><td>3</td><td>角钢</td><td>∟40×40</td><td>2.5t</td><td>武汉钢铁集团公司</td><td>符合☑
不符合□</td><td>合格☑
不合格□</td><td>不需复验☑
复验合格□
复验不合格□</td></tr>
<tr><td></td><td></td><td></td><td></td><td></td><td>符合□
不符合□</td><td>合格□
不合格□</td><td>不需复验□
复验合格□
复验不合格□</td></tr>
<tr><td></td><td></td><td></td><td></td><td></td><td>符合□
不符合□</td><td>合格□
不合格□</td><td>不需复验□
复验合格□
复验不合格□</td></tr>
<tr><td colspan="8">施工单位检查意见：
外观及质量证明文件：符合要求☑　不符合要求□　日期：20××年××月××日
需要复验项目的复验结论：符合要求□　不符合要求□　日期：20××年××月××日
附件共（9）页</td></tr>
<tr><td colspan="8">监理单位审查意见：
符合要求，同意使用☑　不符合要求，退场□　日期：20××年××月××日。</td></tr>
<tr><td colspan="2" rowspan="2">签字栏</td><td colspan="2">分包单位材料进场验收人员</td><td colspan="2">施工单位负责人</td><td colspan="2">监理单位专业监理工程师</td></tr>
<tr><td colspan="2">吴××</td><td colspan="2">李××</td><td colspan="2">王××</td></tr>
<tr><td colspan="4">制表日期</td><td colspan="4">20××年××月××日</td></tr>
</table>

注：①本表由施工单位填写。②本表由专业监理工程师签字批准后代替材料进场报验表。③此表代替材料进场检验批验收记录。

三、设备开箱检查记录（表 C4-45）

（1）设备开箱检验的主要内容：

检验项目主要包括设备的产地、品种、规格、外观、数量、附件情况、标识和质量证明文件、相关技术文件等。

（2）设备开箱时应具备的质量证明文件、相关技术要求如下：

1）各类设备均应有产品质量合格证，其生产日期、规格型号、生产厂家等内容应与实际进场的设备相符。

2）对国家及地方所规定的特定设备，应有相应资质等级检测单位的检测报告，如锅炉（压力容器）的焊缝无损伤检验报告、卫生器具的环保检测报告、水表、热量表的计量检测证书等。

3）主要设备、器具应有安装使用说明书。

4）成品补偿器应有预拉伸证明书。

5）进口设备应有商检证明［国家认证委员会公布的强制性认证（CCC 认证）产品除外］和中文版的质量证明文件、性能检测报告以及中文版的安装、使用、维修和试验要求等技术文件。

（3）所有设备进场时包装应完好，表面无划痕及外力冲击破损。应按照相关的标准和采购合同的要求对所有设备的产地、规格、型号、数量、附件等项目进行检测，符合要求方可接收。

（4）水泵、锅炉、热交换器、罐类等设备上应有金属材料印制的铭牌，铭牌的标注内容应准确，字迹应清楚。

（5）对有异议的设备应送具有资质的第三方检测机构进行鉴定，并出具鉴定报告。

《通风与空调工程施工质量验收规范》（GB 50243—2016）第 3.0.4 条规定，通风与空调工程采用的新技术、新工艺、新材料与新设备，均应有通过专项技术鉴定验收合格的证明文件。

《通风与空调工程施工质量验收规范》（GB 50243—2016）第 7.1.1 条规定，风机与空气处理设备应附带装箱清单、设备说明书、产品质量合格证书和性能检测报告等随机文件，进口设备还应具有商检合格的证明文件。

《通风与空调工程施工质量验收规范》（GB 50243—2016）第 7.1.2 条规定，设备安装前，应进行开箱检查验收，并应形成书面的验收记录。

设备开箱检查记录 表 C4-45		资料编号	06-C4-45-×××
工程名称	北京××大厦	检查日期	20××年××月××日
设备名称	水泵	规格型号	40LG12-15×5
生产厂家	上海××水泵制造有限公司	产品合格证编号	40LG12-15×5-1145
总数量	6 台	检验数量	6 台

续表

<table>
<tr><td colspan="3">设备开箱检查记录
表 C4-45</td><td>资料编号</td><td colspan="2">06-C4-45-×××</td></tr>
<tr><td colspan="6">进场检验记录</td></tr>
<tr><td>包装情况</td><td colspan="5">包装完整良好，无损坏，设备规格、型号标识明确</td></tr>
<tr><td>随机文件</td><td colspan="5">出厂合格证、产品检验报告、产品试验报告、生产厂家资质证书</td></tr>
<tr><td>备件与附件</td><td colspan="5">减振垫、螺栓、喇叭管齐全</td></tr>
<tr><td>外观情况</td><td colspan="5">外观情况良好、喷涂均匀、无铸造缺陷，铭牌标注内容准确、字迹清楚</td></tr>
<tr><td>测试情况</td><td colspan="5">出厂前由厂家进行测试</td></tr>
<tr><td colspan="6">缺、损附备件明细表</td></tr>
<tr><td>序号</td><td>附配件名称</td><td>规格</td><td>单位</td><td>数量</td><td>备注</td></tr>
<tr><td></td><td></td><td></td><td></td><td></td><td></td></tr>
<tr><td></td><td></td><td></td><td></td><td></td><td></td></tr>
<tr><td></td><td></td><td></td><td></td><td></td><td></td></tr>
<tr><td></td><td></td><td></td><td></td><td></td><td></td></tr>
<tr><td></td><td></td><td></td><td></td><td></td><td></td></tr>
<tr><td></td><td></td><td></td><td></td><td></td><td></td></tr>
<tr><td colspan="6">检验结论：
6 台水泵开箱检查，其包装情况、随机文件、备件与附件、外观情况及测试情况良好，符合施工图设计及《通风与空调工程施工质量验收规范》（GB 50243—2016）的要求。6 台水泵铭牌标识齐全。设备开箱检查合格。</td></tr>
<tr><td rowspan="2">签字栏</td><td>监理单位</td><td colspan="2">施工单位</td><td colspan="2">供应单位</td></tr>
<tr><td>王××</td><td colspan="2">李××</td><td colspan="2">李××</td></tr>
</table>

本表由施工单位填写。

<table>
<tr><td colspan="2">设备开箱检查记录
表 C4-45</td><td>资料编号</td><td colspan="3">06-C4-45-×××</td></tr>
<tr><td>工程名称</td><td>北京××大厦</td><td>检查日期</td><td colspan="3">20××年××月××日</td></tr>
<tr><td>设备名称</td><td>排烟风机</td><td>规格型号</td><td colspan="3">GYF-22</td></tr>
<tr><td>生产厂家</td><td>德州××通风设备有限公司</td><td>产品合格证编号</td><td colspan="3">GYF-22-425</td></tr>
<tr><td>总数量</td><td>3 台</td><td>检验数量</td><td colspan="3">3 台</td></tr>
<tr><td colspan="6">进场检验记录</td></tr>
<tr><td>包装情况</td><td colspan="5">包装完整良好，无损坏，设备规格、型号标识明确</td></tr>
<tr><td>随机文件</td><td colspan="5">出厂合格证、产品检验报告、产品试验报告、生产厂家资质证书</td></tr>
<tr><td>备件与附件</td><td colspan="5">减振垫、螺栓齐全</td></tr>
<tr><td>外观情况</td><td colspan="5">外观良好，无损坏锈蚀现象</td></tr>
<tr><td>测试情况</td><td colspan="5">经手动测试，运转情况良好</td></tr>
<tr><td colspan="6">缺、损附备件明细表</td></tr>
<tr><td>序号</td><td>附配件名称</td><td>规格</td><td>单位</td><td>数量</td><td>备注</td></tr>
<tr><td></td><td></td><td></td><td></td><td></td><td></td></tr>
<tr><td></td><td></td><td></td><td></td><td></td><td></td></tr>
<tr><td></td><td></td><td></td><td></td><td></td><td></td></tr>
<tr><td></td><td></td><td></td><td></td><td></td><td></td></tr>
<tr><td></td><td></td><td></td><td></td><td></td><td></td></tr>
<tr><td></td><td></td><td></td><td></td><td></td><td></td></tr>
<tr><td colspan="6">检验结论：
3 台排烟风机开箱检查，其包装情况、随机文件、备件与附件、外观情况及测试情况良好，符合施工图设计及《通风与空调工程施工质量验收规范》（GB 50243—2016）的要求。3 台排烟风机执行机构操纵灵活，铭牌标识齐全。设备开箱检查合格。</td></tr>
<tr><td rowspan="2">签字栏</td><td>监理单位</td><td colspan="2">施工单位</td><td colspan="2">供应单位</td></tr>
<tr><td>王××</td><td colspan="2">李××</td><td colspan="2">李××</td></tr>
</table>

本表由施工单位填写。

<table>
<tr><td colspan="3">设备开箱检查记录
表 C4-45</td><td colspan="2">资料编号</td><td>06-C4-45-×××</td></tr>
<tr><td>工程名称</td><td colspan="2">北京××大厦</td><td colspan="2">检查日期</td><td>20××年××月××日</td></tr>
<tr><td>设备名称</td><td colspan="2">空调机组</td><td colspan="2">规格型号</td><td>39CBFI0912</td></tr>
<tr><td>生产厂家</td><td colspan="2">北京××中央空调公司</td><td colspan="2">产品合格证编号</td><td>39CBFI0912-304</td></tr>
<tr><td>总数量</td><td colspan="2">2 台</td><td colspan="2">检验数量</td><td>2 台</td></tr>
<tr><td colspan="6">进场检验记录</td></tr>
<tr><td>包装情况</td><td colspan="5">包装完整良好，无损坏，设备规格、型号标识明确</td></tr>
<tr><td>随机文件</td><td colspan="5">出厂合格证、产品检验报告、产品试验报告、生产厂家资质证书</td></tr>
<tr><td>备件与附件</td><td colspan="5">备件齐全</td></tr>
<tr><td>外观情况</td><td colspan="5">外观良好，无锈蚀现象。控制箱内电器元件排列整齐，线束绑扎整齐</td></tr>
<tr><td>测试情况</td><td colspan="5">性能测试已由厂家出厂前测试完成，并提供检测报告</td></tr>
<tr><td colspan="6">缺、损附备件明细表</td></tr>
<tr><td>序号</td><td>附配件名称</td><td>规格</td><td>单位</td><td>数量</td><td>备注</td></tr>
<tr><td></td><td></td><td></td><td></td><td></td><td></td></tr>
<tr><td></td><td></td><td></td><td></td><td></td><td></td></tr>
<tr><td></td><td></td><td></td><td></td><td></td><td></td></tr>
<tr><td></td><td></td><td></td><td></td><td></td><td></td></tr>
<tr><td></td><td></td><td></td><td></td><td></td><td></td></tr>
<tr><td></td><td></td><td></td><td></td><td></td><td></td></tr>
<tr><td colspan="6">检验结论：
2 台空调机组开箱检查，其包装情况、随机文件、备件与附件、外观情况及测试情况良好，符合施工图设计及《通风与空调工程施工质量验收规范》（GB 50243—2016）的要求。2 台空调机组检验合格，统一办理进场手续。</td></tr>
<tr><td rowspan="2">签字栏</td><td colspan="2">监理单位</td><td colspan="2">施工单位</td><td>供应单位</td></tr>
<tr><td colspan="2">王××</td><td colspan="2">李××</td><td>李××</td></tr>
</table>

本表由施工单位填写。

四、设备及管道附件试验记录（表 C4-46）

（1）《通风与空调工程施工质量验收规范》（GB 50243—2016）第 8.3.4 条规定，制冷剂系统阀门的安装应符合下列规定：制冷剂阀门安装前应进行强度和严密性试验。强度试验压力应为阀门公称压力的 1.5 倍，时间不得少于 5min；严密性试验压力应为阀门公称压力的 1.1 倍，持续时间 30s 不漏为合格……

（2）《通风与空调工程施工质量验收规范》（GB 50243—2016）第 9.2.4 条规定，阀门的安装应符合下列规定：阀门安装前应进行外观检查，阀门的铭牌应符合现行国家标准《工业阀门　标志》（GB/T 12220）的有关规定。工作压力大于 1.0MPa 及在主干管上起到切断作用和系统冷、热水运行转换调节功能的阀门和止回阀，应进行壳体强度和阀瓣密封性能的试验，且应试验合格。其他阀门可不单独进行试验。壳体强度试验压力应为常温条件下公称压力的 1.5 倍，持续时间不应少于 5min，阀门的壳体、填料应无渗漏。严密性试验压力应为公称压力的 1.1 倍，在试验持续的时间内应保持压力不变，阀门压力试验持续时间与允许泄漏量应符合下表的规定……

阀门压力试验持续时间与允许泄漏量

公称直径 DN（mm）	最短试验持续时间（s）	
	严密性试验（水）	
	止回阀	其他阀门
≤50	60	15
65～150	60	60
200～300	60	120
≥350	120	120
允许泄漏量	3 滴×（Dn/25）/min	小于 Dn65 为 0 滴，其他为 23 滴×(Dn/25)/min

注：压力试验的介质为洁净水。用于不锈钢阀门的试验水，氯离子含量不得高于 25mg/L。

（3）《通风与空调工程施工质量验收规范》（GB 50243—2016）第 7.3.9 条规定，风机盘管机组的安装应符合下列规定：

1）机组安装前宜进行风机三速试运转及盘管水压试验。试验压力应为系统工作压力的 1.5 倍，试验观察时间应为 2min，不渗漏为合格。

2）机组应设独立支、吊架，固定应牢固，高度与坡度应正确。

3）机组与风管、回风箱或风口的连接，应严密可靠。

检查数量：按第Ⅱ方案。

检查方法：观察检查、查阅试验记录。

<table>
<tr><td colspan="4">设备及管道附件试验记录
表 C4-46</td><td>资料编号</td><td colspan="2">06-C4-46-×××</td></tr>
<tr><td colspan="2">工程名称</td><td colspan="2">北京××大厦</td><td>系统名称</td><td colspan="2">空调水系统</td></tr>
<tr><td colspan="2">设备/管道附件名称</td><td colspan="2">风机盘管</td><td>试验日期</td><td colspan="2">20××年××月××日</td></tr>
<tr><td colspan="7">试验要求：
风机盘管设备安装前，按规定进行水压试验，试验压力为设计工作压力的 1.5 倍，稳压 2min，风机盘管各接口无渗漏，压力无下降为合格。</td></tr>
<tr><td colspan="2">型号、材质</td><td>FUC02/铜材质</td><td>FUC03/铜材质</td><td>FUC04/铜材质</td><td>FUC06/铜材质</td><td></td></tr>
<tr><td colspan="2">规格</td><td>02</td><td>03</td><td>04</td><td>06</td><td></td></tr>
<tr><td colspan="2">总数量</td><td>4 台</td><td>2 台</td><td>13 台</td><td>40 台</td><td></td></tr>
<tr><td colspan="2">试验数量</td><td>1 台</td><td>1 台</td><td>2 台</td><td>5 台</td><td></td></tr>
<tr><td colspan="2">公称或工作压力（MPa）</td><td>0.45</td><td>0.45</td><td>0.45</td><td>0.45</td><td></td></tr>
<tr><td rowspan="5">强度试验</td><td>试验压力（MPa）</td><td>0.7</td><td>0.7</td><td>0.7</td><td>0.7</td><td></td></tr>
<tr><td>试验持续时间（s）</td><td>120</td><td>120</td><td>120</td><td>120</td><td></td></tr>
<tr><td>试验压力降（MPa）</td><td>0</td><td>0</td><td>0</td><td>0</td><td></td></tr>
<tr><td>渗漏情况</td><td>无</td><td>无</td><td>无</td><td>无</td><td></td></tr>
<tr><td>试验结论</td><td>合格</td><td>合格</td><td>合格</td><td>合格</td><td></td></tr>
<tr><td rowspan="5">严密性试验</td><td>试验压力（MPa）</td><td></td><td></td><td></td><td></td><td></td></tr>
<tr><td>试验持续时间（s）</td><td></td><td></td><td></td><td></td><td></td></tr>
<tr><td>试验压力降（MPa）</td><td></td><td></td><td></td><td></td><td></td></tr>
<tr><td>渗漏情况</td><td></td><td></td><td></td><td></td><td></td></tr>
<tr><td>试验结论</td><td></td><td></td><td></td><td></td><td></td></tr>
<tr><td rowspan="3">签字栏</td><td rowspan="2">施工单位</td><td colspan="3" rowspan="2">北京××机电安装有限责任公司</td><td>专业质检员</td><td>专业工长</td></tr>
<tr><td>吴××</td><td>徐××</td></tr>
<tr><td>监理单位</td><td colspan="3">北京××监理有限责任公司</td><td>专业工程师</td><td>王××</td></tr>
</table>

本表由施工单位填写。

第二节　施工记录（C5）

施工记录（C5）共27种，包括隐蔽工程验收记录、交接检查记录等，应符合以下要求：

一、隐蔽工程检查记录（表C5-1）

（1）《通风与空调工程施工质量验收规范》（GB 50243—2016）第3.0.6条规定，通风与空调工程中的隐蔽工程，在隐蔽前应经监理或建设单位验收及确认，必要时应留下影像资料。

（2）通风与空调工程隐检内容：

1）敷设于竖井内、不进入吊顶内的风道（包括各类附件、部件、设备等）：检查风道的标高、材质、接头、接口严密性，附件、部件安装位置，支吊架安装、固定情况，活动部件是否灵活可靠、方向正确，风道分支、变径处理是否合理，是否已按照施工图设计要求及施工质量验收规范规定完成风管的漏光、漏风检测、空调水管道的强度严密性、冲洗等试验。

2）有绝热、防腐要求的风管、空调水管及设备：检查绝热形式与做法、绝热材料的材质和规格、防腐处理材料及做法，是否已按照施工图设计要求及施工质量验收规范完成等。

二、交接检查记录（表C5-2）

交接检查记录适用于不同施工单位之间的移交检查，当前一专业工程施工质量对后续专业工程施工质量产生直接影响时，应进行交接检查。

工程应做交接检查的项目有支护与桩基工程完工移交给结构工程；粗装修完工移交给精装修工程；设备基础完工移交给机电设备安装工程；结构工程完工移交给幕墙工程等。

（1）《通风与空调工程施工质量验收规范》（GB 50243—2016）第3.0.5条规定，通风与空调工程的施工应按规定的程序进行，并应与土建及其他专业工种相互配合；与通风与空调系统有关的土建工程施工完毕后，应由建设（或总承包）、监理、设计及施工单位共同会检。会检的组织宜由建设、监理或总承包单位负责。

（2）《通风与空调工程施工质量验收规范》（GB 50243—2016）第7.1.3条规定，设备就位前应对其基础进行验收，合格后方可安装。

（3）《通风与空调工程施工质量验收规范》（GB 50243—2016）第8.2.1条规定，制冷机组及附属设备的安装应符合下列规定：

1）制冷（热）设备、制冷附属设备产品性能和技术参数应符合设计要求，并应具有产品合格证书、产品性能检验报告。

2）设备的混凝土基础应进行质量交接验收，且应验收合格。

3）设备安装的位置、标高和管口方向应符合设计要求。采用地脚螺栓固定的制冷设备或附属设备，垫铁的放置位置应正确，接触应紧密，每组垫铁不应超过3块；螺栓应紧固，并应采取防松动措施。

检查数量：全数检查。

检查方法：观察、核对设备型号、规格；查阅产品质量合格证书、性能检验报告和施工记录。

（4）《通风与空调工程施工质量验收规范》（GB 50243—2016）第8.3.1条规定，制冷（热）机组与附属设备的安装应符合下列规定：

1）设备与附属设备安装允许偏差和检验方法应符合下表的规定。

设备与附属设备安装允许偏差和检验方法

项次	项目	允许偏差	检查方法
1	平面位置	10mm	经纬仪、拉线或尺量检查
2	标高	±10mm	水准器、经纬仪、拉线和尺量检查

2）整体组合式制冷机组机身纵、横向水平度的允许偏差应为0.1%。当采用垫铁调整机组水平度时，应接触紧密并相对固定。

3）附属设备的安装应符合设备技术文件的要求，水平度或垂直度允许偏差应为0.1%。

4）制冷设备或制冷附属设备基（机）座下减振器的安装位置应与设备重心相匹配，各个减振器的压缩量应均匀一致，且偏差不应大于2mm。

5）采用弹性减振器的制冷机组，应设置防止机组运行时水平位移的定位装置。

6）冷热源与辅助设备的安装位置应满足设备操作及维修的空间要求，四周应有排水设施。

检查数量：按第Ⅱ方案。

检查方法：水准仪、经纬仪、拉线和尺量检查，查阅安装记录。

三、施工记录（通用）（表C5-21）

按照各专业现行国家施工质量验收规范要求应进行施工过程检查的重要工序，且北京市地方标准《建筑工程资料管理规程》（DB11/T 695—2015）无相应施工记录表格时，应填写施工检查记录（通用）表。该表适用于各专业，对施工过程中影响质量、观感、安装、人身安全的工序等应在施工过程中做好过程控制与检查记录。

<table>
<tr><td colspan="2">**隐蔽工程检查记录**
表 C5-1</td><td>资料编号</td><td colspan="3">06-C5-1-×××</td></tr>
<tr><td>工程名称</td><td colspan="5">北京××大厦</td></tr>
<tr><td>施工单位</td><td>北京××建设有限责任公司</td><td>监理单位</td><td colspan="3">北京××监理有限责任公司</td></tr>
<tr><td>验收项目</td><td>送排风系统风管安装</td><td>验收日期</td><td colspan="3">20××年××月××日</td></tr>
<tr><td>验收部位</td><td colspan="5">二层　1～13/A～G 轴线　卫生间吊顶＋5.8～＋6.2m 标高</td></tr>
<tr><td colspan="6">验收内容：
1. 二层 1 号、2 号、3 号、4 号卫生间吊顶内卫生间排风风管底相对建筑楼面的相对标高为 5.9m。
2. 镀锌钢板（δ＝0.6mm、δ＝0.75mm）尺寸为 400mm×200mm、200mm×200mm。
3. 吊杆采用 ϕ8mm 镀锌通丝杆，吊架间距不大于 30m。
4. 每个系统风管共设 1 个固定支架，采用 30mm×3mm 的角钢。
5. 风管的横担采用 30mm×3mm 的角钢。
6. 风管采用无法兰连接形式，在风管连接时采用钢板抱卡连接，抱卡安装为一正一反，间距不大于 150mm，法兰四角处螺栓方向一致，出螺母长度 2～3 扣。风管密封垫采用××胶条、厚度不小于 3mm。
7. 风阀采用单独的支吊架，吊杆采用 ϕ8mm 镀锌通丝杆，采用 M8 的镀锌螺母、M8 的镀锌螺栓固定；安装方向正确，安装后的手动操作装置灵活、可靠，阀板关闭严密；风阀距离墙表面不大于 200mm。
8. 风管系统已按照设计要求及施工规范的规定完成风管漏光检测，其结果符合设计要求和施工规范规定。

附影像资料（2）页：
二层，1～13/A～G 轴线，卫生间吊顶标高为＋5.8～＋6.2m。影像资料数量为二份。
申报人：郭××</td></tr>
<tr><td colspan="6">检查意见：
符合施工图设计及《通风与空调工程施工质量验收规范》（GB 50243—2016）的要求。
检查结论：　☑ 同意隐蔽　　□不同意，修改后进行复查</td></tr>
<tr><td rowspan="2">签字栏</td><td colspan="2">专业监理工程师</td><td colspan="2">专业质检员</td><td>专业工长</td></tr>
<tr><td colspan="2">王××</td><td colspan="2">吴××</td><td>徐××</td></tr>
</table>

本表由施工单位填写。

<table>
<tr><td colspan="2">隐蔽工程检查记录
表 C5-1</td><td>资料编号</td><td>06-C5-1-×××</td></tr>
<tr><td>工程名称</td><td colspan="3">北京××大厦</td></tr>
<tr><td>施工单位</td><td>北京××建设有限责任公司</td><td>监理单位</td><td>北京××监理有限责任公司</td></tr>
<tr><td>验收项目</td><td>防排烟系统风管安装</td><td>验收日期</td><td>20××年××月××日</td></tr>
<tr><td>验收部位</td><td colspan="3">地下一层～屋面层　1～13/A～H 轴线　走道吊顶及排风井道标高为－3.2～＋31.4m</td></tr>
<tr><td colspan="4">验收内容：
1. 地下一层～屋面层××走道排烟系统风管主立管位于结构竖井内，排烟支管位于楼层走道吊顶内。
2. 镀锌钢板：δ＝0.6mm、200mm×200mm，δ＝1.0mm、500mm×500mm，δ＝1.5mm、1200mm×1200mm，δ＝1.5mm、1800mm×1800mm。
3. 竖井风管立管全部采用三角斜撑架，支架紧贴风管法兰，并用钢筋抱箍，固定风管。支架靠墙部分采用膨胀螺栓固定，此段角钢长度为 600mm，螺栓数量为 2 个，间距为 300mm。支架紧贴法兰或紧贴风管部分采用钢筋抱箍，此段角钢长度根据风管大小而定，钢筋孔间距根据风管大小而定。
4. 水平风管吊杆采用 ϕ8mm、ϕ10mm 镀锌通丝杆，吊架间距不大于 3m。水平风管设固定支架，采用 40mm×4mm 的角钢；对风管大边长小于等于 1250mm 的横担采用 30mm×3mm 的角钢；对风管大边长大于 1250mm 的横担采用 40mm×4mm 的角钢。
5. 对风管大边长小于等于 1000mm 的风管采用无法兰连接形式，在风管连接时采用钢板抱卡连接，抱卡安装为一正一反，间距不大于 150mm；对风管大边长大于 1000mm 的风管采用法兰连接形式，风管连接件采用 M8、M10 的镀锌螺母和 M8、M10 的镀锌螺栓固定，间距不大于 150mm，螺栓方向一致，出螺母长度为 2～3 扣。风管密封垫采用石棉橡胶板、厚度为 2mm。
6. 风阀采用单独的支吊架，吊杆采用 ϕ8mm、ϕ10mm 镀锌通丝杆，采用 M8、M10 的镀锌螺母和 M8、M10 的镀锌螺栓固定；安装方向正确，安装后的手动或电动操作装置灵活、可靠，阀板关闭严密；风阀距离墙表面不大于 200mm。
7. 风管系统已按照设计要求及施工规范规定完成风管漏风检测。

附影像资料（2）页：
地下一层～屋面层，1～13/A～H 轴线，走道吊顶及排风井道标高为－3.2～＋31.4m。影像资料数量为二份。
申报人：郭××</td></tr>
<tr><td colspan="4">检查意见：
符合施工图设计及《通风与空调工程施工质量验收规范》（GB 50243—2016）的要求。
检查结论：　☑ 同意隐蔽　　□不同意，修改后进行复查</td></tr>
<tr><td rowspan="2">签字栏</td><td>专业监理工程师</td><td>专业质检员</td><td>专业工长</td></tr>
<tr><td>王××</td><td>吴××</td><td>徐××</td></tr>
</table>

本表由施工单位填写。

<table>
<tr><td colspan="2">隐蔽工程检查记录
表 C5-1</td><td>资料编号</td><td colspan="3">06-C5-1-×××</td></tr>
<tr><td>工程名称</td><td colspan="5">北京××大厦</td></tr>
<tr><td>施工单位</td><td>北京××建设有限责任公司</td><td>监理单位</td><td colspan="3">北京××监理有限责任公司</td></tr>
<tr><td>验收项目</td><td>空调风系统风管安装</td><td>验收日期</td><td colspan="3">20××年××月××日</td></tr>
<tr><td>验收部位</td><td colspan="5">三层　　1～13/A～G 轴线　　吊顶内＋9.10～＋9.42m 标高</td></tr>
<tr><td colspan="6">验收内容：
1. 三层××新风系统风管的坐标、标高、材质等均符合设计要求及施工规范规定。
2. 镀锌钢板：δ＝0.6mm、200mm×200mm，δ＝1.0mm、500mm×500mm，δ＝1.5mm、1200mm×1200mm，δ＝1.5mm、1800mm×1800mm。
3. 水平风管吊杆采用 φ8mm、φ10mm 镀锌通丝杆，吊架间距不大于 3m。水平风管设固定支架，采用 40mm×4mm 的角钢；对风管大边长小于等于 1250mm 的横担采用 30mm×3mm 的角钢；对风管大边长大于 1250mm 的横担采用 40mm×4mm 的角钢。
4. 对风管大边长小于等于 1000mm 的风管采用无法兰连接形式，在风管连接时采用钢板抱卡连接，抱卡安装为一正一反，间距不大于 150mm；对风管大边长大于 1000mm 的风管采用法兰连接形式，风管连接件采用 M8、M10 的镀锌螺母和 M8、M10 的镀锌螺栓固定，间距不大于 150mm，螺栓方向一致，出螺母长度 2～3 扣。风管密封垫采用××胶板、厚度为 3mm。
5. 对大边长大于 1000mm 的风管采用角钢法兰连接。风管连接件采用 M8、M10 的镀锌螺母和 M8、M10 的镀锌螺栓固定，间距不大于 150mm，螺栓方向一致，出螺母长度 2～3 扣。风管密封垫采用××胶垫、厚度为 3mm。
6. 风阀、消声器采用单独的支、吊架，吊杆采用 φ8mm、φ10mm 镀锌通丝杆，采用 M8、M10 的镀锌螺母和 M8、M10 的镀锌螺栓固定；安装方向正确。风阀安装后的手动或电动操作装置灵活、可靠，阀板关闭严密；风阀距离墙表面不大于 200mm。
7. 风管系统已按照设计要求及施工规范规定完成风管漏光检测，其结果符合设计要求和施工规范规定，合格。

附影像资料（2）页：
三层，1～13/A～G 轴线，吊顶内标高为＋9.10～＋9.42m。影像资料数量为二份。
申报人：郭××</td></tr>
<tr><td colspan="6">检查意见：
符合施工图设计及《通风与空调工程施工质量验收规范》（GB 50243—2016）的要求。
检查结论：　☑ 同意隐蔽　　　　□不同意，修改后进行复查</td></tr>
<tr><td rowspan="2">签字栏</td><td colspan="2">专业监理工程师</td><td colspan="2">专业质检员</td><td>专业工长</td></tr>
<tr><td colspan="2">王××</td><td colspan="2">吴××</td><td>徐××</td></tr>
</table>

本表由施工单位填写。

<table>
<tr><td colspan="2">隐蔽工程检查记录
表 C5-1</td><td>资料编号</td><td>06-C5-1-×××</td></tr>
<tr><td>工程名称</td><td colspan="3">北京××大厦</td></tr>
<tr><td>施工单位</td><td>北京××建设有限责任公司</td><td>监理单位</td><td>北京××监理有限责任公司</td></tr>
<tr><td>验收项目</td><td>空调风系统风管保温</td><td>验收日期</td><td>20××年××月××日</td></tr>
<tr><td>验收部位</td><td colspan="3">三层　1～13/A～G 轴线　吊顶内＋9.10～＋9.42m 标高</td></tr>
<tr><td colspan="4">验收内容：
1. 橡塑保温材料的产品检测报告、合格证，进场产品复试报告齐全有效，复试报告编号为 BETC-HJ2-2018-00326。
2. 三层××新风系统风管安装已做漏光检测和隐蔽工程检查合格后，其保温安装采用橡塑保温，保温材料厚度 δ=30mm，粘结材料均匀地涂在风管的外表面上，橡塑材料粘贴牢固、铺设平整，橡塑材料与风管表面紧密贴合，无空隙。
3. 橡塑保温材料粘贴后，接缝处采用专用胶带进行包扎，包扎的搭接处均匀、贴紧。
4. 阀门连杆处已预留未包，阀门开关动作灵活。
5. 表面划痕已及时修补，无气泡和漏涂等缺陷。
6. 风阀、消声器采用单独的支、吊架，吊杆采用 ϕ8mm、ϕ10mm 镀锌通丝杆，采用 M8、M10 的镀锌螺母和 M8、M10 的镀锌螺栓固定；安装方向正确。风阀安装后的手动或电动操作装置灵活、可靠，阀板关闭严密；风阀安装距离距墙表面不大于 200mm。
7. 风管系统已按照设计要求及施工规范规定完成风管漏光检测，其结果符合设计要求和施工规范规定，合格。

附影像资料（ 2 ）页：
三层，1～13/A～G 轴线，吊顶内标高为 9.10～9.42m。影像资料数量为三份。
申报人：郭××</td></tr>
<tr><td colspan="4">检查意见：
符合施工图设计及《通风与空调工程施工质量验收规范》(GB 50243—2016) 的要求。
检查结论：　☑ 同意隐蔽　　　　□不同意，修改后进行复查</td></tr>
<tr><td rowspan="2">签字栏</td><td>专业监理工程师</td><td>专业质检员</td><td>专业工长</td></tr>
<tr><td>王××</td><td>吴××</td><td>徐××</td></tr>
</table>

本表由施工单位填写。

<table>
<tr><td colspan="2">隐蔽工程检查记录
表 C5-1</td><td>资料编号</td><td colspan="2">06-C5-1-×××</td></tr>
<tr><td>工程名称</td><td colspan="4">北京××大厦</td></tr>
<tr><td>施工单位</td><td>北京××建设有限责任公司</td><td>监理单位</td><td colspan="2">北京××监理有限责任公司</td></tr>
<tr><td>验收项目</td><td>风机盘管安装</td><td>验收日期</td><td colspan="2">20××年××月××日</td></tr>
<tr><td>验收部位</td><td colspan="4">一层～三层　1～28/A～K 轴线　+4.65m、+9.15m、+13.65m 标高</td></tr>
<tr><td colspan="5">验收内容：
1. FP-34、FP-68、FP-85 风机盘管装箱单、产品质量合格证、产品性能检测报告、技术说明书等随机文件齐全、有效，其规格、型号符合施工图设计要求；
2. 开箱检验每台风机盘管电动机壳体及表面交换器无伤损、锈蚀等现象，每台进行通电试验检查，机械部分运行良好无噪声，电器部分开启灵活可靠；
3. 风机盘管安装前进行水压检漏试验。试验压力为系统工作压力的 1.5 倍，观察时间为 2min，无渗、无漏现象，水压试验符合施工规范要求；
4. 风机盘管的性能按《建筑节能工程施工质量验收标准》（GB 50411）的规定复验合格，检查数量为同一厂家的风机盘管机组按数量复验 2%，不得少于 2 台；
5. 风机盘管吊架安装位置正确，吊杆与托盘间采用双螺母紧固连接，平稳牢固，安装高度及坡度符合施工图设计及施工规范要求；
6. 风机盘管供、回水阀及水过滤器靠近风机盘管机组安装；
7. 风机盘管与风管间采用硅酸钛金不燃保温软管连接，连接形式符合施工图设计及施工规范要求；
8. 风机盘管同冷热媒水管连接，应在管道系统冲洗排污后进行连接，且入水口加 Y 形过滤器，以防堵塞热交换器。

附影像资料（2）页：
一层～三层，1～28/A～K 轴线，+4.65m、+9.15m、+13.65m 标高。影像资料数量为二份。
申报人：郭××</td></tr>
<tr><td colspan="5">检查意见：
符合施工图设计及《通风与空调工程施工质量验收规范》（GB 50243—2016）的要求。
检查结论：　☑ 同意隐蔽　　　☐不同意，修改后进行复查</td></tr>
<tr><td rowspan="2">签字栏</td><td colspan="2">专业监理工程师</td><td>专业质检员</td><td>专业工长</td></tr>
<tr><td colspan="2">王××</td><td>吴××</td><td>徐××</td></tr>
</table>

本表由施工单位填写。

<table>
<tr><td colspan="2">隐蔽工程检查记录
表 C5-1</td><td>资料编号</td><td>06-C5-1-×××</td></tr>
<tr><td>工程名称</td><td colspan="3">北京××大厦</td></tr>
<tr><td>施工单位</td><td>北京××建设有限责任公司</td><td>监理单位</td><td>北京××监理有限责任公司</td></tr>
<tr><td>验收项目</td><td>ZP100（400×400）消声器安装</td><td>验收日期</td><td>20××年××月××日</td></tr>
<tr><td>验收部位</td><td colspan="3">三层　1～13/A～G 轴线　吊顶内＋9.10～＋9.42m 标高</td></tr>
<tr><td colspan="4">验收内容：
《通风与空调工程施工质量验收规范》（GB 50243—2016）第 6.3.11 条规定，消声器及静压箱的安装应符合下列规定：
（1）消声器及静压箱安装时，应设置独立支、吊架，固定应牢固。
（2）当采用回风箱作为静压箱时，回风口处应设置过滤网。
此外，还有以下安装要求：
1. 消声器安装前应保持干净，做到无油污和浮尘。
2. 消声器安装的位置、方向应正确，与风管的连接应严密，不得有损坏与受潮。两组同类型消声器不宜直接串联。
3. 现场安装的组合式消声器，消声组件的排列、方向和位置应符合设计要求。单个消声器组件的固定应牢固。
4. 消声器、消声弯管均应设独立支、吊架。

附影像资料（2）页：
三层，1～13/A～G 轴线，吊顶内标高为＋9.10～＋9.42m。影像资料数量为二份。
申报人：郭××</td></tr>
<tr><td colspan="4">检查意见：
符合施工图设计及《通风与空调工程施工质量验收规范》（GB 50243—2016）的要求。
检查结论：　☑ 同意隐蔽　　　□不同意，修改后进行复查</td></tr>
</table>

<table>
<tr><td rowspan="2">签字栏</td><td>专业监理工程师</td><td>专业质检员</td><td>专业工长</td></tr>
<tr><td>王××</td><td>吴××</td><td>徐××</td></tr>
</table>

本表由施工单位填写。

<table>
<tr><td colspan="2">隐蔽工程检查记录
表 C5-1</td><td>资料编号</td><td>06-C5-1-×××</td></tr>
<tr><td>工程名称</td><td colspan="3">北京××大厦</td></tr>
<tr><td>施工单位</td><td>北京××建设有限责任公司</td><td>监理单位</td><td>北京××监理有限责任公司</td></tr>
<tr><td>验收项目</td><td>空气处理机组安装</td><td>验收日期</td><td>20××年××月××日</td></tr>
<tr><td>验收部位</td><td colspan="3">三层　　1～13/A～G 轴线，＋13.18m 标高</td></tr>
<tr><td colspan="4">验收内容：
1. 空气处理机组 KCDX02 经开箱检查，机组表面无划痕，外观质量良好，产品检测报告、合格证、技术说明书等齐全、有效，规格、型号符合施工图设计要求；
2. 空气处理机组安装位置及方向符合施工图设计要求；机组的纵向垂直度和横向水平度的允许偏差均应为 0.2%，符合施工规范要求；
3. 组合式空调机组各功能段的组装符合设备技术说明书的顺序和要求，各功能段之间的连接严密，整体外观平整；
4. 供、回水管与机组连接正确，机组下部冷凝水管的水封高度符合设备技术说明书的要求；
5. 机组与风管采用柔性短管连接，柔性短管的绝热性能及连接形式符合施工规范要求；
6. 机组内空气过滤器（网）和空气热交换器翅片清洁、完好，安装的位置便于维护与清理；
7. 机组表面清理干净，箱体内无杂物、积尘等；
8. 设备吊装时在吊件上下均匀配置双螺母，螺母及防松零件齐全，连接牢固；
9. 变风量末端的电动执行器、控制器和变风量空调机组控制器箱的可导电外壳均可靠接地，接地标识清晰。

附影像资料（2）页：
三层，1～13/A～G 轴线，标高为＋13.18m。影像资料数量为二份。
申报人：郭××</td></tr>
<tr><td colspan="4">检查意见：
符合施工图设计及《通风与空调工程施工质量验收规范》(GB 50243—2016) 的要求。
检查结论：　☑ 同意隐蔽　　　　□不同意，修改后进行复查</td></tr>
<tr><td rowspan="2">签字栏</td><td>专业监理工程师</td><td>专业质检员</td><td>专业工长</td></tr>
<tr><td>王××</td><td>吴××</td><td>徐××</td></tr>
</table>

本表由施工单位填写。

<table>
<tr><td colspan="2">隐蔽工程检查记录
表 C5-1</td><td>资料编号</td><td>06-C5-1-×××</td></tr>
<tr><td>工程名称</td><td colspan="3">北京××大厦</td></tr>
<tr><td>施工单位</td><td>北京××建设有限责任公司</td><td>监理单位</td><td>北京××监理有限责任公司</td></tr>
<tr><td>验收项目</td><td>冷冻水系统管道安装</td><td>验收日期</td><td>20××年××月××日</td></tr>
<tr><td>验收部位</td><td colspan="3">地下二层　1～13/A～G 轴线　吊顶内＋4.10m 标高</td></tr>
<tr><td colspan="4">验收内容：
1. 地下二层冷冻供回水水平管道安装于地下二层 1～13/A～G 轴线区域内，管中标高为＋5.38～＋5.50m，管道定位准确，符合设计及规范要求。
2. 冷冻供回水管小于等于 DN70 的水管采用热镀锌钢管，丝扣连接；管径大于等于 DN80 的采用无缝钢管，法兰连接或焊接。
3. 焊口平整无缝隙，焊接后管道平直无变形，符合设计及规范要求。
4. 支架安装：
（1）管道支吊架距焊口距离大于等于 50mm，悬吊式管道长度超过 15m 时，加防摆动固定支架，保温管托架间距 4m，采用沥青托木作为保温管托；
（2）水平管横担架采用 10～12 号槽钢做吊耳，吊耳使用 12 号膨胀螺栓固定于顶板或梁侧下，采用 HPB300 14mm 钢筋做吊杆，10 号槽钢做横担，8 号扁钢做抱箍；
（3）水平管固定支架采用 5 号角钢或 10 号槽钢做门行架，使用 12 号膨胀螺栓固定于顶板或两侧，支架朝向一致。
5. 管道安装横平竖直，各种管径水平管固定点间距小于规范要求的最大间距，坡度为 0.2%，管径>50mm 的阀门采用蝶阀，法兰连接；管径≤50mm 的为铜闸阀，丝扣连接，阀门各项试验合格；供回水水平管末端安装自动排气阀。
6. 管道支架刷防锈漆两道，附着良好，色泽一致，无脱皮、起泡、流淌和漏涂等现象。
7. 管道穿越墙及楼板体设大两号套管，套管之间塞油麻，套管两端填充水泥，油麻填堵均匀密实，水泥填堵均匀密实且与套管两端平齐。
8. 管道已按设计要求及施工规范规定完成强度严密性试验，试验结果合格。

附影像资料（2）页：
地下二层，1～13/A～G 轴线，吊顶内标高为＋4.10m。影像资料数量为二份。
申报人：郭××</td></tr>
<tr><td colspan="4">检查意见：
符合施工图设计及《通风与空调工程施工质量验收规范》（GB 50243—2016）的要求。
检查结论：　☑ 同意隐蔽　　　□不同意，修改后进行复查</td></tr>
<tr><td rowspan="2">签字栏</td><td>专业监理工程师</td><td>专业质检员</td><td>专业工长</td></tr>
<tr><td>王××</td><td>吴××</td><td>徐××</td></tr>
</table>

本表由施工单位填写。

<table>
<tr><td colspan="2">隐蔽工程检查记录
表 C5-1</td><td>资料编号</td><td>06-C5-1-×××</td></tr>
<tr><td>工程名称</td><td colspan="3">北京××大厦</td></tr>
<tr><td>施工单位</td><td>北京××建设有限责任公司</td><td>监理单位</td><td>北京××监理有限责任公司</td></tr>
<tr><td>验收项目</td><td>冷冻水系统管道保温</td><td>验收日期</td><td>20××年××月××日</td></tr>
<tr><td>验收部位</td><td colspan="3">地下一层　吊顶内 1～13/A～G 轴线　3.10～4.10m 标高</td></tr>
<tr><td colspan="4">验收内容：
1. 橡塑保温材料的产品检测报告、合格证，进场产品复试报告齐全有效，复试报告编号为 BETC-HJ2-2018-00326。
2. 地下一层吊顶内的冷冻水管道保温材料采用橡塑管壳或柔性泡沫橡塑保温材料包裹两层，管道管径≤DN80 时采用橡塑海绵管材保温；管道管径≥DN100 时采用橡塑海绵板材保温，材料规格、厚度、颜色及各项检测指标符合规范及设计要求。
3. 橡塑保温管材厚度为 24～40mm，DN20～DN70；橡塑保温板材厚度为 16mm、19mm、25mm。
4. 阀门等管道配件已保温，符合规范及设计要求。
5. 橡塑海绵保温材料采用橡塑保温专用胶粘结，保温材料包裹均匀，厚度一致，接口处粘结牢固、平整、圆滑、无缝隙，符合规范及设计要求。

附影像资料（ 2 ）页：
地下一层，吊顶内 1～13/A～G 轴线，标高为 3.10～4.10m。影像资料数量为二份。
申报人：郭××</td></tr>
<tr><td colspan="4">检查意见：
符合施工图设计及《通风与空调工程施工质量验收规范》(GB 50243—2016) 的要求。
检查结论：　☑ 同意隐蔽　　　□不同意，修改后进行复查</td></tr>
<tr><td rowspan="2">签字栏</td><td>专业监理工程师</td><td>专业质检员</td><td>专业工长</td></tr>
<tr><td>王××</td><td>吴××</td><td>徐××</td></tr>
</table>

本表由施工单位填写。

<table>
<tr><td colspan="2">隐蔽工程检查记录
表 C5-1</td><td>资料编号</td><td>06-C5-1-×××</td></tr>
<tr><td>工程名称</td><td colspan="3">北京××大厦</td></tr>
<tr><td>施工单位</td><td>北京××建设有限责任公司</td><td>监理单位</td><td>北京××监理有限责任公司</td></tr>
<tr><td>验收项目</td><td>冷凝水系统管道安装</td><td>验收日期</td><td>20××年××月××日</td></tr>
<tr><td>验收部位</td><td colspan="3">三层　1～13/A～G 轴线　吊顶内＋7.80～＋9.02m 标高</td></tr>
<tr><td colspan="4">验收内容：
1. 三层冷凝水管采用热镀锌钢管，坐标为 1～13/A～G 轴线，标高为＋7.80～＋9.02m，管道定位准确，丝扣连接，坡度为 0.5%，符合设计及规范要求。
2. 镀锌焊接钢管公称直径为 DN20、DN25、DN32、DN40、DN50。
3. 支架安装：
（1）管道支吊架距接口距离大于等于 50mm，悬吊式管道长度超过 15m 时，加防摆动固定支架，保温管托架间距 4m，采用橡胶垫作为保温管托；
（2）水平管横担架采用 10 号槽钢做吊耳，吊耳使用 10 号膨胀螺栓固定于顶板或梁侧下，采用 Φ 10mm 圆钢做吊杆，8 号扁钢做抱箍；
（3）水平管固定支架采用 5 号角钢做门形架，使用 10 号膨胀螺栓固定于梁侧，支架朝向一致，符合设计及规范要求。
4. 管道安装横平竖直，各种管径水平管固定点间距小于规范要求的最大间距，符合设计及规范要求。
5. 管道支吊架刷防锈漆两道，附着良好，色泽一致，无脱皮、起泡、流淌和漏涂现象，符合设计及规范要求。
6. 管道穿越墙及楼板设大两号套管，套管之间塞油麻，套管两端填充水泥，油麻填堵均匀密实，水泥填堵均匀密实且与套管两端平齐，符合设计及规范要求。
7. 管道已按照设计要求及施工规范规定完成管道的灌水试验，试验结果合格。

附影像资料（2）页：
三层，1～13/A～G 轴线，吊顶内标高为＋7.80～＋9.02m。影像资料数量为二份。
申报人：郭××</td></tr>
<tr><td colspan="4">检查意见：
符合施工图设计及《通风与空调工程施工质量验收规范》（GB 50243—2016）的要求。
检查结论：　☑ 同意隐蔽　　☐不同意，修改后进行复查</td></tr>
<tr><td rowspan="2">签字栏</td><td>专业监理工程师</td><td>专业质检员</td><td>专业工长</td></tr>
<tr><td>王××</td><td>吴××</td><td>徐××</td></tr>
</table>

本表由施工单位填写。

<table>
<tr><td colspan="2">隐蔽工程检查记录
表 C5-1</td><td>资料编号</td><td>06-C5-1-×××</td></tr>
<tr><td>工程名称</td><td colspan="3">北京××大厦</td></tr>
<tr><td>施工单位</td><td>北京××建设有限责任公司</td><td>监理单位</td><td>北京××监理有限责任公司</td></tr>
<tr><td>验收项目</td><td>冷凝水系统管道保温</td><td>验收日期</td><td>20××年××月××日</td></tr>
<tr><td>验收部位</td><td colspan="3">三层　1～13/A～G 轴线　吊顶内＋7.80～9.02m 标高</td></tr>
<tr><td colspan="4">验收内容：
1. 橡塑保温材料的产品检测报告、合格证，进场产品复试报告齐全有效，复试报告编号为 BETC-HJ2-2018-00326；
2. 三层吊顶内的冷凝水管道保温安装，保温材料采用橡塑海绵管材保温、材料规格、厚度、颜色及各项检测指标符合规范及设计要求；
3. 橡塑保温管材 DN20～DN50，厚度为 15mm；
4. 橡塑海绵保温材料采用橡塑保温专用胶粘接，保温材料包裹均匀，厚度一致，接口处粘结牢固、平整、圆滑、无缝隙，符合规范及设计要求。

附影像资料（ 2 ）页：
三层，1～13/A～G 轴线，吊顶内标高为＋7.80～9.02m。影像资料数量为二份。
申报人：郭××</td></tr>
<tr><td colspan="4">检查意见：
符合施工图设计及《通风与空调工程施工质量验收规范》(GB 50243—2016）的要求。
检查结论：　☑ 同意隐蔽　　　□不同意，修改后进行复查</td></tr>
<tr><td rowspan="2">签字栏</td><td>专业监理工程师</td><td>专业质检员</td><td>专业工长</td></tr>
<tr><td>王××</td><td>吴××</td><td>徐××</td></tr>
</table>

本表由施工单位填写。

<table>
<tr><td colspan="2">交接检查记录
表 C5-2</td><td>资料编号</td><td>06-C5-2-×××</td></tr>
<tr><td>工程名称</td><td colspan="3">北京××大厦</td></tr>
<tr><td>移交单位名称</td><td>北京××建设有限责任公司</td><td>接收单位名称</td><td>北京××机电安装有限公司</td></tr>
<tr><td>交接部位</td><td>制冷机组混凝土基础平台</td><td>检查日期</td><td>20××年××月××日</td></tr>
<tr><td colspan="4">交接内容：
北京××建设集团工程总承包部负责本工程地下一层制冷机房机组设备混凝土基础平台的制作工程，包括平台坐标位置纵、横轴线，基础平台外形尺寸，基础平台水平度，基础平台混凝土强度等级，预留地脚螺栓孔中心位置、深度、孔垂直度，基础平台外观质量等，现已施工完毕，将移交北京××机电安装有限责任公司进行制冷机组的线缆敷设及机组设备安装、调试和运行。</td></tr>
<tr><td colspan="4">检查结果：
经移交单位、接收单位和监理单位三方共同检查，制冷机房机组设备混凝土基础平台坐标位置、标高、外形尺寸、水平度、螺栓孔等均符合施工图设计及《通风与空调工程施工质量验收规范》（GB 50243—2016）的要求，移交单位完成的作业内容满足接收单位日后开展作业的需求。</td></tr>
<tr><td rowspan="2">签字栏</td><td>移交单位</td><td colspan="2">接收单位</td></tr>
<tr><td>李××</td><td colspan="2">吴××</td></tr>
</table>

本表由施工单位填写。

施工记录（通用） 表 C5-21		资料编号	08-07-C5-21-×××
工程名称	北京××大厦		
施工单位	北京××机电安装有限责任公司	施工内容	冷却循环水泵安装
施工部位	7～13/B～F 轴线地下一层冷水机房	施工日期	20××年××月××日

依据：

《通风与空调工程施工质量验收规范》（GB 50243—2016）及设施图-32、设施图-33。

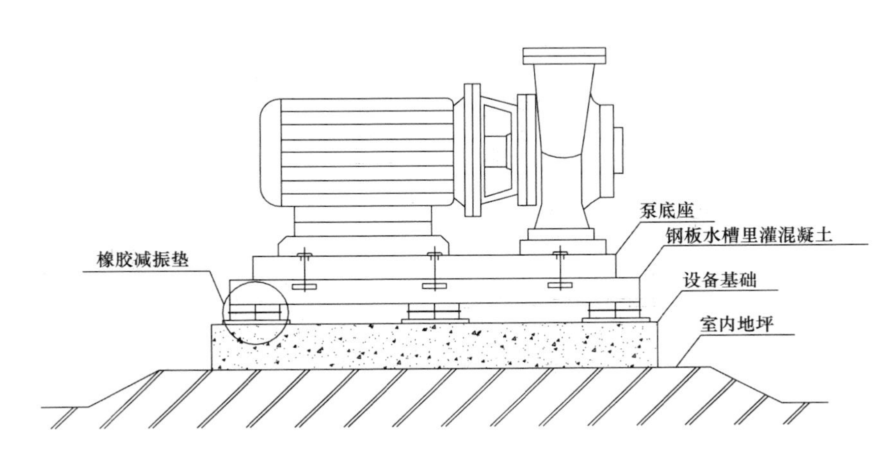

内容：

1. 冷却循环水泵（NL50-12）的规格、型号符合施工图设计和规范的要求，产品质量合格证、安装说明书等随机文件齐全有效，随箱附带零配件等与清单相符，设备外观完好、无损伤、损坏和锈蚀情况。
2. 冷却循环水泵基础平台和地脚螺栓孔位置、坐标、标高、表面平整度符合设计及设备安装要求。减振装置安装满足设计及产品技术文件要求。
3. 水泵标高允许偏差值为（－10mm，＋10mm）。水泵标高实测偏差值为－8mm。
4. 水泵中心线位置纵向允许偏差值为±10mm、横向允许偏差值为±10mm。水泵中心线位置纵向实测偏差值为 5mm、横向实测偏差值为 8mm。水泵纵向中心轴线与基础中心线重合对齐，并找平找正，水泵与减振板固定牢固，地脚螺栓有防松动措施。
5. 水泵水平纵向允许偏差值为 1mm/m、水平横向允许偏差值为 1mm/m。水泵水平纵向实测偏差值为 0.06mm/m、水平横向实测偏差值为 0.12mm/m。
6. 找平找正后将斜垫铁点焊固定。泵体调整好后，拧紧地脚螺栓。基础平台与设备间放置橡胶减振垫。
7. 泵体的金属外壳与镀锌扁钢做可靠接地，且标识清晰。

检查意见：

符合施工图设计及《通风与空调工程施工质量验收规范》（GB 50243—2016）的要求。

签字栏	专业技术负责人	专业质检员	专业工长
	李××	吴××	徐××
制表时间		20××年××月××日	

本表由施工单位填写。

<table>
<tr><td colspan="2">施工记录（通用）
表 C5-21</td><td>资料编号</td><td>08-06-C5-21-×××</td></tr>
<tr><td>工程名称</td><td colspan="3">北京××大厦</td></tr>
<tr><td>施工单位</td><td>北京××机电安装有限责任公司</td><td>施工内容</td><td>螺杆式空气压缩机安装</td></tr>
<tr><td>施工部位</td><td>4～7/C～F 轴线地下一层冷水机房</td><td>施工日期</td><td>20××年××月××日</td></tr>
</table>

依据：

《风机、压缩机、泵安装工程施工及验收规范》(GB 50275—2010) 及设施图-46、设施图-47。

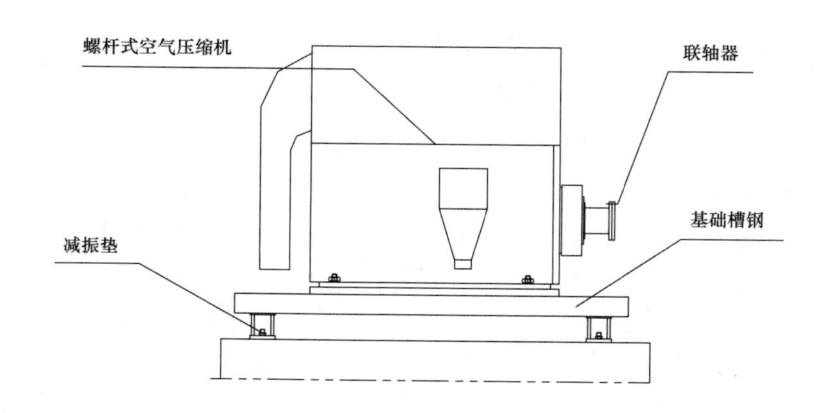

内容：

1. 螺杆式空气压缩机（GA75W）的型号、规格符合施工图设计及规范的要求，产品质量合格证、安装说明书等随机文件齐全有效，随箱附带零配件等与清单相符，设备外观完好、无损伤、损坏和锈蚀情况，管口封闭完好。
2. 压缩机基础平台和地脚螺栓孔位置、坐标、标高，消声、减振装置符合施工图设计要求。
3. 空气压缩机标高允许偏差值为（－10mm，＋20mm）。空气压缩机标高实测偏差值为－8mm。
4. 空气压缩机中心线位置纵向允许偏差值为 10mm、横向允许偏差值为 10mm。空气压缩机中心线位置纵向实测偏差值为 5mm、横向实测偏差值为 8mm。
5. 空气压缩机水平纵向允许偏差值为 0.2mm/m、水平横向允许偏差值为 0.2mm/m。空气压缩机水平纵向实测偏差值为 0.06mm/m、水平横向实测偏差值为 0.12mm/m。
6. 找平找正后将斜垫铁点焊固定。空气压缩机机壳调整好后，拧紧地脚螺栓。设备底座与基础平台间设置橡胶减振垫。
7. 空气压缩机的金属外壳与镀锌扁钢做可靠接地，且标识清晰。

检查意见：

符合施工图设计及《风机、压缩机、泵安装工程施工及验收规范》(GB 50275—2010) 的要求。

<table>
<tr><td rowspan="2">签字栏</td><td>专业技术负责人</td><td>专业质检员</td><td>专业工长</td></tr>
<tr><td>李××</td><td>吴××</td><td>徐××</td></tr>
<tr><td colspan="2">制表时间</td><td colspan="2">20××年××月××日</td></tr>
</table>

本表由施工单位填写。

<table>
<tr><td colspan="2">施工记录（通用）
表 C5-21</td><td>资料编号</td><td>08-06-C5-21-×××</td></tr>
<tr><td>工程名称</td><td colspan="3">北京××大厦</td></tr>
<tr><td>施工单位</td><td>北京××机电安装有限责任公司</td><td>施工内容</td><td>冷冻机组安装</td></tr>
<tr><td>施工部位</td><td>6～8/C～E 轴线地下一层冷冻机房</td><td>施工日期</td><td>20××年××月××日</td></tr>
</table>

依据：

《通风与空调工程施工质量验收规范》（GB 50243—2016）及设施图-62、设施图-63、设施图-64。

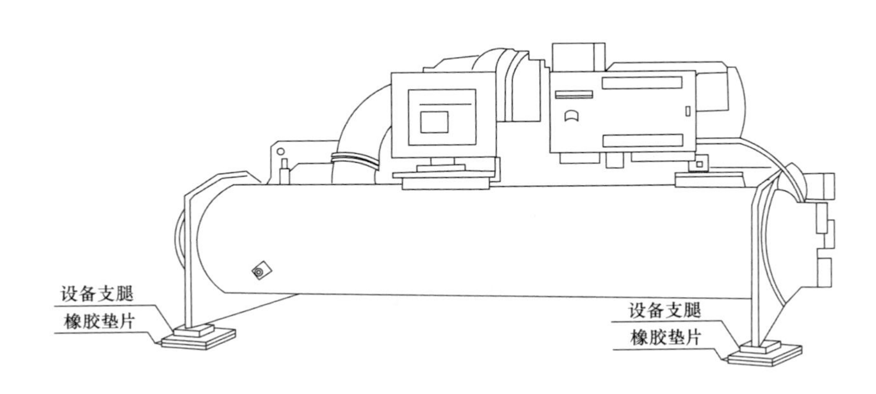

内容：

1. 冷冻机组（YKCECEQ75COF/XC22）的型号、规格符合施工图设计及规范的要求，产品质量合格证、安装说明书等随机文件齐全有效，随箱附带零配件等与清单相符，设备外观完好、无损伤、损坏和锈蚀情况，管口封闭完好。

2. 冷冻机组的基础平台和地脚螺栓孔位置、坐标、标高、表面平整度、减振装置符合施工图设计及设备安装要求。

3. 冷冻机组标高允许偏差值为（－10mm，＋10mm）。冷冻机组标高实测偏差值为－5mm。

4. 冷冻机组中心线位置纵向允许偏差值为 10mm、横向允许偏差值为 10mm。冷冻机组中心线位置纵向实测偏差值为 4mm、横向实测偏差值为 6mm。

5. 冷冻机组水平纵向允许偏差值为 1mm/m、水平横向允许偏差值为 1mm/m。冷冻机组水平纵向实测偏差值为 0.6mm/m、水平横向实测偏差值为 0.4mm/m。

6. 冷冻机组安装位置正确、平正，冷冻机组每个支腿下方设置两块橡胶垫片，橡胶垫片下方放置一块钢板，该钢板在设备基础上方，保证冷冻机组的平整度。

7. 冷冻机组调整好后，拧紧地脚螺栓并有防松装置。

8. 冷冻机组的金属外壳与镀锌扁钢做可靠接地，且标识清晰。

检查意见：

符合施工图设计及《通风与空调工程施工质量验收规范》（GB 50243—2016）的要求。

<table>
<tr><td rowspan="2">签字栏</td><td>专业技术负责人</td><td>专业质检员</td><td>专业工长</td></tr>
<tr><td>李××</td><td>吴××</td><td>徐××</td></tr>
<tr><td colspan="2">制表时间</td><td colspan="2">20××年××月××日</td></tr>
</table>

本表由施工单位填写。

<table>
<tr><td colspan="2">施工记录（通用）
表 C5-21</td><td>资料编号</td><td>08-06-C5-21-×××</td></tr>
<tr><td>工程名称</td><td colspan="3">北京××大厦</td></tr>
<tr><td>施工单位</td><td>北京××机电安装有限责任公司</td><td>施工内容</td><td>冷却塔安装</td></tr>
<tr><td>施工部位</td><td>21～25/F～J 轴线屋面</td><td>施工日期</td><td>20××年××月××日</td></tr>
<tr><td colspan="4">依据：
《通风与空调工程施工质量验收规范》(GB 50243—2016) 及设施图-52、设施图-53。</td></tr>
</table>

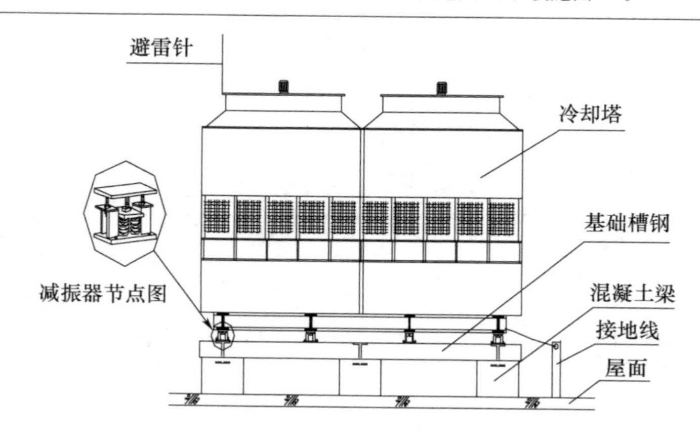

内容：

1. 冷却塔（DBNL3-100）的型号、规格、数量符合施工图设计及规范的要求，产品质量合格证、安装说明书等随机文件齐全有效，随箱附带零配件等与清单相符，设备外观完好，管口封闭完好。
2. 冷却塔的基础平台和地脚螺栓孔位置、坐标、标高、表面平整度、减振装置符合设计及设备安装要求。
3. 冷却塔基础标高允许偏差值为（—20mm，＋20mm）。冷却塔基础标高实测偏差值为＋8mm。
4. 冷却塔中心线位置纵向允许偏差值为 10mm、横向允许偏差值为 10mm。冷却塔中心线位置纵向实测偏差值为 4mm、横向实测偏差值为 7mm。
5. 冷却塔水平纵向允许偏差值为 1mm/m、水平横向允许偏差值为 1mm/m。冷却塔水平纵向实测偏差值为 0.7mm/m、水平横向实测偏差值为 0.8mm/m。
6. 冷却塔安装在屋面的基础台上，冷却塔底座与基础槽钢采用机械连接，连接件采用热镀锌或不锈钢螺栓，找平找正后将斜垫铁点焊固定，冷却塔机组调整好后，均匀一致地拧紧地脚螺栓并设置防松装置。冷却塔安装水平度和垂直度良好，××台冷却塔水平高度一致，高差均控制在 30mm 以内。
7. 冷却塔机组的叶轮旋转方向与所示箭头方向一致，风机叶片端部与塔体四周的径向间隙均匀一致，叶片角度一致。
8. 冷却塔机组的顶部设置避雷针，其金属外壳与镀锌扁钢做可靠接地，且标识清晰。

检查意见：

符合施工图设计及《通风与空调工程施工质量验收规范》(GB 50243—2016) 的要求。

<table>
<tr><td rowspan="2">签字栏</td><td>专业技术负责人</td><td>专业质检员</td><td>专业工长</td></tr>
<tr><td>李××</td><td>吴××</td><td>徐××</td></tr>
<tr><td colspan="2">制表时间</td><td colspan="2">20××年××月××日</td></tr>
</table>

本表由施工单位填写。

<table>
<tr><td colspan="2">施工记录（通用）
表 C5-21</td><td>资料编号</td><td>06-C5-21-×××</td></tr>
<tr><td>工程名称</td><td colspan="3">北京××大厦</td></tr>
<tr><td>施工单位</td><td>北京××机电安装有限责任公司</td><td>施工内容</td><td>集水器、分水器安装</td></tr>
<tr><td>施工部位</td><td>10～12/A～B轴线地下一层冷冻机房</td><td>施工日期</td><td>20××年××月××日</td></tr>
<tr><td colspan="4">依据：
《通风与空调工程施工质量验收规范》(GB 50243—2016) 及空施图-22、空施图-23。</td></tr>
<tr><td colspan="4">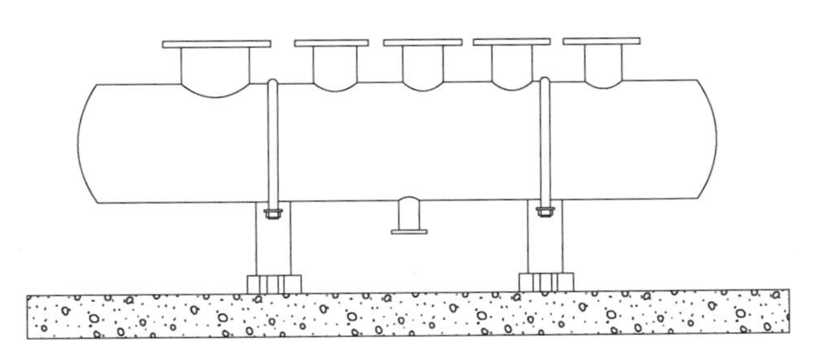
内容：
1. 集水器、分水器设备的规格、型号、安装标高符合施工图设计的要求，集水器、分水器设备的产品质量合格证和检测报告齐全有效；
2. 集水器、分水器设备内外壁防腐涂层的材质、涂抹质量、厚度应符合产品技术文件的要求；
3. 混凝土基础平面位置允许偏差小于15mm，标高允许偏差小于±5mm，垂直度允许偏差控制在0.1%以内；
4. 混凝土基础已验收完毕并与土建专业完成交接手续，集水器、分水器设备底座的尺寸、位置符合施工图设计要求，设备与底座接触紧密、平整牢固；
5. 集水器、分水器安装完毕后做水压试验，各连接件不渗不漏，符合施工规范的要求。</td></tr>
<tr><td colspan="4">检查意见：
符合施工图设计及《通风与空调工程施工质量验收规范》(GB 50243—2016) 的要求。</td></tr>
<tr><td rowspan="2">签字栏</td><td>专业技术负责人</td><td>专业质检员</td><td>专业工长</td></tr>
<tr><td>李××</td><td>吴××</td><td>徐××</td></tr>
<tr><td colspan="2">制表时间</td><td colspan="2">20××年××月××日</td></tr>
</table>

本表由施工单位填写。

<table>
<tr><td colspan="2">施工记录（通用）
表 C5-21</td><td>资料编号</td><td>06-C5-21-×××</td></tr>
<tr><td>工程名称</td><td colspan="3">北京××大厦</td></tr>
<tr><td>施工单位</td><td>北京××机电安装有限责任公司</td><td>施工内容</td><td>板式换热器安装</td></tr>
<tr><td>施工部位</td><td>32～36/D～F 轴线地下一层冷冻机房</td><td>施工日期</td><td>20××年××月××日</td></tr>
<tr><td colspan="4">依据：
《通风与空调工程施工质量验收规范》（GB 50243—2016）及空施图-22、空施图-23。</td></tr>
<tr><td colspan="4">内容：
1. 板式换热器的规格、型号、安装标高符合施工图设计的要求，其产品质量合格证和检测报告齐全有效。
2. 安装管路前对与其连接的管路进行清洗，以免砂石、油污、焊渣等杂物进入热交换器，造成流道阻塞或损伤板片。
3. 冷热介质进出口接管安装，按照出厂铭牌所规定方向进行连接。
4. 在管道法兰处加密封垫，密封垫准确地放在法兰的密封面内，同时各进出管管口上装设相同直径的阀门，再与管路连接。
5. 混凝土基础平面位置允许偏差小于 15mm，标高允许偏差小于±5mm，垂直度允许偏差控制在 0.1%以内。混凝土基础已验收完毕并与土建专业完成交接手续。
6. 用地脚螺栓、平垫圈及螺母将热交换器安装在混凝土基础平台上，板式换热器与平台保持垂直，板式换热器连接牢固。
7. 换热器安装完毕后做水压试验，以工作压力的 1.5 倍做水压试验，各连接件不渗不漏，符合施工规范的规定。
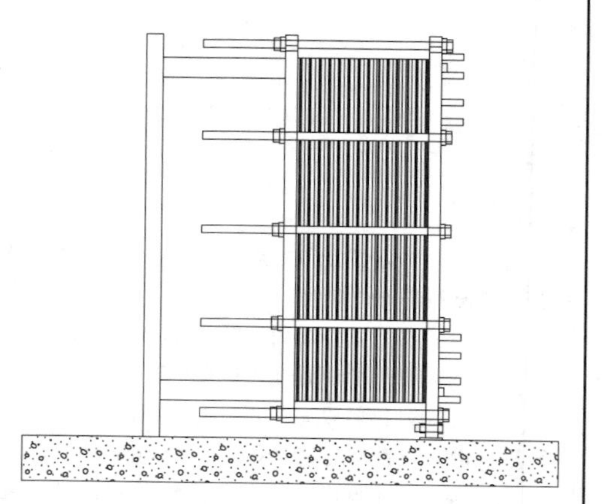</td></tr>
<tr><td colspan="4">检查意见：
符合施工图设计及《通风与空调工程施工质量验收规范》（GB 50243—2016）的要求。</td></tr>
<tr><td rowspan="2">签字栏</td><td>专业技术负责人</td><td>专业质检员</td><td>专业工长</td></tr>
<tr><td>李××</td><td>吴××</td><td>徐××</td></tr>
<tr><td colspan="2">制表时间</td><td colspan="2">20××年××月××日</td></tr>
</table>

本表由施工单位填写。

第三节 施工试验资料（C6）

建筑给水排水及采暖工程、建筑电气工程、通风与空调工程施工试验资料（C6）共计 39 张表格。通风与空调工程各系统测试及试运行等应符合施工图设计和如下各专业施工质量验收规范的规定：

《通风与空调工程施工质量验收规范》（GB 50243—2016）

《制冷设备、空气分离设备安装工程施工及验收规范》（GB 50274—2010）

《建筑防烟排烟系统技术标准》（GB 51251—2017）

《建筑节能工程施工质量验收标准》（GB 50411—2019）

施工试验不合格时，应有处理记录，并采取技术措施，保证系统试验合格。

一、灌（满）水试验记录表（C6-27）

（1）《通风与空调工程施工质量验收规范》（GB 50243—2016）第 9.2.3 条规定，管道系统安装完毕，外观检查合格后，应按设计要求进行水压试验。当设计无要求时，应符合下列规定：

1）冷（热）水、冷却水与蓄能（冷、热）系统的试验压力，当工作压力小于或等于 1.0MPa 时，应为 1.5 倍工作压力，最低不应小于 0.6MPa；当工作压力大于 1.0MPa 时，应为工作压力加 0.5MPa。

2）系统最低点压力升至试验压力后，应稳压 10min，压力下降不应大于 0.02MPa，然后应将系统压力降至工作压力，外观检查无渗漏为合格。对大型、高层建筑等垂直位差较大的冷（热）水、冷却水管道系统，当采用分区、分层试压时，在该部位的试验压力下，应稳压 10min，压力不得下降，再将系统压力降至该部位的工作压力，在 60min 内压力不得下降、外观检查无渗漏为合格。

3）各类耐压塑料管的强度试验压力（冷水）应为 1.5 倍工作压力，且不应小于 0.9MPa；严密性试验压力应为 1.15 倍的设计工作压力。

4）凝结水系统采用通水试验，应以不渗漏、排水畅通为合格。

检查数量：全数检查。

检查方法：旁站观察或查阅试验记录。

（2）《通风与空调工程施工质量验收规范》（GB 50243—2016）第 9.2.7 条规定，水箱、集水器、分水器与储水罐的水压试验或满水试验应符合设计要求，内外壁防腐涂层的材质、涂抹质量、厚度应符合设计或产品技术文件的要求。

检查数量：全数检查。

检查方法：尺量、观察检查，查阅试验记录。

<table>
<tr><td colspan="2">灌（满）水试验记录
表 C6-27</td><td>资料编号</td><td colspan="3">05-C6-27-×××</td></tr>
<tr><td>工程名称</td><td>北京××大厦</td><td>试验日期</td><td colspan="3">20××年××月××日</td></tr>
<tr><td>施工单位</td><td>北京××机电安装有限责任公司</td><td>监理单位</td><td colspan="3">北京××监理有限责任公司</td></tr>
<tr><td>试验项目</td><td>分集水器水压试验</td><td>试验部位</td><td colspan="3">10～12/A～B 轴线地下一层冷冻机房</td></tr>
<tr><td>材　　质</td><td>碳素钢</td><td>规　　格</td><td colspan="3">DN-600</td></tr>
<tr><td colspan="6">试验要求：
分集水器的水压试验必须符合设计要求，分集水器试验压力为工作压力的 1.5 倍，且不得小于 0.6MPa，分集水器水压试验评定为合格。
检验方法：分集水器在试验压力下观测 10min，压力降不应大于 0.02MPa，然后降到工作压力进行检查，各连接处不渗不漏。</td></tr>
<tr><td colspan="6">试验记录：
上午 8：06 开始，关闭进出口阀门，由注水口向分集水器内注水至 8：18 注满，8：19 开启打压泵至 8：25 升压至工作压力的 1.5 倍，观察 10min 至 8：35，压力降为 0.01MPa，然后降到工作压力进行检查，各连接处不渗不漏。</td></tr>
<tr><td colspan="6">试验结论：
分集水器水压试验符合施工图设计及《建筑给水排水及采暖工程施工质量验收规范》（GB 50242—2002）、《通风与空调工程施工质量验收规范》（GB 50243—2016）的要求，试验结论为合格。</td></tr>
<tr><td rowspan="2">签字栏</td><td>专业监理工程师</td><td colspan="2">专业质检员</td><td colspan="2">专业工长</td></tr>
<tr><td>王××</td><td colspan="2">吴××</td><td colspan="2">徐××</td></tr>
<tr><td colspan="2">制表日期</td><td colspan="4">20××年××月××日</td></tr>
</table>

本表由施工单位填写。

<table>
<tr><td colspan="2">灌（满）水试验记录
表 C6-27</td><td>资料编号</td><td>05-C6-27-×××</td></tr>
<tr><td>工程名称</td><td>北京××大厦</td><td>试验日期</td><td>20××年××月××日</td></tr>
<tr><td>施工单位</td><td>北京××机电安装有限责任公司</td><td>监理单位</td><td>北京××监理有限责任公司</td></tr>
<tr><td>试验项目</td><td>板式换热器水压试验</td><td>试验部位</td><td>32～36/D～F 轴线地下一层冷冻机房</td></tr>
<tr><td>材　　质</td><td>奥氏体不锈钢</td><td>规　　格</td><td>SKSP-Ⅱ</td></tr>
<tr><td colspan="4">试验要求：
板式换热器的水压试验必须符合设计要求，给水管道系统试验压力为工作压力的 1.5 倍，且不得小于 0.6MPa，板式换热器水压试验评定为合格。
检验方法：板式换热器在试验压力下观测 10min，压力降不应大于 0.02MPa，然后降到工作压力进行检查，各连接处不渗不漏。</td></tr>
<tr><td colspan="4">试验记录：
上午 9：06 开始，在 5 层立管检查口处用球胆封闭，在 6 层立管检查口处注水，至 9：18 灌满，观察 15min 至 9：33，水面下降，再灌满水观察 5min 至 09：38，水面不下降，管道及各接口处无渗漏现象。</td></tr>
<tr><td colspan="4">试验结论：
板式换热器水压试验符合施工图设计及《建筑给水排水及采暖工程施工质量验收规范》（GB 50242—2002）、《通风与空调工程施工质量验收规范》（GB 50243—2016）的要求，试验结论为合格。</td></tr>
<tr><td rowspan="2">签字栏</td><td>专业监理工程师</td><td>专业质检员</td><td>专业工长</td></tr>
<tr><td>王××</td><td>吴××</td><td>徐××</td></tr>
<tr><td colspan="2">制表日期</td><td colspan="2">20××年××月××日</td></tr>
</table>

本表由施工单位填写。

<table>
<tr><td colspan="2">灌（满）水试验记录
表 C6-27</td><td>资料编号</td><td>05-C6-27-×××</td></tr>
<tr><td>工程名称</td><td>北京××大厦</td><td>试验日期</td><td>20××年××月××日</td></tr>
<tr><td>施工单位</td><td>北京××机电安装有限责任公司</td><td>监理单位</td><td>北京××监理有限责任公司</td></tr>
<tr><td>试验项目</td><td>空调冷结水系统通水试验</td><td>试验部位</td><td>10～12/A～B 轴线五层</td></tr>
<tr><td>材　　质</td><td>热浸镀锌钢管</td><td>规　　格</td><td>DN20～DN40</td></tr>
<tr><td colspan="4">试验要求：
封堵冷结水管的最低处，由该系统风机盘管接水盘向该管段注水，水位高于风机盘管接水盘最低点，冲满水后观察 15min，灌水高度不降低，并检查各管段及接口应无渗漏现象。在管段最低处泄水，排水畅通，同时检查各风机盘管接水盘应无积水。</td></tr>
<tr><td colspan="4">试验记录：
上午 8：00 开始，管道最低点出口用阀门关闭，由该系统风机盘管接水盘向该管段注水至 8：30 注满，满水 15min 后观察管段及接口处，无渗漏现象，然后打开最低点处阀门泄水，排水畅通，且各风机盘管接水盘无积水，至 9：10 结束试验。</td></tr>
<tr><td colspan="4">试验结论：
经检查，符合施工图设计及《通风与空调工程施工质量验收规范》（GB 50243—2016）的要求，试验结论为合格。</td></tr>
<tr><td rowspan="2">签字栏</td><td>专业监理工程师</td><td>专业质检员</td><td>专业工长</td></tr>
<tr><td>王××</td><td>吴××</td><td>徐××</td></tr>
<tr><td colspan="2">制表日期</td><td colspan="2">20××年××月××日</td></tr>
</table>

本表由施工单位填写。

二、强度严密性试验记录（表 C6-28）

（1）《通风与空调工程施工质量验收规范》（GB 50243—2016）第 8.2.2 条规定，制冷剂管道系统应按设计要求或产品要求进行强度、气密性及真空试验，且应试验合格。

检查数量：全数检查。

检查方法：观察、旁站、查阅试验记录。

（2）《通风与空调工程施工质量验收规范》（GB 50243—2016）第 9.2.3 条规定，管道系统安装完毕，外观检查合格后，应按设计要求进行水压试验。当设计无要求时，应符合下列规定：

1）冷（热）水、冷却水与蓄能（冷、热）系统的试验压力，当工作压力小于或等于 1.0MPa 时，应为 1.5 倍工作压力，最低不应小于 0.6MPa；当工作压力大于 1.0MPa 时，应为工作压力加 0.5MPa。

2）系统最低点压力升至试验压力后，应稳压 10min，压力下降不得大于 0.02MPa，然后应将系统压力降至工作压力，外观检查无渗漏为合格。对大型、高层建筑等垂直位差较大的冷（热）水、冷却水管道系统，当采用分区、分层试压时，在该部位的试验压力下，应稳压 10min，压力不得下降，再将系统压力降至该部位的工作压力，在 60min 内压力不得下降、外观检查无渗漏为合格。

3）各类耐压塑料管的强度试验压力（冷水）应为 1.5 倍工作压力，且不应小于 0.9MPa；严密性试验压力应为 1.15 倍的设计工作压力。

4）凝结水系统采用通水试验，应以不渗漏、排水畅通为合格。

检查数量：全数检查。

检查方法：旁站观察或查阅试验记录。

（3）《通风与空调工程施工质量验收规范》（GB 50243—2016）第 9.2.4 条规定，阀门的安装应符合下列规定：

1）阀门安装前应进行外观检查，阀门的铭牌应符合现行国家标准《工业阀门　标志》（GB/T 12220）的有关规定。工作压力大于 1.0MPa 及在主干管上起到切断作用和系统冷、热水运行转换调节功能的阀门和止回阀，应进行壳体强度和阀瓣密封性能的试验，且应试验合格。其他阀门可不单独进行试验。壳体强度试验压力应为常温条件下公称压力的 1.5 倍，持续时间不应少于 5min，阀门的壳体、填料应无渗漏。严密性试验压力应为公称压力的 1.1 倍，在试验持续的时间内应保持压力不变，阀门压力试验持续时间与允许泄漏量应符合下表的规定。

阀门压力试验持续时间与允许泄漏量

工程直径 DN（mm）	最短试验持续时间（s）	
	严密性试验（水）	
	止回阀	其他阀门
≤50	60	15

续表

工程直径 DN（mm）	最短试验持续时间（s）	
	严密性试验（水）	
	止回阀	其他阀门
65～200	60	60
250～450	60	120
≥350	120	120
允许泄漏量	3 滴×（DN/25）/min	小于 DN65 为 0 滴，其他为 2 滴×（DN/25）/min

注：压力试验的介质为洁净水。用于不锈钢阀门的试验水，氯离子含量不得高于 25mg/L。

2）阀门的安装位置、高度、进出口方向应符合设计要求，连接应牢固紧密。

3）安装在保温管道上的手动阀门的手柄不得朝下。

4）动态与静态平衡阀的工作压力应符合系统设计要求，安装方向应正确。阀门在系统运行时，应按参数设计要求进行校核、调整。

5）电动阀门的执行机构应能全程控制阀门的开启与关闭。

检查数量：安装在主干管上起切断作用的闭路阀门全数检查，其他款项按第Ⅰ方案。

检查方法：按设计图核对、观察检查；旁站或查阅试验记录。

注：产品合格率大于或等于 95％的抽样方案为第Ⅰ方案。

三、冲（吹）洗试验记录（表 C6-30）

《通风与空调工程施工质量验收规范》（GB 50243—2016）第 8.2.6 条规定，组装式的制冷机组和现场充注制冷剂的机组，应进行系统管路吹污、气密性试验、真空试验和充注制冷剂检漏试验，技术数据应符合产品技术文件和国家现行标准的有关规定。

检查数量：全数检查。

检查方法：旁站观察，查阅试验及试运行记录。

《通风与空调工程施工质量验收规范》（GB 50243—2016）第 8.3.5 条规定，制冷系统的吹扫排污应采用压力为 0.5～0.6MPa（表压）的干燥压缩空气或氮气，应以白色（布）标识靶检查 5min，目测无污物为合格。系统吹扫干净后，系统中阀门的阀芯应拆下清洗干净。

检查数量：全数检查。

检查方法：观察、旁站或查阅试验记录。

<table>
<tr><td colspan="2">强度严密性试验记录
表 C6-28</td><td>资料编号</td><td>05-C6-28-×××</td></tr>
<tr><td>工程名称</td><td>北京××大厦</td><td>试验日期</td><td>20××年××月××日</td></tr>
<tr><td>施工单位</td><td>北京××机电安装有限责任公司</td><td>监理单位</td><td>北京××监理有限责任公司</td></tr>
<tr><td>试验项目</td><td>冷却水管道系统</td><td>试验部位</td><td>5～12/B～F 轴线地下室</td></tr>
<tr><td>材　　质</td><td>热浸镀锌钢管</td><td>规　　格</td><td>DN20～DN150</td></tr>
<tr><td colspan="4">试验要求：
给水管道工作压力为 0.7MPa，试验压力应不小于工作压力的 1.5 倍。在试验压力下稳压 10min，压力下降不得大于 0.02MPa。再将系统试验压力降至工作压力的 0.8MPa，外观检查，各连接处无渗漏，为合格。</td></tr>
<tr><td colspan="4">试验记录：
试验用压力表设在地下一层制冷机房内。系统设计工作压力为 1.0MPa。从上午 9：00 开始对冷却水系统干管进行上水并加压，9：40 压力表显示压力升至 1.5MPa，关闭供水阀门。至 9：50 进行观测，压力降至 1.49MPa（压力降 0.01MPa）。然后降压至 1.0MPa，做外观检查，系统管道无渗漏。</td></tr>
<tr><td colspan="4">试验结论：
经检查，冷却水管道系统试验符合施工图设计及《通风与空调工程施工质量验收规范》（GB 50243—2016）的要求，试验结论为合格。</td></tr>
<tr><td rowspan="2">签字栏</td><td>专业监理工程师</td><td>专业质检员</td><td>专业工长</td></tr>
<tr><td>王××</td><td>吴××</td><td>徐××</td></tr>
<tr><td colspan="2">制表日期</td><td colspan="2">20××年××月××日</td></tr>
</table>

本表由施工单位填写。

<table>
<tr><td colspan="2">强度严密性试验记录
表 C6-28</td><td>资料编号</td><td colspan="2">05-C6-28-×××</td></tr>
<tr><td>工程名称</td><td>北京××大厦</td><td>试验日期</td><td colspan="2">20××年××月××日</td></tr>
<tr><td>施工单位</td><td>北京××机电安装有限责任公司</td><td>监理单位</td><td colspan="2">北京××监理有限责任公司</td></tr>
<tr><td>试验项目</td><td>分层水压强度试验</td><td>试验部位</td><td colspan="2">6～9/D～F 轴线十二层</td></tr>
<tr><td>材　　质</td><td>热浸镀锌钢管</td><td>规　　格</td><td colspan="2">DN20～DN100</td></tr>
<tr><td colspan="5">试验要求：
在该部位的试验压力为 1.3MPa 下，应稳压 10min，压力不得下降。再将系统压力降至该部位的工作压力，在 60min 内压力不得下降、外观检查无渗漏为合格。</td></tr>
<tr><td colspan="5">试验记录：
试验用压力表设置在干管泄水阀处，从上午 9：00 开始对冷却水系统干管进行上水并加压，9：40 压力表显示压力升至 1.5MPa，关闭供水阀门。至 9：50 进行观测，压力降至 1.49MPa（压力降 0.01MPa）。然后降压至 1.0MPa，做外观检查，系统管道无渗漏。</td></tr>
<tr><td colspan="5">试验结论：
经检查：给水管道系统分层压力试验符合施工图设计及《通风与空调工程施工质量验收规范》（GB 50243—2016）的要求，试验结论为合格。</td></tr>
<tr><td rowspan="2">签字栏</td><td>专业监理工程师</td><td colspan="2">专业质检员</td><td>专业工长</td></tr>
<tr><td>王××</td><td colspan="2">吴××</td><td>徐××</td></tr>
<tr><td colspan="2">制表日期</td><td colspan="3">20××年××月××日</td></tr>
</table>

本表由施工单位填写。

<table>
<tr><td colspan="2">冲（吹）洗试验记录
表 C6-30</td><td>资料编号</td><td>05-C6-30-×××</td></tr>
<tr><td>工程名称</td><td>北京××大厦</td><td>试验日期</td><td>20××年××月××日</td></tr>
<tr><td>施工单位</td><td>北京××机电安装有限责任公司</td><td>监理单位</td><td>北京××监理有限责任公司</td></tr>
<tr><td>试验项目</td><td>冷却水系统</td><td>试验介质</td><td>自来水</td></tr>
<tr><td colspan="4">试验要求：
冷却水系统进行系统冲洗，管网冲洗水流流速不应小于 1.5m/s。出口处水的颜色、透明度与入口处水的颜色、透明度基本一致为合格。冲洗合格后，办理验收手续。</td></tr>
<tr><td colspan="4">试验记录：
从上午 8：00 开始对冷却水系统进行单向冲洗，管道与设备连接处断开，并用盲板封堵，用场区临时给水冲洗，冲洗水泄水至场外集中排水点，冲洗水流流速为 1.5m/s。到上午 9：30，出水口的水色、透明度与进水目测基本一致，无杂物，停止冲洗。</td></tr>
<tr><td colspan="4">试验结论：
符合施工图设计及《通风与空调工程施工质量验收规范》（GB 50243—2016）的要求。试验结论为合格。</td></tr>
<tr><td rowspan="2">签字栏</td><td>专业监理工程师</td><td>专业质检员</td><td>专业工长</td></tr>
<tr><td>王××</td><td>吴××</td><td>徐××</td></tr>
<tr><td colspan="2">制表日期</td><td colspan="2">20××年××月××日</td></tr>
</table>

本表由施工单位填写。

四、补偿器安装记录（表 C6-32）

（1）《通风与空调工程施工质量验收规范》（GB 50243—2016）第 9.2.5 条规定，补偿器的安装应符合下列规定：

1）补偿器的补偿量和安装位置应符合设计文件的要求，并应根据设计计算的补偿量进行预拉伸或预压缩。

2）波纹管膨胀节或补偿器内套有焊缝的一端，水平管路上应安装在水流的流入端，垂直管路上应安装在上端。

3）填料式补偿器应与管道保持同心，不得歪斜。

4）补偿器一端的管道应设置固定支架，结构形式和固定位置应符合设计要求，并应在补偿器的预拉伸（或预压缩）前固定。

5）滑动导向支架设置的位置应符合设计与产品技术文件的要求，管道滑动轴心应与补偿器轴心相一致。

检查数量：按第Ⅰ方案。

检查方法：观察检查，旁站或查阅补偿器的预拉伸或预压缩记录。

（2）《通风与空调工程施工质量验收规范》（GB 50243—2016）第 9.3.14 条规定，补偿器的安装应符合下列规定：

1）波纹补偿器、膨胀节应与管道保持同心，不得偏斜和轴向扭转。

2）填料式补偿器应按设计文件要求的安装长度及温度变化，留有 5mm 剩余的收缩量。两侧的导向支座应保证运行时补偿器自由伸缩，不得偏离中心，允许偏差应为管道公称直径的 0.5%。

检查数量：全数检查。

检查方法：尺量、观察检查，旁站或查阅试验记录。

五、风管漏光检测记录（表 C6-54）

《通风与空调工程施工质量验收规范》（GB 50243—2002）第 4.1.5 条规定，风管系统按其系统的工作压力划分为三个类别，其类别划分应符合下表的规定。

风管系统类别划分

系统类别	系统工作压力 P（Pa）	密封要求
低压系统	$P \leqslant 500$	接缝和接管连接处严密
中压系统	$500 < P \leqslant 1500$	接缝和接管连接处增加密封措施
高压系统	$P > 1500$	所有的拼缝和接管连接处，均应采取密封措施

《通风与空调工程施工质量验收规范》（GB 50243—2002）第 A.1.4 条规定，系统风管的检测以总管和干管为主。当采用漏光法检测系统的严密性时，低压系统风管以每 10m 接缝，漏光点不大于 2 处，且 100m 接缝平均不大于 16 处为合格；中压系统风管以每 10m 接缝，漏光点不大于 1 处，且 100m 接缝平均不大于 8 处为合格。

注：这里引用 GB 50243—2002 的有关内容（现行为 GB 50243—2016），因为传统检测方法还在应用。

补偿器安装记录 表 C6-32		资料编号	05-C6-32-×××
工程名称	北京××大厦	试验日期	20××年××月××日
施工单位	北京××机电安装有限责任公司	监理单位	北京××监理有限责任公司
设计压力（MPa）	0.8	安装部位	6～9/E～H 轴线地下一层热水干管
规格型号	DN100	补偿器材质	钢管套筒
固定支架间距（m）	30	管内介质温度	75℃水

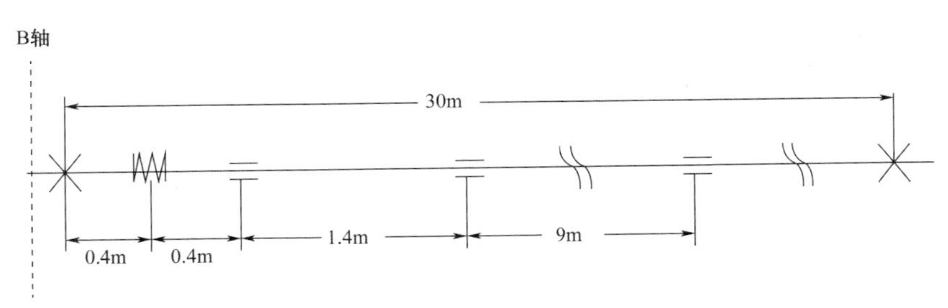

补偿器安装记录及说明：

1. 补偿器预拉伸已由厂家在出厂前完成，补偿器的安装及预拉值示意图和说明均由厂家提供。
2. 补偿器安装在 B 轴西侧 6.8m 处的热水干管上。
3. 补偿器固定支架安装牢固可靠，导向支架滑动面清洁、平整。

结论：

补偿器安装符合施工图设计及《通风与空调工程施工质量验收规范》(GB 50243—2016）的要求，安装合格。

签字栏	专业监理工程师	专业质检员	专业工长
	王××	吴××	徐××
制表日期		20××年××月××日	

本表由施工单位填写。

<table>
<tr><td colspan="2">风管漏光检测记录
表 C6-54</td><td>资料编号</td><td>08-C6-54-×××</td></tr>
<tr><td>工程名称</td><td>北京××大厦</td><td>试验日期</td><td>20××年××月××日</td></tr>
<tr><td>施工单位</td><td>北京××机电安装有限责任公司</td><td>监理单位</td><td>北京××监理有限责任公司</td></tr>
<tr><td>系统名称</td><td>地下室 P（Y）-B-4 排烟系统</td><td>工作压力（Pa）</td><td>1000</td></tr>
<tr><td>系统接缝总长度（m）</td><td>50</td><td>每 10m 接缝为一检测段的分段数</td><td>5</td></tr>
<tr><td>检测光源</td><td colspan="3">100W 带保护罩低压照明光源</td></tr>
<tr><td>分段序号</td><td>实测漏光点数（个）</td><td>每 10m 接缝的允许漏光点数（个/10m）</td><td>结　论</td></tr>
<tr><td>1</td><td>1</td><td>1</td><td>合格</td></tr>
<tr><td>2</td><td>0</td><td>1</td><td>合格</td></tr>
<tr><td>3</td><td>0</td><td>1</td><td>合格</td></tr>
<tr><td>4</td><td>0</td><td>1</td><td>合格</td></tr>
<tr><td>5</td><td>1</td><td>1</td><td>合格</td></tr>
<tr><td></td><td></td><td></td><td></td></tr>
<tr><td></td><td></td><td></td><td></td></tr>
<tr><td></td><td></td><td></td><td></td></tr>
<tr><td></td><td></td><td></td><td></td></tr>
<tr><td rowspan="2">合　计</td><td>总漏光点数（个）</td><td>每 100m 接缝的允许漏光点数（个/100m）</td><td>结论</td></tr>
<tr><td>2</td><td>8</td><td>合格</td></tr>
<tr><td colspan="4">检测结论：
使用 100W 低压照明光源，在安装通风管道时伸入管内。在管外黑暗环境下观察风管的咬口及法兰连接处，发现的漏光点数少于规范要求：排烟系统风管每 10m 接缝，漏光点不大于 1 处，且 100m 接缝平均不大于 8 处为合格，符合施工图设计及《通风与空调工程施工质量验收规范》(GB 50243—2002）的要求，检测结论为合格。</td></tr>
<tr><td rowspan="2">签字栏</td><td>专业监理工程师</td><td>专业质检员</td><td>专业工长</td></tr>
<tr><td>王××</td><td>吴××</td><td>徐××</td></tr>
<tr><td colspan="2">制表日期</td><td colspan="2">20××年××月××日</td></tr>
</table>

本表由施工单位填写。

风管漏光检测记录 表 C6-54		资料编号	08-C6-54-×××
工程名称	北京××大厦	试验日期	20××年××月××日
施工单位	北京××机电安装有限责任公司	监理单位	北京××监理有限责任公司
系统名称	XP-4 新风系统水平干管（二层）	工作压力（Pa）	600
系统接缝总长度（m）	78	每 10m 接缝为一检测段的分段数	8
检测光源	100W 带保护罩低压照明光源		
分段序号	实测漏光点数（个）	每 10m 接缝的允许漏光点数（个/10m）	结论
1	1	1	合格
2	0	1	合格
3	0	1	合格
4	0	1	合格
5	1	1	合格
6	0	1	合格
7	0	1	合格
8	0	1	合格
合　计	总漏光点数（个）	每 100m 接缝的允许漏光点数（个/100m）	结论
	2	8	合格
检测结论： 使用 100W 低压照明光源，在安装通风管道时伸入管内。在管外黑暗环境下观察风管的咬口及法兰连接处，发现的漏光点数少于规范要求：新风系统风管每 10m 接缝，漏光点不大于 1 处，且 100m 接缝平均不大于 8 处为合格，符合施工图设计及《通风与空调工程施工质量验收规范》（GB 50243—2002）的要求，检测结论为合格。			
签字栏	专业监理工程师	专业质检员	专业工长
	王××	吴××	徐××
制表日期		20××年××月××日	

本表由施工单位填写。

六、风管漏风检测记录（表 C6-55）

《通风与空调工程施工质量验收规范》（GB 50243—2016）第 4.1.4 条规定，风管系统按其工作压力应划分为微压、低压、中压与高压四个类别，并应采用相应类别的风管。风管类别应按下表的规定进行划分。

风管类别

类别	风管工作压力 P（Pa）		密封要求
	管内正压	管内负压	
微压	P≤125	P≤−125	接缝及接管连接处严密
低压	125<P≤500	−500≤P<−125	接缝及接管连接处应严密，密封面宜设在风管的正压侧
中压	500<P≤1500	−1000≤P<−500	接缝及接管连接处增加密封措施
高压	1500<P≤2500	−2000≤P<−1000	所有的拼接缝及接管连接处，均应采取密封措施

《通风与空调工程施工质量验收规范》（GB 50243—2016）附录 C 规定了风管强度及严密性测试：

（1）风管应根据设计和本规范的要求，进行风管强度及严密性的测试。

（2）风管强度应满足微压和低压风管在 1.5 倍的工作压力，中压风管在 1.2 倍的工作压力且不低于 750Pa，高压风管在 1.2 倍的工作压力下，保持 5min 及以上，接缝处无开裂，整体结构无永久性的变形及损伤为合格。

（3）风管的严密性测试应分为观感质量检验与漏风量检测。观感质量检验可应用于微压风管，也可作为其他压力风管工艺质量的检验，结构严密与无明显穿透的缝隙和孔洞应为合格。漏风量检测应为在规定工作压力下，对风管系统漏风量的测定和验证，漏风量不大于规定值为合格。系统风管漏风量的检测，应以总管和干管为主，宜采用分段检测，汇总综合分析的方法。检验样本风管宜为 3 节及以上组成，且总表面积不应少于 $15m^2$。

（4）测试的仪器应在检验合格的有效期内。测试方法应符合本规范要求。

七、现场组装除尘器、空调机漏风检测记录（表 C6-56）

（1）《通风与空调工程施工质量验收规范》（GB 50243—2016）第 7.2.6 条规定，除尘器的安装应符合下列规定：

1）产品的性能、技术参数、进出口方向应符合设计要求。

2）现场组装的除尘器壳体应进行漏风量检测，在设计工作压力下允许漏风量应小于 5%，其中离心式除尘器应小于 3%。

3）布袋除尘器、静电除尘器的壳体及辅助设备接地应可靠。

4）湿式除尘器与淋洗塔外壳不应渗漏，内侧的水幕、水膜或泡沫层成型应稳定。

（2）《通风与空调工程施工质量验收规范》（GB 50243—2016）第 4.1.4 条规定，风管系统按其工作压力应划分为微压、低压、中压与高压四个类别，并应采用相应类别的风管。风管类别应按下表的规定进行划分。

风管类别

类别	风管工作压力 P（Pa）		密封要求
	管内正压	管内负压	
微压	$P \leqslant 125$	$P \leqslant -125$	接缝及接管连接处严密
低压	$125 < P \leqslant 500$	$-500 \leqslant P < -125$	接缝及接管连接处应严密，密封面宜设在风管的正压侧
中压	$500 < P \leqslant 1500$	$-1000 \leqslant P < -500$	接缝及接管连接处增加密封措施
高压	$1500 < P \leqslant 2500$	$-2000 \leqslant P < -1000$	所有的拼接缝及接管连接处，均应采取密封措施

（3）《通风与空调工程施工质量验收规范》（GB 50243—2016）第 C.1.2 条规定，风管强度应满足微压和低压风管在 1.5 倍的工作压力，中压风管在 1.2 倍的工作压力且不低于 750Pa，高压风管在 1.2 倍的工作压力下，保持 5min 及以上，接缝处无开裂，整体结构无永久性的变形及损伤为合格。

（4）《通风与空调工程施工质量验收规范》（GB 50243—2016）第 C.3.4 条规定，漏风量测定一般应为系统规定工作压力（最大运行压力）下的实测数值。特殊条件下，也可用相近或大于规定压力下的测试代替，漏风量可按下式计算：

$$Q_0 = Q(P_0/P)^{0.65}$$

式中　Q_0——规定压力下的漏风量 [$m^3/(m^2 \cdot h)$]；

Q——测试的漏风量 [$m^3/(m^2 \cdot h)$]；

P_0——风管系统测试的规定工作压力（Pa）；

P——测试的压力（Pa）。

（5）《通风与空调工程施工质量验收规范》（GB 50243—2016）第 7.2.3 条规定，单元式与组合式空气处理设备的安装应符合下列规定：

1）产品的性能、技术参数和接口方向应符合设计要求。

2）现场组装的组合式空调机组应按现行国家标准《组合式空调机组》（GB/T 14294）的有关规定进行漏风量的检测。通用机组在 700Pa 静压下，漏风率不应大于 2%；净化空调系统机组在 1000Pa 静压下，漏风率不应大于 1%。

3）应按设计要求设置减振支座或支、吊架，承重量应符合设计及产品技术文件的要求。

检查数量：通用机组按第Ⅱ方案，净化空调系统机组 N7 级～N9 级按第Ⅰ方案，N1 级～N6 级全数检查。

检查方法：依据设计图纸核对，查阅测试记录。

（6）《通风与空调工程施工质量验收规范》（GB 50243—2016）第 7.3.3 条规定，单元式空调机组的安装应符合下列规定：

1）分体式空调机组的室外机和风冷整体式空调机组的安装固定应牢固可靠，并应满足冷却风自然进入的空间环境要求。

2）分体式空调机组室内机的安装位置应正确，并应保持水平，冷凝水排放应顺畅。管道穿墙处密封应良好，不应有雨水渗入。

检查数量：按第Ⅱ方案。

检查方法：观察检查。

（7）《通风与空调工程施工质量验收规范》（GB 50243—2016）第 7.3.4 条规定，组合式空调机组、新风机组的安装应符合下列规定：

1）组合式空调机组各功能段的组装应符合设计的顺序和要求，各功能段之间的连接应严密，整体外观应平整。

2）供、回水管与机组的连接应正确，机组下部冷凝水管的水封高度应符合设计或设备技术文件的要求。

3）机组与风管采用柔性短管连接时，柔性短管的绝热性能应符合风管系统的要求。

4）机组应清扫干净，箱体内不应有杂物、垃圾和积尘。

5）机组内空气过滤器（网）和空气热交换器翅片应清洁、完好，安装位置应便于维护和清理。

检查数量：按第Ⅱ方案。

检查方法：观察检查。

（8）《通风与空调工程施工质量验收规范》（GB 50243—2016）第 7.2.6 条规定，除尘器的安装应符合下列规定：

1）产品的性能、技术参数、进出口方向应符合设计要求。

2）现场组装的除尘器壳体应进行漏风量检测，在设计工作压力下允许漏风量应小于 5%，其中离心式除尘器应小于 3%。

3）布袋除尘器、静电除尘器的壳体及辅助设备接地应可靠。

4）湿式除尘器与淋洗塔外壳不应渗漏，内侧的水幕、水膜或泡沫层成型应稳定。

检查数量：按第Ⅰ方案。

检查方法：依据设计图纸核对，观察检查和查阅测试记录。

（9）《通风与空调工程施工质量验收规范》（GB 50243—2016）第 7.3.11 条规定，除尘器的安装应符合下列规定：

1）除尘器的安装位置应正确，固定应牢固平稳，除尘器安装允许偏差和检验方法应符合下表的规定。

除尘器安装允许偏差和检验方法

项次	项目		允许偏差（mm）	检查方法
1	平面位移		≤10	经纬仪或拉线、尺量检查
2	标高		±10	水准仪、直线和尺量检查
3	垂直度	每米	≤2	吊线和尺量检查
4		总偏差	≤10	

2）除尘器的活动或转动部件的动作应灵活、可靠，并应符合设计要求。

3）除尘器的排灰阀、卸料阀、排泥阀的安装应严密，并应便于操作与维护修理。

检查数量：按第Ⅱ方案。

检查方法：尺量、观察检查及查阅施工记录。

风管漏风检测记录 表 C6-55		资料编号	08-C6-55-×××
工程名称	北京××大厦	试验日期	20××年××月××日
施工单位	北京××机电安装有限责任公司	监理单位	北京××监理有限责任公司
系统名称	KH-3空调回风系统	工作压力（Pa）	350
系统总面积（m^2）	139	试验压力（Pa）	500
试验总面积（m^2）	59	系统检测分段数	5段

检测区段图示：

1　2　3　4　5

630mm×250mm

分段实测数值			
序号	分段表面积（m^2）	试验压力（Pa）	实际漏风量（m^3/h）
1	23	500	1.4
2	12	500	1.7
3	9	500	1.6
4	7	500	1.8
5	8	500	1.9

系统允许漏风量［$m^3/(m^2 \cdot h)$］	$Q_m \leqslant 0.0352P^{0.65}=2.7$	实测系统漏风量［$m^3/(m^2 \cdot h)$］	1.68

检测结论：

风管在试验压力为500Pa，保持15min，接缝处无开裂，整体几何尺寸无变形。各段用漏风检测仪所测漏风量满足《通风与空调工程施工质量验收规范》(GB 50243—2016）的有关要求，检测合格。

签字栏	专业监理工程师	专业质检员	专业工长
	王××	吴××	徐××
制表日期	20××年××月××日		

本表由施工单位填写。

风管漏风检测记录 表 C6-55		资料编号	08-C6-55-×××
工程名称	北京××大厦	试验日期	20××年××月××日
施工单位	北京××机电安装有限责任公司	监理单位	北京××监理有限责任公司
系统名称	KH-3 空调回风系统	工作压力（Pa）	350
系统总面积（m^2）	50	试验压力（Pa）	500
试验总面积（m^2）	44	系统检测分段数	1 段

检测区段图示：

630mm×500mm

B

13

14

分段实测数值			
序号	分段表面积（m^2）	试验压力（Pa）	实际漏风量（m^3/h）
1	44	500	109.6
2			
3			
4			
5			

系统允许漏风量 ［$m^3/(m^2 \cdot h)$］	$Q_m \leqslant 0.0352P^{0.65}=4.76$	实测系统漏风量 ［$m^3/(m^2 \cdot h)$］	2.49

检测结论：

风管在试验压力 500Pa 下保持 15min，接缝处无开裂，整体几何尺寸无变形。用漏风检测仪所测漏风量满足《通风与空调工程施工质量验收规范》(GB 50243—2016) 的有关要求，检测合格。

签字栏	专业监理工程师	专业质检员	专业工长
	王××	吴××	徐××
制表日期		20××年××月××日	

本表由施工单位填写。

风管漏风检测记录 表 C6-55		资料编号	08-C6-55-×××		
工程名称	北京××大厦	试验日期	20××年××月××日		
施工单位	北京××机电安装有限责任公司	监理单位	北京××监理有限责任公司		
系统名称	KH-3空调送风系统	工作压力（Pa）	350		
系统总面积（m^2）	139	试验压力（Pa）	500		
试验总面积（m^2）	110	系统检测分段数	2段		
检测区段图示： 500mm×250mm 630mm×250mm B 630mm×400mm 800mm×500mm 800mm×400mm 630mm×300mm 630mm×250mm 13 14		分段实测数值			
		序号	分段表面积（m^2）	试验压力（Pa）	实际漏风量（m^3/h）
		1	23	500	1.4
		2	12	500	1.7
		3			
		4			
		5			
系统允许漏风量 [$m^3/(m^2 \cdot h)$]	$Q_m \leqslant 0.0352P^{0.65}=4.76$	实测系统漏风量 [$m^3/(m^2 \cdot h)$]	2.56		
检测结论： 风管在试验压力500Pa下保持15min，接缝处无开裂，整体几何尺寸无变形。各段用漏风检测仪所测漏风量满足《通风与空调工程施工质量验收规范》（GB 50243—2016）的有关要求，检测合格。					
签字栏	专业监理工程师	专业质检员	专业工长		
	王××	吴××	徐××		
制表日期		20××年××月××日			

本表由施工单位填写。

<table>
<tr><td colspan="2">现场组装除尘器、空调机漏风检测记录
表 C6-56</td><td>资料编号</td><td colspan="2">08-C6-56-×××</td></tr>
<tr><td>工程名称</td><td>北京××大厦</td><td>分部工程</td><td colspan="2">通风与空调</td></tr>
<tr><td>施工单位</td><td>北京××机电安装有限责任公司</td><td>监理单位</td><td colspan="2">北京××监理有限责任公司</td></tr>
<tr><td>分项工程</td><td>除尘系统设备安装</td><td>检测日期</td><td colspan="2">20××年××月××日</td></tr>
<tr><td>设备名称</td><td>组合式脉冲布袋除尘器</td><td>型号规格</td><td colspan="2">ZH-4/34</td></tr>
<tr><td>总风量（m^3/h）</td><td>6500</td><td>允许漏风率（%）</td><td colspan="2">5</td></tr>
<tr><td>工作压力（Pa）</td><td>800</td><td>测试压力（Pa）</td><td colspan="2">1000</td></tr>
<tr><td>允许漏风量（m^3/h）</td><td>小于 350</td><td>实测漏风量（m^3/h）</td><td colspan="2">240</td></tr>
<tr><td colspan="5">检测记录：
除尘器组装后，采用 Q80 型漏风测试设备进行检测。首先打压至工作压力，漏风量在允许范围内，然后打压超出工作压力，读取的数值在允许范围内，检测结果表明现场设备组装严密。</td></tr>
<tr><td colspan="5">检测结论：
符合施工图设计及《通风与空调工程施工质量验收规范》（GB 50243—2016）的要求，现场组装除尘器经检测合格。</td></tr>
<tr><td rowspan="2">签字栏</td><td>专业监理工程师</td><td>专业质检员</td><td colspan="2">专业工长</td></tr>
<tr><td>王××</td><td>吴××</td><td colspan="2">徐××</td></tr>
<tr><td colspan="2">制表日期</td><td colspan="3">20××年××月××日</td></tr>
</table>

本表由施工单位填写。

现场组装除尘器、空调机漏风检测记录 表 C6-56		资料编号	08-C6-56-×××
工程名称	北京××大厦	分部工程	通风与空调
施工单位	北京××机电安装有限责任公司	监理单位	北京××监理有限责任公司
分项工程	空气处理设备安装	检测日期	20××年××月××日
设备名称	组合式空调机	型号规格	39G1913
总风量（m^3/h）	7000	允许漏风率（%）	2
工作压力（Pa）	700	测试压力（Pa）	700
允许漏风量（m^3/h）	小于 140	实测漏风量（m^3/h）	65
检测记录： 空调机组装后，采用 Q89 型漏风检测设备进行检测。首先打压至工作压力，漏风量在允许范围内，然后打压超出工作压力，读取的数值在允许范围内，检测结果表明现场空调机组装严密。			
检测结论： 符合施工图设计及《通风与空调工程施工质量验收规范》（GB 50243—2016）的要求，现场组装空调机组经检测合格。			
签字栏	专业监理工程师	专业质检员	专业工长
	王××	吴××	徐××
制表日期		20××年××月××日	

本表由施工单位填写。

八、各房间室内风量温度测量记录（表 C6-57）

（1）《通风与空调工程施工质量验收规范》（GB 50243—2016）第 11.1.4 条规定，通风与空调工程系统非设计满负荷条件下的联合试运转及调试，应在制冷设备和通风与空调设备单机试运转合格后进行。系统性能参数的测定应符合本规范附录 E 的规定。

（2）《通风与空调工程施工质量验收规范》（GB 50243—2016）第 E.4.1 条规定，空调房间室内环境温度、湿度检测的测点布置，应符合下列规定：

1）室内面积不足 16m^2，应测室内中央 1 点；16m^2 及以上且不足 30m^2 应测 2 点（房间对角线三等分点）；30m^2 及以上不足 60m^2 应测 3 点（房间对角线四等分点）；60m^2 及以上不足 100m^2 应测 5 点（二对角线四分点，梅花设点）；100m^2 及以上，每增加 50m^2 应增加 1 个测点（均匀布置）。

2）测点应布置在距外墙表面或冷热源大于 0.5m，离地面 0.8～1.8m 的同一高度上。

3）也可根据工作区的使用要求，测点分别布置在离地不同高度的数个平面上。

4）在恒温工作区，测点应布置在具有代表性的地点。

（3）《通风与空调工程施工质量验收规范》（GB 50243—2016）第 11.2.3 条规定，系统非设计满负荷条件下的联合试运转及调试应符合下列规定：

1）系统总风量调试结果与设计风量的允许偏差应为－5%～＋10%，建筑内各区域的压差应符合设计要求。

2）相对偏差：$\delta = (Q_{实} - Q_{设})/Q_{设} \times 100\%$

……

（4）《通风与空调工程施工质量验收规范》（GB 50243—2016）第 11.3.3 条规定，空调系统非设计满负荷条件下的联合试运转及调试应符合下列规定：

……

4）舒适性空调的室内温度应优于或等于设计要求，恒温恒湿和净化空调的室内温、湿度应符合设计要求。

……

7）压差有要求的房间、厅堂与其他相邻房间之间的气流流向应正确。

检查数量：第 1、3 款全数检查，第 2 款及第 4 款～第 7 款，按第Ⅱ方案。

检查方法：观察、旁站、用仪器测定、查阅调试记录。

各房间室内风量温度测量记录 表 C6-57		资料编号	08-C6-57-×××
工程名称	北京××大厦	测量日期	20××年××月××日
施工单位	北京××机电安装有限责任公司	监理单位	北京××监理有限责任公司
系统名称	送风系统	系统位置	9～14/D～H 轴线三层

续表

房间（测点）编号	风量（m^3/h）			所在房间室内温度（℃）
	设计风量（$Q_{设}$）	实际风量（$Q_{实}$）	相对偏差（%）	
1	400	400	0.00	23
2	400	400	0.00	23
3	400	450	12.5	23
4	400	450	12.5	24
5	400	420	5.0	23
6	400	400	0.00	23
7	400	400	0.00	23
8	2800	2920	4.3	23
RE-1215 型便携式叶轮风速计				
签字栏	测量人	记录人	审核人	
	王××	吴××	徐××	
制表日期	20××年××月××日			

本表由施工单位填写。

九、管网风量平衡记录（表 C6-58）

《通风与空调工程施工质量验收规范》（GB 50243—2016）第 11.2.3 条规定，系统非设计满负荷条件下的联合试运转及调试应符合下列规定：

（1）系统总风量调试结果与设计风量的允许偏差应为−5%～+10%，建筑内各区域的压差应符合设计要求。

（2）变风量空调系统联合调试应符合下列规定：

1）系统空气处理机组应在设计参数范围内对风机实现变频调速；

2）空气处理机组在设计机外余压条件下，系统总风量应满足本条第 1 款的要求，新风量的允许偏差应为 0～+10%；

3）变风量末端装置的最大风量调试结果与设计风量的允许偏差应为 0～+15%；

4）改变各空调区域运行工况或室内温度设定参数时，该区域变风量末端装置的风阀（风机）动作（运行）应正确；

5）改变室内温度设定参数或关闭部分房间空调末端装置时，空气处理机组应自动正确地改变风量；

6）应正确显示系统的状态参数。

（3）空调冷（热）水系统、冷却水系统的总流量与设计流量的偏差不应大于 10%。

（4）制冷（热泵）机组进出口处的水温应符合设计要求。

（5）地源（水源）热泵换热器的水温与流量应符合设计要求。

（6）舒适空调与恒温、恒湿空调室内的空气温度、相对湿度及波动范围应符合或优于设计要求。

检查数量：第 1、2 款及第 4 款的舒适性空调，按第Ⅰ方案；第 3、5、6 款及第 4 款的恒温、恒湿空调系统，全数检查。

检查方法：调整控制模式，旁站、观察、查阅调试记录。

<table>
<tr><td colspan="6">管网风量平衡记录
表 C6-58</td><td colspan="2">资料编号</td><td colspan="3">08-C6-58-×××</td></tr>
<tr><td>工程名称</td><td colspan="5">北京××大厦</td><td colspan="2">测试日期</td><td colspan="3">20××年××月××日</td></tr>
<tr><td>施工单位</td><td colspan="5">北京××机电安装有限责任公司</td><td colspan="2">监理单位</td><td colspan="3">北京××监理有限责任公司</td></tr>
<tr><td>系统名称</td><td colspan="5">送风系统</td><td colspan="2">系统位置</td><td colspan="3">6～14/B～E 轴线一层报告厅</td></tr>
<tr><td rowspan="2">测点编号</td><td rowspan="2">风管规格（mm×mm）</td><td rowspan="2">断面面积（m²）</td><td colspan="3">平均风压（Pa）</td><td rowspan="2">风速（m/s）</td><td colspan="2">风量（m³/h）</td><td rowspan="2">相对偏差</td><td rowspan="2">使用仪器编号</td></tr>
<tr><td>动压</td><td>静压</td><td>全压</td><td>设计（$Q_{设}$）</td><td>实际（$Q_{实}$）</td></tr>
<tr><td>1</td><td>240×240</td><td>0.06</td><td></td><td></td><td></td><td>2.84</td><td>600</td><td>613.4</td><td></td><td>1</td></tr>
<tr><td>2</td><td>240×240</td><td>0.06</td><td></td><td></td><td></td><td>2.87</td><td>600</td><td>619.9</td><td></td><td>2</td></tr>
</table>

续表

测点编号	风管规格（mm×mm）	断面面积（m^2）	平均风压（Pa）			风速（m/s）	风量（m^3/h）		相对偏差	使用仪器编号
			动压	静压	全压		设计（$Q_{设}$）	实际（$Q_{实}$）		
3	240×240	0.06				2.87	600	619.9		3
4	240×240	0.06				2.71	600	585.4		4
5	240×240	0.06				2.86	600	617.8		5
6	240×240	0.06				2.88	600	622.1		6
7	240×240	0.06				3.00	600	648.0		7
8	240×240	0.06				2.91	600	628.6		8
9	240×240	0.06				2.71	600	585.3		9
10	240×240	0.06				2.72	600	587.5		10
11	240×240	0.06				2.61	600	563.7		11
Σ	—	—	—	—	—	—	6500	6692	3%	—
RE-1215 型便携式叶轮风速计										
签字栏	审核人			测试人			记录人			
	赵××			王××			李××			
制表日期				20××年××月××日						

本表由施工单位填写。

十、空调系统试运转调试记录（表 C6-59）

(1)《通风与空调工程施工质量验收规范》（GB 50243—2016）第 11.2.1 条规定，通风与空调工程安装完毕后应进行系统调试。系统调试应包括下列内容：

1）设备单机试运转及调试。

2）系统非设计满负荷条件下的联合试运转及调试。

检查数量：按第Ⅰ方案。

检查方法：观察、旁站、查阅调试记录。

(2)《通风与空调工程施工质量验收规范》（GB 50243—2016）第 11.2.2 条规定，

设备单机试运转及调试应符合下列规定：

1）通风机、空气处理机组中的风机，叶轮旋转方向应正确、运转应平稳、无异常振动与声响，电机运行功率应符合设备技术文件要求。在额定转速下连续运转2h后，滑动轴承外壳最高温度不得高于70℃，滚动轴承不得高于80℃。

2）水泵叶轮旋转方向应正确，应无异常振动和声响，紧固连接部位应无松动，电动机运行功率应符合设备技术文件要求。水泵连续运转2h滑动轴承外壳最高温度不得超过70℃，滚动轴承不得超过75℃。

3）冷却塔风机与冷却水系统循环试运行不应小于2h，运行应无异常。冷却塔本体应稳固、无异常振动。冷却塔中风机的试运转尚应符合本条第1款的规定。

4）制冷机组的试运转除应符合设备技术文件和现行国家标准《制冷设备、空气分离设备安装工程施工及验收规范》（GB 50274）的有关规定外，尚应符合下列规定：

①机组运转应平稳、无异常振动与声响；

②各连接和密封部位不应有松动、漏气、漏油等现象；

③吸、排气的压力和温度应在正常工作范围内；

④能量调节装置及各保护继电器、安全装置的动作应正确、灵敏、可靠；

⑤正常运转不应少于8h。

5）多联式空调（热泵）机组系统应在充灌定量制冷剂后，进行系统的试运转，并应符合下列规定：

①系统应能正常输出冷风或热风，在常温条件下可进行冷热的切换与调控；

②室外机的试运转应符合本条第4款的规定；

③室内机的试运转不应有异常振动与声响，百叶板动作应正常，不应有渗漏水现象，运行噪声应符合设备技术文件要求；

④具有可同时供冷、热的系统，应在满足当季工况运行条件下，实现局部内机反向工况的运行。

6）电动调节阀、电动防火阀、防排烟风阀（口）的手动、电动操作应灵活可靠，信号输出应正确。

7）变风量末端装置单机试运转及调试应符合下列规定：

①控制单元单体供电测试过程中，信号及反馈应正确，不应有故障显示；

②启动送风系统，按控制模式进行模拟测试，装置的一次风阀动作应灵敏可靠；

③带风机的变风量末端装置，风机应能根据信号要求运转，叶轮旋转方向应正确，运转应平稳，不应有异常振动与声响；

④带再热的末端装置应能根据室内温度实现自动开启与关闭。

8）蓄能设备（能源塔）应按设计要求正常运行。

检查数量：第3、4、8款全数，其他按第Ⅰ方案。

检查方法：调整控制模式，旁站、观察、查阅调试记录。

（3）《通风与空调工程施工质量验收规范》（GB 50243—2016）第11.2.3条规定，系统非设计满负荷条件下的联合试运转及调试应符合下列规定：

1）系统总风量调试结果与设计风量的允许偏差应为－5%～＋10%，建筑内各区域的压差应符合设计要求。

2）变风量空调系统联合调试应符合下列规定：

①系统空气处理机组应在设计参数范围内对风机实现变频调速；

②空气处理机组在设计机外余压条件下，系统总风量应满足本条第1款的要求，新风量的允许偏差应为0～+10%；

③变风量末端装置的最大风量调试结果与设计风量的允许偏差应为0～+15%；

④改变各空调区域运行工况或室内温度设定参数时，该区域变风量末端装置的风阀（风机）动作（运行）应正确；

⑤改变室内温度设定参数或关闭部分房间空调末端装置时，空气处理机组应自动正确地改变风量；

⑥应正确显示系统的状态参数。

3）空调冷（热）水系统、冷却水系统的总流量与设计流量的偏差不应大于10%。

4）制冷（热泵）机组进出口处的水温应符合设计要求。

5）地源（水源）热泵换热器的水温与流量应符合设计要求。

6）舒适空调与恒温、恒湿空调室内的空气温度、相对湿度及波动范围应符合或优于设计要求。

检查数量：第1、2款及第4款的舒适性空调，按第Ⅰ方案；第3、5、6款及第4款的恒温、恒湿空调系统，全数检查。

检查方法：调整控制模式，旁站、观察、查阅调试记录。

（4）《通风与空调工程施工质量验收规范》（GB 50243—2016）第11.2.7条规定，空调制冷系统、空调水系统与空调风系统的非设计满负荷条件下的联合试运转及调试，正常运转不应少于8h，除尘系统不应少于2h。

检查数量：全数检查。

检查方法：观察、旁站、查阅调试记录。

（5）《通风与空调工程施工质量验收规范》（GB 50243—2016）第11.3.2条规定，通风系统非设计满负荷条件下的联合试运行及调试应符合下列规定：

1）系统经过风量平衡调整，各风口及吸风罩的风量与设计风量的允许偏差不应大于15%。

2）设备及系统主要部件的联动应符合设计要求，动作应协调正确，不应有异常现象。

3）湿式除尘与淋洗设备的供、排水系统运行应正常。

检查数量：按第Ⅱ方案。

检查方法：按本规范附录E进行测试，校核检查、查验调试记录。

（6）《通风与空调工程施工质量验收规范》（GB 50243—2016）第11.3.3条规定，空调系统非设计满负荷条件下的联合试运转及调试应符合下列规定：

1）空调水系统应排除管道系统中的空气，系统连续运行应正常平稳，水泵的流量、压差和水泵电动机的电流不应出现10%以上的波动。

2）水系统平衡调整后，定流量系统的各空气处理机组的水流量应符合设计要求，允许偏差为15%；变流量系统的各空气处理机组的水流量应符合设计要求，允许偏差为10%。

3）冷水机组的供回水温度和冷却塔的出水温度应符合设计要求；多台制冷机或冷

却塔并联运行时，各台制冷机及冷却塔的水流量与设计流量的偏差不应大于10%。

4）舒适性空调的室内温度应优于或等于设计要求，恒温恒湿和净化空调的室内温、湿度应符合设计要求。

5）室内（包括净化区域）噪声应符合设计要求，测定结果可采用Nc或dB（A）的表达方式。

6）环境噪声有要求的场所，制冷、空调设备机组应按现行国家标准《采暖通风与空气调节设备噪声声功率级的测定　工程法》（GB 9068）的有关规定进行测定。

7）压差有要求的房间、厅堂与其他相邻房间之间的气流流向应正确。

检查数量：第1、3款全数检查，第2款及第4款～第7款，按第Ⅱ方案。

检查方法：观察、旁站、用仪器测定、查阅调试记录。

空调系统试运转调试记录 **表 C6-59**		资料编号	08-C6-59-×××
工程名称	北京××大厦	试运转调试时间	20××年××月××日
施工单位	北京××建设集团工程总承包部	监理单位	北京××监理有限责任公司
系统名称	新风系统（XF-1）	系统所在位置	5～8/E～G轴线一层
设计总风量（m^3/h）	3000	实测总风量（m^3/h）	2970
风机全压力（Pa）	518	实测风机全压力（Pa）	500
试运转、调试内容： 首先对机组进行单机试运转，经试运转符合设计要求后对新风机组进行风量分配调试，送回风口末端各类阀部件装置连接处密封严密，主要操作机构动作正确。 系统为两台新风机组（XF-1），自9：00开机系统试运行，至19：00停机期间，对系统试运转调试，各风口风量值均符合施工图设计要求，两台机组试运转正常，无异常声音和振动。			
试运转、调试结论： 新风系统试运转调试期间，两台机组运转正常，无异常声音和振动，符合施工图设计及《通风与空调工程施工质量验收规范》（GB 50243—2016）的要求；各风口风量测试值均符合施工图设计要求，系统试运转、调试结论为合格。			
签字栏	专业监理工程师	专业质检员	专业工长
	王××	吴××	徐××
制表日期		20××年××月××日	

本表由施工单位填写。

十一、空调水系统试运转调试记录（表 C6-60）

（1）《通风与空调工程施工质量验收规范》（GB 50243—2016）第 11.2.3 条规定，系统非设计满负荷条件下的联合试运转及调试应符合下列规定：

……

3）空调冷（热）水系统、冷却水系统的总流量与设计流量的偏差不应大于 10%。

4）制冷（热泵）机组进出口处的水温应符合设计要求。

5）地源（水源）热泵换热器的水温与流量应符合设计要求。

（2）《通风与空调工程施工质量验收规范》（GB 50243—2016）第 11.2.7 条规定，空调制冷系统、空调水系统与空调风系统的非设计满负荷条件下的联合试运转及调试，正常运转不应少于 8h，除尘系统不应少于 2h。

（3）《通风与空调工程施工质量验收规范》（GB 50243—2016）第 11.3.3 条规定，空调系统非设计满负荷条件下的联合试运转及调试应符合下列规定：

1）空调水系统应排除管道系统中的空气，系统连续运行应正常平稳，水泵的流量、压差和水泵电动机的电流不应出现 10%以上的波动。

2）水系统平衡调整后，定流量系统的各空气处理机组的水流量应符合设计要求，允许偏差为 15%；变流量系统的各空气处理机组的水流量应符合设计要求，允许偏差为 10%。

3）冷水机组的供回水温度和冷却塔的出水温度应符合设计要求；多台制冷机或冷却塔并联运行时，各台制冷机及冷却塔的水流量与设计流量的偏差不应大于 10%。

4）舒适性空调的室内温度应优于或等于设计要求，恒温恒湿和净化空调的室内温、湿度应符合设计要求。

5）室内（包括净化区域）噪声应符合设计要求，测定结果可采用 Nc 或 dB（A）的表达方式。

6）环境噪声有要求的场所，制冷、空调设备机组应按现行国家标准《采暖通风与空气调节设备噪声声功率级的测定　工程法》（GB 9068）的有关规定进行测定。

7）压差有要求的房间、厅堂与其他相邻房间之间的气流流向应正确。

【说明】

（1）空调水系统试运转及调试包括两个方面，一是冷却塔、泵等组合的冷却水系统，二是风机盘管的冷却水系统的调试，都应有记录。

（2）通风与空调工程进行无生产负荷联合试运转及调试，应在制冷设备和通风与空调工程设备单机试运转合格后进行。空调系统带冷（热）源的正常联合试运转不应少于 8h，当竣工季节与设计条件相差较大时，仅做不带冷（热）源的试运转。

（3）空调冷（热）水、冷却水总流量的实际流量与设计流量的相对偏差不大于 10% 时，为调试合格。空调冷（热）水、冷却水进出水温度应符合设计要求及规范规定。

（4）空调工程水系统应冲洗干净，不含杂物，并排除管道系统中的空气；系统连续运行应达到正常、平稳；水泵的压力和水泵电动机的电流不应出现大幅波动，系统平衡调整后，各空调机组的水流量应符合设计要求，允许偏差为 20%。

（5）多台冷却塔并联运行时，各冷却塔的进、出水量应达到均衡一致。

空调水系统试运转调试记录 表 C6-60		资料编号	08-C6-60-×××
工程名称	北京××大厦	试运转调试日期	20××年××月××日
施工单位	北京××建设集团工程总承包部	监理单位	北京××监理有限责任公司
设计空调冷（热）水总流量（$Q_设$）（m^3/h）	5000	相对偏差	−1.12%
实际空调冷（热）水总流量（$Q_实$）（m^3/h）	4944		
空调冷（热）水供水温度（℃）	6	空调冷（热）水回水温度（℃）	11
设计冷却水总流量（$Q_设$）（m^3/h）	8400	相对偏差	−0.57%
实际冷却水总流量（$Q_实$）（m^3/h）	8352		
冷却水供水温度（℃）	35	冷却水回水温度（℃）	30

试运转、调试内容：

本工程空调水系统（K6-8～K11-14）均含带风机盘管的系统，系统按如下顺序调试：开启电动阀→冷却水泵→冷却水塔→空调冷水泵→冷却塔风机→冷水机组。空调水系统（K6-8～K11-14）共计 78 台风机盘管：15 台（YGFC-05-CC-2S）风机盘管、10 台（YGFC-04-CC-2S）风机盘管、34 台（YGFC-03-CC-2S）风机盘管、12 台（YGFC-02-CC-2S）风机盘管、7 台（YGFC-01-CC-2S）风机盘管。启动水泵，系统连续试运转中，无异常声音、振动、卡阻等噪声。

当日 8：30 开机至 18：30 关机，系统试运转 10h，达到施工图设计要求，风机盘管测试噪声小于 45dB，室内温度为＋23～＋25℃。

试运转、调试结论：

系统试运转，系统设备及主要部件工作正常，符合施工图设计及《通风与空调工程施工质量验收规范》（GB 50243—2016）的要求，试运转、调试结论为合格。

签字栏	专业监理工程师	专业质检员	专业工长
	王××	吴××	徐××
制表日期		20××年××月××日	

本表由施工单位填写。

十二、制冷系统气密性试验记录（表C6-61）

（1）《通风与空调工程施工质量验收规范》（GB 50243—2016）第8.2.2条规定，制冷剂管道系统应按设计要求或产品要求进行强度、气密性及真空试验，且应试验合格。

制冷系统抽真空试验的目的，一是进一步检查制冷系统的严密性，二是抽除系统中残存的气体和水分，并为系统充灌制冷剂做好准备。

（2）《制冷设备、空气分离设备安装工程施工及验收规范》（GB 50274—2010）第2.4.3条规定，制冷机组经空负荷试运转后，抽真空试验、密封性试验、系统检漏和充灌制冷剂应符合本规范第2.2.4条～第2.2.8条的规定。用卤素仪进行检查时，泄漏率不应大于14g/d。

（3）《制冷设备、空气分离设备安装工程施工及验收规范》（GB 50274—2010）第2.2.4条规定，空气负荷试运转合格后，应用0.5～0.6MPa的干燥压缩空气或氮气，对压缩机或压缩机组按顺序反复吹扫，直至排污口处的靶上无污物。

（4）《制冷设备、空气分离设备安装工程施工及验收规范》（GB 50274—2010）第2.2.5条规定，压缩机和压缩机组的抽真空试验，应符合下列要求：

1）应关闭吸、排截止阀，并应开启放气通孔，开动压缩机进行抽真空；

2）压缩机的低压级应将曲轴箱抽真空至15kPa，压缩机的高压级将高压吸气腔压力抽真空至15kPa。

（5）《制冷设备、空气分离设备安装工程施工及验收规范》（GB 50274—2010）第2.2.6条规定，压缩机和压缩机组密封性试验应将1.0MPa的氮气或干燥空气充入压缩机中，在24h内其压力降不应大于试验压力的1%。使用氮气和氟利昂混合气体检查密封性时，氟利昂在混合物中的分压力不应小于0.3MPa。

（6）《制冷设备、空气分离设备安装工程施工及验收规范》（GB 50274—2010）第2.2.7条规定，采用制冷剂对系统进行检漏时，应利用系统的真空度向系统充灌少量制冷剂，且应将系统内压力升至0.1～0.2MPa后进行检查，系统应无泄漏现象。

（7）《制冷设备、空气分离设备安装工程施工及验收规范》（GB 50274—2010）第2.2.8条规定，充灌制冷剂，应符合下列要求：

1）制冷剂的规格、品种和性能应符合设计的要求；

2）系统应抽真空，真空度应达到随机技术文件的规定，应将制冷剂钢瓶内的制冷剂经干燥过滤后，通过系统注液阀充灌入系统中；

3）系统压力升至0.1～0.2MPa时，应全面检查无异常后，继续充灌制冷剂；

4）系统压力与钢瓶的压力相同时，可开启压缩机；

5）充灌制冷剂的总量，应符合设计或随机技术文件的规定。

制冷系统气密性试验记录 表 C6-61		资料编号	08-C6-61-×××
工程名称	北京××大厦	试验时间	20××年××月××日
施工单位	北京××建设集团工程总承包部	监理单位	北京××监理有限责任公司
试验项目	离心式制冷机组冷媒体系统	试验部位	16～21/D～F 轴线地下一层冷冻机房

管道编号	气密性试验			
	试验介质	试验压力（MPa）	停压时间（h）	试验结果
1	R123	0.3	24	压降小于 0.03MPa
2	R123	0.3	24	压降小于 0.03MPa
3	R123	0.3	24	压降小于 0.03MPa
管道编号	真空试验			
	设计真空度（kPa）	试验真空度（kPa）	试验时间（h）	试验结果
1	101	98	24	剩余压力不大于 5.3kPa
2	101	98	24	剩余压力不大于 5.3kPa
3	101	98	24	剩余压力不大于 5.3kPa
管道编号	充灌制冷剂试验			
	充灌制冷剂压力（MPa）	检漏仪器	补漏位置	试验结果
1	0.3	卤素检漏仪	—	无渗漏
2	0.3	卤素检漏仪	—	无渗漏
3	0.3	卤素检漏仪	—	无渗漏

试验结论：

经现场试验记录数据分析，制冷系统气密性符合施工图设计及《通风与空调工程施工质量验收规范》（GB 50243—2016）、《制冷设备、空气分离设备安装工程施工及验收规范》（GB 50274—2010）的要求，试验合格。

签字栏	专业监理工程师	专业质检员	专业工长
	王××	吴××	徐××
制表日期	20××年××月××日		

本表由施工单位填写。

十三、净化空调系统测试记录（表 C6-62）

（1）《通风与空调工程施工质量验收规范》（GB 50243—2016）第 D. 3 条规定了高效空气过滤器的泄漏检测。

1）高效空气过滤器安装后应对空气送风口的滤芯、过滤器的边框、过滤器的外框和高效箱体的密封处进行泄漏检测，检测宜在洁净室处于“空态”或“静态”下进行。

2）高效过滤器的检漏，应使用采样速率大于 1L/min 的光学（离散）粒子计数器。D 类高效过滤器的检测应采用激光粒子计数器或凝结核粒子计数器。

3）采用粒子计数器检漏高效过滤器，上风侧应引入均匀浓度的含大气尘或其他气溶胶尘的空气，上风侧浓度宜为 20～80mg/m^3。大于或等于 0.5μm 尘粒，浓度应高于或等于 3.5×10^5 pc/m^3；大于或等于 0.1μm 尘粒，浓度应高于或等于 3.5×10^7 pc/m^3。检测 D 类高效过滤器时，大于或等于 0.1μm 尘粒，浓度应高于或等于 3.5×10^9 pc/m^3。

4）高效过滤器的泄漏检测，宜采用扫描法。过滤器下风侧用粒子计数器的等动力采样头应放在距离被检部位表面 20～30mm 处，以 5～20mm/s 的速度，对过滤器的表面、边框、封头胶接处进行移动扫描检查。

5）在移动扫描检测过程中，应对计数突然递增的部位进行定点检验。当检测浓度高于或等于上游浓度的 0.01%时，应判定为存在渗漏。

（2）《通风与空调工程施工质量验收规范》（GB 50243—2016）第 D. 4. 7 条规定，室内洁净度等级检测测试报告应包括下列内容：

1）测试机构的名称、地址。

2）测试日期和测试者签名。

3）执行标准的编号及标准实施年份。

4）被测试的洁净室或洁净区的地址、采样点的特定编号及坐标图。

5）被测洁净室或洁净区的空气洁净度等级、被测粒径（或沉降菌、浮游菌）、被测洁净室所处的状态、气流流型和静压差。

6）测量用的仪器的编号和标定证书，测试方法细则及测试中的特殊情况。

7）在全部采样点坐标图上注明所测的粒子浓度（或沉降菌、浮游菌的菌落数）。

8）对异常测试值及数据处理的说明。

<table>
<tr><td colspan="3">净化空调系统测试记录
表 C6-62</td><td>资料编号</td><td>08-C6-62-×××</td></tr>
<tr><td>工程名称</td><td colspan="2">北京××大厦</td><td>试验日期</td><td>20××年××月××日</td></tr>
<tr><td>施工单位</td><td colspan="2">北京××建设集团工程总承包部</td><td>监理单位</td><td>北京××监理有限责任公司</td></tr>
<tr><td>系统名称</td><td colspan="2">净化空调系统</td><td>洁净室级别</td><td>4 级</td></tr>
<tr><td>仪器型号</td><td colspan="2">光学粒子计数器 1L/min</td><td>仪器编号</td><td>LJ-01</td></tr>
<tr><td rowspan="2">高效过滤器</td><td>型号</td><td>D 类</td><td>数量</td><td>4 台</td></tr>
<tr><td>测试内容</td><td colspan="3">首先，测试高效过滤器的风口处的出风量是否符合设计要求</td></tr>
</table>

续表

高效过滤器	型号	D类	数量	4台
	测试内容	其次，用扫描法在过滤器下风侧用粒子计数器动力采样头，以10mm/s的速度，距离表面25mm，对高效过滤器表面、边框、封头胶处移动扫描检查		
		最后，若粒子计数器移动扫描，确认检测浓度是否高于等于上游浓度的0.01%，未达到0.01%则判为无泄漏。显示检测浓度高于等于上游浓度的0.01%，则判为有泄漏		
室内洁净度	测试内容	实测洁净等级	室内洁净面积（m^2）	
		根据检测数据（静态下）悬浮粒子浓度达到4级洁净要求	20	
		根据检测数据（静态下）悬浮粒子浓度达到4级洁净要求	40	
测试结论： 经现场测试记录数据分析，净化空调系统符合施工图设计及《通风与空调工程施工质量验收规范》（GB 50243—2016）的要求，测试合格。				
签字栏	专业监理工程师	专业质检员	专业工长	
	王××	吴××	徐××	
制表日期		20××年××月××日		

本表由施工单位填写。

十四、防排烟系统联合试运行记录（表 C6-63）

（1）《通风与空调工程施工质量验收规范》（GB 50243—2016）第 11.2.4 条规定，防排烟系统联合试运行与调试后的结果，应符合设计要求及国家现行标准的有关规定。

（2）《建筑防烟排烟系统技术标准》（GB 51251—2017）第 4.4.12 条规定，排烟口的设置应按本标准第 4.6.3 条经计算确定，且防烟分区内任一点与最近的排烟口之间的水平距离不应大于 30m。除本标准第 4.4.13 条规定的情况以外，排烟口的设置尚应符合下列规定：

1）排烟口宜设置在顶棚或靠近顶棚的墙面上。

2）排烟口应设在储烟仓内，但走道、室内空间净高不大于 3m 的区域，其排烟口可设置在其净空高度的 1/2 以上；当设置在侧墙时，吊顶与其最近边缘的距离不应大于 0.5m。

3）对需要设置机械排烟系统的房间，当其建筑面积小于 $50m^2$ 时，可通过走道排烟，排烟口可设置在疏散走道；排烟量应按本标准第 4.6.3 条第 3 款计算。

4）火灾时由火灾自动报警系统联动开启排烟区域的排烟阀或排烟口，应在现场设置手动开启装置。

5）排烟口的设置宜使烟流方向与人员疏散方向相反，排烟口与附近安全出口相邻边缘之间的水平距离不应小于 1.5m。

6）每个排烟口的排烟量不应大于最大允许排烟量，最大允许排烟量应按本标准第 4.6.14 条的规定计算确定。

7）排烟口的风速不宜大于 10m/s。

（3）《建筑防烟排烟系统技术标准》（GB 51251—2017）第 8.2.6 条规定，机械排烟系统的性能验收方法及要求应符合下列规定：

1）开启任一防烟分区的全部排烟口，风机启动后测试排烟口处的风速，风速、风量应符合设计要求且偏差不大于设计值的 10%；

2）设有补风系统的场所，应测试补风口风速，风速、风量应符合设计要求且偏差不大于设计值的 10%。

检查数量：各系统全数检查。

防排烟系统联合试运行记录 表 C6-63		资料编号	08-C6-63-×××
工程名称	北京××大厦	试运行时间	20××年××月××日
施工单位	北京××建设集团工程总承包部	监理单位	北京××监理有限责任公司
试运行项目	排烟风口排风量	试运行楼层	6～9/E～G 轴线地下一层
风道类别	镀锌风管	风机类别型号	轴流式风机 HTF-1-13

续表

试验风口位置	风口尺寸（mm）	风速（m/s）	风量（m^3/h）		相对偏差 $\delta=(Q_{实}-Q_{设})/Q_{设}$	风压（Pa）
			设计风量（$Q_{设}$）	实计风量（$Q_{实}$）		
首层大厅	500×500	6.5	7200	7250	0.69%	60
首层大厅	400×320	6.0	7200	7256	0.78%	50
首层大厅	630×500	6.0	7200	7286	1.19%	50
首层大厅	320×250	6.5	7200	7236	0.50%	60
首层大厅	250×250	6.5	7200	7245	0.63%	55
系统设计风量（m^3/h）		42500	系统实际风量（m^3/h）	42730	相对偏差 δ	0.54%

试运行结论：

前端风口调节阀关至最小，末端风口调节阀开至最大，经实际测量各风口风量值基本相同，相对偏差未超过10%，符合施工图设计及《建筑防烟排烟系统技术标准》（GB 51251—2017）的要求，试运转结论为合格。

签字栏	专业监理工程师	专业质检员	专业工长
	王××	吴××	徐××
制表日期	20××年××月××日		

本表由施工单位填写。

十五、设备单机试运转记录（机电通用）（表 C6-64）

（1）《通风与空调工程施工质量验收规范》（GB 50243—2016）第 11.2.2 条规定，设备单机试运转及调试应符合下列规定：

1）通风机、空气处理机组中的风机，叶轮旋转方向应正确、运转应平稳、应无异常振动与声响，电动机运行功率应符合设备技术文件要求。在额定转速下连续运转 2h 后，滑动轴承外壳最高温度不得高于 70℃，滚动轴承不得高于 80℃。

2）水泵叶轮旋转方向应正确，应无异常振动和声响，紧固连接部位应无松动，电动机运行功率应符合设备技术文件要求。水泵连续运转 2h 滑动轴承外壳最高温度不得超过 70℃，滚动轴承不得超过 75℃。

3）冷却塔风机与冷却水系统循环试运行不应小于 2h，运行应无异常。冷却塔本体应稳固、无异常振动。冷却塔中风机的试运转尚应符合本条第 1 款的规定。

4）制冷机组的试运转除应符合设备技术文件和现行国家标准《制冷设备、空气分离设备安装工程施工及验收规范》（GB 50274）的有关规定外，尚应符合下列规定：

①机组运转应平稳、应无异常振动与声响；

②各连接和密封部位不应有松动、漏气、漏油等现象；

③吸、排气的压力和温度应在正常工作范围内；

④能量调节装置及各保护继电器、安全装置的动作应正确、灵敏、可靠；

⑤正常运转不应少于 8h。

5）多联式空调（热泵）机组系统应在充灌定量制冷剂后，进行系统的试运转，并应符合下列规定：

①系统应能正常输出冷风或热风，在常温条件下可进行冷热的切换与调控；

②室外机的试运转应符合本条第 4 款的规定；

③室内机的试运转不应有异常振动与声响，百叶板动作应正常，不应有渗漏水现象，运行噪声应符合设备技术文件要求；

④具有可同时供冷、热的系统，应在满足当季工况运行条件下，实现局部内机反向工况的运行。

6）电动调节阀、电动防火阀、防排烟风阀（口）的手动、电动操作应灵活可靠，信号输出应正确。

7）变风量末端装置单机试运转及调试应符合下列规定：

①控制单元单体供电测试过程中，信号及反馈应正确，不应有故障显示；

②启动送风系统，按控制模式进行模拟测试，装置的一次风阀动作应灵敏可靠；

③带风机的变风量末端装置，风机应能根据信号要求运转，叶轮旋转方向应正确，运转应平稳，不应有异常振动与声响；

④带再热的末端装置应能根据室内温度实现自动开启与关闭。

8）蓄能设备（能源塔）应按设计要求正常运行。

《通风与空调工程施工质量验收规范》（GB 50243—2016）第 7.3.9 条规定，风机盘管机组的安装应符合下列规定：

①机组安装前宜进行风机三速试运转及盘管水压试验。试验压力应为系统工作压力的 1.5 倍，试验观察时间应为 2min，不渗漏为合格。

②机组应设独立支、吊架，固定应牢固，高度与坡度应正确。

③机组与风管、回风箱或风口的连接，应严密可靠。

检查数量：按第Ⅱ方案。

检查方法：观察检查、查阅试验记录。

（2）《通风与空调工程施工质量验收规范》（GB 50243—2016）第 11.3.1 条规定，设备单机试运转及调试应符合下列规定：

1）风机盘管机组的调速、温控阀的动作应正确，并应与机组运行状态一一对应，中档风量的实测值应符合设计要求。

2）风机、空气处理机组、风机盘管机组、多联式空调（热泵）机组等设备运行时，产生的噪声不应大于设计及设备技术文件的要求。

3）水泵运行时壳体密封处不得渗漏，紧固连接部位不应松动，轴封的温升应正常，普通填料密封的泄漏水量不应大于 60mL/h，机械密封的泄漏水量不应大于 5mL/h。

4）冷却塔运行产生的噪声不应大于设计及设备技术文件的规定值，水流量应符合设计要求。冷却塔的自动补水阀应动作灵活，试运转工作结束后，集水盘应清洗干净。

【说明】

试验的内容：给水系统设备、热水系统设备、机械排水系统设备、消防系统设备、采暖系统设备、水处理系统设备，以及通风与空调系统的各类水泵、风机、冷水机组、冷却塔、空调机组、新风机组等设备在安装完毕后，应进行单机试运转，并做记录：

（1）通风机、空调机组中的风机，叶轮旋转方向正确、运转平稳、无异常振动与声响，其电动机运行功率应符合设备技术文件的规定。在额定转速下连续运转 2h 后，滑动轴承外壳最高温度不得超过 70℃；滚动轴承不得超过 80℃。

（2）水泵叶轮旋转方向正确，无异常振动和声响，紧固连接部位无松动，其电动机运行功率值符合设备技术文件的规定。水泵连续运转 2h 后，滑动轴承外壳最高温度不得超过 70℃；滚动轴承不得超过 75℃。

（3）冷却塔本体应稳固、无异常振动，其噪声应符合设备技术文件的规定。冷却塔风机与冷却水系统循环试运行不少于 2h，运行应无异常情况。

（4）制冷机组、单元式空调机组的试运转，应符合设备技术文件和现行国家标准《制冷设备、空气分离设备安装工程施工及验收规范》（GB 50274）的有关规定，正常运转不应少于 8h。

<table>
<tr><td colspan="2">设备单机试运转记录（机电通用）
表 C6-64</td><td>资料编号</td><td colspan="2">08-C6-64-×××</td></tr>
<tr><td>工程名称</td><td>北京××大厦</td><td>试运转时间</td><td colspan="2">20××年××月××日</td></tr>
<tr><td>施工单位</td><td>北京××建设集团工程总承包部</td><td>监理单位</td><td colspan="2">北京××监理有限责任公司</td></tr>
<tr><td>设备名称</td><td>喷淋给水泵</td><td>设备编号</td><td colspan="2">2 号机组</td></tr>
<tr><td>规格型号</td><td>XBD5.1/30-100L</td><td>额定数据</td><td colspan="2">N=30kW、H=51m</td></tr>
<tr><td>生产厂家</td><td>上海××泵业有限公司</td><td>设备所在系统</td><td colspan="2">喷淋给水系统</td></tr>
<tr><td colspan="5">试验要求：
1. 设备单机调试前，应对设备机房及设备内部进行清理。机房内清扫干净，不得留有杂物，避免开机时被机组吸入。机组内部应无残留的杂物，并清扫干净。
2. 单机调试前，电源应连接好，且符合电气规范的有关要求。
3. 喷淋给水泵的试验项目应符合《通风与空调工程施工质量验收规范》（GB 50243—2016）的要求。</td></tr>
<tr><td>序号</td><td>试验项目</td><td colspan="2">试验记录</td><td>试验结论</td></tr>
<tr><td>1</td><td>水泵叶轮旋转方向</td><td colspan="2">水泵叶轮旋转方向正确</td><td>合格</td></tr>
<tr><td>2</td><td>减振器安装效果</td><td colspan="2">安装牢固，无位移现象</td><td>合格</td></tr>
<tr><td>3</td><td>电动机运转过程中有无异常振动和声响</td><td colspan="2">电动机运行平稳，无异常振动和声响</td><td>合格</td></tr>
<tr><td>4</td><td>电动机额定功率是否符合设计要求</td><td colspan="2">符合设计要求</td><td>合格</td></tr>
<tr><td>5</td><td>水泵连续运转 2h，滑动轴承外壳最高温度不得超过 70℃</td><td colspan="2">滑动轴承外壳最高温度为 45℃</td><td>合格</td></tr>
<tr><td>6</td><td>水泵连续运转 2h，滚动轴承最高温度不得超过 75℃</td><td colspan="2">滚动轴承最高温度为 56℃</td><td>合格</td></tr>
<tr><td></td><td></td><td colspan="2"></td><td></td></tr>
<tr><td></td><td></td><td colspan="2"></td><td></td></tr>
<tr><td></td><td></td><td colspan="2"></td><td></td></tr>
<tr><td></td><td></td><td colspan="2"></td><td></td></tr>
<tr><td colspan="5">试运转结论：
喷淋给水泵运转正常、平稳，符合施工图设计及《通风与空调工程施工质量验收规范》（GB 50243—2016）的要求，试运转结论为合格。</td></tr>
<tr><td rowspan="2">签字栏</td><td>专业监理工程师</td><td colspan="2">专业质检员</td><td>专业工长</td></tr>
<tr><td>王××</td><td colspan="2">吴××</td><td>徐××</td></tr>
<tr><td colspan="2">制表日期</td><td colspan="3">20××年××月××日</td></tr>
</table>

本表由施工单位填写。

<table>
<tr><td colspan="2">设备单机试运转记录（机电通用）
表 C6-64</td><td>资料编号</td><td>08-C6-64-×××</td></tr>
<tr><td>工程名称</td><td>北京××大厦</td><td>试运转时间</td><td>20××年××月××日</td></tr>
<tr><td>施工单位</td><td>北京××建设集团工程总承包部</td><td>监理单位</td><td>北京××监理有限责任公司</td></tr>
<tr><td>设备名称</td><td>柜式离心风机</td><td>设备编号</td><td>P（Y）F-B2-1</td></tr>
<tr><td>规格型号</td><td>HTFC-1-15B</td><td>额定数据</td><td>Q=22000m³/h、N=11kW、P=556Pa、71dB（A）</td></tr>
<tr><td>生产厂家</td><td>德州××空调设备制造有限公司</td><td>设备所在系统</td><td>地下室防排烟系统</td></tr>
<tr><td colspan="4">试验要求：
1. 设备单机调试前，应对设备机房及设备内部进行清理。机房内清扫干净，不得留有杂物，避免开机时被机组吸入。机组内部应无残留的杂物，并清扫干净。
2. 单机调试前，电源应连接好，且符合电气规范的有关要求。
3. 低噪声柜式离心风机的试验项目应符合《通风与空调工程施工质量验收规范》（GB 50243—2016）的要求。</td></tr>
</table>

序号	试验项目	试验记录	试验结论
1	减振器连接状况	连接牢固、平稳、接触紧密，符合减振要求	合格
2	减振效果	减振器工作正常，风机运行时无异常振动与声响	合格
3	传动装置	传动皮带的松紧适当、稍有弹跳；手动盘车灵活无异常现象，润滑情况良好。设备运行时各固定连接部件紧密无松动	合格
4	叶轮旋转	叶轮旋转方向正确，运转平稳、无异常振动与声响	合格
5	电气装置	电动机绕组对地绝缘电阻合格。电动机转向与风机的转向相符。电动机运行电流、电压符合设备技术文件的规定	合格
6	轴承温升	试运转时环境温度为 3℃，连续运转 2h 后设备轴承外壳最高温度为 64℃	合格
7	运行噪声	噪声值为 70dB（A）	合格

<table>
<tr><td colspan="4">试运转结论：
低噪声柜式离心风机运转正常、平稳，符合施工图设计及《通风与空调工程施工质量验收规范》（GB 50243—2016）的要求，试运转结论为合格。</td></tr>
<tr><td rowspan="2">签字栏</td><td>专业监理工程师</td><td>专业质检员</td><td>专业工长</td></tr>
<tr><td>王××</td><td>吴××</td><td>徐××</td></tr>
<tr><td colspan="2">制表日期</td><td colspan="2">20××年××月××日</td></tr>
</table>

本表由施工单位填写。

<table>
<tr><td colspan="2">设备单机试运转记录（机电通用）
表 C6-64</td><td>资料编号</td><td colspan="2">08-C6-64-×××</td></tr>
<tr><td>工程名称</td><td>北京××大厦</td><td>试运转时间</td><td colspan="2">20××年××月××日</td></tr>
<tr><td>施工单位</td><td>北京××建设集团工程总承包部</td><td>监理单位</td><td colspan="2">北京××监理有限责任公司</td></tr>
<tr><td>设备名称</td><td>冷却塔</td><td>设备编号</td><td colspan="2">NC-1#</td></tr>
<tr><td>规格型号</td><td>NC8330F-10</td><td>额定数据</td><td colspan="2">$Q=700\text{m}^3/\text{h}$、$P=37\text{kW}$</td></tr>
<tr><td>生产厂家</td><td>广州××冷却设备制造有限公司</td><td>设备所在系统</td><td colspan="2">16～21/F～H 轴线屋面</td></tr>
<tr><td colspan="5">试验要求：
1. 冷却塔风机额定功率应符合设计要求，叶轮旋转方向正确、运转平稳；
2. 冷却塔风机与冷却水系统循环试运行应大于 2h，冷却塔风机工作电压、电流值符合设计要求，轴承外壳温度低于 70℃，各密封部分应无漏油现象；
3. 冷却塔运行产生的噪声不应大于设计及产品说明书的规定值。水流量应符合设计要求。冷却塔的自动补水阀动作灵活。</td></tr>
<tr><td>序号</td><td>试验项目</td><td colspan="2">试验记录</td><td>试验结论</td></tr>
<tr><td>1</td><td>复检各部件的位置是否有松动现象</td><td colspan="2">各部件的位置无松动现象</td><td>合格</td></tr>
<tr><td>2</td><td>检查各连接件、紧固件是否有松动现象</td><td colspan="2">各连接件、紧固件无松动现象</td><td>合格</td></tr>
<tr><td>3</td><td>检查各密封部分是否有漏油现象</td><td colspan="2">各密封部分无漏油现象</td><td>合格</td></tr>
<tr><td>4</td><td>叶轮旋转方向是否正确、运转是否平稳、有无异常振动</td><td colspan="2">叶轮旋转方向正确、运转平稳、无异常振动</td><td>合格</td></tr>
<tr><td>5</td><td>检查电动机绝缘电阻是否达到标准，电缆敷设固定是否牢固，接线是否良好</td><td colspan="2">电动机绝缘电阻符合标准，电缆敷设固定牢固，接线良好</td><td>合格</td></tr>
<tr><td>6</td><td>电动机电流值、电压值是否在允许的工作范围，电动机是否有不正常噪声</td><td colspan="2">电动机电流值、电压值在允许的工作范围，电动机无噪声</td><td>合格</td></tr>
<tr><td>7</td><td>检查电动机、轴承座、齿轮箱油温是否符合要求</td><td colspan="2">滑动轴承外壳最高温度不高于 70℃，滚动轴承不高于 80℃</td><td>合格</td></tr>
<tr><td>8</td><td>冷却塔的噪声是否在允许的范围内</td><td colspan="2">冷却塔的噪声在允许的范围内</td><td>合格</td></tr>
<tr><td>9</td><td>水流量是否符合设计要求。冷却塔的自动补水阀是否动作灵活</td><td colspan="2">水流量符合设计要求。冷却塔的自动补水阀动作灵活</td><td>合格</td></tr>
<tr><td></td><td></td><td colspan="2"></td><td></td></tr>
<tr><td colspan="5">试运转结论：
冷却塔风机运转正常、平稳，符合施工图设计及《通风与空调工程施工质量验收规范》（GB 50243—2016）的要求，单机试运转结论为合格。</td></tr>
<tr><td rowspan="2">签字栏</td><td>专业监理工程师</td><td colspan="2">专业质检员</td><td>专业工长</td></tr>
<tr><td>王××</td><td colspan="2">吴××</td><td>徐××</td></tr>
<tr><td colspan="2">制表日期</td><td colspan="3">20××年××月××日</td></tr>
</table>

本表由施工单位填写。

设备单机试运转记录（机电通用） 表 C6-64		资料编号	08-C6-64-×××
工程名称	北京××大厦	试运转时间	20××年××月××日
施工单位	北京××建设集团工程总承包部	监理单位	北京××监理有限责任公司
设备名称	制冷机组	设备编号	YK-1#
规格型号	YKCECEQ75COF	额定数据	制冷量为 600t，P=394kW
生产厂家	北京××空调设备制造有限公司	设备所在系统	22～26/H～K 轴线地下一层冷冻机房

试验要求：

1. 机组运转应平稳、应无异常振动与噪声；
2. 各连接和密封部位不应有松动、漏气、漏油等现象；
3. 吸、排气的压力和温度应在正常工作范围内；
4. 能量调节装置及各保护继电器、安全装置的动作应正确、灵敏、可靠；
5. 机组正常运转不应少于 8h。

序号	试验项目	试验记录	试验结论
1	各连接和密封部位是否有松动、漏气、漏油等现象	无松动、漏气、漏油等现象	合格
2	润滑油的压力和温度是否在正常工作范围内	润滑油的压力和温度在正常工作范围内	合格
3	吸、排气的压力和温度是否在正常工作范围内	吸、排气的压力和温度在正常工作范围内	合格
4	进、排水温度和冷却水供应情况	进、排水温度和冷却水供应在正常工作范围内	合格
5	电动机的电流、电压和温升是否在正常工作范围内	电动机的电流、电压和温升在正常工作范围内	合格
6	能量调节装置及各保护继电器、安全装置的动作是否正确、灵敏、可靠	能量调节装置及各保护继电器、安全装置的动作正确、灵敏、可靠	合格
7	机组的噪声和振动是否在允许的范围内	机组的噪声和振动在允许的范围内	合格

试运转结论：

制冷机组运转正常、平稳，符合施工图设计及《制冷设备、空气分离设备安装工程施工及验收规范》（GB 50274—2010）的要求，单机试运转结论为合格。

签字栏	专业监理工程师	专业质检员	专业工长
	王××	吴××	徐××
制表日期	20××年××月××日		

本表由施工单位填写。

设备单机试运转记录（机电通用） 表 C6-64		资料编号	08-C6-64-×××
工程名称	北京××大厦	试运转时间	20××年××月××日
施工单位	北京××建设集团工程总承包部	监理单位	北京××监理有限责任公司
设备名称	风机盘管	设备编号	HFCF-08-1
规格型号	HFCF08	额定数据	Q=1710m³/h，N=152W
生产厂家	北京××空调设备制造有限公司	设备所在系统	14～16/C～J 轴线一层

试验要求：

1. 机组安装前进行的三速试运转（三速开关动作正确，与机组运行状态对应）；
2. 经检验水压，试验压力为系统工作压力的 1.5 倍，试验观察时间为 2min，不渗漏为合格；
3. 风机盘管机组运转方向正确，运转平稳，无异常振动与噪声。

序号	试验项目	试验记录	试验结论
1	单机三速（电压和运行电流）：		
	高速挡（持续时间不少于 10min）	216V，0.75A	合格
	中速挡（持续时间不少于 10min）	220V，0.64A	合格
	低速挡（持续时间不少于 10min）	225V，0.70A	合格
2	水压检漏试验：		
	试验压力为系统工作压力的 1.5 倍，试验观察 2min，不渗漏为合格	压力升至 0.9MPa，观察 2min，无渗漏现象	合格
3	叶轮	叶轮运转方向正确，运行平稳，无异常振动与噪声	合格

试运转结论：

安装前，经对 B 座一层风机盘管 HFCF08 进行单机三速运转和水压检漏试验，符合施工图设计及《通风与空调工程施工质量验收规范》（GB 50243—2016）的要求，单机试运转结论为合格。

签字栏	专业监理工程师	专业质检员	专业工长
	王××	吴××	徐××
制表日期		20××年××月××日	

本表由施工单位填写。

十六、系统试运转调试记录（机电通用）（表 C6-65）

系统试运转调试项目划分：通风系统、空调水系统、制冷设备系统、净化空调系统。

《通风与空调工程施工质量验收规范》（GB 50243—2016）第 11.2.3 条规定，系统非设计满负荷条件下的联合试运转及调试应符合下列规定：

（1）系统总风量调试结果与设计风量的允许偏差应为－5%～＋10%，建筑内各区域的压差应符合设计要求。

（2）变风量空调系统联合调试应符合下列规定：

1）系统空气处理机组应在设计参数范围内对风机实现变频调速；

2）空气处理机组在设计机外余压条件下，系统总风量应满足本条第 1 款的要求，新风量的允许偏差应为 0～＋10%；

3）变风量末端装置的最大风量调试结果与设计风量的允许偏差应为 0～＋15%；

4）改变各空调区域运行工况或室内温度设定参数时，该区域变风量末端装置的风阀（风机）动作（运行）应正确；

5）改变室内温度设定参数或关闭部分房间空调末端装置时，空气处理机组应自动正确地改变风量；

6）应正确显示系统的状态参数。

（3）空调冷（热）水系统、冷却水系统的总流量与设计流量的偏差不应大于 10%。

（4）制冷（热泵）机组进出口处的水温应符合设计要求。

（5）地源（水源）热泵换热器的水温与流量应符合设计要求。

（6）舒适空调与恒温、恒湿空调室内的空气温度、相对湿度及波动范围应符合或优于设计要求。

<table>
<tr><td colspan="2">系统试运转调试记录（机电通用）
表 C6-65</td><td>资料编号</td><td>08-C6-65-×××</td></tr>
<tr><td>工程名称</td><td>北京××大厦</td><td>试运转
调试时间</td><td>20××年××月××日</td></tr>
<tr><td>试运转
调试项目</td><td>新风系统调试</td><td>试运转
调试部位</td><td>一层～十二层</td></tr>
<tr><td colspan="4">试运转、调试内容：
首先对机组进行单机试运转，经试运转符合设计要求，后对新风机组进行风量分配调试，送回风口末端各类阀部件装置连接处密封严密，主要动作协调、正确、无异常现象。其中客房为 30m³/h，会议室为 25m³/h，系统总风量调试结果与设计风量的偏差小于 10%。</td></tr>
</table>

续表

<table>
<tr><td colspan="4">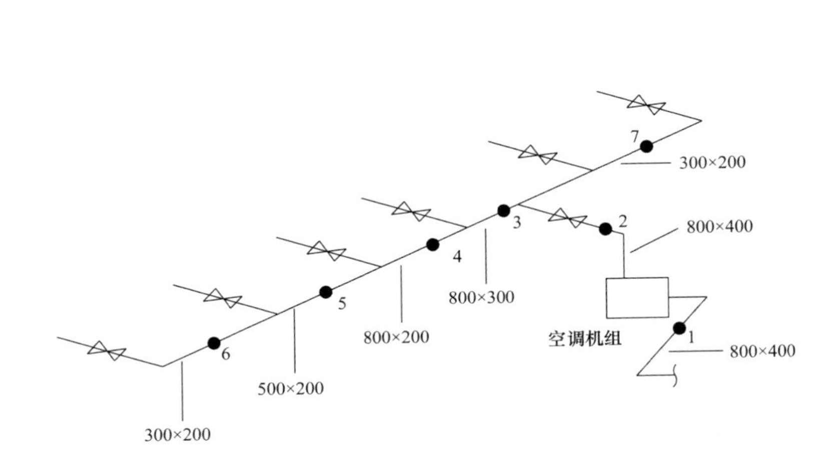

1. 测试工具：轮式流量计、叶轮风速仪、声级记录仪、U形管压力计、通风式干湿度计、红外线温度计第三方计量鉴定证书齐全有效。
2. 系统的阀门均在1/2开启状态，防火阀全部开启。
3. 每层两台新风机组，集中放置在每层两端，型号为KB10，L=5000m^3/h，P=245Pa，N=1.5kW。
4. 在每个分支干线上沿风管开三个ϕ200mm的孔。
5. 开启风机，检查风机运行平稳后，检查风机的供回风量，计算平均值，相差小于5%。
6. 沿最不利端开始，由后向前调整阀门开启程度，检查各出风口的风速，见各房间室内风量、温度测量记录。
7. 使用风速仪检查各支风道的平均风速及风压。
测试仪器具有计量鉴定证书，并在有效期内。</td></tr>
<tr><td colspan="4">试运转、调试结论：
符合施工图设计及《通风与空调工程施工质量验收规范》（GB 50243—2016）的要求，试运转、调试结论为合格。</td></tr>
<tr><td rowspan="2">签字栏</td><td>建设单位</td><td>监理单位</td><td>施工单位</td></tr>
<tr><td>李××</td><td>吴××</td><td>徐××</td></tr>
</table>

本表由施工单位填写。

<table>
<tr><td colspan="2">系统试运转调试记录（机电通用）
表 C6-65</td><td>资料编号</td><td>08-C6-65-×××</td></tr>
<tr><td>工程名称</td><td>北京××大厦</td><td>试运转
调试时间</td><td>20××年××月××日</td></tr>
<tr><td>试运转
调试项目</td><td>送风系统</td><td>试运转
调试部位</td><td>8～12/E～J 轴线下一层，SF-B-4</td></tr>
<tr><td colspan="4">试运转、调试内容：
空调系统安装完毕，首先清洗系统、设备单机试运转及调试、风系统调整，然后启动地下一层空调机组送风，打开空调末端装置，空调系统正常运转 8h，调试内容如下：
（1）测试工具为轮式流量计、叶轮风速仪、声级记录仪、U 形管压力计。以上测试仪器均具有计量鉴定证书，并在有效期内。
（2）系统联动试运转中，设备及主要部件的联动符合设计要求，动作协调、正确，无异常现象。
（3）系统经过平衡调整，系统总风量调试结果为 5050m³/h，设计风量为 5000m³/h，系统总风量调试结果与设计风量的允许偏差小于 10%，各风口送风量均匀。
（4）风机、空气处理机组、风机盘管机组等设备运行时，产生的噪声为 65dB（A）、60dB（A）、45dB（A），满足设计及设备技术文件的要求。</td></tr>
<tr><td colspan="4">试运转、调试结论：
空调风系统在非设计满负荷条件下联合试运转 8h，空调风系统试运转稳定，无异常噪声，符合施工图设计及《通风与空调工程施工质量验收规范》(GB 50243—2016）的要求，调试结论为合格。</td></tr>
<tr><td rowspan="2">签字栏</td><td>建设单位</td><td>监理单位</td><td>施工单位</td></tr>
<tr><td>李××</td><td>吴××</td><td>徐××</td></tr>
</table>

本表由施工单位填写。

<table>
<tr><td colspan="2">系统试运转调试记录（机电通用）
表 C6-65</td><td>资料编号</td><td>08-C6-65-×××</td></tr>
<tr><td>工程名称</td><td>北京××大厦</td><td>试运转
调试时间</td><td>20××年××月××日</td></tr>
<tr><td>试运转
调试项目</td><td>排风系统</td><td>试运转
调试部位</td><td>13～15/B～O 轴线地下一层，PF-B-4</td></tr>
<tr><td colspan="4">试运转、调试内容：
空调系统安装完毕，首先清洗系统、设备单机试运转及调试、风系统调整，然后启动地下一层空调机组排风，打开空调末端装置，空调系统正常运转 8h，调试内容如下：
（1）测试工具为轮式流量计、叶轮风速仪、声级记录仪、U 形管压力计。以上测试仪器均具有计量鉴定证书，并在有效期内。
（2）系统联动试运转中，设备及主要部件的联动符合设计要求，动作协调、正确，无异常现象。
（3）系统经过平衡调整，系统总风量调试结果为 5050m³/h，设计风量为 5000m³/h，系统总风量调试结果与设计风量的允许偏差小于 10%，各风口排风量均匀。
（4）风机、空气处理机组、风机盘管机组等设备运行时，产生的噪声为 65dB（A）、60dB（A）、45dB（A），满足设计及设备技术文件的要求。</td></tr>
<tr><td colspan="4">试运转、调试结论：
空调风系统在非设计满负荷条件下联合试运转 8h，空调风系统试运转稳定，无异常噪声，符合施工图设计及《通风与空调工程施工质量验收规范》（GB 50243—2016）的要求，调试结论为合格。</td></tr>
<tr><td rowspan="2">签字栏</td><td>建设单位</td><td>监理单位</td><td>施工单位</td></tr>
<tr><td>李××</td><td>吴××</td><td>徐××</td></tr>
</table>

本表由施工单位填写。

【说明】

《通风与空调工程施工质量验收规范》（GB 50243—2016）第11.2.1条规定，通风与空调工程安装完毕后应进行系统调试。系统调试应包括下列内容：

（1）设备单机试运转及调试。

（2）系统非设计满负荷条件下的联合试运转及调试。

检查数量：按第Ⅰ方案。

检查方法：观察、旁站、查阅调试记录。

《通风与空调工程施工质量验收规范》（GB 50243—2016）第11.2.3条规定，系统非设计满负荷条件下的联合试运转及调试应符合下列规定：

（1）系统总风量调试结果与设计风量的允许偏差应为－5%～＋10%，建筑内各区域的压差应符合设计要求。

检查数量：第1款的舒适性空调，按第Ⅰ方案。

检查方法：调整控制模式，旁站、观察、查阅调试记录。

……

《通风与空调工程施工质量验收规范》（GB 50243—2016）第11.2.7条规定，空调制冷系统、空调水系统与空调风系统的非设计满负荷条件下的联合试运转及调试，正常运转不应少于8h，除尘系统不应少于2h。

检查数量：全数检查。

检查方法：观察、旁站、查阅调试记录。

《通风与空调工程施工质量验收规范》（GB 50243—2016）第11.3.1条规定，设备单机试运转及调试应符合下列规定：

（1）风机盘管机组的调速、温控阀的动作应正确，并应与机组运行状态一一对应，中挡风量的实测值应符合设计要求。

（2）风机、空气处理机组、风机盘管机组、多联式空调（热泵）机组等设备运行时，产生的噪声不应大于设计及设备技术文件的要求。

（3）水泵运行时壳体密封处不得渗漏，紧固连接部位不应松动，轴封的温升应正常，普通填料密封的泄漏水量不应大于60mL/h，机械密封的泄漏水量不应大于5mL/h。

（4）冷却塔运行产生的噪声不应大于设计及设备技术文件的规定值，水流量应符合设计要求。冷却塔的自动补水阀应动作灵活，试运转工作结束后，集水盘应清洗干净。

检查数量：第1、2款按第Ⅱ方案；第3、4款全数检查。

检查方法：观察、旁站、查阅调试记录，按本规范附录E进行测试校核。

《通风与空调工程施工质量验收规范》（GB 50243—2016）第11.3.2条规定，通风系统非设计满负荷条件下的联合试运行及调试应符合下列规定：

（1）系统经过风量平衡调整，各风口及吸风罩的风量与设计风量的允许偏差不应大于15%。

（2）设备及系统主要部件的联动应符合设计要求，动作应协调正确，不应有异常现象。

检查数量：按第Ⅱ方案。

检查方法：按本规范附录E进行测试，校核检查、查验调试记录。

《通风与空调工程施工质量验收规范》（GB 50243—2016）第11.3.5条规定，通风与空调工程通过系统调试后，监控设备与系统中的检测元件和执行机构应正常沟通，应正确显示系统运行的状态，并应完成设备的连锁、自动调节和保护等功能。

检查数量：按第Ⅱ方案。

检查方法：旁站观察，查阅调试记录。

<table>
<tr><td colspan="2">系统试运转调试记录（机电通用）
表C6-65</td><td>资料编号</td><td>08-C6-65-×××</td></tr>
<tr><td>工程名称</td><td>北京××大厦</td><td>试运转
调试时间</td><td>20××年××月××日</td></tr>
<tr><td>试运转
调试项目</td><td>空调水系统</td><td>试运转
调试部位</td><td>15～18/K～N轴线地下一层</td></tr>
<tr><td colspan="4">试运转、调试内容：
本工程空调水系统（K6-8～K11-14）均含带风机盘管系统，系统按如下顺序调试：开启电动阀→冷却水泵→冷却水塔→空调冷水泵→冷却塔风机→冷水机组。启动水泵，系统连续试运转8h，无异常声音、振动、卡阻等现象，调试内容如下：
1. 测试工具：超声波流量计；声级记录仪；通风式干湿度计；电气温度计。以上测试仪器均具有计量鉴定证书，并在有效期内。
2. 空调水系统的总流量与设计流量的偏差不大于10%。设计空调冷（热）水总流量为5000m³/h，实际空调冷（热）水总流量为4955m³/h，相对偏差为－0.90%。
3. 空调工程水系统冲洗干净，不含杂物，并排除管道系统中的空气；系统连续运行应达到正常、平稳；水泵的压力和水泵电动机的电流不应出现大幅波动，系统平衡调整后，各空调机组的水流量应符合设计要求，允许偏差不大于20%。
4. 各种自动计量检测元件和执行机构的工作正常，满足智能建筑工程设备自动化（BA、FA等）系统对被测定参数进行检测和控制的要求。
5. 多台冷却塔并联运行时，各冷却塔的进、出水量应达到均衡一致，允许偏差不大于20%。设计冷却水总流量为8400m³/h，各台实际冷却水总流量为8352m³/h，相对偏差为－0.57%。
6. 制冷空调机组符合现行国家标准《采暖通风与空气调节设备噪声声功率级的测定　工程法》（GB 9068）的规定，制冷空调机组产生的噪声为65dB（A）。</td></tr>
<tr><td colspan="4">试运转、调试结论：
空调水系统在非设计满负荷条件下联合试运转8h，空调水系统试运转稳定，无异常噪声，符合施工图设计及《通风与空调工程施工质量验收规范》（GB 50243—2016）的要求，调试结论为合格。</td></tr>
<tr><td rowspan="2">签字栏</td><td>建设单位</td><td>监理单位</td><td>施工单位</td></tr>
<tr><td>李××</td><td>吴××</td><td>徐××</td></tr>
</table>

本表由施工单位填写。

【说明】

①空调工程水系统应冲洗干净，不含杂物，并排除管道系统中的空气；系统连续运行应达到正常、平稳；水泵的压力和水泵电动机的电流不应出现大幅波动，系统平衡调整后，各空调机组的水流量应符合设计要求，允许偏差为20%。②各种自动计量检测元件和执行机构的工作应正常，满足建筑设备自动化（BA、FA等）系统对被测定参数进行检测和控制的要求。③多台冷却塔并联运行时，各冷却塔的进、出水量应达到均衡一致。④空调室内噪声应符合设计规定要求。⑤有压差要求的房间、厅堂与其他相邻房间之间的压差，舒适性空调正压为0～25Pa，工艺性空调应符合设计的规定。⑥有环境噪声要求的场所，制冷空调机组应按现行国家标准《采暖通风与空气调节设备噪声声功率级的测定 工程法》（GB 9068）的规定进行测定。洁净室内的噪声应符合设计规定。

（1）《通风与空调工程施工质量验收规范》（GB 50243—2016）第11.2.1条规定，通风与空调工程安装完毕后应进行系统调试。系统调试应包括下列内容：

1）设备单机试运转及调试。

2）系统非设计满负荷条件下的联合试运转及调试。

检查数量：按第Ⅰ方案。

检查方法：观察、旁站、查阅调试记录。

（2）《通风与空调工程施工质量验收规范》（GB 50243—2016）第11.2.2条规定，设备单机试运转及调试应符合下列规定：

1）通风机、空气处理机组中的风机，叶轮旋转方向应正确、运转应平稳、应无异常振动与声响，电动机运行功率应符合设备技术文件要求。在额定转速下连续运转2h后，滑动轴承外壳最高温度不得高于70℃，滚动轴承不得高于80℃。

2）水泵叶轮旋转方向应正确，应无异常振动和声响，紧固连接部位应无松动，电动机运行功率应符合设备技术文件要求。水泵连续运转2h，滑动轴承外壳最高温度不得超过70℃，滚动轴承不得超过75℃。

3）冷却塔风机与冷却水系统循环试运行不应少于2h，运行应无异常。冷却塔本体应稳固、无异常振动。冷却塔中风机的试运转尚应符合本条第1款的规定。

4）制冷机组的试运转除应符合设备技术文件和现行国家标准《制冷设备、空气分离设备安装工程施工及验收规范》（GB 50274）的有关规定外，尚应符合下列规定：

①机组运转应平稳、应无异常振动与声响；

②各连接和密封部位不应有松动、漏气、漏油等现象；

③吸、排气的压力和温度应在正常工作范围内；

④能量调节装置及各保护继电器、安全装置的动作应正确、灵敏、可靠；

⑤正常运转不应少于8h。

检查数量：第3、4款全数；其他按第Ⅰ方案。

检查方法：调整控制模式，旁站、观察、查阅调试记录。

（3）《通风与空调工程施工质量验收规范》（GB 50243—2016）第11.2.3条规定，系统非设计满负荷条件下的联合试运转及调试应符合下列规定：

1）系统总风量调试结果与设计风量的允许偏差应为－5%～＋10%，建筑内各区域的压差应符合设计要求。

……

3）空调冷（热）水系统、冷却水系统的总流量与设计流量的偏差不应大于10%。

检查数量：第1款的舒适性空调，按第Ⅰ方案；第3款的恒温、恒湿空调系统，全数检查。

检查方法：调整控制模式，旁站、观察、查阅调试记录。

（4）《通风与空调工程施工质量验收规范》（GB 50243—2016）第11.2.7条规定，空调制冷系统、空调水系统与空调风系统的非设计满负荷条件下的联合试运转及调试，正常运转不应少于8h，除尘系统不应少于2h。

检查数量：全数检查。

检查方法：观察、旁站、查阅调试记录。

（5）《通风与空调工程施工质量验收规范》（GB 50243—2016）第11.3.1条规定，设备单机试运转及调试应符合下列规定：

……

3）水泵运行时壳体密封处不得渗漏，紧固连接部位不应松动，轴封的温升应正常，普通填料密封的泄漏水量不应大于60mL/h，机械密封的泄漏水量不应大于5mL/h。

4）冷却塔运行产生的噪声不应大于设计及设备技术文件的规定值。水流量应符合设计要求。冷却塔的自动补水阀应动作灵活。试运转工作结束后，集水盘应清洗干净。

检查数量：第3、4款全数检查。

检查方法：观察、旁站、查阅调试记录，按本规范附录E进行测试校核。

（6）《通风与空调工程施工质量验收规范》（GB 50243—2016）第11.3.3条规定，空调系统非设计满负荷条件下的联合试运转及调试应符合下列规定：

1）空调水系统应排除管道系统中的空气，系统连续运行应正常平稳，水泵的流量、压差和水泵电动机的电流不应出现10%以上的波动。

2）水系统平衡调整后，定流量系统的各空气处理机组的水流量应符合设计要求，允许偏差应为15%；变流量系统的各空气处理机组的水流量应符合设计要求，允许偏差应为10%。

3）冷水机组的供回水温度和冷却塔的出水温度应符合设计要求；多台制冷机或冷却塔并联运行时，各台制冷机及冷却塔的水流量与设计流量的偏差不应大于10%。

4）舒适性空调的室内温度应优于或等于设计要求，恒温恒湿和净化空调的室内温、湿度应符合设计要求。

5）室内（包括净化区域）噪声应符合设计要求，测定结果可采用Nc或dB（A）的表达方式。

6）环境噪声有要求的场所，制冷、空调设备机组应按现行国家标准《采暖通风与空气调节设备噪声声功率级的测定　工程法》（GB 9068）的有关规定进行测定。

7）压差有要求的房间、厅堂与其他相邻房间之间的气流流向应正确。

检查数量：第1、3款全数检查；第2款及第4款～第7款，按第Ⅱ方案。

检查方法：观察、旁站、用仪器测定、查阅调试记录。

（7）《通风与空调工程施工质量验收规范》（GB 50243—2016）第11.3.5条规定，通风与空调工程通过系统调试后，监控设备与系统中的检测元件和执行机构应正常沟通，应正确显示系统运行的状态，并应完成设备的连锁、自动调节和保护等功能。

检查数量：按第Ⅱ方案。

检查方法：旁站观察，查阅调试记录。

系统试运转调试记录（机电通用） 表 C6-65		资料编号	08-C6-65-×××
工程名称	北京××大厦	试运转 调试时间	20××年××月××日
试运转 调试项目	制冷设备系统	试运转 调试部位	19～22/F～H 轴线地下一层

试运转、调试内容：

制冷机组设备系统试运转 8h，机组设备系统运转平稳、无异常振动与噪声，各连接和密封部位无松动、漏气、漏油等现象，吸、排气的压力和温度在正常工作范围内，能量调节装置及各保护继电器、安全装置的动作正确、灵敏、可靠。调试内容如下：

1. 通风与空调设备单机的调试内容

（1）系统的湿度传感器、温度传感器、风量传感器、水流量传感器、水流开关、压力传感器、压差传感器等的测定参数范围及精度应满足设计要求；

（2）系统各种执行器（风阀、水阀）动作灵活可靠，行程与控制指令一致；

（3）监控设备（包括温控器）与系统相关的传感器、执行器正常通信，对设备的各单项控制功能满足系统的控制要求正常工作。

2. 通风与空调设备监控系统非设计满负荷条件下的调试内容

（1）控制中心服务器、工作站、打印机、网络控制器、通信接口（包括与其他子系统）、不间断电源等设备之间的连接、传输线型号、规格应正确无误；

（2）监控设备通信接口的通信协议、数据传输格式、速率等符合设计要求，正常通信；

（3）建筑设备监控系统服务器、工作站管理软件及数据库软件配置正常，软件功能符合设计要求；

（4）冷热源系统的群控调试，空气处理机组，送、排风机，末端装置监控设备的系统调试符合国家标准《智能建筑工程质量验收规范》（GB 50339—2013）的规定。

试运转、调试结论：

制冷设备系统在非设计满负荷条件下联合试运转 8h 后，通风与空调工程的控制和监测设备与系统的检测元件和执行机构正常沟通，系统的状态参数显示正确，设备连锁、自动调节、自动保护功能动作正确。符合施工图设计及《通风与空调工程施工质量验收规范》（GB 50243—2016）的要求，制冷设备系统试运转稳定，调试结论为合格。

签字栏	建设单位	监理单位	施工单位
	李××	吴××	徐××

本表由施工单位填写。

【说明】

(1)《通风与空调工程施工质量验收规范》(GB 50243—2016) 第 11.2.1 条规定，通风与空调工程安装完毕后应进行系统调试。系统调试应包括下列内容：

1) 设备单机试运转及调试。

2) 系统非设计满负荷条件下的联合试运转及调试。

检查数量：按第Ⅰ方案。

检查方法：观察、旁站、查阅调试记录。

(2)《通风与空调工程施工质量验收规范》(GB 50243—2016) 第 11.2.2 条规定，设备单机试运转及调试应符合下列规定：

1) 通风机、空气处理机组中的风机，叶轮旋转方向应正确、运转应平稳、应无异常振动与声响，电动机运行功率应符合设备技术文件要求。在额定转速下连续运转 2h 后，滑动轴承外壳最高温度不得高于 70℃，滚动轴承不得高于 80℃。

2) 水泵叶轮旋转方向应正确，应无异常振动和声响，紧固连接部位应无松动，电动机运行功率应符合设备技术文件要求。水泵连续运转 2h，滑动轴承外壳最高温度不得超过 70℃，滚动轴承不得超过 75℃。

3) 冷却塔风机与冷却水系统循环试运行不应少于 2h，运行应无异常。冷却塔本体应稳固、无异常振动。冷却塔中风机的试运转尚应符合本条第 1 款的规定。

4) 制冷机组的试运转除应符合设备技术文件和现行国家标准《制冷设备、空气分离设备安装工程施工及验收规范》(GB 50274) 的有关规定外，尚应符合下列规定：

①机组运转应平稳、应无异常振动与声响；

②各连接和密封部位不应有松动、漏气、漏油等现象；

③吸、排气的压力和温度应在正常工作范围内；

④能量调节装置及各保护继电器、安全装置的动作应正确、灵敏、可靠；

⑤正常运转不应少于 8h。

5) 多联式空调（热泵）机组系统应在充灌定量制冷剂后，进行系统的试运转，并应符合下列规定：

①系统应能正常输出冷风或热风，在常温条件下可进行冷热的切换与调控；

②室外机的试运转应符合本条第 4 款的规定；

③室内机的试运转不应有异常振动与声响，百叶板动作应正常，不应有渗漏水现象，运行噪声应符合设备技术文件要求；

④具有可同时供冷、热的系统，应在满足当季工况运行条件下，实现局部内机反向工况的运行。

6) 电动调节阀、电动防火阀、防排烟风阀（口）的手动、电动操作应灵活可靠，信号输出应正确。

7) 变风量末端装置单机试运转及调试应符合下列规定：

①控制单元单体供电测试过程中，信号及反馈应正确，不应有故障显示；

②启动送风系统，按控制模式进行模拟测试，装置的一次风阀动作应灵敏可靠；

③带风机的变风量末端装置，风机应能根据信号要求运转，叶轮旋转方向应正确，运转应平稳，不应有异常振动与声响；

④带再热的末端装置应能根据室内温度实现自动开启与关闭。

8）蓄能设备（能源塔）应按设计要求正常运行。

检查数量：第3、4、8款全数；其他按第Ⅰ方案。

检查方法：调整控制模式，旁站、观察、查阅调试记录。

（3）《通风与空调工程施工质量验收规范》（GB 50243—2016）第11.2.3条规定，系统非设计满负荷条件下的联合试运转及调试应符合下列规定：

1）系统总风量调试结果与设计风量的允许偏差应为－5％～＋10％，建筑内各区域的压差应符合设计要求。

2）变风量空调系统联合调试应符合下列规定：

①系统空气处理机组应在设计参数范围内对风机实现变频调速；

②空气处理机组在设计机外余压条件下，系统总风量应满足本条第1款的要求，新风量的允许偏差应为0～＋10％；

③变风量末端装置的最大风量调试结果与设计风量的允许偏差应为0～＋15％；

④改变各空调区域运行工况或室内温度设定参数时，该区域变风量末端装置的风阀（风机）动作（运行）应正确；

⑤改变室内温度设定参数或关闭部分房间空调末端装置时，空气处理机组应自动正确地改变风量；

⑥应正确显示系统的状态参数。

3）空调冷（热）水系统、冷却水系统的总流量与设计流量的偏差不应大于10％。

4）制冷（热泵）机组进出口处的水温应符合设计要求。

5）地源（水源）热泵换热器的水温与流量应符合设计要求。

6）舒适空调与恒温、恒湿空调室内的空气温度、相对湿度及波动范围应符合或优于设计要求。

检查数量：第1、2款及第4款的舒适性空调，按第Ⅰ方案；第3、5、6款及第4款的恒温、恒湿空调系统，全数检查。

检查方法：调整控制模式，旁站、观察、查阅调试记录。

（4）《通风与空调工程施工质量验收规范》（GB 50243—2016）第11.2.7条规定，空调制冷系统、空调水系统与空调风系统的非设计满负荷条件下的联合试运转及调试，正常运转不应少于8h，除尘系统不应少于2h。

检查数量：全数检查。

检查方法：观察、旁站、查阅调试记录。

（5）《通风与空调工程施工质量验收规范》（GB 50243—2016）第11.3.1条规定，设备单机试运转及调试应符合下列规定：

1）风机盘管机组的调速、温控阀的动作应正确，并应与机组运行状态一一对应，中挡风量的实测值应符合设计要求。

2）风机、空气处理机组、风机盘管机组、多联式空调（热泵）机组等设备运行时，产生的噪声不应大于设计及设备技术文件的要求。

3）水泵运行时壳体密封处不得渗漏，紧固连接部位不应松动，轴封的温升应正常，普通填料密封的泄漏水量不应大于60mL/h，机械密封的泄漏水量不应大于5mL/h。

4）冷却塔运行产生的噪声不应大于设计及设备技术文件的规定值。水流量应符合设计要求。冷却塔的自动补水阀应动作灵活。试运转工作结束后，集水盘应清洗干净。

检查数量：第1、2款按第Ⅱ方案；第3、4款全数检查。

检查方法：观察、旁站、查阅调试记录，按本规范附录E进行测试校核。

(6)《通风与空调工程施工质量验收规范》(GB 50243—2016)第11.3.5条规定，通风与空调工程通过系统调试后，监控设备与系统中的检测元件和执行机构应正常沟通，应正确显示系统运行的状态，并应完成设备的连锁、自动调节和保护等功能。

检查数量：按第Ⅱ方案。

检查方法：旁站观察，查阅调试记录。

<table>
<tr><td colspan="2">系统试运转调试记录（机电通用）
表 C6-65</td><td>资料编号</td><td colspan="2">08-C6-65-×××</td></tr>
<tr><td>工程名称</td><td>北京××大厦</td><td>试运转
调试时间</td><td colspan="2">20××年××月××日</td></tr>
<tr><td>试运转
调试项目</td><td>净化空调系统</td><td>试运转
调试部位</td><td colspan="2">12～16/B～E 轴线地下一层</td></tr>
<tr><td colspan="5">试运转、调试内容：
净化空调系统试运转 8h，系统运转平稳、无异常振动与噪声，调试内容如下：
1. 测试工具：光学粒子计数器、轮式流量计、叶轮风速仪、U 形管压力计。以上测试仪器均具有计量鉴定证书，并在有效期内。
2. 单向流洁净室系统的总风量调试结果与设计风量的允许偏差为 8%。室内各风口风量与设计风量的允许偏差为 6%。新风量与设计新风量的允许偏差为 10%。
3. 单向流洁净室系统的室内截面平均风速的允许偏差为 6%，且截面风速不均匀度为 0.06，新风量与设计新风量的允许偏差为 3%。
4. 相邻不同级别洁净室之间和洁净室与非洁净室之间的静压差为 9Pa，洁净室与室外的静压差为 15Pa。
5. 室内空气洁净度等级符合设计规定的等级要求。</td></tr>
<tr><td colspan="5">试运转、调试结论：
净化空调系统在非设计满负荷条件下联合试运转 8h，净化空调系统试运转平稳，符合施工图设计及《通风与空调工程施工质量验收规范》(GB 50243—2016) 的要求，调试结论为合格。</td></tr>
<tr><td rowspan="2">签字栏</td><td>建设单位</td><td colspan="2">监理单位</td><td>施工单位</td></tr>
<tr><td>李××</td><td colspan="2">吴××</td><td>徐××</td></tr>
</table>

本表由施工单位填写。

【说明】

（1）净化空调系统的检测和调整，应在系统进行全面清扫，且运行24h及以上达到稳定的情况下进行。

（2）净化空调系统还应符合下列规定：

1）单向流洁净室系统的系统总风量调试结果与设计风量的允许偏差为0～20%，室内各风口风量与设计风量的允许偏差为15%。新风量与设计新风量的允许偏差为10%。

2）单向流洁净室系统的室内截面平均风速的允许偏差为0～20%，且截面风速不均匀度不应大于0.25。新风量和设计新风量的允许偏差为10%。

3）相邻不同级别洁净室之间和洁净室与非洁净室之间的静压差不应小于5Pa，洁净室与室外的静压差不应小于10Pa。

4）室内空气洁净度等级必须符合设计规定的等级或在商定验收状态下的等级要求。高于等于5级的单向流洁净室，在门开启的状态下，测定距离门0.6m室内侧工作高度处空气的含尘浓度，亦不应超过室内洁净度等级上限的规定。

（3）《通风与空调工程施工质量验收规范》（GB 50243—2016）第11.2.3条规定，系统非设计满负荷条件下的联合试运转及调试应符合下列规定：

1）系统总风量调试结果与设计风量的允许偏差应为－5%～＋10%，建筑内各区域的压差应符合设计要求。

2）变风量空调系统联合调试应符合下列规定：

①系统空气处理机组应在设计参数范围内对风机实现变频调速；

②空气处理机组在设计机外余压条件下，系统总风量应满足本条第1款的要求，新风量的允许偏差应为0～＋10%；

③变风量末端装置的最大风量调试结果与设计风量的允许偏差应为0～＋15%；

④改变各空调区域运行工况或室内温度设定参数时，该区域变风量末端装置的风阀（风机）动作（运行）应正确；

⑤改变室内温度设定参数或关闭部分房间空调末端装置时，空气处理机组应自动正确地改变风量；

⑥应正确显示系统的状态参数。

3）空调冷（热）水系统、冷却水系统的总流量与设计流量的偏差不应大于10%。

4）制冷（热泵）机组进出口处的水温应符合设计要求。

5）地源（水源）热泵换热器的水温与流量应符合设计要求。

6）舒适空调与恒温、恒湿空调室内的空气温度、相对湿度及波动范围应符合或优于设计要求。

检查数量：第1、2款及第4款的舒适性空调，按第Ⅰ方案；第3、5、6款及第4款的恒温、恒湿空调系统，全数检查。

检查方法：调整控制模式，旁站、观察、查阅调试记录。

（4）《通风与空调工程施工质量验收规范》（GB 50243—2016）第11.2.5条规定，净化空调系统除应符合本规范第11.2.3条的规定外，尚应符合下列规定：

1）单向流洁净室系统的系统总风量允许偏差应为0～＋10%，室内各风口风量的允许偏差应为0～+15%。

2）单向流洁净室系统的室内截面平均风速的允许偏差应为0～+10%，且截面风速不均匀度不应大于0.25。

3）相邻不同级别洁净室之间和洁净室与非洁净室之间的静压差不应小于5Pa，洁净室与室外的静压差不应小于10Pa。

4）室内空气洁净度等级应符合设计要求或为商定验收状态下的等级要求。

5）各类通风、化学实验柜、生物安全柜在符合或优于设计要求的负压下运行应正常。

检查数量：第3款，按第Ⅰ方案；第1、2、4、5款，全数检查。

检查方法：检查、验证调试记录，按本规范附录E进行测试校核。

系统试运转调试记录（机电通用） 表 C6-65		资料编号	08-C6-65-×××
工程名称	北京××大厦	试运转 调试时间	20××年××月××日
试运转 调试项目	防排烟系统	试运转 调试部位	9～13/F～H 轴线地下一层
试运转、调试内容： 防排烟系统试运转2h，转向和机械转动无异常情况，机身和轴承的温度正常。系统设备运转平稳、无异常振动与噪声。经实际测量，各风口风量基本相同，调试的内容如下： 1. 测试工具：轮式流量计；叶轮风速仪；U形管压力计。以上测试仪器均具有计量鉴定证书，并在有效期内。 2. 防排烟系统总风量为7250m³/h，设计风量为7200m³/h，允许偏差为0.70%。防排烟系统总风量与设计风量的允许偏差不大于10%。 3. 电动调节阀、电动防火阀、防排烟风阀（口）的手动、电动操作应灵活可靠，信号输出应正确。 4. 正压送风的余压值测试：第十层、第十一层防烟楼梯间为42Pa、45Pa；第十层、第十一层消防电梯间前室、封闭避难层为28Pa、26Pa和26Pa、27Pa。			
试运转、调试结论： 防排烟系统在非设计满负荷条件下联合试运转2h，系统试运转平稳，防排烟系统联合试运转与调试的结果（风量及正压）符合施工图设计及《建筑防烟排烟系统技术标准》（GB 51251—2017）的要求，调试结论为合格。			
签字栏	建设单位	监理单位	施工单位
	李××	吴××	徐××

本表由施工单位填写。

【说明】

①防排烟系统无生产负荷下的联合试运转及调试，应在通风与防排烟设备单机试运转合格后进行。防排烟系统的连续试运转不应少于2h。②防排烟系统无生产负荷的联合试运转及调试，其系统总风量调试结果与设计风量的偏差不应大于10%。

(1)《通风与空调工程施工质量验收规范》(GB 50243—2016) 第11.2.1条规定，通风与空调工程安装完毕后应进行系统调试。系统调试应包括下列内容：

1) 设备单机试运转及调试。

2) 系统非设计满负荷条件下的联合试运转及调试。

检查数量：按第Ⅰ方案。

检查方法：观察、旁站、查阅调试记录。

(2)《通风与空调工程施工质量验收规范》(GB 50243—2016) 第11.2.2条规定，设备单机试运转及调试应符合下列规定：……电动调节阀、电动防火阀、防排烟风阀(口)的手动、电动操作应灵活可靠，信号输出应正确。

(3)《通风与空调工程施工质量验收规范》(GB 50243—2016) 第11.2.4条规定，防排烟系统联合试运行与调试后的结果，应符合设计要求及国家现行标准的有关规定。

检查数量：全数检查。

检查方法：观察、旁站、查阅调试记录。

(4)《通风与空调工程施工质量验收规范》(GB 50243—2016) 第11.2.7条规定，空调制冷系统、空调水系统与空调风系统的非设计满负荷条件下的联合试运转及调试，正常运转不应少于8h，除尘系统不应少于2h。

检查数量：全数检查。

检查方法：观察、旁站、查阅调试记录。

《建筑防烟排烟系统技术标准》(GB 51251—2017) 第3.4.4条规定，机械加压送风量应满足走廊至前室至楼梯间的压力呈递增分布，余压值应符合下列规定：

(1) 前室、封闭避难层(间)与走道之间的压差应为25～30Pa；

(2) 楼梯间与走道之间的压差应为40～50Pa；

(3) 当系统余压值超过最大允许压力差时应采取泄压措施。最大允许压力差应由本标准第3.4.9条计算确定。

《建筑防烟排烟系统技术标准》(GB 51251—2017) 第3.4.9条规定，疏散门的最大允许压力差应按下列公式计算：

$$P = 2(F' - F_{dc})(W_m - d_m)/(W_m \times A_m)$$

$$F_{dc} = M/(W_m - d_m)$$

式中 P——疏散门的最大允许压力差(Pa)；

F'——门的总推力(N)，一般取110N；

F_{dc}——门把手处克服闭门器所需的力(N)；

W_m——单扇门的宽度(m)；

A_m——门的面积(m^2)；

d_m——门的把手到门闩的距离(m)；

M——闭门器的开启力矩(N·m)。

十七、施工试验记录（通用）（表 C6-66）

（1）建筑给水排水及采暖工程、通风与空调工程、建筑电气工程设备在正式投入使用前，应按现行《建筑给水排水及采暖工程施工质量验收规范》（GB 50242）、《通风与空调工程施工质量验收规范》（GB 50243）、《建筑电气工程施工质量验收规范》（GB 50303）等标准和设备技术文件要求，对设备进行相应的调整、试验，并记录调整试验结果，填写在施工试验记录（通用）中。

（2）相关规定与要求：

1）由施工单位专业技术负责人负责送检试验试件的封样和委托检测试验表格的填写，之后送至具备相应检测资质等级的检测单位进行试验。

2）表格内的“试验项目”应由委托单位专业技术负责人填写。

3）表格内的“试验内容、试验结论”应由检测试验机构负责人填写。

4）表格内的“批准、审核、试验”人员岗位证书应在有效期内，由专业检测人员签字确认。

5）检测试验机构应具有相应的资质，且资质证书应在有效期内，加盖其公章予以确认。

6）施工试验记录（通用）试验日期应与检测试验机构提供的检测报告日期保持一致。

7）检测单位根据国家相关标准对送检的试件进行试验后，出具检测试验报告并将报告返还委托单位。

（3）施工试验记录（通用）表是在专用施工试验记录表格不适用的条件下，或采用“新技术、新工艺、新设备、新材料”四新技术时，需要对试验方法和试验数据做记录，以判断设备运行的可靠性与安全性。表格内的“试验项目”“试验结论”应根据设计要求、规范规定以及在施工程的特点和实际情况填写。

<table>
<tr><td colspan="2" rowspan="3">施工试验记录（通用）
表 C6-66</td><td>资料编号</td><td>表 C6-66-××</td></tr>
<tr><td>试验编号</td><td>××</td></tr>
<tr><td>委托编号</td><td>××</td></tr>
<tr><td>工程名称</td><td>北京××大厦</td><td>使用部位</td><td>23～27/C～E 轴线首层大厅</td></tr>
<tr><td>规格、材质</td><td>风机盘管机组</td><td>试验日期</td><td>20××年××月××日</td></tr>
<tr><td colspan="4">试验项目：
风机盘管机组安装前，进行单机三速运转试验。</td></tr>
<tr><td colspan="4">试验内容：
①风量；②输入功率；③供冷量；④供热量；⑤噪声（声压级）。</td></tr>
<tr><td colspan="4">试验结论：
1. 风量实测值为 925m³/h，设计值为 900m³/h，符合《风机盘管机组》（GB/T 19232—2019）第 6.5 条：风量按 7.6 的方法试验，风量实测值不应低于额定值及名义值的 95%。
2. 输入功率。实测值为 89.9W，设计值为 92W，符合《风机盘管机组》（GB/T 19232—2019）第 6.6 条：输入功率和功率因数按 7.7 的方法试验，输入功率实测值不应大于额定值及名义值的 105%。
3. 供冷量。实测值为 4980W，设计值为 4500W，符合《风机盘管机组》（GB/T 19232—2019）第 6.7 条：供冷量和供热量按 7.8 的方法试验，机组供冷量和供热量的实测值不应低于额定值及名义值的 95%。
4. 供热量。实测值为 7890W，设计值为 7500W，符合《风机盘管机组》（GB/T 19232—2019）第 6.7 条：供冷量和供热量按 7.8 的方法试验，机组供冷量和供热量的实测值不应低于额定值及名义值的 95%。
5. 噪声（声压级）。实测值为 45.1dB（A），设计值为 46dB（A），符合《风机盘管机组》（GB/T 19232—2019）第 6.9 条：噪声按 7.10 方法试验，机组实测声压级噪声不应大于额定值，且不应大于机组名义值＋1dB（A）。

风机盘管机组试验各项目均符合《风机盘管机组》（GB/T 19232—2019）的要求，试验结论为合格。</td></tr>
</table>

批准	刘××	审核	康××	试验	朱××
检测试验机构	北京××建筑研究院有限公司				
报告日期	20××年××月××日				

本表由检测试验机构提供。

参考文献

[1] 中华人民共和国住房和城乡建设部．建筑工程施工质量验收统一标准：GB 50300—2013[S]．北京：中国建筑工业出版社，2014.

[2] 沈阳市城乡建设委员会，中国建筑东北设计研究院，沈阳山盟建设集团公司，等．建筑给水排水及采暖工程施工质量验收规范：GB 50242—2002[S]．北京：中国建筑工业出版社，2004.

[3] 张立新．机电安装工程技术资料表格填写范例[M]．北京：中国建筑工业出版社，2007.

[4] 张立新．北京市地方标准《建筑工程资料管理规程》培训辅导读本[M]．北京：中国建筑工业出版社，2010.

[5] 中华人民共和国住房和城乡建设部．建筑电气工程施工质量验收规范：GB 50303—2015[S]．北京：中国计划出版社，2016.

[6] 中国电力企业联合会．电气装置安装工程　电气设备交接试验标准：GB 50150—2016[S]．北京：中国计划出版社，2016.

[7] 中华人民共和国住房和城乡建设部．通风与空调工程施工质量验收规范：GB 50243—2016[S]．北京：中国计划出版社，2017.

[8] 中华人民共和国住房和城乡建设部．自动喷水灭火系统施工及验收规范：GB 50261—2017[S]．北京：中国计划出版社，2017.

[9] 北京市建设监理协会．建筑工程资料管理标准：DB11/T 695—2015.

[10] 中华人民共和国住房和城乡建设部．建筑节能工程施工质量验收标准：GB 50411—2019[S]．北京：中国建筑工业出版社，2019.